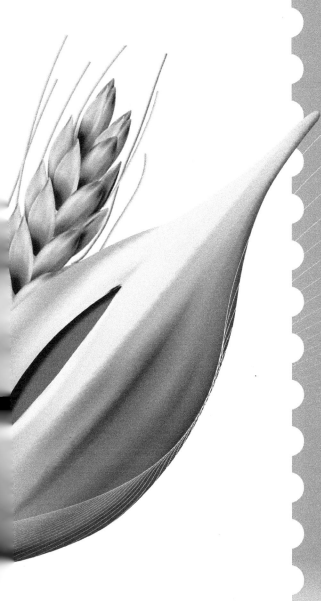

李好中　王红灿　等　主编

小麦绿色高质高效栽培技术研究与集成

U0324656

中国农业科学技术出版社

图书在版编目（CIP）数据

小麦绿色高质高效栽培技术研究与集成 / 李好中等主编. --北京：
中国农业科学技术出版社，2023.7
ISBN 978-7-5116-6323-8

Ⅰ.①小…　Ⅱ.①李…　Ⅲ.①小麦-高产栽培-栽培技术　Ⅳ.①S512.1

中国国家版本馆 CIP 数据核字（2023）第 109314 号

责任编辑　申　艳
责任校对　王　彦
责任印制　姜义伟　王思文

出 版 者　中国农业科学技术出版社
　　　　　北京市中关村南大街 12 号　　邮编：100081
电　　话　（010）82106636（编辑室）　　（010）82109702（发行部）
　　　　　（010）82109709（读者服务部）
网　　址　https://castp.caas.cn
经 销 者　各地新华书店
印 刷 者　北京捷迅佳彩印刷有限公司
开　　本　185 mm×260 mm　1/16
印　　张　25
字　　数　580 千字
版　　次　2023 年 7 月第 1 版　2023 年 7 月第 1 次印刷
定　　价　128.00 元

前　　言

　　"中国小麦看河南，河南小麦看新乡"。新乡市地处豫北，小麦常年种植面积稳定在 40 万 hm² 以上，为全国最具影响力的优质小麦生产基地。为认真贯彻落实习近平总书记"保障口粮绝对安全"重要指示精神和"藏粮于地、藏粮于技"战略，促进夏粮丰产丰收，新乡市农业技术推广站、获嘉县农业技术推广站等单位联合开展了小麦绿色高质高效栽培技术系列研究，并得到了河南省农业技术推广总站、河南省农业科学院、山东农业大学、河南农业大学、河南科技学院、河南省新乡市农业科学院等单位的大力支持。为抓住种子和耕地两个要害，促进农业科技转化，笔者系统梳理了 2011—2022 年小麦绿色高质高效栽培技术研究成果、栽培集成技术及标准化生产技术规程。

　　本书详细研究了耕作方式、播种模式、播期和播量对小麦生长发育及产量的影响，客观评价了综合农艺性状优良、抗灾减灾能力优秀的优质小麦品种，科学探讨了小麦节水栽培、化控技术等绿色高质高效生产模式关键技术，数据翔实，结论可靠，为指导小麦生产提供了重要理论支撑。同时，在开展试验示范的基础上，以节种、节肥、节药、节水为目标，对小麦绿色高质高效生产模式关键技术环节进行优化和集成，通俗易懂，可操作性强，适用于指导豫北地区及同一生态类型区高素质农民、种粮大户、合作社等新型粮食生产主体及基层农技人员进行农业生产，对于助力乡村振兴及"中原农谷"建设具有重要现实意义。

　　由于时间有限，本书在编写过程中难免有疏漏，敬请广大读者批评指正。

《小麦绿色高质高效栽培技术研究与集成》编委会

2022 年 12 月

目　　录

第一章 耕作方式对小麦生长
发育及产量的影响

耕作整地是小麦播前准备的主要技术环节，目的是使麦田耕层深厚，土壤中水、肥、气、热状况协调，土壤松紧适度，保水、保肥能力强，地面平整状况好，符合小麦播种要求，为全苗、壮苗及植株良好生长创造条件，也是为其他栽培措施发挥增产潜力的基础。随着耕作机械和技术的发展，整地方式趋于多样化，不同耕作方式对小麦生长的影响不同，针对不同耕作方式对小麦生产的影响进行研究很有必要。为研究不同耕作方式对小麦生长发育的影响，笔者连续多年开展了小麦丰产高效保优耕作方式研究、整地播种方式对小麦苗情、生长发育、产量的影响研究。

一是小麦丰产高效保优耕作方式研究。采用河南省新乡市农业科学院培育的强筋小麦品种新麦 26，该品种当年在黄淮海麦区乃至全国冬麦区种植面积逐年扩大，也是新乡市小麦的主导品种之一。试验对"旋耕+不耙不镇压""浅耕+耙实镇压""深耕+耙实镇压""免耕覆盖" 4 种不同耕作方式采取定点定位连续试验，于 2011—2014 年分 3 个年度进行，探讨新麦 26 在不同耕作条件对其产量和品质的影响，为当地优质强筋小麦高产、高效、安全生产提供依据。试验结果表明，"深耕+耙实镇压"处理产量构成要素协调，籽粒品质最好，产量最高，是实现小麦高产的关键措施，其余依次为"浅耕+耙实镇压""旋耕+不耙不镇压""免耕覆盖"。"深耕+耙实镇压"和"浅耕+耙实镇压"耕作基础扎实，易形成冬前壮苗，后期分蘖成穗率高。"免耕覆盖"与"旋耕+不耙不镇压"相比，小麦个体发育指标和产量构成要素及产量等指标相差不大，但有明显的成本优势。在连续深耕的基础上，若整地时受耕作条件限制，可以尝试免耕播种。耕作方式对小麦生育期没有影响。

二是整地方式对小麦苗情、生长发育和产量的影响研究。品种选用河南省农业科学院小麦研究所选育的郑麦 7698，设"玉米秸秆粉碎还田+旋耕后播种（农民习惯）""玉米秸秆粉碎还田+旋耕+耙实镇压后播种""玉米秸秆粉碎还田+翻耕（25 cm 左右）+旋耕后播种""玉米秸秆粉碎还田+翻耕（25 cm 左右）+耙实后播种" 4 个处理，大区设计，不设重复。3 年连续试验结果表明，"翻耕（25 cm 左右）+耙实后播种"后有利于涵养水分，保墒能力较好，能够较好地促进小麦生长发育，起到节水作用。同时，翻耕耙实后播种小麦产量在 3 年试验中均最高，较其他处理增产明显，具有很大的推广应用价值。

第一节 小麦丰产高效保优耕作方式研究（Ⅰ）

1 材料与方法

1.1 试验设计

试验在获嘉县照镜镇前李村进行，试验田为壤土，地力均匀，灌排方便；施肥前取土化验，有机质含量 18.1 g/kg，全氮含量 1.12 g/kg，有效磷含量 14.8 mg/kg，速效钾含量 255.3 mg/kg。前茬作物玉米，产量水平 500 kg/亩。该试验共设 4 个处理，不设重复，田间顺序排列。每个小区面积 0.65 亩①（120.5 m×36.3 m）。

处理 1：旋耕+不耙不镇压，即秋季前茬作物收获后仅旋耕 1~2 遍（10~15 cm），不进行耙糖，播种前后不镇压。

处理 2：浅耕+耙实镇压，即前茬作物收获后用小型拖拉机耕地，耕深 15~20 cm，耙实且播后镇压。

处理 3：深耕+耙实镇压，即前茬作物收获后用大型拖拉机深耕 30 cm 以上，精细整地，耙糖压实土壤。

处理 4：免耕覆盖，即在前茬作物收获后不进行翻耕，直接用免耕播种机作业一次完成，并将前茬秋作物秸秆覆盖在小麦行间。

供试小麦品种为强筋品种新麦 26，种子由河南省新乡市农业科学院提供。

2011 年 10 月 18 日，按试验方案要求采取旋耕、浅耕、深耕、免耕 4 种方式整地，耕后用旋耕耙、钉齿耙耙 2 遍；10 月 19 日机械条播，播量 15 kg/亩。

1.2 田间管理

4 个小区的田间管理完全一致。种子用 50%多菌灵悬浮剂 100 g+40%辛硫磷乳油 100 mL，加水 300 g 拌种 50 kg。2012 年 3 月 20 日，每亩撒施尿素（N 46%）10 kg。3 月 17 日，用 10%苄嘧磺隆可湿性粉剂 50 g/亩，加水 20 kg 喷雾，防治麦田杂草。3 月 29 日，用 5%阿维菌素悬浮剂 8 mL/亩，加水 20 kg 喷雾，防治红蜘蛛。4 月 25 日，用 50%多菌灵悬浮剂 100 g/亩+5%吡虫啉乳油 50 mL/亩，加水 20 kg 喷雾，防治赤霉病、麦蚜。5 月 3 日，用 5%吡虫啉乳油 50 mL/亩，加水 20 kg 喷雾，防治麦蚜。6 月 1 日成熟，每个小区收获 50 m² 晒干后计算实收产量。

2 结果与分析

2.1 对小麦生长发育的影响

2.1.1 对出苗的影响

本试验播种时，土壤含水量充足。由三叶期苗情调查（表 1-1）可以看出，在这种情况下，耕作方式对小麦亩基本苗、出苗率的影响规律一致，即处理 4>处理 3>处

---

① 1 亩≈667 m²，全书同。

理 2>处理 1。耕作方式对小麦亩基本苗的影响差异较显著。在土壤含水量充足条件下，处理 4 亩基本苗最高（15.9 万），出苗率达到 72.3%，其次为处理 3（亩基本苗 15.0 万，出苗率 68.2%），均显著高于处理 1 和处理 2。处理 1 亩基本苗、出苗率最低，分别为 13.6 万，61.2%。

表 1-1　小麦丰产高效保优耕作方式研究（Ⅰ）：三叶期苗情调查

（调查时间：2011 年 11 月 15 日）

处理	亩基本苗（万）	出苗率（%）
处理 1	13.6	61.2
处理 2	13.9	63.2
处理 3	15.0	68.2
处理 4	15.9	72.3

2.1.2　对个体发育的影响

由小麦生长发育调查（表 1-2、表 1-3）可以看出，4 种耕作方式下的小麦主茎叶龄数值几乎一致，仅处理 2 在拔节期主茎叶龄高于其他处理，说明 4 种耕作方式对小麦越冬期、拔节期的主茎叶龄影响差异不大。同样，4 种耕作模式下单株大分蘖①在越冬期相同，在拔节期表现为处理 4=处理 3<处理 2<处理 1。4 种耕作方式下单株茎蘖在越冬期呈现规律表现为处理 4=处理 3<处理 2<处理 1，拔节期为处理 4<处理 3<处理 2<处理 1。小麦亩群体在越冬期、拔节期均以处理 4 最多，而到生育后期以处理 3 亩群体最多，处理 4 模式下亩群体则急剧减少。处理 4 亩群体的急剧下降可能与天气条件有直接关系，因为到小麦生育后期，气温高，雨水少，处理 4 保水蓄水能力差，导致亩群体的减少，这一推论需要进一步试验论证。

表 1-2　小麦丰产高效保优耕作方式研究（Ⅰ）：越冬期—拔节期发育动态

处理	越冬期					拔节期				
	主茎叶龄（片）	单株茎蘖（个）	单株大分蘖（个）	亩群体（万）	株高（cm）	主茎叶龄（片）	单株茎蘖（个）	单株大分蘖（个）	亩群体（万）	株高（cm）
处理 1	4.5	2.3	1	31.3	20.3	8.5	4.9	3.5	66.1	27.9
处理 2	4.5	2.2	1	30.6	20.4	8.8	4.8	3.4	66.8	28.8
处理 3	4.5	2.1	1	31.5	20.5	8.5	4.5	3.2	67.8	28.3
处理 4	4.5	2.1	1	33.4	21.3	8.5	4.3	3.2	68.2	27.8

表 1-3　小麦丰产高效保优耕作方式研究（Ⅰ）：抽穗期—成熟期发育动态

处理	抽穗期		灌浆期		成熟期	
	亩群体（万）	株高（cm）	亩群体（万）	株高（cm）	亩群体（万）	株高（cm）
处理 1	33.9	56.4	30.1	69.8	29.4	70.5

---

①　单株大分蘖指主茎叶龄不小于 3 片的分蘖，全书同。

（续表）

处理	抽穗期		灌浆期		成熟期	
	亩群体（万）	株高（cm）	亩群体（万）	株高（cm）	亩群体（万）	株高（cm）
处理 2	35.0	60.2	30.4	71.3	30.7	71.4
处理 3	35.6	61.4	31.2	69.8	30.8	69.9
处理 4	35.3	60.3	30.8	71.0	28.8	71.1

2.2 对生育期的影响

从生育时期记载（表1-4）可以看出，除处理4出苗稍晚外，不同耕作方式下的小麦各个生育时期时间一致，说明耕作方式对小麦生育时期基本没有影响。

表1-4 小麦丰产高效保优耕作方式研究（Ⅰ）：生育时期调查

处理	出苗期	三叶期	分蘖期	越冬期	返青期
处理 1	10 月 30 日	11 月 16 日	11 月 21 日	12 月 15 日	2 月 20 日
处理 2	10 月 30 日	11 月 16 日	11 月 21 日	12 月 15 日	2 月 20 日
处理 3	10 月 30 日	11 月 16 日	11 月 21 日	12 月 15 日	2 月 20 日
处理 4	10 月 28 日	11 月 15 日	11 月 20 日	12 月 15 日	2 月 20 日
处理	起身期	拔节期	抽穗期	开花期	成熟期
处理 1	3 月 13 日	3 月 27 日	4 月 22 日	4 月 27 日	6 月 2 日
处理 2	3 月 13 日	3 月 27 日	4 月 22 日	4 月 27 日	6 月 2 日
处理 3	3 月 13 日	3 月 27 日	4 月 22 日	4 月 27 日	6 月 2 日
处理 4	3 月 13 日	3 月 27 日	4 月 22 日	4 月 27 日	6 月 2 日

2.3 对产量和品质的影响

2.3.1 对产量构成要素与产量的影响

从产量构成要素与产量（表1-5）可以看出，4种耕作方式对亩穗数、穗粒数、千粒重影响以及理论产量、实收产量排序均为处理4<处理1<处理2<处理3。处理3亩穗数30.8万、穗粒数40.1粒、千粒重42.0 g，均高于其他耕作模式，奠定了小麦高产的基础。处理3实收产量最高（442.8 kg/亩），其次为处理2（433.6 kg/亩）、处理1（430.8 kg/亩），分别比处理4（401.1 kg/亩）多41.7 kg/亩、32.5 kg/亩、29.7 kg/亩，增幅分别为10.4%、8.1%、7.4%。因此，处理3是实现小麦高产的一项关键措施，为小麦优质高产栽培提供理论及实践依据。

在本年度气候条件下，4种耕作方式下冬季、春季没有遭受冻害，抗寒性、抗倒性表现较好，成熟期落黄好，没有倒伏，4种耕作方式之间没有差异。

表 1-5　小麦丰产高效保优耕作方式研究（Ⅰ）：产量构成要素与产量

处理	落黄①	倒伏比例（%）	倒伏倾斜度（°）	亩穗数（万）	穗粒数（粒）	千粒重（g）	理论产量②（kg/亩）	实收产量（kg/亩）	实收产量排序
处理 1	好	0	0	29.4	39.8	39.7	394.9	430.8	3
处理 2	好	0	0	30.7	39.9	41.9	429.7	433.6	2
处理 3	好	0	0	30.8	40.1	42.0	440.9	442.8	1
处理 4	好	0	0	28.8	38.1	37.7	351.6	401.1	4

2.3.2　对品质的影响

由外观品质（表 1-6）可以看出，处理 4 的秕籽率、黑胚率最高，其余依次为处理 1、处理 2、处理 3，处理 3 的秕籽率、黑胚率最低。角质率以处理 3 最高，为 98%，处理 1 最低，为 84%。整体来讲，处理 3 的品质最优，处理 1 表现最差，处理 4 次之。但是，容重以处理 2 最大，为 780.0 g/L，处理 3 最小，为 766.5 g/L。

表 1-6　小麦丰产高效保优耕作方式研究（Ⅰ）：外观品质

处理	秕籽率（%）	黑胚率（%）	角质率（%）	容重（g/L）
处理 1	4	3	84	767.0
处理 2	3	3	94	780.0
处理 3	2	2	98	766.5
处理 4	5	4	91	772.5

3　小结

（1）"深耕+耙实镇压"是实现小麦高产的一项关键措施，其次为"浅耕+耙实镇压"。其中，"深耕+耙实镇压"实收产量 442.8 kg/亩，比"免耕覆盖"产量增加 10.39%，为小麦优质高产栽培提供理论及实践依据。

（2）本试验小麦生育期前期由于雨水相对充足，"深耕+耙实镇压"并未突显优势。在生育期后期气温高、雨水少，"深耕+耙实镇压"亩群体、产量构成要素及产量均优于其他 3 种耕作方式。因此，干旱条件下"深耕+耙实镇压"有利于涵养水分，促进产量构成要素的提高，从而达到产量最优。

（3）通过改变耕作方式可以提高小麦出苗率，增加亩基本苗的数量。本试验小麦播种时，土壤含水量充足，"免耕覆盖"小麦的亩基本苗、出苗率、亩群体等指标最高，而到生育后期"免耕覆盖"条件下的小麦，亩群体数量最少。

（4）耕作方式对小麦生育期没有影响。

---

① 落黄，按"好—中—差"三级测定，全书同。
② 理论产量=产量构成要素（亩穗数、穗粒数、千粒重）乘积×0.85，全书同。

（5）"深耕+耙实镇压"下的小麦外观品质最优，"免耕覆盖"的秕籽率、黑胚率最高；容重以"浅耕+耙实镇压"最大，为780.0 g/L。以"深耕+耙实镇压"最小，为766.5 g/L。

第二节　小麦丰产高效保优耕作方式研究（Ⅱ）

1　材料与方法

1.1　试验设计

试验在获嘉县照镜镇前李村进行，试验田为壤土，地力均匀，灌排方便；施底肥前取土化验；前茬玉米产量600 kg/亩；根据试验方案进行秸秆还田和整地，底施40%复合肥（N-P-K=25-12-3）50 kg/亩；2012年10月13日机械条播，播量10 kg/亩，行距21.8 cm。

该试验共设4个处理，不设重复，田间顺序排列。每个小区面积0.65亩（120.5 m×36.3 m）。

处理1：旋耕+不耙不镇压，即秋季前茬作物收获后仅旋耕1~2遍（10~15 cm），不进行耙耱，播种前后不镇压。

处理2：浅耕+耙实镇压，即前茬作物收获后用小型拖拉机耕地，耕深在15~20 cm，耙实且播后镇压。

处理3：深耕+耙实镇压，即前茬作物收获后用大型拖拉机深耕30 cm以上，精细整地，耙耱压实土壤。

处理4：免耕覆盖，即在前茬作物收获后不进行翻耕，直接用免耕播种机作业一次完成，并将前茬秋作物秸秆覆盖在小麦行间。

供试小麦品种为超强筋品种新麦26，种子由河南省新乡市农业科学院提供。播前用50%多菌灵悬浮剂100 g+40%辛硫磷乳油100 mL，加水300 g拌种50 kg。

1.2　田间管理

小区田间管理一致。2013年3月26日，追施尿素10 kg/亩；3月26日、5月11日浇两水；3月8日，用10%苯磺隆可湿性粉剂15 g/亩+10%苄嘧磺隆可湿性粉剂50 g/亩，加水20 kg喷雾，防治麦田杂草。4月28日，用50%多菌灵悬浮剂100 g/亩+5%吡虫啉乳油50 mL/亩，加水20 kg喷雾，防治麦蚜和赤霉病。根据成熟期分别收获，每个小区收获10 m²晒干后计算实收产量。

2　结果与分析

2.1　对小麦生长发育的影响

2.1.1　对出苗的影响

三叶期苗情如表1-7所示。从苗情调查看，处理2的亩基本苗最多（19.1万），处理1的处理亩基本苗最低（15.4万）。出苗率由高到低为处理3（85.7%）>处理2（83.1%）>处理1（80.7%）>处理4（80.5%），说明整地程度越高，出苗率越高。

表 1-7 小麦丰产高效保优耕作方式研究（Ⅱ）：三叶期苗情调查

（调查时间：2012 年 11 月 5 日）

处理	亩基本苗（万）	出苗率（%）
处理 1	15.4	80.7
处理 2	19.1	83.1
处理 3	16.2	85.7
处理 4	17.7	80.5

2.1.2 对个体发育的影响

个体发育调查如表 1-8、表 1-9 所示。整个生育期，不同耕作方式的株高变化规律不明显，成熟期由高到低为处理 4<处理 3<处理 2<处理 1。亩群体在拔节前和拔节后，不同耕作方式趋势不同。越冬期处理 1 的亩群体最高，其次是处理 4；抽穗期，处理 1 和处理 4 的亩群体迅速减少，抽穗后处理 2 和处理 3 的亩群体显著高于处理 1 和处理 4。由此可以推论，处理 1 和处理 4 在拔节前分蘖较快，处理 2 和处理 3 耕作基础扎实，分蘖成穗率高，易夺取高产。

表 1-8 小麦丰产高效保优耕作方式研究（Ⅱ）：越冬期—拔节期发育动态

处理	越冬期					拔节期				
	主茎叶龄（片）	单株茎蘖（个）	单株大分蘖（个）	亩群体（万）	株高（cm）	主茎叶龄（片）	单株茎蘖（个）	单株大分蘖（个）	亩群体（万）	株高（cm）
处理 1	5.2	4.4	2.0	67.2	17.0	9.1	7.2	3.4	111.4	28.1
处理 2	5.1	2.5	1.9	48.3	17.0	9.1	5.0	3.6	95.5	29.8
处理 3	5.2	3.0	2.2	49.1	17.6	9.0	5.6	3.6	90.9	29.5
处理 4	5.1	3.4	2.2	60.0	18.8	8.8	6.2	3.8	110.2	30.1

表 1-9 小麦丰产高效保优耕作方式研究（Ⅱ）：抽穗期—成熟期发育动态

处理	抽穗期		灌浆期		成熟期	
	亩群体（万）	株高（cm）	亩群体（万）	株高（cm）	亩群体（万）	株高（cm）
处理 1	47.7	69.5	39.2	79.8	37.7	79.8
处理 2	57.4	72.5	47.7	81.9	42.9	82.1
处理 3	51.1	69.0	46.1	82.4	40.9	82.6
处理 4	45.8	70.8	43.9	83.1	38.2	83.2

2.2 对生育期的影响

不同耕作方式下，除处理 1 和处理 4 的分蘖期比处理 2 和处理 3 早 1 d 外，小麦其他各个生育时期时间一致，说明耕作方式对小麦生育期影响不明显（表 1-10）。

表 1-10 小麦丰产高效保优耕作方式研究（Ⅱ）：生育时期调查

处理	出苗期	三叶期	分蘖期	越冬期	返青期
处理 1	10 月 22 日	11 月 3 日	11 月 7 日	12 月 12 日	2 月 25 日
处理 2	10 月 22 日	11 月 3 日	11 月 8 日	12 月 12 日	2 月 25 日
处理 3	10 月 22 日	11 月 3 日	11 月 8 日	12 月 12 日	2 月 25 日
处理 4	10 月 22 日	11 月 3 日	11 月 7 日	12 月 12 日	2 月 25 日

处理	起身期	拔节期	抽穗期	开花期	成熟期
处理 1	3 月 8 日	3 月 23 日	4 月 24 日	4 月 30 日	6 月 4 日
处理 2	3 月 8 日	3 月 23 日	4 月 24 日	4 月 30 日	6 月 4 日
处理 3	3 月 8 日	3 月 23 日	4 月 24 日	4 月 30 日	6 月 4 日
处理 4	3 月 8 日	3 月 23 日	4 月 24 日	4 月 30 日	6 月 4 日

2.3 对产量和品质的影响

2.3.1 对产量构成要素与产量的影响

各处理产量构成要素与产量如表 1-11 所示。处理 3 除亩穗数（40.9 万）略低于处理 2（41.7 万）外，穗粒数、千粒重和产量均高于其他耕作方式；而处理 4 除千粒重（36.5 g）高于处理 1（35.5 g）外，亩穗数、穗粒数和产量均低于其他耕作方式。总体分析，亩穗数由高到低为处理 2>处理 3>处理 1>处理 4，穗粒数由高到低为处理 3>处理 2>处理 1>处理 4，千粒重由高到低为处理 3>处理 2>处理 4>处理 1，理论产量和实收产量趋势均为处理 3>处理 2>处理 1>处理 4；4 种耕作方式的实际产量依次为处理 3（425.6 kg/亩）、处理 2（423.1 kg/亩）、处理 1（394.9 kg/亩）、处理 4（384.6 kg/亩），若以群众常用耕作方式处理 1 为对照，处理 3 增产 7.8%、处理 2 增产 7.1%、处理 4 减产 2.6%。因此，处理 2 和处理 3 在秸秆还田后耙实镇压的整地方式均可明显增产（试验中增产幅度为 7.1% 以上），但两种方式增幅相差不大；处理 4 与处理 1 相比，减产幅度也比较小（2.6%），若考虑整地成本，处理 4 也不失为一种可取的耕作方式。

在本年度气候条件下，4 种耕作方式冬、春均没有遭受冻害，也没有倒伏；抗寒性、抗倒性比较不明显。

表 1-11 小麦丰产高效保优耕作方式研究（Ⅱ）：产量构成要素与产量

处理	落黄	倒伏比例（%）	倒伏倾斜度（°）	亩穗数（万）	穗粒数（粒）	千粒重（g）	理论产量（kg/亩）	实收产量（kg/亩）	实收产量与对照相比（%）
处理 1	好	0	0	39.4	29.8	35.5	354.3	394.9 (3)	—
处理 2	好	0	0	41.7	31.6	36.6	409.9	423.1 (2)	+7.1
处理 3	好	0	0	40.9	32.6	36.7	415.9	425.6 (1)	+7.8
处理 4	好	0	0	38.2	29.6	36.5	350.8	384.6 (4)	-2.6

注：实收产量括号内数字为排序。

2.3.2 对品质的影响

从外观品质（表1-12）可以看出，处理1的黑胚率最高（6%）、角质率最低（91%），处理4和处理2的秕籽率最高（3%），处理4的容重最低（708.8 g/L）。处理3的各项指标均为最好。

表1-12 小麦丰产高效保优耕作方式研究（Ⅱ）：外观品质测定

处理	秕籽率（%）	黑胚率（%）	角质率（%）	容重（g/L）
处理1	2	6	91	714.5
处理2	3	2	95	723.2
处理3	1	0	96	727.6
处理4	3	1	95	708.8

3 小结

（1）"免耕覆盖""旋耕+不耙不镇压"在拔节前发育较快，"深耕+耙实镇压""浅耕+耙实镇压"耕作基础扎实，分蘖成穗率高，易夺取高产。

（2）"深耕+耙实镇压"产量构成要素协调，产量最高，籽粒品质最好，相对于群众常用的"旋耕+不耙不镇压"，增产幅度明显。

（3）"免耕覆盖"和"旋耕+不耙不镇压"相比，各项指标相差不大，可能与前茬作物整地方式有关，但有明显的节省成本优势。在连续深耕的基础上，若整地时受耕作条件限制，可以尝试免耕播种。

（4）本试验条件下，耕作方式对生育期没有影响。

第三节 小麦丰产高效保优耕作方式研究（Ⅲ）

1 材料与方法

1.1 试验设计

试验在获嘉县城关镇前李村进行，试验田为壤土，地力均匀，灌排方便；施底肥前取土化验；前茬玉米产量650 kg/亩；试验共设4个处理（表1-13），不设重复，田间顺序排列。每个小区面积433.8 m²（120.5 m×3.6 m）。

供试小麦品种为强筋品种新麦26，种子由河南省新乡市农业科学院提供。

表1-13 小麦丰产高效保优耕作方式研究（Ⅲ）：试验设计

处理	耕作方式	备注
处理1	旋耕+不耙不镇压	秋季前茬作物收获后旋耕1~2遍（10~15 cm），不耙糖，不镇压
处理2	浅耕+耙实镇压	前茬作物收获后用小型拖拉机耕地，耕深15~20 cm，耙实且播后镇压
处理3	深耕+耙实镇压	前茬作物收获后用大型拖拉机深耕30 cm以上，精细整地，耙糖压实土壤
处理4	免耕覆盖	在前茬作物收获后不进行翻耕，直接用免耕播种机一次完成，并将前茬秋作物秸秆覆盖在小麦行间

1.2　田间管理

小区田间管理一致。2013 年 10 月 5 日，按方案要求整地。底肥 40%配方肥（N-P-K=23-12-5）50 kg/亩；10 月 6 日，机械播种，播量 10 kg/亩，行距 22 cm。播前用 50%多菌灵悬浮剂 100 g+40%辛硫磷乳油 100 mL，加水 300 g 拌种 50 kg。10 月 8 日浇蒙头水。2014 年 3 月 13 日，每亩用 10%苯磺隆可湿性粉剂 18 g+20%氯氟吡氧乙酸乳油 30 mL，加水 15 kg，喷施除草。3 月 21 日浇拔节水，结合浇水追施尿素 10 kg/亩。4 月 19 日，每亩用 50%多菌灵悬浮剂 100 g+20%三唑酮乳油 50 g+10%吡虫啉可湿性粉剂 20 g，加水 20 kg，叶面喷雾，预防小麦赤霉病和麦蚜。

2　结果与分析

2.1　对小麦生长发育的影响

2.1.1　对出苗的影响

从苗情调查看（表 1-14），处理 1 亩基本苗最多（20.9 万），处理 2 亩基本苗最低（18.8 万）。出苗率由高到低为处理 1>处理 4>处理 3>处理 2，说明处理 1 和处理 4 两个处理播种深度较浅，利于出苗。

表 1-14　小麦丰产高效保优耕作方式研究（Ⅲ）：三叶期苗情调查

（调查时间：2013 年 10 月 28 日）

处理	亩基本苗（万）
处理 1	20.9
处理 2	18.8
处理 3	19.5
处理 4	20.8

2.1.2　对个体发育的影响

由生长发育动态（表 1-15、表 1-16）可以看出，不同处理对株高的影响规律不明显。其中，越冬期株高由高到低依次为处理 2>处理 3>处理 1>处理 4，拔节期株高依次为处理 3>处理 2>处理 4>处理 1，抽穗期株高依次为处理 4>处理 3>处理 1>处理 2，成熟期株高依次为处理 3>处理 2>处理 1>处理 4。拔节前的单株大分蘖、单株茎蘖及亩群体，处理 3 一直处于或接近较高水平，说明这一耕作方式播种基础扎实，利于形成冬前壮苗。成熟期，处理 3 亩群体处于较高水平，利于夺取高产；处理 1、处理 4 亩群体均处于较低水平，不利于夺取高产。

表 1-15　小麦丰产高效保优耕作方式研究（Ⅲ）：越冬期—拔节期发育动态

处理	越冬期					拔节期				
	主茎叶龄（片）	单株茎蘖（个）	单株大分蘖（个）	亩群体（万）	株高（cm）	主茎叶龄（片）	单株茎蘖（个）	单株大分蘖（个）	亩群体（万）	株高（cm）
处理 1	6.3	3.4	1.6	70.6	27.8	9.2	4.8	2.4	100.3	29.5

（续表）

处理	越冬期					拔节期				
	主茎叶龄（片）	单株茎蘖（个）	单株大分蘖（个）	亩群体（万）	株高（cm）	主茎叶龄（片）	单株茎蘖（个）	单株大分蘖（个）	亩群体（万）	株高（cm）
处理 2	6.3	4.5	1.8	84.1	28.6	9.3	5.2	2.8	97.8	30.8
处理 3	6.4	4.7	2.0	91.7	28.4	9.3	5.6	3.0	109.2	31.0
处理 4	6.3	4.1	1.5	84.8	27.2	9.3	4.6	2.5	95.7	30.5

表 1-16　小麦丰产高效保优耕作方式研究（Ⅲ）：抽穗期—成熟期发育动态

处理	抽穗期		灌浆期		成熟期	
	亩群体（万）	株高（cm）	亩群体（万）	株高（cm）	亩群体（万）	株高（cm）
处理 1	58.5	75.5	43.8	85.6	40.5	86.2
处理 2	56.6	75.2	50.8	85.3	42.6	86.4
处理 3	62.4	75.8	48.8	84.9	45.2	86.5
处理 4	54.1	76.1	39.5	85.1	37.5	86.1

2.2　对生育期的影响

不同耕作方式下，除分蘖时间略有差别，处理 2、处理 4 较处理 3 提前 1 d，较处理 1 提前 2 d。除此之外，小麦其他各个生育时期时间一致，说明耕作方式对小麦生育期没有影响（表 1-17）。

表 1-17　小麦丰产高效保优耕作方式研究（Ⅲ）：生育时期调查

处理	出苗期	三叶期	分蘖期	越冬期	返青期
处理 1	10 月 14 日	10 月 29 日	11 月 6 日	12 月 20 日	2 月 16 日
处理 2	10 月 14 日	10 月 29 日	11 月 4 日	12 月 20 日	2 月 16 日
处理 3	10 月 14 日	10 月 29 日	11 月 5 日	12 月 20 日	2 月 16 日
处理 4	10 月 14 日	10 月 29 日	11 月 4 日	12 月 20 日	2 月 16 日
处理	起身期	拔节期	抽穗期	开花期	成熟期
处理 1	3 月 4 日	3 月 14 日	4 月 16 日	4 月 21 日	5 月 27 日
处理 2	3 月 4 日	3 月 14 日	4 月 16 日	4 月 21 日	5 月 27 日
处理 3	3 月 4 日	3 月 14 日	4 月 16 日	4 月 21 日	5 月 27 日
处理 4	3 月 4 日	3 月 14 日	4 月 16 日	4 月 21 日	5 月 27 日

2.3　对产量和品质的影响

2.3.1　对产量构成要素与产量的影响

整体上看，处理 3 理论产量（527.7 kg/亩）、实收产量（492.8 kg/亩）均为最高，其中亩穗数（45.2 万）、千粒重（41.0 g）也处于 4 个处理首位，但穗粒数最少（33.5 粒）。处理 4 理论产量（472.1 kg/亩）、实收产量（449.6 kg/亩）最低，亩穗数（37.5 万）位于 4 个处理末位，但穗粒数最多（36.3 粒）。若以群众常用耕作方式处理 1 为对照，处理 3 增产 9.2%，处理 2 增产 7.4%，处理 4 减产 0.3%。因此，处理 2 和处理 3 在秸秆还田后耙实镇压的整地方式均可明显增产（表 1-18）。

表 1-18 小麦丰产高效保优耕作方式研究（Ⅲ）：产量构成要素与产量

处理	落黄	倒伏比例（%）	倒伏倾斜度（°）	亩穗数（万）	穗粒数（粒）	千粒重（g）	理论产量（kg/亩）	实收产量（kg/亩）	实收产量与对照相比（%）
处理 1	中	50	15	40.5	34.2	40.4	475.6	451.1（3）	—
处理 2	中	50	15	42.6	34.1	40.8	503.8	484.5（2）	+7.4
处理 3	中	50	15	45.2	33.5	41.0	527.7	492.8（1）	+9.2
处理 4	中	50	15	37.5	36.3	40.8	472.1	449.6（4）	-0.3

注：实收产量括号内数字为排序。

在本年度气候条件下，4 种耕作方式冬、春均没有遭受冻害，抗寒性、抗倒性比较不明显。本试验年度，4 个处理均发生倒伏现象，但差别不明显。

2.3.2 对品质的影响

由外观品质（表 1-19）可以看出，处理 3 的小麦籽粒综合性状最好，秕籽率（4.7%）、黑胚率（2.9%）最小，角质率（95.8%）、容重（771.8 g/L）处于最高或较高水平。

表 1-19 小麦丰产高效保优耕作方式研究（Ⅲ）：外观品质测定

处理	秕籽率（%）	黑胚率（%）	角质率（%）	容重（g/L）
处理 1	7.8	8.1	91.5	764.9
处理 2	6.3	3.3	92.6	773.6
处理 3	4.7	2.9	95.8	771.8
处理 4	8.1	5.5	92.3	763.5

3 小结

（1）"深耕+耙实镇压"耕作基础扎实，有效分蘖多，易形成冬壮苗，成穗率高，利于夺取高产。

（2）"深耕+耙实镇压"产量构成要素协调，籽粒品质最好，产量最高，在生产中具有很高的推广应用价值。

（3）"免耕覆盖"与"旋耕+不耙不镇压"相比，产量相差不大，但"免耕覆盖"可以节约成本。

第四节　整地方式对小麦苗情、生长发育和产量的影响（Ⅰ）

　　以郑麦 7698 为参试品种，研究整地方式对耕层土壤含水量、出苗和小麦生长发育的影响，探讨郑麦 7698 小麦品种高产高效栽培方法，为实现夏粮丰产丰收提供理论依据。

1　材料与方法

1.1　试验地点

　　获嘉县照镜镇前李村。

1.2　供试品种

　　郑麦 7698，由河南省农业科学院小麦研究所提供。

1.3　试验设计

　　设 4 个不同整地方式处理，大区设计，不设重复。

　　处理 1（T1，CK）：玉米秸秆粉碎还田+旋耕后播种（农民习惯）。

　　处理 2（T2）：玉米秸秆粉碎还田+旋耕+耙实镇压后播种。

　　处理 3（T3）：玉米秸秆粉碎还田+翻耕（25 cm 左右）+旋耕后播种。

　　处理 4（T4）：玉米秸秆粉碎还田+翻耕（25 cm 左右）+耙实后播种。

1.4　试验地基本情况

　　前茬作物为玉米，产量水平 600 kg/亩，2012 年 9 月 28 日收获。试验地基本情况见表 1-20。

表 1-20　整地方式对小麦苗情、生长发育和产量的影响（Ⅰ）：基础记载

项目	内容
试验田面积（m^2）	396
播期	10 月 13 日
土壤质地	壤土
小区尺寸（长×宽）	120 m×3.3 m
播种方式	机播
基础施肥	
尿素	N：46%
磷酸一铵	N：11%，P$_2$O$_5$：44%
氯化钾	K$_2$O：60%
播前土壤基础	
土壤容重（g/cm^3）	1.46

（续表）

项目	内容
含水量（%）	21.6
全氮（g/kg）	1.35
有效磷（mg/kg）	12.0
速效钾（mg/kg）	272.6
有机质（g/kg）	21.46

1.5 生产管理措施

2012 年 10 月 13 日播种，亩播量 10 kg，播前种子用 50%多菌灵悬浮剂 100 g+40%辛硫磷乳油 100 mL，加水 300 g 拌种 50 kg。2013 年 3 月 26 日追施尿素 10 kg（撒施），施后浇水；5 月 11 日浇灌浆水。3 月 8 日，每亩用 10%苯磺隆可湿性粉剂 15 g+10%苄嘧磺隆可湿性粉剂，加水 20 kg 喷雾化学除草；4 月 28 日，每亩用 50%多菌灵可湿性粉剂 75 g+10%吡虫啉可湿性粉剂 50 g，加水 20 kg 叶面喷雾，预防小麦赤霉病及小麦穗蚜。

2 结果与分析

2.1 对生育期的影响

由生育时期调查结果（表 1-21）可知，整地方式对小麦的生育期没有影响。

表 1-21 整地方式对小麦苗情、生长发育和产量的影响（Ⅰ）：生育时期调查

处理	出苗期	越冬期	返青期	拔节期	孕穗期	抽穗期	开花期	成熟期
T1	10 月 23 日	12 月 12 日	2 月 25 日	3 月 24 日	4 月 17 日	4 月 27 日	5 月 3 日	6 月 4 日
T2	10 月 23 日	12 月 12 日	2 月 25 日	3 月 24 日	4 月 17 日	4 月 27 日	5 月 3 日	6 月 4 日
T3	10 月 23 日	12 月 12 日	2 月 25 日	3 月 24 日	4 月 17 日	4 月 27 日	5 月 3 日	6 月 4 日
T4	10 月 23 日	12 月 12 日	2 月 25 日	3 月 24 日	4 月 17 日	4 月 27 日	5 月 3 日	6 月 4 日

2.2 对播种深度的影响

T1、T2、T3、T4 4 个处理的平均播种深度分别为 4.1 cm、4.1 cm、4.2 cm、4.4 cm。其中，T1 最大值 6.9 cm，共 2 株，最小值 1.7 cm，共 2 株，极差 5.2 cm，$S^2=1.71$；T2 最大值 5.9 cm，共 1 株，最小值 2.2 cm，共 1 株，极差 3.7 cm，$S^2=1.17$；T3 最大值 6.5 cm，共 1 株，最小值 2.8 cm，共 3 株，极差 3.7 cm，$S^2=1.17$；T4 最大值 7.5 cm，共 1 株，最小值 2.1 cm，共 1 株，极差 5.4 cm，$S^2=1.68$（表 1-22）。

在旋耕状态下，不论是否耙实镇压，对播种深度没有影响；虽然播种深度主要由人力控制播种机来实现，但翻耕（25 cm 左右）后播种深度较旋耕状态下增加 0.1~0.3 cm；从方差数值分析：T1、T4 两个处理比较接近；T2、T3 两个处理均为 1.17 且在所有处理中最小，说明播种深度的分布更为均匀，容易达到苗齐、苗匀；4 个处理的播种深度均在适宜范围内。

表 1-22 整地方式对小麦苗情、生长发育和产量的影响（Ⅰ）：播种深度调查

（测定日期：2012 年 11 月 1 日）　　　　　　　　单位：cm

处理	第1株	第2株	第3株	第4株	第5株	第6株	第7株	第8株	第9株	第10株
T1	3.4	4.8	6.9	4.1	2.3	2.4	2.9	1.8	4.2	1.7
	3.6	4.5	3.5	4.8	5.0	6.0	3.3	5.1	4.5	3.3
	4.1	3.5	4.8	5.9	4.4	3.5	4.6	4.9	5.5	6.9
	3.5	6.3	1.7	3.3	3.6	4.9	4.1	2.4	4.7	4.5
T2	5.2	4.8	3.6	2.8	4.5	3.8	4.3	5.1	5.5	4.4
	2.9	2.5	2.9	3.8	4.2	5.0	4.5	3.7	5.9	5.6
	4.9	3.5	4.2	3.6	4.5	4.0	4.2	2.5	2.2	4.8
	3.5	2.8	5.0	3.5	3.3	3.7	2.9	7.2	2.7	2.8
T3	4.8	3.1	3.1	4.1	6.2	4.6	4.3	5.0	5.6	4.4
	4.5	5.5	6.0	4.3	3.8	5.3	4.9	5.0	5.5	5.5
	3.0	3.9	3.6	3.1	2.8	2.0	3.3	3.1	3.5	2.8
	2.8	3.1	6.5	5.1	3.8	4.3	4.6	4.3	3.8	3.3
T4	2.7	3.5	5.4	2.5	2.1	4.8	5.4	2.7	4.5	3.3
	2.5	7.5	3.3	5.5	5.5	4.0	5.4	5.5	6.5	5.5
	4.5	2.2	3.7	5.3	5.9	3.3	4.2	5.1	5.4	4.5
	3.4	5.1	3.7	4.1	3.1	3.6	5.2	5.0	5.9	6.1

注：每处理选 4 个点，每点 10 株。

2.3 对地下茎长度的影响

对地下茎长度的调查结果如表 1-23 所示，T1、T2、T3、T4 4 个处理的平均地下茎长度分别为 1.6 cm、1.4 cm、1.5 cm、1.8 cm。其中，T1 最大长度 4.7 cm，共 1 株，最小长度 0 cm，共 4 株，极差 4.7 cm，$S^2 = 1.33$；T2 最大长度 4.8 cm，共 1 株，最小长度 0 cm，共 6 株，极差 4.8 cm，$S^2 = 1.31$；T3 最大长度 3.4 cm，共 1 株，最小长度 0 cm，共 4 株，极差 3.4 cm，$S^2 = 0.96$；T4 最大长度 3.8 cm，共 1 株，最小长度 0 cm，共 5 株，极差 3.8 cm，$S^2 = 1.27$。

T1、T2、T4 方差数值比较接近，T3 数值最小，表明 T3 地下茎长度比较一致。同时，T3 地下茎长度均值为 1.5 cm，与最小值相比增加 0.1 cm，较最大值减少了 0.3 cm，地下茎长度短可以节约幼苗出土能量消耗，容易形成壮苗。因此，从地下茎长度分析，T3 最有利于幼苗生长发育。

表 1-23 整地方式对小麦苗情、生长发育和产量的影响（Ⅰ）：地下茎长度调查

（测定日期：2012 年 11 月 1 日）　　　　　　　　单位：cm

处理	第1株	第2株	第3株	第4株	第5株	第6株	第7株	第8株	第9株	第10株
T1	2.1	2.2	4.2	2.2	0.4	0.0	0.1	0.1	2.2	0.0
	0.5	2.8	1.0	1.9	2.1	3.0	1.5	2.3	1.5	1.0
	1.2	0.0	2.5	2.8	2.1	1.3	2.1	2.2	2.6	4.7
	0.5	3.3	0.0	0.6	1.1	2.1	0.8	0.7	2.2	1.4

（续表）

处理	第1株	第2株	第3株	第4株	第5株	第6株	第7株	第8株	第9株	第10株
	3.1	2.4	1.1	0.1	2.2	0.3	2.0	2.8	2.8	1.5
T2	0.5	0.4	0.0	0.2	1.1	1.7	2.5	1.0	3.5	1.5
	1.8	0.5	2.2	2.7	1.9	1.4	1.5	0.0	0.0	1.7
	1.8	1.1	2.6	0.9	0.0	0.8	0.0	4.8	0.0	0.4
	2.4	0.7	1.6	1.2	3.1	2.1	1.9	2.2	2.8	2.0
T3	2.2	2.7	3.4	2.0	0.5	2.3	2.1	1.8	3.0	2.5
	0.0	1.0	0.2	1.4	0.0	0.0	0.4	1.1	1.1	0.1
	0.0	0.3	3.2	1.3	1.3	1.9	1.4	1.8	1.6	0.9
	1.4	1.6	3.0	0.0	0.0	2.5	2.8	1.3	2.2	1.0
T4	0.0	3.8	1.0	2.6	2.5	1.3	2.6	2.5	2.9	2.5
	2.2	0.3	1.1	2.6	3.6	1.2	1.8	2.5	2.6	2.4
	0.0	1.2	0.5	0.0	1.0	0.4	2.1	1.3	3.0	4.1

注：每处理选4个点，每点10株。

2.4 对出苗的影响

根据调查结果，在36 m的样段中，T1总苗数最高（1 114株），T4最少（610株），T2、T3比较接近，分别为802株、810株；>7 cm断垄点数T4最多（166点），其余3个处理比较接近，依次为114点、112点、114点；断垄总长度T4最长（11.11 m），其余依次为T2（8.08 m）、T3（7.74 m）、T1（6.15 m）；从出苗率分析，出苗率从高到低依次是T1>T3>T2>T4，T4出苗率最低（38.3%）（表1-24）。

以上分析表明，T4样段总苗数少、>7 cm断垄点数最多、断垄总长度最长、出苗率最低，这种整地方式对苗期生长最为不利。

表1-24 整地方式对小麦苗情、生长发育和产量的影响（Ⅰ）：缺苗断垄情况调查
（测定日期：2012年11月1日）

处理	样段长度（m）	样段总苗数（株）	>7 cm断垄点数	断垄总长度（m）	出苗率（%）	断垄程度
T1	36	1 114	114	6.15	65.8	重
T2	36	802	112	8.08	55.2	重
T3	36	810	114	7.47	58.5	重
T4	36	610	166	11.11	38.3	特重

2.5 对冬、春抗寒能力的影响

由冬、春冻害程度调查结果（表1-25）可知，4个处理均未受到冻害。

表1-25 整地方式对小麦苗情、生长发育和产量的影响（Ⅰ）：冻害程度调查 单位：个

调查项目	处理	样段总茎蘖数（株）	样段受冻茎蘖数（株）
冬季冻害（调查日期：2013年2月26日）	T1	1 128	0
	T2	1 101	0
	T3	1 022	0
	T4	1 095	0
春季冻害（调查日期：2013年3月28日）	T1	1 413	0
	T2	1 288	0
	T3	1 201	0
	T4	1 339	0

2.6 对土壤含水量的影响

各处理不同土层含水量测定见表1-26，不同土层含水量走势如图1-1所示。不同土层含水量变化趋势基本一致。0~10 cm土层含水量低于10~20 cm和20~30 cm土层。

表1-26 整地方式对小麦苗情、生长发育和产量的影响（Ⅰ）：土壤含水量测定

单位：%

生育时期	处理	0~10 cm	10~20 cm	20~30 cm
越冬期	T1	10.01	10.59	11.55
	T2	9.71	11.39	11.68
	T3	8.54	10.35	14.57
	T4	7.80	11.96	12.66
返青期	T1	5.66	10.53	10.82
	T2	4.59	10.47	12.22
	T3	8.52	8.28	10.04
	T4	6.31	10.28	12.44
拔节期	T1	5.41	10.89	11.91
	T2	6.17	9.01	8.49
	T3	6.03	9.58	8.18
	T4	7.40	9.12	12.07
抽穗期	T1	11.14	11.44	12.45
	T2	12.10	12.33	12.45
	T3	11.99	12.15	12.82
	T4	11.21	12.20	13.53

（续表）

生育时期	处理	0~10 cm	10~20 cm	20~30 cm
开花期	T1	9.90	12.09	11.19
	T2	8.75	11.85	11.11
	T3	8.80	11.55	10.77
	T4	9.27	11.54	10.78
成熟期	T1	14.92	15.35	14.79
	T2	14.39	15.03	14.65
	T3	14.90	15.43	14.14
	T4	12.87	15.63	13.19

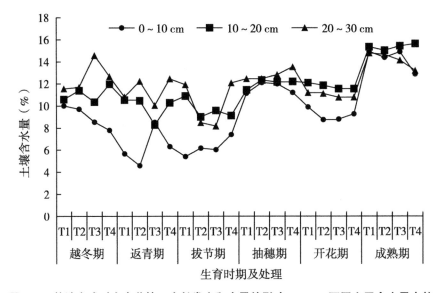

图1-1 整地方式对小麦苗情、生长发育和产量的影响（Ⅰ）：不同土层含水量走势

不同生育时期土壤含水量变化趋势如图1-2所示。在0~10 cm土层，在返青期4个处理之间土壤含水量差别稍大，土壤含水量由高到低依次为T3>T4>T1>T2，说明T4保墒能力最强，其次是T3；保墒能力最差的是T2，其次是T1。在其余生育时期内，土壤含水量变化不大；在10~20 cm土层，土壤含水量走势基本一致；在20~30 cm土层，T2、T3在返青期和拔节期土壤含水量减幅大于T1、T4，说明T2、T3有利于为小麦生长发育提供充足的水分；T1、T4两个处理变化不大。在抽穗期、开花期和抽穗期，各个处理土壤含水量一致。在返青期—拔节期0~10 cm土层，T1、T2土壤含水量在15%以下，而T3、T4土壤含水量在15%以上，充分证明深耕具有较好的蓄水保墒能力。其他时期，不同土层的土壤含水量走势基本一致。

2.7 对干物质积累的影响

各处理干物质积累测定结果见表1-27，其走势见图1-3。从越冬期至开花期各个处理干物质积累差别不大，在成熟期T1干物质积累最多（9.583 g/株），其次是T2

（9.155 g/株），第三是 T4（8.741 g/株），T3 干物质积累最少（8.554 g/株）。

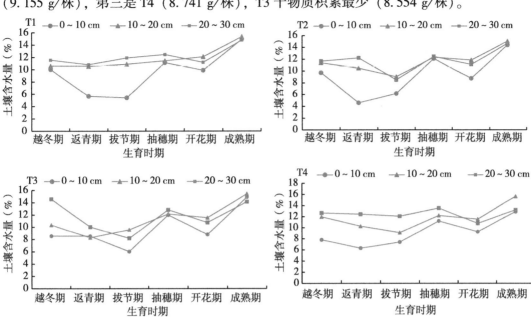

图 1-2 整地方式对小麦苗情、生长发育和产量的影响（Ⅰ）：不同处理土壤含水量走势

表 1-27 整地方式对小麦苗情、生长发育和产量的影响（Ⅰ）：干物质积累测定 单位：g/株

处理	返青期	拔节期	抽穗期	开花期	成熟期
T1	0.449	1.448	4.001	4.134	9.583
T2	0.552	1.498	3.782	3.875	9.155
T3	0.439	1.344	3.553	3.657	8.554
T4	0.422	1.332	3.643	3.766	8.741

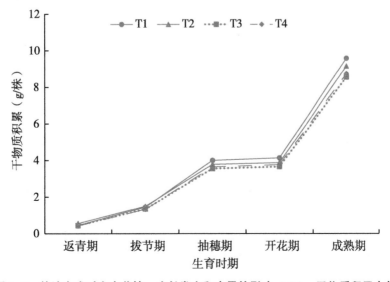

图 1-3 整地方式对小麦苗情、生长发育和产量的影响（Ⅰ）：干物质积累走势

2.8 对亩群体的影响

采用一米双行，每处理选 3 个点取平均值，行距 22 cm，折合成亩群体，各个时期亩群体调查结果见表 1-28，其走势见图 1-4。4 个处理亩群体动态走势基本一致。其中，T3 在各个时期亩群体数值一直处于所有处理的最低。但是，在孕穗期至成熟期亩群体变化较大，T4 亩群体减少幅度变小，成穗较高，为所有处理最大（29.0 万），其次为 T2（24.7 万）、T1（23.8 万），T3 最小（21.0 万）。

表 1-28　整地方式对小麦苗情、生长发育和产量的影响（Ⅰ）：亩群体调查　　单位：万

处理	三叶期	越冬期	返青期	拔节期	孕穗期	成熟期
T1	10.0	32.4	57.0	71.4	40.8	23.8
T2	8.3	30.9	55.6	65.0	36.8	24.7
T3	10.5	26.5	51.7	60.6	35.5	21.0
T4	11.8	30.6	55.3	67.6	37.1	29.0

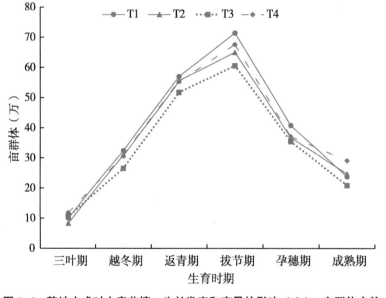

图 1-4　整地方式对小麦苗情、生长发育和产量的影响（Ⅰ）：亩群体走势

2.9 对产量构成要素与产量的影响

产量构成要素与产量调查结果见表 1-29，走势见图 1-5。4 个处理对穗粒数和千粒重影响不太明显。从穗粒数调查来看，穗粒数从多到少依次是 T2（36.4 粒）＞ T1（36.0 粒）＞T3（35.6 粒）＞ T4（33.8 粒）；从千粒重调查来看，千粒重由大到小依次是 T3（44.8 g）＞ T1（43.0 g）＝ T2（43.0 g）＞ T4（42.6 g）。

4 个处理对产量的影响较大（表 1-29）。T4 产量最高（354.9 kg/亩），其次为 T2（328.6 kg/亩），第三为 T1（313.2 kg/亩），T3 籽粒产量最低（284.7 kg/亩）。T4 较 T3 增产 70.2 kg/亩，增幅达 24.7%。

表 1-29　整地方式对小麦苗情、生长发育和产量的影响（Ⅰ）：产量构成要素与产量

处理	亩穗数 （万）	穗粒数 （粒）	千粒重 （g）	理论产量 （kg/亩）
T1	23.8	36.0	43.0	313.2
T2	24.7	36.4	43.0	328.6
T3	21.0	35.6	44.8	284.7
T4	29.0	33.8	42.6	354.9

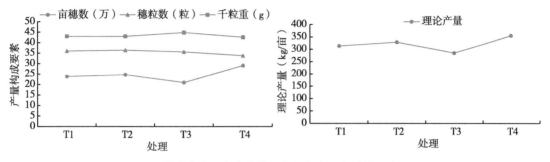

图 1-5　整地方式对小麦苗情、生长发育和产量的影响（Ⅰ）：
产量构成要素及理论产量走势

3　小结

（1）不同整地方式对小麦生长发育进程及冬、春抗寒能力没有影响，对播种深度、干物质积累、亩群体、穗粒数和千粒重影响不明显。

（2）翻耕（25 cm 左右）后土壤具有较强的保墒能力。

（3）"翻耕（25 cm 左右）+耙实"虽然对苗期生长不利，不易"发苗"，但由于耕层较厚、保墒能力强，可促进根系发育，利于灌浆期为植株提供充足的营养和水分，利于千粒重提高，从而形成高产。与其他整地方式相比，"翻耕（25 cm 左右）+耙实"增产达到极显著水平。因此，"翻耕（25 cm 左右）+耙实"在生产中具有较大的推广应用价值。"翻耕（25 cm 左右）+旋耕"虽然前期发苗较快，但容易引起后期养分供应失调。在本试验中，"翻耕（25 cm 左右）+旋耕"产量最低，是生产中最无推广应用价值的处理方法。

（4）在小麦生产中，"翻耕（25 cm 左右）+耙实"增产作用非常明显，较"旋耕+耙实镇压"增产 26.3 kg/亩（增幅 8.0%）。同时，耙实镇压后播种尤为重要，也具有很好的增产潜力。在本试验中，"旋耕+耙实镇压"比"旋耕"增产 15.4 kg/亩（增幅 4.9%），"翻耕（25 cm 左右）+耙实"较"翻耕（25 cm 左右）+旋耕"增产 70.2 kg/亩（增幅 24.7%）。

第五节　整地方式对小麦苗情、生长
发育和产量的影响（Ⅱ）

本试验以郑麦 7698 为参试品种，持续研究不同整地方式对土壤含水量、出苗和小麦

生长发育的影响，探讨郑麦 7698 小麦品种高产高效栽培方法，为实现夏粮丰产丰收提供理论依据。

1 材料与方法

1.1 试验处理

试验在获嘉县城关镇前李村进行，试验田为壤土，地力均匀，灌排方便；前茬玉米产量 650 kg/亩；试验共设 4 个处理（表 1-30），大区设计，每区 100 m×3.3 m，不设重复。

表 1-30 整地方式对小麦苗情、生长发育和产量的影响（Ⅱ）：试验设计

序号	处理
处理 1（T1，CK）	玉米秸秆粉碎还田+旋耕后播种（农民习惯）
处理 2（T2）	玉米秸秆粉碎还田+旋耕+耙实镇压后播种
处理 3（T3）	玉米秸秆粉碎还田+翻耕（25 cm 左右）+旋耕后播种
处理 4（T4）	玉米秸秆粉碎还田+翻耕（25 cm 左右）+耙实后播种

1.2 生产管理

小区田间管理一致。2013 年 10 月 5 日，底施尿素 20 kg/亩、磷酸一铵 20 kg/亩、氯化钾 10 kg/亩，按方案要求整地。10 月 6 日，机械播种，播量 10 kg/亩，行距 22 cm。品种采用郑麦 7698，河南省农业科学院小麦研究所提供。播前用 50%多菌灵悬浮剂 100 g+40%辛硫磷乳油 100 mL，加水 300 g 拌种 50 kg。因底墒不足，10 月 8 日浇蒙头水。2014 年 3 月 13 日，每亩用 10%苯磺隆可湿性粉剂 18 g+20%氯氟吡氧乙酸乳油 30 mL，加水 15 kg 喷施除草。3 月 21 日浇拔节水，结合浇水亩追施尿素 10 kg。4 月 19 日，每亩用 50%多菌灵悬浮剂 100 g+20%三唑酮乳油 50 g+10%吡虫啉可湿性粉剂 20 g，加水 20 kg 叶面喷雾，预防小麦赤霉病和麦蚜。

2 结果与分析

2.1 对生育期的影响

由生育时期调查结果（表 1-31）可知，整地方式对小麦的生育期没有影响。

表 1-31 整地方式对小麦苗情、生长发育和产量的影响（Ⅱ）：生育时期调查

处理	出苗期	越冬期	返青期	拔节期	孕穗期	抽穗期	开花期	成熟期
T1	10 月 14 日	12 月 20 日	2 月 16 日	3 月 13 日	4 月 6 日	4 月 17 日	4 月 22 日	5 月 30 日
T2	10 月 14 日	12 月 20 日	2 月 16 日	3 月 13 日	4 月 6 日	4 月 17 日	4 月 22 日	5 月 30 日
T3	10 月 14 日	12 月 20 日	2 月 16 日	3 月 13 日	4 月 6 日	4 月 17 日	4 月 22 日	5 月 30 日
T4	10 月 14 日	12 月 20 日	2 月 16 日	3 月 13 日	4 月 6 日	4 月 17 日	4 月 22 日	5 月 30 日

2.2 对播种深度的影响

由播种深度调查结果（表 1-32）可知，T1 平均值为 2.5 cm，T2 平均值为 2.9 cm，

T3 平均值为 2.9 cm，T4 平均值为 2.8 cm。旋耕处理的播种深度最浅，其余 3 个处理播种深度差距不明显。

表 1-32 整地方式对小麦苗情、生长发育和产量的影响（Ⅱ）：播种深度调查

（测定日期：2013 年 10 月 25 日） 单位：cm

处理	第 1 株	第 2 株	第 3 株	第 4 株	第 5 株	第 6 株	第 7 株	第 8 株	第 9 株	第 10 株
T1	2.5	3.0	2.9	2.3	2.8	3.2	2.2	3.4	1.5	3.5
	1.2	1.5	2.6	2.4	3.6	2.9	3.9	2.3	3.1	2.2
	3.0	2.2	3.3	2.3	3.0	2.3	1.8	2.7	2.7	2.4
	1.4	1.9	2.7	3.6	2.2	1.7	1.6	1.4	0.9	1.9
T2	3.0	3.5	3.1	3.0	2.5	3.0	3.4	2.8	2.3	1.5
	3.5	4.6	3.0	2.7	3.4	1.5	4.0	3.3	1.7	3.5
	2.0	1.0	3.3	3.1	3.9	2.1	3.8	2.7	2.0	2.7
	2.6	4.2	3.9	1.9	2.5	2.8	4.2	3.3	2.7	2.6
T3	4.0	1.6	2.4	3.8	2.5	2.6	3.6	4.7	3.2	3.2
	2.6	1.6	3.3	2.7	2.6	2.0	4.2	1.9	1.7	4.5
	1.7	2.7	3.6	1.1	3.2	2.0	2.1	3.4	1.9	3.0
	2.7	3.0	2.5	4.7	4.1	3.1	3.0	1.5	2.6	4.8
T4	2.2	5.2	1.5	1.4	1.7	5.0	6.0	3.0	3.0	1.8
	2.9	2.7	2.0	1.6	2.4	2.6	2.1	1.6	2.2	4.5
	1.0	2.8	3.5	3.2	4.3	2.3	2.6	2.4	2.4	3.2
	3.0	0.6	2.9	2.8	3.4	2.7	4.1	2.5	3.3	2.1

注：每处理选 4 个点，每点 10 株。

2.3 对地下茎长度的影响

由地下茎长度调查结果（表 1-33）可知，T1 平均值为 0.6 cm，T2、T3 平均值均为 0.9 cm。即旋耕处理的地下茎长度最短，表明旋耕后土壤疏松，容易出苗，其余 3 个处理播种深度差距不明显。

表 1-33 整地方式对小麦苗情、生长发育和产量的影响（Ⅱ）：地下茎长度调查

（测定日期：2013 年 10 月 28 日） 单位：cm

处理	第 1 株	第 2 株	第 3 株	第 4 株	第 5 株	第 6 株	第 7 株	第 8 株	第 9 株	第 10 株
T1	0.0	1.0	1.3	0.0	0.6	1.3	0.7	1.6	0.0	1.7
	0.0	0.0	0.9	0.4	1.7	1.2	2.2	0.0	0.7	1.0
	1.2	0.8	0.0	0.0	0.9	0.0	0.0	0.8	0.0	0.0
	0.0	0.6	1.7	2.2	0.0	0.6	0.0	0.0	0.0	0.6

（续表）

处理	第1株	第2株	第3株	第4株	第5株	第6株	第7株	第8株	第9株	第10株
	1.2	2.7	0.0	1.4	0.9	0.0	1.9	1.0	0.9	0.0
T2	1.6	3.2	0.0	0.0	0.0	0.0	1.5	0.5	0.0	1.7
	0.0	0.0	1.1	0.0	1.9	0.6	2.2	1.0	0.0	0.7
	0.7	2.2	1.6	0.0	1.2	1.6	2.3	1.6	0.0	0.0
	2.1	0.0	0.0	0.0	0.7	0.8	1.8	1.0	0.8	1.8
T3	0.7	0.0	1.7	0.6	0.0	0.0	1.9	0.0	0.0	2.3
	0.0	1.1	2.1	0.0	1.4	0.0	0.0	2.1	0.0	0.7
	0.9	1.5	0.5	2.4	2.1	1.6	0.5	0.0	0.7	2.6
	0.9	2.4	0.0	0.0	0.0	3.0	3.0	1.0	0.0	0.0
T4	0.0	1.0	0.0	0.0	1.0	1.2	0.5	0.0	0.0	1.6
	0.0	1.0	2.5	2.1	2.8	0.0	1.1	0.0	1.1	1.0
	0.7	0.0	1.2	1.2	1.1	0.0	1.7	0.0	0.9	0.0

注：每处理选4个点，每点10株。

2.4 对出苗的影响

由缺苗断垄情况调查结果（表1-34）可知，T1>7 cm断垄点数最高（153处），断垄总长度最长（17.71 m），出苗率最低（52.5%），说明旋耕对出苗的影响最为严重。此外，不管旋耕还是翻耕，经耙实后断垄程度减轻，有利于全苗。

表1-34　整地方式对小麦苗情、生长发育和产量的影响（Ⅱ）：缺苗断垄情况调查
（测定日期：2013年10月25日）

处理	样段长度（m）	样段总苗数（株）	>7 cm断垄点数	断垄总长度（m）	出苗率（%）	断垄程度
T1	88	3 048	153	17.71	52.5	严重
T2	88	3 659	125	13.33	63.0	一般
T3	88	3 168	134	15.56	54.5	严重
T4	88	3 626	126	13.99	62.0	一般

2.5 对冬、春抗寒能力的影响

冬、春抗寒能力调查结果如表1-35所示。本试验年度，冬季积温较常年偏高，未出现冬季冻害。春季积温仍然较常年偏高，未发生春季冻害。因此，各处理间对抗冬春冻害的能力未出现差异。

表 1-35　整地方式对小麦苗情、生长发育和产量的影响（Ⅱ）：抗寒能力调查

（冬季测定日期：2014 年 2 月 28 日　春季测定日期：2014 年 3 月 30 日）　　单位：个

项目	处理	样段总茎蘖数 （株）	样段受冻茎蘖数 （株）
冬季冻害	T1	1 636	0
	T2	1 580	0
	T3	1 669	0
	T4	1 674	0
春季冻害	T1	1 777	0
	T2	1 725	0
	T3	1 856	0
	T4	1 794	0

2.6　对土壤含水量的影响

各处理不同土层含水量见表 1-36，各土层不同处理土壤含水量走势见图 1-6。

从图 1-6 可以看出，0~10 cm 土层内各个处理在越冬期土壤含水量基本一致；在返青期 T1 土壤含水量偏差较大，可能是由于操作误差引起，其他处理相差不大；在拔节期、抽穗期和成熟期，各个处理之间土壤含水量基本一致。

表 1-36　整地方式对小麦苗情、生长发育和产量的影响（Ⅱ）：土壤含水量测定

单位：%

生育时期	处理	0~10 cm	10~20 cm	20~30 cm
越冬期	T1	16.0	17.9	16.2
	T2	15.0	17.3	17.5
	T3	14.5	18.3	17.2
	T4	14.8	16.3	17.3
返青期	T1	21.0	16.8	16.7
	T2	13.3	16.1	17.0
	T3	14.3	16.9	15.1
	T4	14.8	15.6	15.3
拔节期	T1	8.9	14.0	15.5
	T2	9.1	12.9	15.5
	T3	9.5	13.3	13.0
	T4	8.6	12.6	13.5
抽穗期	T1	21.5	17.7	15.4
	T2	20.2	20.1	15.7
	T3	22.2	17.6	14.0
	T4	22.5	19.6	17.9
开花期	T1	12.5	12.9	14.2
	T2	13.8	14.1	14.2
	T3	13.8	13.8	14.7
	T4	12.6	13.9	15.6

（续表）

生育时期	处理	0~10 cm	10~20 cm	20~30 cm
成熟期	T1	10.2	10.2	9.2
	T2	8.6	9.3	9.7
	T3	7.1	9.2	9.9
	T4	5.2	9.9	10.3

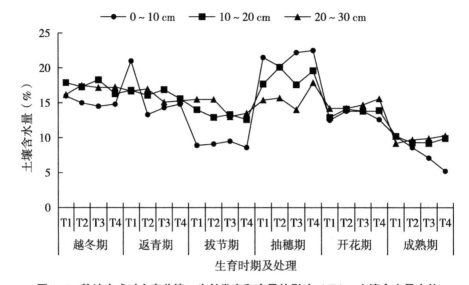

图1-6 整地方式对小麦苗情、生长发育和产量的影响（Ⅱ）：土壤含水量走势

10~20 cm土层内各个处理在越冬期、返青期、拔节期土壤含水量基本一致；在抽穗期土壤含水量稍有偏差，T2、T4土壤含水量较高；在开花和成熟期各个处理之间土壤含水量趋于一致。

20~30 cm土层内，各个处理在越冬期、返青期土壤含水量基本一致；在拔节期、抽穗期差别较大，尤其是T4在拔节期从较低水平成为抽穗期土壤含水量最高；开花期、成熟期土壤含水量趋于一致，但T4始终处于较高水平。

总体而言，T4在抽穗期和开花期3个土层土壤含水量均处于较高水平，其他几个时期与其他处理基本持平，说明深耕耙实后有利于涵养水分。

2.7 对干物质积累的影响

由不同生育时期干物质积累测定（表1-37）和走势（图1-7）可知，在越冬期、返青期、拔节期3个时期各处理干物质积累基本相同。除成熟期外，T4在各个生育时期单株干物质积累处于较高水平或接近较高水平；T2在抽穗期和开花期干物质积累较慢。

表1-37 整地方式对小麦苗情、生长发育和产量的影响（Ⅱ）：干物质积累测定

单位：g/株

处理	越冬期	返青期	拔节期	抽穗期	开花期	成熟期
T1	1.14	1.10	2.07	7.04	7.92	13.84

（续表）

处理	越冬期	返青期	拔节期	抽穗期	开花期	成熟期
T2	1.34	1.82	1.54	5.23	6.65	11.78
T3	0.78	2.01	1.29	7.15	8.80	12.53
T4	0.90	2.33	1.70	7.23	8.87	10.64

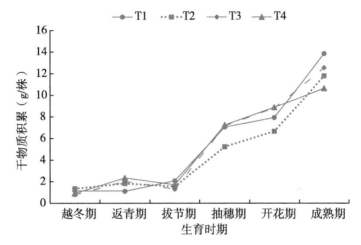

图1-7　整地方式对小麦苗情、生长发育和产量的影响（Ⅱ）：干物质积累走势

2.8　对亩群体的影响

采用一米双行，每处理选3个点取平均值，折算每亩群体数。由亩群体调查（表1-38）及走势图（图1-8）可知，各处理在不同生育时期亩群体走势一致，但T4亩群体基本处于或接近较高水平，且该处理孕穗后亩群体下降平缓，亩穗数较其他处理偏高。

表1-38　整地方式对小麦苗情、生长发育和产量的影响（Ⅱ）：亩群体调查

单位：万

处理	三叶期	越冬期	返青期	拔节期	孕穗期	成熟期
T1	11.9	65.8	82.6	89.7	53.7	35.3
T2	10.9	61.0	79.8	87.1	56.3	39.7
T3	12.5	64.8	84.3	93.7	61.3	37.6
T4	10.2	65.5	84.5	90.6	59.9	41.1

2.9　对产量构成要素与产量的影响

各处理产量构成要素与产量见表1-39。结果表明，T4产量最高，达到529.4 kg/亩。如果以T1为对照，T2较对照增产43.8 kg/亩（增幅9.6%）；T3较对照增产6.5 kg/亩（增幅1.4%）；T4较对照增产74.7 kg/亩（增幅16.4%）。

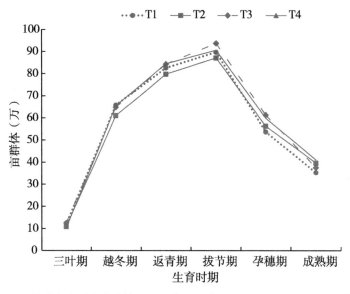

图 1-8　整地方式对小麦苗情、生长发育和产量的影响（Ⅱ）：亩群体走势

表 1-39　整地方式对小麦苗情、生长发育和产量的影响（Ⅱ）：产量构成要素与产量

处理	亩穗数（万）	穗粒数（粒）	千粒重（g）	理论产量（kg/亩）
T1	35.3	33.6	45.1	454.7
T2	39.7	31.5	46.9	498.5
T3	37.6	31.1	46.4	461.2
T4	41.1	31.7	47.8	529.4

3　小结

（1）整地方式对小麦生长发育进程没有影响，对播种深度、穗粒数和千粒重影响不明显。

（2）"翻耕（25 cm 左右）+耙实"在抽穗期和开花期 3 个耕层土壤含水量均处于较高水平，有利于涵养水分，保墒能力较好。

（3）"翻耕（25 cm 左右）+耙实"各个生育时期单株干物质积累较快。

（4）整地方式对亩群体影响不大，但"翻耕（25 cm 左右）+耙实"亩群体基本处于或接近较高水平，且孕穗后亩群体下降平缓，亩穗数较其他处理偏高。

（5）"翻耕（25 cm 左右）+耙实"产量最高，达到 529.4 kg/亩，较"旋耕"增产74.7 kg/亩（增幅 16.4%），具有较高的推广应用价值。在 4 种整地方式中，"旋耕"产量最低。

第六节　整地方式对小麦苗情、生长发育和产量的影响（Ⅲ）

本试验以郑麦 7698 为参试品种，进一步开展整地方式对土壤含水量、出苗和小麦生长发育的影响研究，探讨郑麦 7698 小麦品种高产高效栽培方法，为实现夏粮丰产丰收提供理论依据。

1　材料与方法

1.1　试验处理

试验在获嘉县城关镇前李村进行，试验田为壤土，地力均匀，灌排方便；前茬玉米产量 650 kg/亩，试验基础记载见表 1-40；试验设 4 个处理（表 1-41），大区设计，每区 100 m×3.3 m，不设重复。

表 1-40　整地方式对小麦苗情、生长发育和产量的影响（Ⅲ）：基础记载

项目	内容
试验田面积（m²）	1 600
播期	10 月 16 日
土壤质地	壤土
小区尺寸（长×宽）	100 m×3.3 m
播种方式	机播
基础施肥	
尿素	N：46%
磷酸一铵	N：11%，P_2O_5：44%
氯化钾	K_2O：60%

表 1-41　整地方式对小麦苗情、生长发育和产量的影响（Ⅲ）：试验设计

处理	内容
处理 1（T1）	玉米秸秆粉碎还田+旋耕后播种（农民习惯）
处理 2（T2）	玉米秸秆粉碎还田+旋耕+耙实镇压后播种
处理 3（T3）	玉米秸秆粉碎还田+翻耕（25 cm 左右）+旋耕后播种
处理 4（T4）	玉米秸秆粉碎还田+翻耕（25 cm 左右）+耙实后播种

1.2　生产管理

小区田间管理一致。2014 年 10 月 15 日，按方案要求整地，每亩撒施 40%（N-P-K=22-13-5）配方肥 50 kg，通过耕地与土壤充分混合。10 月 16 日，机械播种，播量 10 kg/亩，行距 22 cm。品种采用郑麦 7698，由河南省农业科学院小麦研究所提供。播前拌种：用50%多菌灵悬浮剂100 g+40%辛硫磷乳油100 mL，加水300 g拌种50 kg，拌后堆闷4 h，晾干后播种。追肥：2015年3月16日追施拔节肥，亩追尿素10 kg。结合追肥，进行浇水。防治病虫草害：2015年3月9日，亩用20%氯氟吡氧乙酸异辛酯悬浮剂30 mL+TD助剂10 g，加水15 kg喷施除草。2015年4月27日，亩用50%多菌灵悬浮剂100 g+40%氧乐果乳油100 mL+25%吡虫啉可湿性粉剂8 g+磷酸二氢钾200 g，加水50 kg喷雾，预防小麦赤霉病、蚜虫、干热风。

2 结果与分析

2.1 对生育期的影响

由生育时期调查结果（表1-42）可知，整地方式对小麦的生育期没有影响。

表1-42 整地方式对小麦苗情、生长发育和产量的影响（Ⅲ）：生育时期调查

处理	出苗期	越冬期	返青期	拔节期	孕穗期	抽穗期	开花期	成熟期
T1	10月26日	12月20日	2月15日	3月14日	4月8日	4月21日	4月25日	6月3日
T2	10月26日	12月20日	2月15日	3月14日	4月8日	4月21日	4月25日	6月3日
T3	10月26日	12月20日	2月15日	3月14日	4月8日	4月21日	4月25日	6月3日
T4	10月26日	12月20日	2月15日	3月14日	4月8日	4月21日	4月25日	6月3日

2.2 对播种深度的影响

由播种深度调查（表1-43）分析可知，T1平均值为2.5 cm，T2平均值为2.5 cm，T3平均值为2.4 cm，T4平均值为2.4 cm，4个处理播种深度差距不明显。

表1-43 整地方式对小麦苗情、生长发育和产量的影响（Ⅲ）：播种深度调查
（测定日期：2014年11月12日） 单位：cm

处理	第1株	第2株	第3株	第4株	第5株	第6株	第7株	第8株	第9株	第10株
T1	2.1	1.8	3.5	3.8	2.2	3.2	2.8	2.2	3.1	2.3
	3.2	3.0	2.7	3.5	1.6	3.4	2.6	1.3	1.6	1.2
	1.9	2.5	2.8	3.6	4.1	3.5	3.2	3.2	1.7	4.0
	4.2	1.6	1.8	1.4	1.1	1.5	1.6	1.7	1.9	3.8
T2	5.7	2.2	2.1	1.4	3.5	4.2	3.9	4.3	1.7	4.1
	5.1	3.8	4.2	3.9	3.5	1.2	1.7	2.3	4.8	3.8
	2.9	5.5	4.7	4.1	1.4	1.6	2.9	3.6	3.3	3.8
	1.5	2.2	4.1	1.1	3.5	3.1	2.5	2.4	3.6	4.1
T3	3.6	1.5	2.7	2.1	4.5	5.7	1.6	1.5	1.8	1.9
	3.3	3.8	3.5	2.2	1.9	5.1	2.3	3.1	2.3	3.1
	2.8	1.3	2.0	4.9	3.4	1.8	3.2	4.2	3.4	4.2
	3.2	2.2	4.5	2.4	4.5	3.5	4.1	1.9	4.3	3.9

处理	第1株	第2株	第3株	第4株	第5株	第6株	第7株	第8株	第9株	第10株
	4.6	4.8	2.1	1.6	1.7	3.1	2.8	2.1	4.5	1.5
T4	2.7	4.3	1.7	1.8	1.9	2.2	1.9	3.6	1.8	1.4
	2.1	1.4	2.8	2.8	3.2	2.5	1.6	1.9	2.3	4.1
	2.5	1.9	2.5	1.9	1.6	1.4	2.2	1.8	5.7	3.3

注：每处理选 4 个点，每点 10 株。

2.3 对地下茎长度的影响

由地下茎长度调查（表 1-44）分析可知，T1 平均值为 0.51 cm，T2 平均值为 1.06 cm，T3 平均值为 0.82 cm，T4 平均值为 0.48 cm。即 T4 的地下茎长度最短，与 T1 比较接近。

表 1-44 整地方式对小麦苗情、生长发育和产量的影响（Ⅲ）：地下茎长度调查

（测定日期：2014 年 11 月 12 日） 单位：cm

处理	第1株	第2株	第3株	第4株	第5株	第6株	第7株	第8株	第9株	第10株
	2.2	0.0	0.0	0.0	0.0	0.0	0.0	0.0	0.0	1.3
T1	0.0	0.0	0.0	1.2	1.4	1.1	1.4	0.7	0.0	2.1
	0.0	0.9	0.0	1.7	0.0	1.1	0.0	0.0	0.0	0.0
	0.0	0.0	1.2	1.6	0.0	1.1	0.3	0.0	1.0	0.0
	0.0	0.0	1.2	0.0	1.6	0.5	0.3	0.0	1.2	1.6
T2	0.0	2.7	2.3	1.6	0.0	0.0	0.7	1.5	0.6	1.8
	2.8	1.3	2.1	1.7	0.8	0.0	0.0	0.0	2.5	1.9
	3.2	0.4	0.0	0.0	1.1	1.5	1.3	2.2	0.0	2.1
	1.8	0.0	1.5	0.9	1.5	2.0	1.2	0	0.5	0.0
T3	0.0	0.0	0.0	2.4	1.1	0.0	1.1	1.9	1.5	2.4
	0.0	0.9	1.2	0.0	0.0	2.2	0.0	0.0	0.0	0.6
	2.2	0.0	0.0	0.0	2.1	3.8	0.0	0.0	0.0	0.0
	0.0	0.0	0.0	0.0	0.0	0.0	0.4	0.0	3.2	0.9
T4	0.6	0.0	0.5	0.0	1.1	0.0	0.0	0.0	0.0	1.6
	0.0	1.6	0.0	0.0	0.0	0.0	0.0	1.8	0.0	0.0
	2.6	2.8	0.0	0.0	0.0	0.0	0.0	0.0	2.1	0.0

注：每处理选 4 个点，每点 10 株。

2.4 对出苗的影响

由缺苗断垄情况调查（表 1-45）可知，T1>7 cm 断垄点数最高（92 处），断垄总长度最长（9.58 m），出苗率最低（68.6%），说明 T1 对出苗的影响最为严重。

表 1-45 整地方式对小麦苗情、生长发育和产量的影响（Ⅲ）：缺苗断垄情况调查

（测定日期：2014 年 11 月 12 日）

处理	样段长度 （m）	样段总苗数 （株）	>7 cm 断垄点数	断垄总长度 （m）	出苗率 （%）	断垄程度 （%）
T1	60	3 726	92	9.58	68.6	15.97

（续表）

处理	样段长度（m）	样段总苗数（株）	>7 cm断垄点数	断垄总长度（m）	出苗率（%）	断垄程度（%）
T2	60	3 889	61	6.59	71.6	10.98
T3	60	3 917	53	5.46	72.1	9.10
T4	60	3 999	39	4.24	73.6	7.07

2.5 对冬、春抗寒能力的影响

本试验年度，冬季积温较常年偏高，未出现冬季冻害。春季积温仍然较常年偏高，未发生春季冻害，如表1-46所示。因此，不同处理对抗冬春冻害的能力未出现差异。

表1-46 整地方式对小麦苗情、生长发育和产量的影响（Ⅲ）：冻害程度调查

（冬季测定日期：2015年3月2日 春季测定日期：2015年3月30日） 单位：个

项目	处理	样段总茎蘖数	样段受冻茎蘖数
冬季冻害（于返青期调查）	T1	1 954	0
	T2	2 090	0
	T3	2 061	0
	T4	1 945	0
春季冻害（于拔节期调查）	T1	2 112	0
	T2	2 314	0
	T3	2 223	0
	T4	2 139	0

2.6 对土壤含水量的影响

不同处理不同土层含水量测定见表1-47，同一土层不同处理土壤含水量走势见图1-9。

表1-47 整地方式对小麦苗情、生长发育和产量的影响（Ⅲ）：土壤含水量测定

单位：%

生育时期	处理	0~10 cm	10~20 cm	20~30 cm
越冬期	T1	16.1	18.1	16.5
	T2	15.2	17.6	17.8
	T3	14.7	18.5	17.5
	T4	14.9	16.6	17.6
返青期	T1	10.6	16.6	15.7
	T2	9.5	14.7	10.6
	T3	11.8	14.8	13.5
	T4	9.1	13.9	14.3

（续表）

生育时期	处理	0~10 cm	10~20 cm	20~30 cm
拔节期	T1	23.4	20.2	20.5
	T2	23.6	22.2	20.3
	T3	23.0	20.2	19.5
	T4	22.5	22.0	21.1
抽穗期	T1	17.7	15.2	16.6
	T2	17.4	16.5	16.4
	T3	16.3	14.3	12.8
	T4	16.4	13.8	14.5
开花期	T1	17.7	15.1	16.6
	T2	17.4	16.5	16.4
	T3	16.3	14.3	12.8
	T4	16.4	13.8	14.5
成熟期	T1	8.0	10.7	10.0
	T2	7.1	9.5	10.3
	T3	8.4	10.6	10.0
	T4	7.9	10.4	10.6

从图1-9可以看出，0~10 cm土层内各个处理在越冬期土壤含水量基本一致。

10~20 cm土层内，各个处理在越冬期土壤含水量基本一致，返青期T1较高，拔节期T2、T4较高，抽穗期T2较高，成熟期各个处理之间土壤含水量趋于一致。

20~30 cm土层内，各个处理在越冬期、拔节期及成熟期土壤含水量基本一致，但在返青期、抽穗期差别较大。

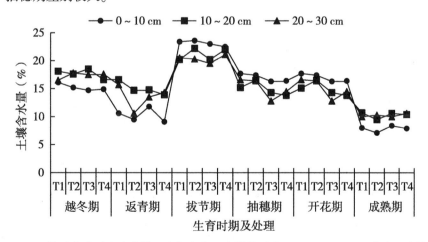

图1-9 整地方式对小麦苗情、生长发育和产量的影响（Ⅲ）：不同土层含水量走势

2.7 对干物质积累的影响

由不同生育时期干物质积累测定结果（表1-48）和走势（图1-10）可知，各处理在越冬期、拔节期及返青期干物质积累差别不大，但T3在抽穗期及开花期干物质积累较快；在成熟期，T2单株干物质积累迅速，T4则呈下降趋势。

表 1-48　整地方式对小麦苗情、生长发育和产量的影响（Ⅲ）：干物质积累测定

单位：g/株

处理	越冬期	返青期	拔节期	抽穗期	开花期	成熟期
T1	0.89	0.96	1.85	4.87	5.45	6.01
T2	0.93	0.96	2.26	4.17	4.66	7.77
T3	1.06	1.12	1.75	5.27	5.92	5.86
T4	0.85	0.88	2.05	4.54	5.11	4.07

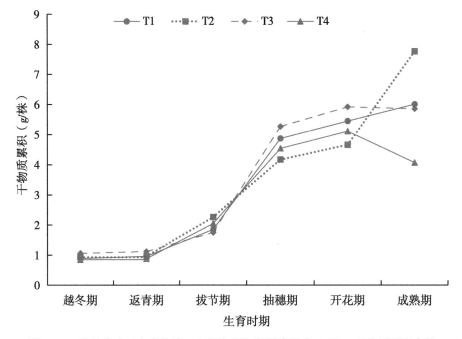

图 1-10　整地方式对小麦苗情、生长发育和产量的影响（Ⅲ）：干物质积累走势

2.8　对亩群体的影响

采用一米双行，每处理选 3 个点取平均值，折算每亩群体数。各个时期亩群体调查结果见表 1-49，走势见图 1-11。各处理在不同生育时期亩群体动态一致，但 T4 亩群体基本处于或接近较高水平，且该处理孕穗后亩群体下降平缓，亩穗数较其他处理偏高。

表 1-49　整地方式对小麦苗情、生长发育和产量的影响（Ⅲ）：亩群体调查

单位：万

处理	三叶期	越冬期	返青期	拔节期	孕穗期	成熟期
T1	20.6	71.1	108.6	117.3	53.6	39.4
T2	21.5	73.3	116.1	125.9	60.7	46.6
T3	21.0	72.6	114.5	123.5	58.8	43.6
T4	19.6	75.8	108.1	118.8	60.9	47.9

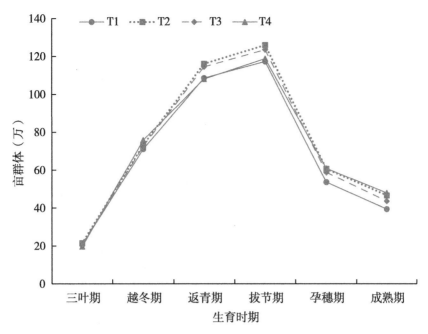

图 1-11　整地方式对小麦苗情、生长发育和产量的影响（Ⅲ）：亩群体走势

2.9　对产量构成要素与产量的影响

各处理产量构成要素与产量见表 1-50。结果表明，T4 产量最高，达到 712.9 kg/亩。如果以 T1 为对照，T2 较对照增产 91.7 kg/亩（增幅 15.1%），T3 较对照增产 28.0 kg/亩（增幅 4.6%），T4 较对照增产 106.8 kg/亩（增幅 17.6%）。

表 1-50　整地方式对小麦苗情、生长发育和产量的影响（Ⅲ）：产量构成要素与产量

处理	亩穗数（万）	穗粒数（粒）	千粒重（g）	理论产量（kg/亩）
T1	39.4	39.6	45.7	606.1
T2	46.6	38.3	46.0	697.8
T3	43.6	38.8	44.1	634.1
T4	47.9	37.9	46.2	712.9

3　小结

（1）不同整地方式对小麦生长发育进程没有影响，对播种深度、穗粒和千粒重影响不明显。

（2）"翻耕（25 cm 左右）+耙实"在拔节期和抽穗期 3 个土层土壤含水量均处于较高水平，有利于涵养水分，保墒能力较好，生长发育快，单株干物质积累较多。

（3）不同整地方式对亩群体影响不大，但"翻耕（25 cm 左右）+耙实"两极分化后亩群体下降平缓，成熟期亩穗数与其他处理相比处于较高水平。

（4）"翻耕（25 cm 左右）+耙实"产量最高，达到 712.9 kg/亩，较"旋耕"后直接播种处理增产 106.8 kg/亩（增幅 17.6%），具有较高的推广应用价值。

第二章 播种模式对小麦生长发育及产量的影响

近年来，农业科研人员不断开展小麦播种模式研究，试图通过改变播种模式来提高产量，常见方法有宽幅匀播、立体匀播、机械沟播等。

2011—2013 年、2012—2013 年、2020—2021 年开展的小麦宽幅试验示范结果表明，宽幅播种较常规播种有四大优势：①宽幅播种苗齐、苗匀，容易形成冬前壮苗；②宽幅播种无效分蘖减少，两极分化快；③宽幅播种产量高于常规播种；④宽幅播种籽粒品质整体优于常规处理。2015—2017 年连续 2 年开展了小麦播种模式试验示范，设 4 个处理：机械沟播、当地常规等行距条播、机械宽幅匀播 28 cm、机械宽幅匀播 24 cm。结果表明，宽幅匀播有利于一播全苗；24 cm 宽幅播种产量较高，在生产上具有推广应用价值；机械沟播产量不占优势，主要是亩群体不足造成的。但机械沟播更适合于丘陵、旱作麦田，节约生产成本，减少水分散失，更具有推广优势。2018—2019 年开展的小麦立体匀播技术示范，结果表明，在越冬期、返青期、拔节期，立体匀播单株茎蘖及亩群体始终高于常规条播；立体匀播实收 616.9 kg/亩，较常规条播亩增产 47.2 kg（增幅 8.3%）。

第一节 小麦宽幅匀播试验（Ⅰ）

本试验通过小麦宽幅高产栽培技术试验示范，克服传统栽培中出现的缺苗断垄和疙瘩苗现象，充分挖掘小麦精播高产栽培技术的增产潜力，为当地小麦新品种引进、推广，小麦高产高效和安全生产提供依据。

1 材料与方法

1.1 试验材料与方法

试验在获嘉县照镜镇前李村进行，试验田为壤土，地力均匀，灌排方便；施肥前取土化验，有机质 18.1 g/kg，全氮 1.12%，有效磷 14.8 mg/kg，速效钾 255.3 mg/kg。试验共设 6 个处理，不设重复，田间随机排列。前茬作物玉米，亩产 500 kg，于 2011 年 10 月 18 日旋耕整地，耕深 15 cm，耕后用旋耕耙、钉齿耙耙 2 遍；耕地前施入 40%配方肥（N-P-K=23-12-5）50 kg/亩；10 月 19 日，按试验要求机械播种。

试验设 3 个播量处理，分别为 3.5 kg/亩、7.0 kg/亩、10.5 kg/亩，3 个宽幅处理均以相同播量常规播种作对照（表 2-1），每个处理 1 个小区，共 6 个小区。小区面积 0.55 亩（3.88 m×94.7 m），田间顺序排列，宽幅处理行距 26 cm，每小区 14 行，常规处理 22 cm，每小区 17 行。供试小麦品种为强筋品种新麦 26；种子由河南省新乡市农业科学院提供。

表2-1 小麦宽幅匀播试验（Ⅰ）试验设计

处理	播种模式	播量（kg/亩）
处理1	宽幅播种	3.5
处理2	常规播种	3.5
处理3	宽幅播种	7.0
处理4	常规播种	7.0
处理5	宽幅播种	10.5
处理6	常规播种	10.5

试验主要用到的机械和仪器为2BJK-6小麦宽幅精量播种机。

1.2 田间管理

6个小区的田间管理完全一致。深耕细耙，造足底墒，无明暗坷垃，上松下实。耕深23～25 cm，打破犁底层，不漏耕，耕细耙透，增加土壤蓄水保墒能力。耕后复平，起垄后细平。播前用50%多菌灵悬浮剂100 g+40%辛硫磷乳油100 mL，加水300 g拌种50 kg；2012年3月20日，每亩撒施尿素（N 46%）10 kg；3月17日，用10%苄嘧磺隆可湿性粉剂50 g/亩，加水20 kg喷雾，防治麦田杂草；3月29日，用5%阿维菌素悬浮剂8 mL/亩喷雾，防治红蜘蛛。4月25日，用50%多菌灵悬浮剂100 g/亩+5%吡虫啉悬浮剂50 mL/亩，加水20 kg喷雾，防治赤霉病、麦蚜。5月3日，用5%吡虫啉悬浮剂50 mL/亩，加水20 kg喷雾，防治麦蚜。6月1号成熟收获，每个小区选择50 m² 晒干后计算实收产量。

2 结果与分析

2.1 播种模式对小麦生长发育的影响

2.1.1 对亩基本苗的影响

亩基本苗调查结果如表2-2所示，处理1与处理2的亩基本苗、出苗率持平，处理3的亩基本苗和出苗率大于处理4，处理5的亩基本苗、出苗率均小于处理6，但差异均不显著。因此，在这次试验中播种模式对亩基本苗影响不显著。

表2-2 小麦宽幅匀播试验（Ⅰ）：亩基本苗调查

处理	三叶期（万）	出苗率（%）
处理1	6.8	85.2
处理2	6.8	85.2
处理3	14.4	90.2
处理4	13.6	85.2
处理5	20.4	85.2
处理6	21.4	89.4

2.1.2 对麦苗质量的影响

小麦生长发育动态调查结果见表 2-3、表 2-4。宽幅播种 3 个播量的单株茎蘖、亩群体、次生根等苗情指标在越冬期、返青期、拔节期均高于常规播种，而株高则稍低于常规播种，主茎叶龄在 3 个时期均无变化；单株大分蘖除了在越冬期没有变化外，返青期、拔节期均高于常规播种。宽幅播种 3 个播量的单株茎蘖比常规播种的单株茎蘖在越冬期分别多 0.2 个、0.2 个、0.4 个，增幅分别为 7.1%、7.7%、19%；在返青期分别多 0.1 个、0.1 个、0.4 个，增幅分别为 2.2%、2.6%、14.8%；在拔节期分别多 1.1 个、0.1 个、0.1 个，增幅分别为 14.1%、1.8%、2.6%。可见，随着生育进程，处理 3 和处理 4 之间单株茎蘖的差异最小，而处理 1 和处理 2 的差异出现"高-低-高"的走势，处理 5 和处理 6 差异呈现逐渐变小的趋势。宽幅播种 3 个播量的次生根比常规播种的次生根在越冬期分别多 0.6 条、0.2 条、0.3 条，增幅分别为 21.4%、8.3%、13.6%；在返青期分别多 0.5 条、0.5 条、0.3 条，增幅分别为 13.15%、15.62%、12%；在拔节期分别多 1.8 条、0.7 条、0.6 条，增幅分别为 10.2%、4.6%、4.3%。由此可知，播量小的两个处理间的次生根差异最显著，且冬前差异最显著。宽幅播种的亩群体高于常规播种，宽幅播种 3 个播量的亩群体比常规播种的亩群体在越冬期分别多 1.3 万、4.9 万、6.1 万，增幅分别为 6.8%、13.8%、13.6%；在返青期分别多 0.6 万、3.6 万、5.2 万，增幅分别为 1.9%、6.9%、8.9%；在拔节期分别多 7.4 万、5.4 万、-2.9 万，增幅分别为 13.9%、7.0%、-3.5%；抽穗期分别多 0.1 万、-2.1 万、-1.2 万，增幅为 0.3%、4.8%、2.5%；扬花期分别高 0.4 万、0.9 万、0.4 万，增幅为 1.3%、2.3%、0.9%；灌浆期分别多 0.2 万、0.3 万、0.2 万，增幅为 0.7%、0.8%、0.9%。具体来说，就是返青期以前宽幅播种的亩群体多于常规播种，且差异显著；在拔节期以后稍少于常规播种，成熟期又稍多，但差异不显著。相同播量的情况下，宽幅播种的冬前分蘖和有效分蘖均多于常规播种，但亩群体峰值相比常规稍少或持平，说明宽幅处理的无效分蘖少，两极分化快。宽幅播种的株高均稍少于常规播种，但差异不显著。

在 3 个播量情况下，主茎叶龄、单株大分蘖、次生根呈现均随播量的增大而减少，亩群体、株高均随播量的增加而增加的趋势。

表 2-3　小麦宽幅匀播试验（Ⅰ）：越冬期—返青期发育动态

处理	越冬期						返青期					
	主茎叶龄（片）	单株茎蘖（个）	单株大分蘖（个）	亩群体（万）	次生根（条）	株高（cm）	主茎叶龄（片）	单株茎蘖（个）	单株大分蘖（个）	亩群体（万）	次生根（条）	株高（cm）
处理 1	4.5	3.0	1	20.4	3.4	17.7	5.5	4.7	2.0	31.7	4.3	13.6
处理 2	4.5	2.8	1	19.1	2.8	17.8	5.5	4.6	1.6	31.1	3.8	14.1
处理 3	4.5	2.8	1	40.3	2.6	18.7	5.5	3.9	1.8	55.5	3.7	14.4
处理 4	4.5	2.6	1	35.4	2.4	18.8	5.5	3.8	1.4	51.9	3.2	15.2
处理 5	4.5	2.5	1	51.0	2.5	19.2	5.5	3.1	1.2	63.1	2.8	15.6
处理 6	4.5	2.1	1	44.9	2.2	19.6	5.3	2.7	1.2	57.9	2.5	15.8

表 2-4 小麦宽幅匀播试验（Ⅰ）：拔节期—灌浆期发育动态

处理	拔节期						抽穗期		扬花期		灌浆期	
	主茎叶龄（片）	单株茎蘖（个）	单株大分蘖（个）	亩群体（万）	次生根（条）	株高（cm）	亩群体（万）	株高（cm）	亩群体（万）	株高（cm）	亩群体（万）	株高（cm）
处理 1	8.6	8.9	5.0	60.4	19.4	29.4	33.2	60.1	30.8	68.9	30.1	69.1
处理 2	8.6	7.8	4.7	53.0	17.6	29.9	33.1	60.5	30.4	69.1	29.9	71.1
处理 3	8.5	5.7	4.2	82.1	15.8	30.9	41.7	61.4	40.1	69.5	36.2	71.1
处理 4	8.5	5.6	4.0	76.7	15.1	31.4	43.8	64.5	39.2	70.8	35.9	71.4
处理 5	8.3	3.9	3.1	79.2	14.6	33.3	47.4	64.7	43.6	71.2	41.3	72.8
处理 6	8.3	3.8	2.9	82.1	14.0	33.9	48.6	65.3	43.2	73.3	41.1	73.4

2.1.3 对抗性的影响

抗性调查如表 2-5 所示。在本年度气候条件下，新麦 26 冬季、春季没有遭受冻害，成熟期落黄好，没有倒伏。新麦 26 的抗寒性、抗倒性表现较好，在宽幅播种和常规播种条件下没有差异，成熟期长相表现均一般。

表 2-5 小麦宽幅匀播试验（Ⅰ）：抗性表现

处理	冬季冻害	春季冻害	落黄	倒伏比例（%）	倒伏倾斜度（°）
处理 1	0	0	好	0	0
处理 2	0	0	好	0	0
处理 3	0	0	好	0	0
处理 4	0	0	好	0	0
处理 5	0	0	好	0	0
处理 6	0	0	好	0	0

2.2 播种模式对生育期的影响

总体来说，本试验条件下，播种模式和播量对各生育时期影响不大。相同播量的处理，不同播种模式对各生育时期没有影响。但播量对各生育时期有一定影响，播量小的（3.5 kg/亩）拔节期要推迟 1 d，其他生育时期不受播量和播种模式的影响（表 2-6）。

表 2-6 小麦宽幅匀播试验（Ⅰ）：生育时期调查

处理	出苗期	分蘖期	越冬期	返青期	拔节期	抽穗期	开花期	成熟期
处理 1	10 月 30 日	11 月 21 日	2 月 14 日	2 月 18 日	3 月 27 日	4 月 22 日	4 月 27 日	6 月 1 日
处理 2	10 月 30 日	11 月 21 日	2 月 14 日	2 月 18 日	3 月 27 日	4 月 22 日	4 月 27 日	6 月 1 日
处理 3	10 月 30 日	11 月 21 日	2 月 14 日	2 月 18 日	3 月 26 日	4 月 22 日	4 月 27 日	6 月 1 日
处理 4	10 月 30 日	11 月 21 日	2 月 14 日	2 月 18 日	3 月 26 日	4 月 22 日	4 月 27 日	6 月 1 日
处理 5	10 月 30 日	11 月 21 日	2 月 14 日	2 月 18 日	3 月 26 日	4 月 22 日	4 月 27 日	6 月 1 日
处理 6	10 月 30 日	11 月 21 日	2 月 14 日	2 月 18 日	3 月 26 日	4 月 22 日	4 月 27 日	6 月 1 日

2.3 播种模式对产量和品质的影响

2.3.1 对产量构成要素与产量的影响

小麦产量构成要素与产量调查结果如表2-7所示。结果表明，不同播种模式下，同播量的宽幅播种的亩穗数、千粒重高于常规播种，而穗粒数稍低于常规播种；亩穗数随着播量的增大而增加，播量越大越接近；穗粒数、千粒重随着播量的增加呈现下降态势。宽幅播种的理论产量和实际产量均高于同播量的常规播种；3个播量的宽幅播种的实收产量比常规播种分别多10.4 kg/亩、8.0 kg/亩、4.5 kg/亩，增幅分别为2.6%、1.8%、0.9%，其中播量为3.5 kg/亩的常规播种产量为402.1 kg/亩，10.5 kg/亩的宽幅播种的产量最大，达到487.6 kg/亩。可见随着播量增大，产量也随着增大，并且宽幅播种和常规播种间的产量差距越来越小。

表 2-7 小麦宽幅匀播试验（Ⅰ）：产量构成要素与产量

处理	株高（cm）	亩穗数（万）	穗粒数（粒）	千粒重（g）	理论产量（kg/亩）	实收产量（kg/亩）
处理1	70.7	30.1	37.4	42.2	403.8	412.5
处理2	71.4	29.9	37.6	41.9	400.4	402.1
处理3	72.2	35.6	35.4	41.1	440.3	450.9
处理4	73.1	35.1	35.5	40.6	430.0	442.9
处理5	73.5	39.2	34.1	41.4	470.4	487.6
处理6	74.4	39.3	34.8	38.4	446.4	483.1

2.3.2 对品质的影响

外观品种测定见表2-8。调查结果表明，宽幅播种的黑胚率、角质率、容重表现整体优于常规播种，秕籽率无差异。相同播种模式下角质率随着播量增大而减少。5月平均气温较高，对提高灌浆强度有利，灌浆持续时间缩短，秕籽率、黑胚率随播量增大有增加趋势。播种模式对小麦容重影响差异不显著，其中处理5的容重最大，达到790.0 g/L。

表 2-8 小麦宽幅匀播试验（Ⅰ）：外观品质测定

处理	秕籽率（%）	黑胚率（%）	角质率（%）	容重（g/L）
处理1	1	1	96	784.0
处理2	1	1	94	783.0
处理3	2	3	93	783.0
处理4	2	4	92	788.0
处理5	2	4	91	790.0
处理6	2	5	90	783.8

3 小结

（1）宽幅播种的单株茎蘖、亩群体、次生根等指标在越冬期、返青期、拔节期均高于常规播种，尤其是冬前指标更加明显，更易形成冬前壮苗。宽幅处理的无效分蘖明显少于常规播种，两极分化较快。

（2）宽幅播种对生育期没有影响。

（3）同播量下宽幅播种的亩穗数、千粒重高于常规播种，而穗粒数稍低于常规播种。整体来讲，宽幅播种的理论产量和实际产量均高于同播量的常规播种。其中，播量为10.5 kg/亩的宽幅播种的产量最高（487.6 kg/亩）。

（4）宽幅播种模式的黑胚率、角质率、容重表现整体优于常规播种，但秕籽率无差异。

（5）宽幅播种与常规播种相比有较大的优势，同时适当与播量结合，效果更佳。本试验条件下，宽幅播种的最佳播量是10.5 kg/亩。

第二节 小麦宽幅匀播试验（Ⅱ）

随着土地流转速度加快，规模化种植面积越来越大，机械化率越来越高，农机农艺结合显得越来越重要，也成为农业生产的重要影响因素。本试验通过小麦宽幅高产栽培技术，克服传统栽培中出现的缺苗断垄和疙瘩苗现象，扩大宽幅精播机械的应用普及，充分挖掘小麦的增产潜力，为当地小麦新品种引进、推广和播种模式改进，以及小麦高产高效和安全生产提供依据。

1 材料与方法

1.1 试验材料与方法

试验在获嘉县照镜镇前李村进行，试验田为壤土，地力均匀，灌排方便；前茬玉米产量600 kg/亩，收割后旋耕，钉齿耙耙3遍，耙细耙平，按照试验要求进行秸秆还田，整地时施入40%（N-P-K=23-12-5）配方肥50 kg/亩；试验材料为半冬性强筋品种新麦26，由河南省新乡市农业科学院提供；2012年10月10日播种，播种深度4 cm，常规播种行距24 cm，宽幅播种行距28 cm。播前用50%多菌灵悬浮剂100 g+40%辛硫磷乳油100 mL，加水300 g拌种50 kg。

试验设3个播量，分别为5 kg/亩、10 kg/亩、15 kg/亩，3个宽幅处理均以相同播量常规播种作对照（表2-9），共6个小区。小区面积0.5亩，田间顺序排列，宽幅处理行距28 cm，常规处理行距24 cm。

试验中宽幅播种机为2BJK-6小麦宽幅精量播种机。

表2-9 小麦宽幅匀播试验（Ⅱ）：试验设计

处理	播种模式	播量（kg/亩）
处理1	宽幅播种	5
处理2	常规播种	5
处理3	宽幅播种	10
处理4	常规播种	10
处理5	宽幅播种	15
处理6	常规播种	15

1.2　田间管理

小区田间管理一致。2022 年 10 月 11 日播种。2013 年 3 月 26 日，追施尿素 10 kg/亩，并浇水；5 月 11 日，浇灌浆水。3 月 8 日，用 10%苯磺隆可湿性粉剂 15 g/亩+10%苄嘧磺隆可湿性粉剂 50 g/亩，加水 20 kg 喷雾，防治杂草；4 月 28 日，用 50%多菌灵悬浮剂 100 g/亩+5%吡虫啉悬浮剂 50 mL/亩，加水 20 kg 喷雾，防治赤霉病、麦蚜。根据成熟期分别收获，每个小区选取收获 50 m² 晒干后计算实收产量。

2　结果与分析

2.1　宽幅播种对小麦生长发育的影响

2.1.1　对亩基本苗的影响

亩基本苗调查情况（表 2-10）可以看出，播量为 5 kg/亩和 15 kg/亩宽幅播种的亩基本苗显著高于同播量的常规播种，而 10 kg/亩宽幅播种亩基本苗虽低于同播量常规播种，但相差不大。出苗率随播量增加而提高；各播量的出苗率，宽幅播种均高于同播量的常规播种（表 2-10）。

表 2-10　小麦宽幅匀播试验（Ⅱ）：亩基本苗调查

处理	亩基本苗 （万）	出苗率 （%）
处理 1	11.3	84.9
处理 2	10.9	71.1
处理 3	22.7	93.7
处理 4	22.9	93.3
处理 5	32.9	98.3
处理 6	32.5	94.7

2.1.2　对麦苗质量的影响

由表 2-11、表 2-12 可以看出，整个生育期，随着播量增大，单株茎蘖、单株大分蘖、次生根减少，亩群体、株高则增大。说明本试验条件下，小麦个体发育与播量呈负相关，即播量越小，个体发育指标越好。

3 个播量的宽幅播种的次生根条数在越冬期、返青期、拔节期均高于常规播种，而株高则低于常规播种；10 kg/亩和 15 kg/亩宽幅播种的主茎叶龄、单株茎蘖、单株大分蘖、亩群体，在越冬期、返青期、拔节期均高于同播量常规播种；而播量为 5 kg/亩时，则是常规播种占优势。抽穗期以后，3 个宽幅播种的亩群体大于同播量常规播种；3 个宽幅播种的株高则低于同播量常规播种；10 kg/亩和 15 kg/亩宽幅播种的单株茎蘖高于同播量常规播种，而播量为 5 kg/亩时，则是常规播种占优势。拔节期至抽穗期，虽然宽幅播种的亩群体大于同播量的常规播种，但个体分化快于常规播种，表明宽幅播种更利于形成合理的群体结构。

表 2-11 小麦宽幅匀播试验（Ⅱ）：越冬期—返青期发育动态

处理	越冬期						返青期					
	主茎叶龄（片）	单株茎蘖（个）	单株大分蘖（个）	亩群体（万）	次生根（条）	株高（cm）	主茎叶龄（片）	单株茎蘖（个）	单株大分蘖（个）	亩群体（万）	次生根（条）	株高（cm）
处理 1	5.5	4.5	2.5	50.8	5.3	16.2	7.1	7.1	3.4	81.2	8.5	13.8
处理 2	5.5	4.7	2.6	50.7	4.8	16.5	7.1	7.6	3.5	82.3	8.6	14.2
处理 3	5.3	3.3	1.5	75.0	3.8	17.4	7.1	5.4	3.0	122.9	8.0	16.4
处理 4	5.2	3.0	1.4	67.8	3.6	17.7	7.1	4.7	2.6	106.5	6.6	16.1
处理 5	5.1	3.3	1.4	108.3	3.3	18.1	7.1	3.9	2.8	128.3	5.8	17.6
处理 6	5.1	2.8	1.0	91.1	2.9	18.9	7.1	3.7	2.5	118.8	5.2	17.7

表 2-12 小麦宽幅匀播试验（Ⅱ）：拔节期—灌浆期发育动态

处理	拔节期						抽穗期		扬花期		灌浆期	
	主茎叶龄（片）	单株茎蘖（个）	单株大分蘖（个）	亩群体（万）	次生根（条）	株高（cm）	亩群体（万）	株高（cm）	亩群体（万）	株高（cm）	亩群体（万）	株高（cm）
处理 1	8.8	7.6	4.0	86.8	22.6	26.2	55.7	66.1	46.1	78.8	35.4	78.8
处理 2	9.0	8.0	4.3	87.3	21.8	26.4	53.2	67.5	45.6	79.3	35.7	79.5
处理 3	8.5	5.7	4.2	130.1	15.6	30.1	65.1	69.3	52.4	81.6	43.1	82.2
处理 4	9.0	4.8	3.5	109.9	14.4	30.6	56.9	69.7	49.8	81.4	39.8	82.3
处理 5	9.0	4.0	2.4	130.4	14.2	31.1	71.6	70.2	51.9	82.8	43.6	83.2
处理 6	9.0	3.7	2.2	119.2	13.6	31.2	58.4	71.1	50.1	82.8	39.9	83.4

2.1.3 对抗性的影响

在本年度气候条件下，新麦 26 冬、春两季未遭受冻害，成熟期落黄好，也没有倒伏。新麦 26 的抗寒性、抗倒性表现较好，宽幅播种和常规播种条件下没有差异（表 2-13）。

表 2-13 小麦宽幅匀播试验（Ⅱ）：抗性表现

处理	冬季冻害	春季冻害	落黄	倒伏比例（%）	倒伏倾斜度（°）
处理 1	0	0	好	0	0
处理 2	0	0	好	0	0
处理 3	0	0	好	0	0
处理 4	0	0	好	0	0
处理 5	0	0	好	0	0
处理 6	0	0	好	0	0

2.2 播种模式对生育期的影响

总体来看，本试验条件下，播种模式和播量对各生育时期影响不大。相同播量的处理，播种模式对各生育时期没有影响。不同播量间，播量大（15 kg/亩）的拔节期要早1 d，其他生育时期不受播量和播种模式的影响（表2-14）。

表2-14 小麦宽幅匀播试验（Ⅱ）：生育时期调查

处理	出苗期	分蘖期	越冬期	返青期	拔节期	抽穗期	开花期	成熟期
处理1	10月18日	11月6日	12月12日	2月25日	3月20日	4月24日	4月30日	6月4日
处理2	10月18日	11月6日	12月12日	2月25日	3月20日	4月24日	4月30日	6月4日
处理3	10月18日	11月6日	12月12日	2月25日	3月20日	4月24日	4月30日	6月4日
处理4	10月18日	11月6日	12月12日	2月25日	3月20日	4月24日	4月30日	6月4日
处理5	10月18日	11月6日	12月12日	2月25日	3月19日	4月24日	4月30日	6月4日
处理6	10月18日	11月6日	12月12日	2月25日	3月19日	4月24日	4月30日	6月4日

2.3 播种模式对产量和品质的影响

2.3.1 对产量构成要素与产量的影响

由小麦产量构成要素与产量调查结果（表2-15）可知，不同播量下，亩穗数与播量呈正相关，穗粒数和千粒重则与播量呈负相关。

不同播种模式下，同播量的宽幅播种的株高、千粒重、理论产量、实收产量均高于常规播种；处理1和处理2最终亩穗数差异不大，但随着播量增大宽幅播种的亩穗数则明显高于常规播种；处理1穗粒数高于处理2，但随着播量增大，处理3穗粒数低于处理4，处理5穗粒数低于处理6。表明，小播量时，宽幅播种利于提高穗粒数；随着播量增大，宽幅播种则更有利于提高亩穗数和千粒重。

处理3产量构成要素最协调，实收产量最高（446.8 kg/亩）。处理5实收产量居第2位（440.5 kg/亩），但同播量的常规播种产量则最低（402.8 kg/亩）。3个播量下，宽幅播种分别比相应常规播种产量高7.9 kg/亩、+1.9%（播量5 kg/亩），16.2 kg/亩、+3.8%（播量10 kg/亩），37.7 kg/亩、+9.4%（播量15 kg/亩），表明宽幅播种的增产效果随着播量增大而增大。

表2-15 小麦宽幅匀播试验（Ⅱ）：产量构成要素与产量

处理	株高 （cm）	亩穗数 （万）	穗粒数 （粒）	千粒重 （g）	理论产量 （kg/亩）	实收产量 （kg/亩）
处理1	78.8	35.4	37.4	37.1	417.5	424.6（4）
处理2	78.2	35.7	36.8	36.4	406.5	416.7（5）
处理3	81.6	43.1	34.1	35.3	441.0	446.8（1）
处理4	79.4	39.8	35.3	35.1	419.2	430.6（3）
处理5	82.2	43.6	33.5	35.3	438.3	440.5（2）
处理6	80.4	39.9	34.4	34.8	406.0	402.8（6）

注：实收产量括号内数字为排序。

2.3.2　对品质的影响

随着播量增大，秕籽率升高，角质率、容重降低。宽幅播种的秕籽率、黑胚率、角质率、容重表现整体优于同播量的常规播种（表2-16）。

表2-16　小麦宽幅匀播试验（Ⅱ）：外观品质测定

处理	秕籽率（%）	黑胚率（%）	角质率（%）	容重（g/L）
处理1	2	0	100	719.0
处理2	2	1	96	711.8
处理3	2	0	99	706.0
处理4	3	2	96	705.6
处理5	3	1	96	705.7
处理6	4	1	96	698.2

3　小结

（1）宽幅播种能够提高出苗率，易形成冬前壮苗。同时，宽幅播种两极分化快，利于形成合理的群体结构。

（2）宽幅播种对生育期基本没有影响。

（3）宽幅播种和常规播种的抗性差异不明显。

（4）宽幅播种利于提高穗粒数；随着播量增大，宽幅播种则更有利于提高亩穗数和千粒重。宽幅播种的增产效果随着播量增大而增大。宽幅播种、播量为10 kg/亩时，产量构成要素最协调，产量最高（446.8 kg/亩）。

（5）宽幅播种能够提高籽粒品质。

（6）本试验条件下，适期宽幅播种的最佳播量是10 kg/亩。

第三节　小麦宽幅精播技术示范

宽幅精播是山东农业大学研究的小麦高产栽培技术，被农业农村部确定为农业主推技术。按照山东农业大学制定的"小麦宽幅精播高产栽培技术示范计划"要求，2020年麦播开展了小麦宽幅精播高产栽培技术示范工作。

1　示范田基本情况与示范设计

1.1　基本情况

示范田设在获嘉县位庄乡大位庄村。土壤质地为中壤，地力水平高，保水保肥，小麦常年亩产600 kg左右，前茬大豆亩产250 kg。

1.2　示范设计

设置2个处理，一个宽幅精播，一个常规条播（对照）。其中，宽幅精播36亩，常规条播（对照）5 亩。除播种方式外，其他栽培管理措施完全一致。

2 主要技术措施

精细整地。前茬大豆秸秆粉碎（长度≤5 cm）后直接还田，深松 30 cm，深松后旋耕 3 遍，然后用镇压器镇压，提高整地质量。

选用优质高产品种。选用强筋小麦品种伟隆 169 为示范品种。种子纯度、净度、发芽率及水分，符合原种质量要求。

平衡施用底肥。每亩底施 46%（N-P-K=18-18-10）腐植酸复合肥 50 kg。

适期适量播种。示范田于 2020 年 10 月 19 日播种，亩播量 10 kg。宽幅播种处理采用山东省郓城工力有限公司生产的小麦宽幅精量播种机播种，播幅为 8 cm，行距 25 cm；常规条播处理（对照）用小麦常规条播机播种，播幅 3 cm，行距 20 cm。

土壤处理和药剂拌种。结合整地，撒施 3%辛硫磷颗粒剂 3 kg/亩进行土壤处理。播前用 3%苯醚甲环唑悬浮种衣剂 100 mL+25 g/L 咯菌腈悬浮种衣剂 100 mL+35%噻虫嗪悬浮种衣剂 200 mL 复配，包衣种子 50 kg。

氮肥后移。在小麦拔节后期结合浇水，亩追施尿素 15 kg。

适时灌溉。小麦出苗后于 2020 年 11 月底，按传统灌溉量灌溉 1 次，塌实土壤。小麦拔节后期和开花期，用滴灌带补充灌溉，每次灌水量为 40 m³/亩。

病虫草害防治。采用无人机飞防作业，于 2021 年 2 月下旬，用 3%双氟·唑草酮悬乳剂 30 mL/亩+30 g/L 甲基二磺隆可分散油悬浮剂 20 mL/亩，加水 20 kg 喷雾，防治麦田杂草；4 月 25 日，用 48%唑醚·戊唑醇悬浮剂 20 mL/亩，加水 20 kg 喷雾，防治小麦赤霉病；5 月 3 日，用 25%吡唑醚菌酯悬浮剂 30 mL/亩，加水 20 kg 喷雾，防治小麦白粉病；5 月 12 日，每亩用 25%噻虫嗪水分散粒剂 5 g+25%吡唑醚菌酯悬浮剂 30 mL+磷酸二氢钾 100 g，加水 20 kg 喷雾，开展"一喷三防"。

3 示范结果

3.1 群体动态

示范田小麦出齐苗后，于 2020 年 10 月 29 日固定观察段，调查小麦亩基本苗。于 2020 年 12 月 16 日，调查小麦越冬期亩群体。于 2021 年 3 月 15 日，调查小麦拔节期亩群体。于 2021 年 4 月 25 日，调查小麦开花期亩群体，结果见表 2-17。

表 2-17 小麦宽幅匀播技术示范：亩群体调查

单位：万

处理	基本苗	越冬期	拔节期	开花期
宽幅播种	18.2	62.4	133.9	50.6
常规播种	18.7	61.7	131.5	47.5

3.2 产量构成要素与产量

按产量构成要素计算，宽幅播种处理理论产量 680.9 kg/亩，与常规条播处理（657.4 kg/亩）相比，亩增产 23.5 kg，增幅 3.6%。

按小区测产计算，宽幅播种处理实收产量 691.2 kg，与常规条播处理（664.5 kg/亩）相比，亩增产 26.7 kg，增幅 4.0%。产量构成要素及产量见表 2-18。

表 2-18 小麦宽幅匀播技术示范：产量构成要素与产量

处理		亩穗数（万）	穗粒数（粒）	千粒重（g）	理论产量（kg/亩）	实收产量	
						小区测产（kg/3 m²）	折亩产量（kg）
宽幅播种	重复 1	50.1	38.7	41.8		3.14	
	重复 2	46.9	39.1	42.4		2.95	
	重复 3	49.5	38.8	42.3		3.23	
	平均值	48.8	38.9	42.2	680.9	3.11	691.2
常规播种	重复 1	45.7	40.1	42.2		2.87	
	重复 2	47.8	38.9	41.8		3.14	
	重复 3	46.1	39.9	41.9		2.95	
	平均值	46.5	39.6	42.0	657.4	2.99	664.5

3.3 实收计产结果

小麦成熟期实收测产于 2021 年 6 月 4 日进行。宽幅播种处理实收面积 5.4 亩，平均亩产 701.5 kg，常规条播处理实收面积 3.7 亩，平均亩产 671.3 kg，与常规条播处理相比，亩增产 30.2 kg，增幅 4.5%。

第四节 小麦播种技术模式试验示范（Ⅰ）

本试验旨在大田条件下，以播种机具为载体，筛选优化适宜当地的最佳播种技术模式，为促进农机农艺融合和高质量、规范化播种提供技术支撑。

1 材料与方法

试验在获嘉县位庄乡大位庄进行，试验田为壤土，地力均匀，灌排方便，前茬大豆。播前土壤养分测定：有机质 16.3 g/kg，全氮 1.04 g/kg，有效磷 21.9 mg/kg，速效钾 149.4 mg/kg。底肥每亩施尿素 15 kg，磷酸二铵 25 kg，氯化钾 10 kg。品种采用百农 207，由河南科技学院提供，播前每 50 kg 种子用 60 g/L 戊唑醇悬浮种衣剂 20 mL 拌种。整地方式：除机械沟播外，全部为旋耕。2015 年 10 月 18 日播种，当时墒情较差，播后未及时浇水。10 月 23 日降雨后，种子开始萌动发芽，实际出苗时间推迟。

主处理为 3 种播种方式：机械沟播、机械宽幅匀播、机械等行距条播。每个主处理设 3 个播量，共计 9 个处理，顺序排列（表 2-19）。

表2-19 小麦播种技术模式试验示范（Ⅰ）：试验设计

播种方式	处理	亩播量（kg）
机械沟播	处理1	10.0
	处理2	12.5
	处理3	15.0
机械宽幅匀播	处理4	10.0
	处理5	12.5
	处理6	15.0
机械等行距条播	处理7	10.0
	处理8	12.5
	处理9	15.0

机械沟播：前茬大豆收获后，铁茬免耕起埂沟播，沟宽33 cm，深12 cm，每沟播种2行，肥料施在沟底中间、种子侧下方5 cm。播种机械使用2BMFD-7/14全还田防缠绕免耕施肥播种机，人工起垄。

机械宽幅匀播：前茬大豆收获后，机械旋耕整地，采用宽幅匀播机播种，播幅8 cm，行距30.0 cm。

机械等行距条播：前茬大豆收获后，机械旋耕整地，采用机械等行距条播，行距20.5 cm。

2 田间管理

2016年2月12日，趁雨追尿素15 kg；3月13日，浇起身水；4月25日，每亩喷施80%多菌灵可湿性粉剂40 g+48%唑醚·戊唑醇悬浮剂20 mL，防治赤霉病；5月2日，每亩喷施4.5%联苯菊酯水乳剂30 mL+5%啶虫脒可湿性粉剂30 g复配剂，防治蚜虫；5月10日，浇灌浆水。

3 结果与分析

3.1 对小麦出苗的影响

从出苗情况调查结果（表2-20）可以看出，从"缺苗"分析，机械沟播最为严重，机械等行距条播次之，机械宽幅匀播缺苗最少。从"断垄"分析，与"缺苗"规律相同。机械宽幅匀播出苗最好，没有"断垄"现象。同一播种方式，随着播量的增加，缺苗断垄程度逐步减轻。从出苗率分析，在同一播种方式下，随着播量的增加，出苗率有增有减，规律不明显。但在同一播量下，机械宽幅匀播较机械沟播出苗率有明显的优势。因此，机械宽幅匀播有利于一播全苗，较机械沟播、机械等行距条播具有一定优势。

表 2-20　小麦播种技术模式试验示范（Ⅰ）：出苗情况调查

处理	亩基本苗 （万）	缺苗 （处/6 m²）	断垄 （处/6 m²）	出苗率 （%）
处理 1	15. 5	35	7	66. 7
处理 2	24. 1	21	4	82. 9
处理 3	27. 8	5	1	79. 7
处理 4	16. 0	5	0	68. 8
处理 5	24. 7	1	0	85. 0
处理 6	30. 1	0	0	86. 3
处理 7	19. 1	18	2	82. 1
处理 8	23. 4	6	1	80. 5
处理 9	27. 7	3	0	79. 4

注：每个处理随机调查 6 m²，10 cm 以上无苗为缺苗，17 cm 以上无苗计为断垄。

3.2　小麦不同生育时期生长情况

小麦不同时期苗情调查结果如表 2-21 所示。

亩群体分析：在越冬期、返青期、拔节期 3 个时期，3 种播种方式亩群体随着播量的增加而增加。同一播量下，越冬期 3 种播种方式亩群体基本接近。但是，在返青期 10.0 kg 播量的亩群体变化较为明显，依次为机械沟播<机械宽幅匀播<机械等行距条播；12.5 kg 的播量亩群体变化不大，基本在同一水平；15.0 kg 的播量亩群体略微增加，变化与 10.0 kg 播量的处理一致。在拔节期，3 种播种方式播量 10.0 kg 的亩群体增加变化较大，依次为机械沟播<机械宽幅匀播<机械等行距条播；12.5 kg、15.0 kg 播量下，机械沟播、机械宽幅匀播亩群体趋于一致，但机械等行距条播亩群体增加明显，并且达到峰值（图 2-1）。综上所述，机械等行距条播，通风透光性好，春季调节能力较强，有利于弥补冬前亩群体不足。

表 2-21　小麦播种技术模式试验示范（Ⅰ）：苗情调查

生育时期	处理	亩群体 （万）	单株分蘖 （个）	单株 大分蘖 （个）	次生根 （条）	主茎叶龄 （片）	株高 （cm）
	处理 1	15. 5	1. 0	1. 0	0. 2	3. 2	14. 4
	处理 2	24. 1	1. 0	1. 0	0. 0	3. 2	15. 1
	处理 3	27. 8	1. 0	1. 0	0. 0	3. 1	15. 3
	处理 4	16. 0	1. 0	1. 0	0. 3	3. 3	14. 3
越冬期 （12 月 18 日）	处理 5	24. 7	1. 0	1. 0	0. 2	3. 3	15. 1
	处理 6	30. 1	1. 0	1. 0	0. 0	3. 1	16. 1
	处理 7	19. 1	1. 0	1. 0	0. 3	3. 3	14. 6
	处理 8	23. 4	1. 0	1. 0	0. 1	3. 2	15. 5
	处理 9	27. 7	1. 0	1. 0	0. 0	3. 1	16. 3

（续表）

生育时期	处理	亩群体（万）	单株分蘖（个）	单株大分蘖（个）	次生根（条）	主茎叶龄（片）	株高（cm）
返青期 （2月24日）	处理1	43.4	2.8	1.0	4.4	5.3	12.2
	处理2	60.3	2.5	1.0	3.8	5.3	14.1
	处理3	66.7	2.4	1.0	3.6	5.1	14.8
	处理4	51.2	3.2	1.0	4.2	5.3	12.2
	处理5	59.3	2.4	1.0	3.2	5.3	13.2
	处理6	66.2	2.2	1.0	2.8	5.2	13.8
	处理7	57.3	3.0	1.0	3.8	5.3	13.0
	处理8	60.8	2.6	1.0	3.4	5.1	13.6
	处理9	66.9	2.4	1.0	3.0	5.1	13.8
拔节期 （3月28日）	处理1	58.9	3.8	2.0	13.2	8.8	33.2
	处理2	83.8	3.5	1.5	9.2	8.5	33.8
	处理3	90.9	3.3	1.3	8.4	8.5	36.2
	处理4	68.8	4.3	2.0	14.8	8.5	33.8
	处理5	81.9	3.3	1.4	8.8	8.5	35.6
	处理6	91.1	3.0	1.2	7.6	8.1	36.6
	处理7	78.8	4.1	1.9	13.0	8.8	35.8
	处理8	89.7	3.8	1.5	11.5	8.5	37.1
	处理9	102.5	3.7	1.3	10.6	8.5	38.2

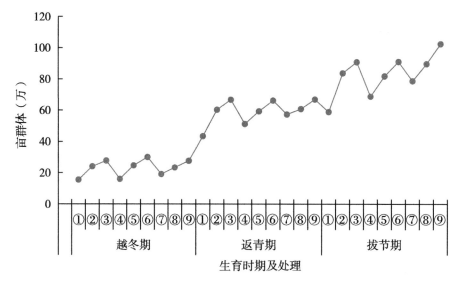

图2-1 小麦播种技术模式试验示范（Ⅰ）：亩群体走势

注：①、②、③、④、⑤、⑥、⑦、⑧、⑨分别代表处理1、处理2、处理3、处理4、处理5、处理6、处理7、处理8、处理9。

分蘖分析：在越冬期，不同播种方式、不同播量下，单株分蘖、单株大分蘖均没有明显变化。在返青期，同一播种方式下，分蘖随着播量的增加而增加，单株大分蘖仍然没有变化。同一播量下，10.0 kg 的分蘖增加变化较大，依次为机械宽幅匀播<机械沟播<机械等行距条播，但 12.5 kg、15.0 kg 播量下单株分蘖基本处于同等水平。在拔节期，同一播种方式下，单株分蘖、单株大分蘖随着播量的增加而减少，但机械等行距条播减幅较小，机械宽幅匀播减幅较大。同一播量下，10.0 kg 播量分蘖为机械沟播<机械等行距条播<机械宽幅匀播；12.5 kg、15.0 kg 播量单株分蘖走势相同，依次为机械宽幅匀播<机械沟播<机械等行距条播。不同播种方式单株大分蘖基本处于同一水平。

次生根分析：随着播量的增加，次生根有所减少。同一播量下，不同播种方式在越冬期和返青期变化不大，在拔节期机械等行距条播次生根数量略显优势。

株高分析：同一播种方式下，株高随着播量的增加略有增加。同一播量下，不同播种方式对株高影响不大。

3.3 土壤含水量测定

由土壤含水量测定结果（表 2-22）可以看出，播种前 9 个处理的两个土层深度的土壤含水量基本处于同一水平。从越冬前土壤含水量测定结果来看，机械沟播和机械宽幅匀播比机械等行距条播土壤含水量明显偏高，说明这两种播种方式相对有利保墒。但是，机械沟播和机械宽幅匀播土壤含水量比较接近，所以对机械宽幅匀播来讲，机械沟播的保墒优势不明显。

表 2-22 小麦播种技术模式试验示范（Ⅰ）：土壤含水量测定　　　　单位：%

时期	处理	土层深度	
		0~20 cm	20~40 cm
播种前	处理 1	11.9	12.8
	处理 2	12.0	13.7
	处理 3	11.4	11.9
	处理 4	11.4	12.6
	处理 5	11.4	11.8
	处理 6	11.8	12.7
	处理 7	11.8	11.9
	处理 8	11.4	12.4
	处理 9	11.8	12.5
越冬前	处理 1	17.6	18.8
	处理 2	18.9	21.6
	处理 3	18.1	19.8
	处理 4	19.9	20.7
	处理 5	18.3	20.9
	处理 6	17.8	20.1
	处理 7	17.8	18.8
	处理 8	17.4	17.6
	处理 9	17.4	18.5

3.4 对生育期的影响

由生育时期调查结果（表 2-23）可以看出，播种方式、播量对小麦生育期基本没有影响。

表2-23 小麦播种技术模式试验示范（Ⅰ）：生育时期调查

处理	出苗期	越冬期	返青期	拔节期	抽穗期	扬花期	成熟期
处理1	11月5日	11月28日	2月10日	3月22日	3月21日	4月26日	6月4日
处理2	11月5日	11月28日	2月10日	3月22日	3月21日	4月26日	6月4日
处理3	11月5日	11月28日	2月10日	3月22日	3月21日	4月26日	6月4日
处理4	11月5日	11月28日	2月10日	3月22日	3月21日	4月25日	6月4日
处理5	11月5日	11月28日	2月10日	3月22日	3月21日	4月25日	6月4日
处理6	11月5日	11月28日	2月10日	3月22日	3月21日	4月26日	6月4日
处理7	11月5日	11月28日	2月10日	3月22日	3月21日	4月26日	6月4日
处理8	11月5日	11月28日	2月10日	3月22日	3月21日	4月26日	6月4日
处理9	11月5日	11月28日	2月10日	3月22日	3月21日	4月26日	6月4日

3.5 产量构成要素与产量测定

由产量构成要素与产量调查结果（表2-24）可以看出，同一播种方式下，小麦理论产量和实收产量均随着播量的增加而增加。相同播量下，理论产量排序均为机械沟播<机械宽幅匀播<机械等行距条播。其中，机械等行距条播15.0 kg播量的理论产量达到最高，为465.4 kg/亩，较同一播量下机械沟播、机械宽幅匀播分别亩增产18.6 kg和2.2 kg，增幅分别为4.0%和0.5%。

表2-24 小麦播种技术模式试验示范（Ⅰ）：产量构成要素与产量

处理	亩穗数（万）	穗粒数（粒）	千粒重（g）	产量（kg/亩）	
				理论产量	实收产量
处理1	29.8	39.1	43.31	428.9（9）	420.4（8）
处理2	31.7	38.5	42.81	444.1（7）	448.3（6）
处理3	32.9	37.9	42.16	446.8（6）	460.1（4）
处理4	29.5	39.8	43.18	430.9（8）	419.3（9）
处理5	31.4	39.2	42.82	448.0（5）	437.8（7）
处理6	33.6	38.1	42.57	463.2（2）	508.1（2）
处理7	31.3	39.1	42.76	448.1（4）	456.2（5）
处理8	33.1	38.5	41.75	452.2（3）	483.7（3）
处理9	34.5	38.3	41.44	465.4（1）	514.8（1）

注：理论产量和实收产量括号内数字为排序。

4 小结

（1）机械宽幅匀播有利于一播全苗，较机械沟播、机械等行距条播具有一定优势。

（2）机械等行距条播，通风透光性好，春季调节能力较强，有利于弥补冬前亩群体不足。

（3）机械沟播和机械宽幅匀播比机械等行距条播利于保墒。但对机械宽幅匀播来讲，机械沟播的保墒优势不明显。

（4）播种方式和播量对小麦生育期基本没有影响。

（5）从考种结果看，机械沟播产量不占优势，主要是亩群体不足造成的。

（6）机械等行距条播 15.0 kg 播量的理论产量达到最高，为 465.4 kg/亩，较机械沟播、机械宽幅匀播分别亩增产 18.6 kg 和 2.2 kg，增幅分别为 4.0% 和 0.5%。从生产效益分析，机械沟播可以节约人力，节省投资 30 元/亩，抵消减产损失 42 元/亩（小麦价格按 2.24 元/kg 计算）后，每亩实际损失 12 元。因此，机械沟播在生产上仍有一定推广价值。但机械沟播更适合于丘陵、旱作麦田，节约生产成本，减少水分散失，更具有推广优势。

第五节　小麦播种技术模式试验示范（Ⅱ）

本试验旨在大田条件下，以播种机具为载体，筛选优化适宜当地的最佳播种技术模式，为促进农机农艺融合和高质量、规范化播种提供技术支撑。

1　材料与方法

试验在获嘉县位庄乡大位庄进行，试验田为壤土，地力均匀，灌排方便，前茬玉米。小麦品种为百农 207，由河南科技学院提供，于 2016 年 10 月 13 日播种，亩播量 14 kg，亩底施 45%（N-P-K=18-21-6）复合肥 50 kg。

试验示范设 4 个处理，分别为机械沟播、机械等行距条播（当地常规）、28 cm 机械宽幅匀播、24 cm 机械宽幅匀播，每个处理面积 2 亩，顺序排列（表 2-25）。

表 2-25　小麦播种技术模式试验示范（Ⅱ）：试验设计

处理	内容
处理 1	机械沟播
处理 2	机械等行距条播
处理 3	28 cm 机械宽幅匀播
处理 4	24 cm 机械宽幅匀播

机械沟播：前茬玉米收获后，铁茬免耕起垄沟播，沟宽 40 cm、深 13.5 cm，每沟播种 2 行，肥料施在沟底中间、种子侧下方 5 cm。播种机械为全还田防缠绕免耕施肥播种机。

机械等行距条播：前茬玉米收获后，机械耕作整地后采用机械等行距条播，行距 17.6 cm。

机械宽幅匀播：前茬玉米收获后，机械耕作整地后采用宽幅匀播机播种，播幅 8 cm（净行距分别为 24 cm、28 cm）。

2　田间管理

2016 年 11 月 12 日，用 3% 双氟·唑草酮悬乳剂 40 mL/亩，除草。2017 年 3 月 18 日，

浇拔节水，追施尿素 15 kg/亩。2017 年 4 月 23 日，每亩用 2.5%高效氯氟氰菊酯水乳剂 25 mL+40%氧乐果乳油 50 g+10%吡虫啉可湿性粉剂 15 g+48%唑醚·戊唑醇悬浮剂 30 mL+80%多菌灵可湿性粉剂 35 g+99%磷酸二氢钾 100 g+0.04%芸苔素内酯水剂 2 g，防治小麦赤霉病、锈病、蚜虫和干热风。

3 结果与分析

3.1 对小麦出苗的影响

从小麦出苗情况调查结果（表2-26）可以看出，从缺苗分析，机械沟播、机械等行距条播缺苗较多，分别为7处、6处；24 cm 机械宽幅匀播缺苗较少，为2处；28 cm 机械宽幅匀播效果最好，无缺苗。从断垄分析，除机械沟播2处断垄外，其他方式无断垄现象。从出苗率分析，机械沟播、机械等行距条播出苗较好，分别为88.2%、88.5%，28 cm 机械宽幅匀播、24 cm 机械宽幅匀播次之，分别为85.1%、85.9%。

表 2-26 小麦播种技术模式试验示范（Ⅱ）：出苗调查

处理	亩基本苗（万）	缺苗（处/6 m²）	断垄（处/6 m²）	出苗率（%）
处理 1	30.7	7	2	88.2
处理 2	30.8	6	0	88.5
处理 3	29.6	0	0	85.1
处理 4	29.9	2	0	85.9

注：每个处理随机调查 6 m²，10 cm 以上无苗为缺苗，17 cm 以上无苗为断垄。

3.2 小麦不同生育时期苗情调查

小麦不同生育时期苗情调查结果见表2-27，亩群体走势见图2-2，单株分蘖走势见图2-3。

表 2-27 小麦播种技术模式试验示范（Ⅱ）：苗情调查

生育时期	处理	亩群体（万）	单株分蘖（个）	单株大分蘖（个）	次生根（条）	主茎叶龄（片）	株高（cm）
越冬期	处理 1	79.8	2.6	1.0	3.0	4.5	21.6
	处理 2	87.2	2.8	1.0	3.6	4.8	20.8
	处理 3	81.1	2.7	1.0	3.4	4.8	21.2
	处理 4	89.6	3.0	1.0	3.8	4.8	21.2
返青期	处理 1	90.4	2.9	2.2	5.8	6.8	20.2
	处理 2	110.2	3.6	3.0	6.2	6.8	21.6
	处理 3	97.9	3.3	2.4	5.6	6.8	20.4
	处理 4	104.7	3.5	2.8	6.3	6.8	21.2
拔节期	处理 1	92.7	3.0	2.3	10.8	8.8	34.8
	处理 2	110.3	3.6	3.1	15.6	9.0	35.2
	处理 3	98.2	3.3	2.5	11.4	8.8	35.2
	处理 4	104.5	3.5	3.0	12.2	8.8	35.4

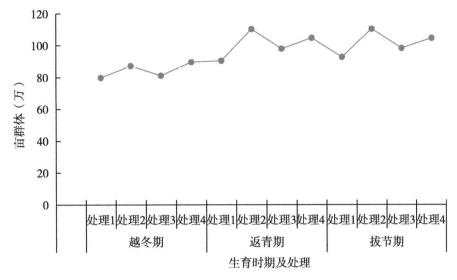

图 2-2　小麦播种技术模式试验示范（Ⅱ）：亩群体走势

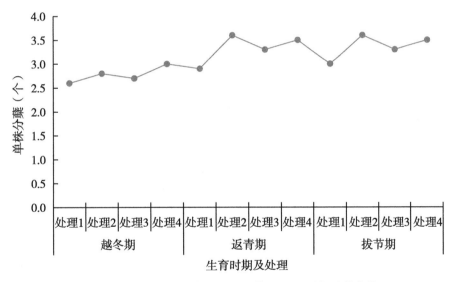

图 2-3　小麦播种技术模式试验示范（Ⅱ）：单株分蘖走势

结果表明，机械沟播在越冬期、返青期、拔节期的次生根数量处于劣势；机械等行距条播、24 cm 宽幅播种方式次生根数量相对较多；28 cm 宽幅播种方式次生根数量处于中等水平。不同播种方式对株高影响不大。

在越冬期、返青期、拔节期 3 个时期，与其他 3 种播种方式相比，机械沟播亩群体始终处于最低水平，说明该播种方式不利发苗；机械等行距条播亩群体在越冬期处于第 2 位，但在返青期和拔节期上升为第 1 位，表明该播种方式利于发苗；与 28 cm 宽幅播种方式相比，24 cm 宽幅播种方式亩群体始终处于高位。但与其他方式相比，整体处于中等水平。

机械沟播在越冬期、返青期、拔节期的单株分蘖始终处于较低水平；机械等行距条播在越冬期单株分蘖处于第 2 位，但在返青期和拔节期生长旺盛，处于第 1 位；与 28 cm 宽幅播种方式相比，24 cm 宽幅播种方式单株分蘖始终处于高位。但与其他方式相比，整体处于中等水平。

3.3 土壤含水量

由土壤含水量调查结果（表2-28）可以看出，播种前4个处理的2个土层深度的土壤含水量基本处于同一水平。从越冬前土壤含水量测定结果来看，4个处理2个层次含水量差距不大，机械沟播保墒优势不明显。

表2-28 小麦播种技术模式试验示范（Ⅱ）：土壤含水量测定 单位：%

时期	处理	土层深度	
		0~20 cm	20~40 cm
播种前	处理1	24.49	20.62
	处理2	23.58	22.35
	处理3	24.23	22.48
	处理4	24.03	21.94
越冬前	处理1	18.95	19.54
	处理2	17.78	20.63
	处理3	17.23	19.23
	处理4	18.64	19.31

3.4 产量构成要素与产量

由产量构成要素与产量调查结果（表2-29）可以看出，相同播量下处理2、处理4在亩穗数上处于绝对优势，分别达到48.7万、48.5万，较机械沟播分别增加了7.9万、7.7万。从理论产量上分析，处理2、处理4产量接近，分别为590.8 kg/亩、593.2 kg/亩，位于前2位。处理3产量576.9 kg/亩，位于第3位。处理1为541.8 kg/亩，位于第4位，比最高产量低51.4 kg/亩，减幅9.49%。实收产量变化趋势基本同理论产量。

表2-29 小麦播种技术模式试验示范（Ⅱ）：产量构成要素与产量

处理	亩穗数（万）	穗粒数（粒）	千粒重（g）	产量（kg/亩）			
				理论产量	排序	实收产量	排序
处理1	40.8	36.5	42.8	541.8	4	569.4	4
处理2	48.7	33.9	42.1	590.8	2	620.8	1
处理3	45.1	34.6	43.5	576.9	3	588.7	3
处理4	48.5	34.1	42.2	593.2	1	616.5	2

4 小结

（1）从生长发育指标来看，机械宽幅匀播有利于一播全苗，后期生长发育虽不及等行距条播，但较机械沟播具有一定优势。整体来讲，机械等行距条播、24 cm 机械宽幅匀播利于小麦生长发育。

（2）机械等行距条播，通风透光性好，春季调节能力较强，有利于弥补冬前亩群体不足。

（3）机械沟播保墒优势不明显。

（4）从考种结果看，机械沟播产量不占优势，主要是亩群体不足造成的。从理论产量上分析，机械等行距条播、24 cm机械宽幅匀播产量分别为590.8 kg/亩、593.2 kg/亩，位于前2位，在生产上应用价值较高。机械沟播产量541.8 kg/亩，位于第4位，比最高产量低51.4 kg/亩，减幅9.49%，播种投资所节约的成本被全部抵消。但机械沟播在丘陵旱作麦田，可以节约生产成本，减少水分散失，有待进一步研究。

第六节 小麦立体匀播技术示范

1 基本情况

1.1 示范地点
获嘉县位庄乡大位庄村。

1.2 示范面积
15亩。

1.3 选用品种
伟隆169，播前种子包衣。

1.4 核心技术
立体匀播：施肥、耕作、播种、镇压一次完成，实现苗匀、苗齐、苗壮。以常规条播为对照，行距22 cm。

1.5 基本情况
前茬大豆，产量水平260 kg/亩，肥力均匀，灌溉便利，便于观摩。整地方式：深耕+旋耕+镇压。亩施底肥：尿素12.5 kg，磷酸二铵32.5 kg，氯化钾5 kg。播期拌种：25 g/L咯菌腈悬浮种衣剂100 mL+3%苯醚甲环唑悬浮种衣剂100 mL+600 g/L吡虫啉悬浮种衣剂300 mL+5%氟虫腈悬浮种衣剂50 g，拌种50 kg，播量12.5 kg/亩，足墒下种。

1.6 田间管理及重要情况记录
2018年10月18日播种，11月25日，浇越冬水。2019年2月28日，亩用80%唑嘧磺草胺水分散粒剂2 g，防除阔叶杂草。3月18日，浇拔节水，亩追尿素15 kg。4月22日，亩用2.5%联苯菊酯微乳剂50 mL+45%戊唑·咪鲜胺可湿性粉剂10 g+10%吡虫啉可湿性粉剂15 g混合喷雾，预防小麦赤霉病及穗蚜。4月29日，浇灌浆水。5月5日，亩用2.5%联苯菊酯微乳剂50 mL+30%吡唑醚菌酯悬浮剂30 mL混合喷雾，预防小麦穗蚜及锈病，5月8日，人工拔除节节麦。2019年1—3月共降雨13.4 mm，出现长时间干旱。5月滴雨未降，旱象严重。

2 数据调查

2.1 生育时期调查

由生育时期调查结果（表2-30）可知，小麦立体匀播和常规条播各生育时期没有差别。

表2-30 小麦立体匀播技术示范：生育时期调查

处理	出苗期	越冬期	返青期	拔节期	抽穗期	开花期	成熟期
立体匀播	10月26日	12月9日	2月22日	3月19日	4月20日	4月26日	6月2日
常规条播	10月26日	12月9日	2月22日	3月19日	4月20日	4月26日	6月2日

2.2 苗情调查

由越冬期苗情调查结果（表2-31）可知，立体匀播亩基本苗26.4万，较常规条播增加3.3万；单株茎蘖3.2个，较常规条播增加0.5个；越冬期亩群体82.4万，较常规条播增加20.8万，表明立体匀播比常规条播在亩基本苗、单株茎蘖及亩群体有明显优势。由返青期苗情调查结果（表2-32）可知，返青期立体匀播主茎叶龄较常规条播增加0.1片，单株茎蘖增加0.1个，差别不明显。但是，立体匀播亩群体较常规条播增加16.2万。由拔节期苗情调查结果（表2-33）可知，拔节期两种播种方式在主茎叶龄及单株茎蘖差别不大，但立体播种亩群体较常规播种增加22.4万。

表2-31 小麦立体匀播技术示范：越冬期苗情（调查时间：2018年12月12日）

处理	亩基本苗（万）	主茎叶龄（片）	单株茎蘖（个）	亩群体（万）
立体匀播	26.4	5.0	3.2	82.4
常规条播	23.1	5.0	2.7	61.6

表2-32 小麦立体匀播技术示范：返青期苗情（调查时间：2019年2月22日）

处理	主茎叶龄（片）	单株茎蘖（个）	亩群体（万）
立体匀播	6.1	4.2	110.9
常规条播	6.0	4.1	94.7

表2-33 小麦立体匀播技术示范：拔节期苗情（调查时间：2019年3月18日）

处理	主茎叶龄（片）	单株茎蘖（个）	亩群体（万）
立体匀播	8.5	6.1	161.1
常规条播	8.2	6.0	138.7

2.3　抗逆性调查

由抗逆性调查结果（表2-34）可知，两种播种方式在抗寒性、抗病性、抗倒伏能力及抗干热风能力和落黄方面基本没有差别。

表2-34　小麦立体匀播技术示范：抗逆性调查

处理	冻害		纹枯病	根腐病	赤霉病	锈病	倒伏	干热风	落黄
	冬季	春季							
立体匀播	轻	无	稍重	轻	无	无	无	轻	好
常规条播	轻	无	轻	轻	无	无	无	轻	好

注：冬季冻害于2月22日调查。

2.4　产量构成要素与产量调查

产量构成要素与产量调查结果见表2-35。立体匀播株高较常规条播增加2.6 cm。立体匀播最终亩穗数较常规条播增加2.5万，千粒重增加1.5 g，但穗粒数减少0.8粒，理论产量增加34.8 kg/亩，实收产量增加47.2 kg/亩。

表2-35　小麦立体匀播技术示范：产量构成要素与产量
（调查时间：2019年6月4日）

处理	株高（cm）	亩穗数（万）	穗粒数（粒）	千粒重（g）	理论产量（kg/亩）	实收产量（kg/亩）
立体匀播	79.4	48.1	35.5	41.3	599.4	616.9
常规条播	76.8	45.6	36.3	39.8	564.6	569.7

3　小结

（1）立体匀播与常规条播各生育时期无差别。

（2）从越冬期、返青期、拔节期苗情来看，立体匀播单株茎蘖及亩群体始终高于常规条播。

（3）抗逆性分析，立体匀播除纹枯病稍重外，其他与常规条播无差别。

（4）立体匀播株高较常规条播稍高。

（5）立体匀播实收产量616.9 kg/亩，较常规条播高47.2 kg/亩，增幅8.3%。

第三章　农户大田耕作方式的小麦播量试验

农户大田耕作方式的小麦播量试验从 2012 年麦播开始到 2015 收获结束，连续 3 年在获嘉县城关镇前李村进行，选用品种为河南省农业科学院选育的郑麦 7698，设 6 个播量。目的是研究农户大田耕作方式（3 年试验均为旋耕）下不同播量小麦出苗和生长发育及产量变化，为根据农户大田耕作方式调整小麦播量、确保小麦稳产高产和可持续发展提供理论依据和技术支撑。连续 3 年试验结果表明，在旋耕整地条件下，不同播量对生育期没有影响，对播种深度、地下茎长度、土壤含水量、干物质积累影响不明显。随着播量的增加，断垄程度趋轻，亩群体增加，但亩群体过大形成弱苗，抗冻能力减弱。随着播量的增加，籽粒产量呈现先升后降的趋势，而穗粒数和千粒重则随着播量的增加呈下降趋势。决定高产的不是大播量，而在于合理亩基本苗、合理的亩群体和协调的产量构成要素。在该试验条件下，小麦品种郑麦 7698 适宜播量为 10.0~12.5 kg/亩。

第一节　农户大田耕作方式的小麦播量试验（Ⅰ）

1　材料与方法

1.1　试验地点

获嘉县城关镇前李村。

1.2　供试品种

郑麦 7698，河南省农业科学院小麦研究所提供。

1.3　试验设计

选择农户 1 户，根据实际面积和地形设大区对比，不设重复。在其整地习惯基础上，设以下 6 个播量处理。

处理 1（T1，CK）：5.0 kg/亩。

处理 2（T2）：7.5 kg/亩。

处理 3（T3）：10.0 kg/亩。

处理 4（T4）：12.5 kg/亩。

处理 5（T5）：15.0 kg/亩。

处理 6（T6）：17.5 kg/亩。

1.4　试验地基本情况

试验地基本情况见表 3-1。

表 3-1 农户大田耕作方式的小麦播量试验（Ⅰ）：试验基础记载

项目	内容	项目	内容
试验地区（县）	获嘉	基础施肥	尿素（N：46%）
承担单位	新乡农业技术推广站		磷酸一铵（N：11% P₂O₅：44%）
试验地点	前李村		氯化钾（K₂O：60%）
试验田面积（m²）	2 666.8	播前土壤基础性质	
小区尺寸（长×宽）	90 m×4 m	土壤容重（g/cm³）	1.49
土壤质地	壤土	全氮（g/kg）	1.30
整地方式	旋耕	有效磷（mg/kg）	14.2
播期	10 月 10 日	含水量（%）	22.3
播种方式	机播	速效钾（mg/kg）	225.5

1.5 生产管理措施

前茬作物为玉米，产量水平 600 kg/亩，2012 年 9 月 28 日收获。旋耕整地。10 月 10 日播种，亩播量按照设计方案进行。播种前用 50%多菌灵悬浮剂 100 g+40%辛硫磷乳油 100 mL，加水 300 g 拌种 50 kg。2013 年 3 月 26 日，追尿素 10 kg（撒施），施后浇水；3 月 8 日，开展化学除草，每亩用 10%苯磺隆可湿性粉剂 15 g+10%苄嘧磺隆可湿性粉剂 50 g，加水 20 kg 喷雾；4 月 28 日，每亩用 50%多菌灵可湿性粉剂 75 g+10%吡虫啉可湿性粉剂 50 g，叶面喷雾，预防小麦赤霉病及小麦穗蚜。5 月 11 日，浇灌浆水。

2 结果与分析

2.1 对生育期的影响

由生育时期调查结果（表 3-2）可以看出，不同处理对小麦生育期的前期和后期没有影响，但播量为 12.5 kg/亩、15.0 kg/亩、17.5 kg/亩的处理返青期比播量分别为 5.0 kg/亩、7.5 kg/亩、10.0 kg/亩的处理延迟了 2 d，拔节期又提前了 1 d。

表 3-2 农户大田耕作方式的小麦播量试验（Ⅰ）：生育时期调查

处理	出苗期	越冬期	返青期	拔节期	孕穗期	抽穗期	开花期	成熟期
T1	10 月 18 日	12 月 12 日	2 月 25 日	3 月 23 日	4 月 15 日	4 月 26 日	5 月 2 日	6 月 3 日
T2	10 月 18 日	12 月 12 日	2 月 25 日	3 月 23 日	4 月 15 日	4 月 26 日	5 月 2 日	6 月 3 日
T3	10 月 18 日	12 月 12 日	2 月 25 日	3 月 23 日	4 月 15 日	4 月 26 日	5 月 2 日	6 月 3 日
T4	10 月 18 日	12 月 12 日	2 月 27 日	3 月 22 日	4 月 15 日	4 月 26 日	5 月 2 日	6 月 3 日
T5	10 月 18 日	12 月 12 日	2 月 27 日	3 月 22 日	4 月 15 日	4 月 26 日	5 月 2 日	6 月 3 日
T6	10 月 18 日	12 月 12 日	2 月 27 日	3 月 22 日	4 月 15 日	4 月 26 日	5 月 2 日	6 月 3 日

2.2 对播种深度的影响

据调查，6 个处理的平均播种深度分别为 T1 = 3.7 cm，T2 = 4.1 cm，T3 = 4.2 cm，

T4＝4.0，T5＝4.3 cm，T6＝4.0 cm。其中，T1 最大值 7.0 cm，共 1 株，最小值 1.2 cm，共 1 株，极差 5.8 cm，S^2＝2.24；T2 最大值 7.9 cm，共 1 株，最小值 1.8 cm，共 1 株，极差 6.1 cm，S^2＝2.28；T3 最大值 6.9 cm，共 1 株，最小值 1.2 cm，共 1 株，极差 5.7 cm，S^2＝2.30；T4 最大值 6.1 cm，共 1 株，最小值 1.9 cm，共 1 株，极差 4.2 cm，S^2＝1.57；T5 最大值 6.6 cm，共 2 株，最小值 1.7 cm，共 2 株，极差 4.9 cm，S^2＝1.95；T6 最大值 6.5 cm，共 2 株，最小值 1.7 cm，共 2 株，极差 4.8 cm，S^2＝2.37（表3-3）。

数据表明，6 个处理的平均播种深度均在适宜深度内，虽然播种深度主要由人力控制播种机来实现，但从方差数值分析 T4 播种深度的分布更为均匀，容易达到苗齐、苗匀。

表3-3　农户大田耕作方式的小麦播量试验（Ⅰ）：播种深度调查
（测定日期：2012 年 11 月 1 日）　　　　　　　　单位：cm

处理	第1株	第2株	第3株	第4株	第5株	第6株	第7株	第8株	第9株	第10株
	2.3	2.8	3.3	6.1	4.5	2.8	3.6	6.5	3.0	6.1
T1	3.5	4.1	4.1	2.0	2.2	1.9	7.0	4.5	3.7	3.1
	4.3	2.4	4.1	4.2	3.5	6.5	5.6	5.5	4.3	2.2
	1.5	2.8	2.2	5.5	2.6	4.8	3.5	2.1	1.2	3.3
	7.1	7.9	7.2	3.9	5.9	2.4	4.5	1.8	7.1	4.6
T2	2.8	3.3	2.4	2.6	4.8	4.1	3.5	2.5	4.2	3.1
	4.8	4.1	4.1	4.6	5.1	3.2	6.0	4.5	4.1	3.2
	3.7	6.2	3.3	3.1	3.1	2.0	2.6	3.5	3.3	5.2
	5.1	3.4	5.3	6.2	4.5	4.5	5.0	4.9	4.1	6.9
T3	5.1	2.5	5.3	4.5	1.2	4.2	1.7	5.2	1.6	4.1
	6.4	5.2	2.5	5.1	4.3	6.1	3.2	4.5	2.1	2.4
	4.9	6.0	3.1	3.0	6.2	3.5	5.2	1.8	2.6	6.3
	4.8	1.9	5.5	5.6	2.2	3.5	2.4	3.3	4.2	4.3
T4	5.5	4.4	3.5	5.3	5.2	3.4	5.7	3.7	2.9	6.1
	4.1	2.2	4.3	4.0	4.5	2.0	5.0	4.9	2.9	2.8
	6.0	2.2	3.4	4.4	4.5	5.0	4.0	6.0	2.9	2.1
	3.5	2.8	2.9	3.4	6.3	5.4	3.4	4.5	6.1	5.3
T5	4.3	3.1	6.2	3.2	5.0	3.3	5.0	4.1	4.8	1.7
	6.6	2.8	2.3	5.1	4.7	4.2	4.6	1.7	5.6	5.6
	5.4	3.2	3.8	4.4	6.5	2.8	4.1	2.0	5.6	6.6
	3.4	4.8	4.6	5.3	5.8	2.8	2.5	4.1	3.3	5.3
T6	5.1	5.1	2.7	5.9	5.6	4.6	2.1	5.1	2.1	5.0
	4.2	6.5	4.1	2.8	4.6	2.3	2.1	4.6	3.6	1.9
	6.1	4.7	2.1	5.1	1.7	1.9	6.5	1.7	2.1	6.5

注：每处理选 4 个点，每点 10 株。

2.3　对地下茎长度的影响

6 个处理的平均地下茎长度如表 3-4 所示，分别为 T1＝1.3 cm，T2＝1.6 cm，T3＝

1.8 cm，T4＝1.6，T5＝1.9 cm，T6＝1.6 cm，总平均地下茎长度为 1.7 cm。其中，T1 最大值 4.2 cm，共 1 株，最小值 0 cm，共 11 株，极差 4.2 cm，S^2＝1.6；T2 最大值 4.3 cm，共 1 株，最小值 0 cm，共 8 株，极差 4.3 cm，S^2＝1.8；T3 最大值 4.8 cm，共 1 株，最小值 0 cm，共 12 株，极差 4.8 cm，S^2＝2.30；T4 最大值 4.4 cm，共 1 株，最小值 0 cm，共 11 株，极差 4.4 cm，S^2＝1.5；T5 最大值 4.4 cm，共 1 株，最小值 0 cm，共 6 株，极差 4.4 cm，S^2＝1.7；T6 最大值 4.5 cm，共 2 株，最小值 0 cm，共 14 株，极差 4.5 cm，S^2＝2.0。

　　数据表明，T4 为地下茎数值分布比较均匀的处理，均值为 1.6 cm。地下茎长度短可以节约幼苗出土能量消耗，容易形成壮苗。T3 地下茎长度均值最小（1.3 cm），可能是该处理播种深度较小（3.7 cm）造成的。

表 3-4　农户大田耕作方式的小麦播量试验（Ⅰ）：地下茎长度调查

（调查日期：2012 年 11 月 1 日）　　　　　　　　　　单位：cm

处理	第1株	第2株	第3株	第4株	第5株	第6株	第7株	第8株	第9株	第10株
T1	0.0	0.5	0.0	3.2	2.6	0.7	0.3	3.4	0.5	2.4
	1.5	1.6	0.9	0.0	0.0	0.0	4.0	2.6	1.3	0.3
	1.6	0.0	2.1	2.4	1.0	4.2	2.7	2.4	1.9	0.0
	0.0	0.2	0.3	3.1	0.0	2.1	1.0	0.0	0.0	1.0
T2	4.1	4.3	3.9	1.4	2.9	0.0	2.1	0.0	3.3	1.8
	0.0	0.6	0.0	0.5	2.7	2.3	0.6	0.3	1.6	0.3
	2.1	1.9	1.7	2.4	3.1	0.3	3.2	2.4	1.8	1.1
	0.8	4.1	1.9	0.0	0.0	0.0	0.0	1.0	0.4	2.5
T3	3.0	0.6	2.5	1.6	2.4	3.2	2.6	2.8	0.9	4.8
	2.8	0.0	3.1	2.3	0.0	1.7	0.0	2.7	0.0	1.6
	3.8	3.4	0.0	2.2	2.3	4.2	0.0	2.2	0.0	0.0
	2.1	3.8	0.0	0.5	3.5	0.0	3.0	0.0	0.0	4.1
T4	1.3	0.0	2.8	2.9	0.0	1.2	0.0	1.5	1.7	1.4
	3.1	2.5	1.0	2.8	2.6	1.5	3.1	0.6	0.0	4.4
	1.2	0.0	1.7	2.1	2.3	0.0	2.7	2.9	0.0	0.0
	3.2	0.0	1.1	2.5	1.3	2.0	1.5	3.3	0.0	0.0
T5	0.9	0.0	0.0	1.9	3.7	3.1	1.1	1.8	3.0	2.9
	2.3	0.9	3.2	1.2	2.6	1.6	2.5	1.7	2.8	0.0
	4.4	0.2	0.0	2.9	2.4	2.3	1.7	0.0	3.6	4.1
	2.7	0.8	1.5	1.1	3.5	0.3	1.2	0.0	2.9	3.7
T6	0.0	1.7	2.8	2.1	2.4	0.2	0.0	2.1	0.0	2.3
	3.4	2.8	0.0	3.3	3.2	2.6	0.0	2.8	0.0	2.5
	2.1	4.5	1.2	1.2	1.9	0.0	0.0	1.1	1.1	0.0
	3.6	2.3	0.0	3.2	0.0	0.0	3.3	0.0	0.0	3.8

注：每处理选 4 个点，每点 10 株。

2.4 对出苗的影响

根据缺苗断垄调查结果（表 3-5），在 36 m 的样段中，T1 总苗数最少，148 株，T6 最多，2 890 株；>7 cm 断垄点数 T1 最多，148 点，T5 最少，为 16 点；断垄总长度 T1 最长，为 8.90 m，T6 最短，为 0.75 m；从出苗率分析，出苗率从高到低依次是 T6>T5>T4>T3>T2>T1，T1 出苗率最低，仅为 50.6%。

以上分析表明，随着播量的增加，样段总苗数和出苗率增加，>7 cm 断垄点数、断垄总长度变少（小），断垄程度趋轻。

表 3-5 农户大田耕作方式的小麦播量试验（Ⅰ）：缺苗断垄情况调查
（调查日期：2012 年 11 月 11 日）

处理	样段长度（m）	样段总苗数（株）	>7 cm 断垄点数	断垄总长度（m）	出苗率（%）	断垄程度
T1	36	712	148	8.90	50.6	特重
T2	36	874	122	8.02	55.5	特重
T3	36	1 402	76	4.19	76.7	重
T4	36	1 994	36	1.71	90.5	轻
T5	36	2 558	16	0.83	95.4	轻
T6	36	2 890	20	0.75	95.8	轻

2.5 对冬、春抗寒能力的影响

由冬春季冻害程度调查结果可知（表 3-6），所有处理均未受到冻害。

表 3-6 农户大田耕作方式的小麦播量试验（Ⅰ）：冻害程度调查　　　　单位：个

处理	冬季冻害（调查日期：2013 年 2 月 26 日）		春季冻害（调查日期：2013 年 3 月 28 日）	
	样段总茎蘖数	样段受冻茎蘖数	样段总茎蘖数	样段受冻茎蘖数
T1	836	0	973	0
T2	1 204	0	1 423	0
T3	1 597	0	1 785	0
T4	1 774	0	2 032	0
T5	2 141	0	2 234	0
T6	2 370	0	2 489	0

2.6 对土壤含水量的影响

不同时期、不同处理、不同土层含水量测定结果见表 3-7，不同土层含水量走势见图 3-1，不同生育期土壤含水量走势见图 3-2。

（1）由不同土层含水量走势（图 3-1）可知，在不同土层含水量变化趋势基本一致。0~10 cm 土层含水量低于 10~20 cm 和 20~30 cm 土层。

表 3-7　农户大田耕作方式的小麦播量试验（Ⅰ）：土壤含水量测定　　　单位：%

生育时期	处理	0~10 cm	10~20 cm	20~30 cm
越冬期	T1	10.61	10.16	11.98
	T2	9.74	11.17	11.74
	T3	7.69	11.25	11.29
	T4	7.51	10.97	12.26
	T5	11.52	11.54	10.60
	T6	10.20	11.57	10.27
返青期	T1	6.78	8.72	12.37
	T2	6.18	10.76	9.70
	T3	6.97	8.51	8.35
	T4	6.67	7.81	9.44
	T5	7.82	9.89	7.84
	T6	8.55	6.05	8.23
拔节期	T1	5.01	9.32	10.01
	T2	7.70	9.53	10.96
	T3	5.83	7.93	10.41
	T4	8.25	9.60	11.99
	T5	9.86	8.67	12.42
	T6	7.91	10.29	10.15
抽穗期	T1	7.27	12.20	12.37
	T2	8.98	12.10	12.48
	T3	8.83	12.33	13.53
	T4	7.50	12.11	11.99
	T5	8.86	12.64	12.82
	T6	9.29	13.02	13.24
开花期	T1	9.88	11.91	12.30
	T2	7.94	13.17	12.35
	T3	9.69	12.58	13.08
	T4	9.59	12.46	13.37
	T5	10.51	13.01	12.80
	T6	11.02	13.34	12.93
成熟期	T1	14.16	15.07	15.04
	T2	15.04	16.11	14.27
	T3	14.64	16.23	14.32
	T4	15.23	16.46	15.34
	T5	15.99	16.51	15.53
	T6	16.00	17.64	15.63

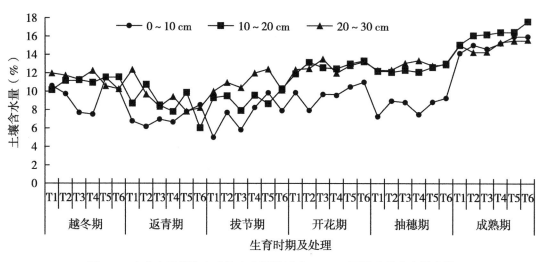

图3-1　农户大田耕作方式的小麦播量试验（Ⅰ）：不同土层含水量走势

（2）由不同生育期土壤含水量走势（图3-2）可知，在10～20 cm和20～30 cm土层，不同处理的土壤含水量走势一致；不同处理之间在0～10 cm土层的走势基本一致，但0～10 cm土层含水量与其他2个土层相比变化较大；在返青期至抽穗期，表层土壤含

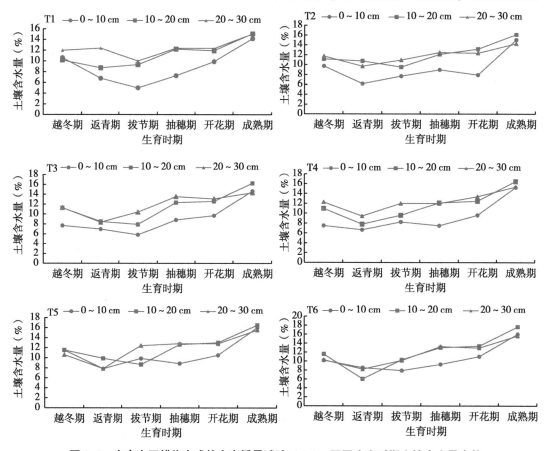

图3-2　农户大田耕作方式的小麦播量试验（Ⅰ）：不同生育时期土壤含水量走势

水量急剧下降，说明小麦在返青期开始生长需要充足的水分供应。

2.7　对干物质积累的影响

不同处理干物质积累测定结果见表 3-8，其走势见图 3-3。在越冬期至返青期，各个处理的干物质积累走势一致，而且在数值上差别不大。从返青期到成熟期，各处理的干物质积累开始出现分化。干物质积累随着播量的变化而变化。播量越小，单株干物质积累越多；反之，单株干物质积累就少。其中，T1 干物质积累最多（8.394 g/株），T6 干物质积累最少（5.038 g/株）。

表 3-8　农户大田耕作方式的小麦播量试验（Ⅰ）：干物质积累测定　　单位：g/株

处理	越冬期	返青期	拔节期	抽穗期	开花期	成熟期
T1	0.502	0.717	1.598	4.144	4.758	8.394
T2	0.454	0.653	1.306	3.460	4.038	7.522
T3	0.430	0.566	1.248	3.143	3.397	6.269
T4	0.380	0.521	1.220	2.903	3.090	5.394
T5	0.356	0.484	1.209	2.836	3.004	5.318
T6	0.367	0.486	1.122	2.768	2.912	5.038

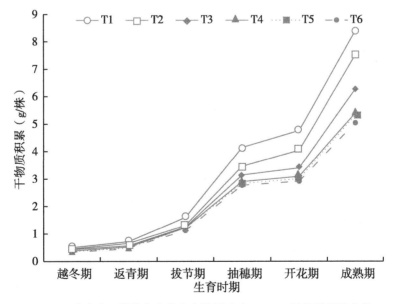

图 3-3　农户大田耕作方式的小麦播量试验（Ⅰ）：干物质积累走势

2.8　对亩群体的影响

采用一米双行，每处理选 3 个点取平均值，平均行距 22 cm，折算每亩群体数，亩群体调查结果见表 3-9，动态走势见图 3-4。由图 3-4 可知，6 个处理亩群体走势变化规律基本一致。其中，T1 在各个时期亩群体均最低；T6 亩群体均处于最高水平。成熟期，T6 仍然保持最大亩群体 31.7 万，T1 最小为 15.6 万。

表 3-9　农户大田耕作方式的小麦播量试验（Ⅰ）：亩群体调查　　　　单位：万

处理	三叶期	越冬期	返青期	拔节期	孕穗期	成熟期
T1	6.5	21.2	42.2	49.1	31.2	15.6
T2	10.6	28.2	59.8	71.9	39.9	22.3
T3	13.6	41.3	75.7	90.2	47.2	24.4
T4	19.8	52.3	92.5	102.6	52.2	26.9
T5	24.2	62.7	108.1	112.8	54.3	29.0
T6	30.5	71.3	119.7	127.7	57.8	31.7

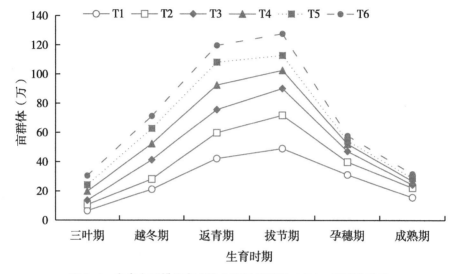

图 3-4　农户大田耕作方式的小麦播量试验（Ⅰ）：亩群体动态

2.9　对产量构成要素与产量的影响

　　产量构成要素与产量调查结果见表 3-10，产量构成要素走势见图 3-5。由图 3-5 可知，随着播量的增加，千粒重和穗粒数趋于减少，籽粒产量增加。T6 平均产量最高（346.2 kg/亩），较 T1 增产 125.6 kg/亩（增幅 56.9%）。

表 3-10　农户大田耕作方式的小麦播量试验（Ⅰ）：产量构成要素与产量

处理	穗粒数（粒）	千粒重（g）	亩穗数（万）	理论产量（kg/亩）
T1	35.4	47.0	15.6	220.6
T2	32.8	45.6	22.3	283.5
T3	30.9	44.3	24.4	283.9
T4	30.3	45.4	26.9	314.5
T5	29.6	45.6	29.0	332.7
T6	29.2	44.0	31.7	346.2

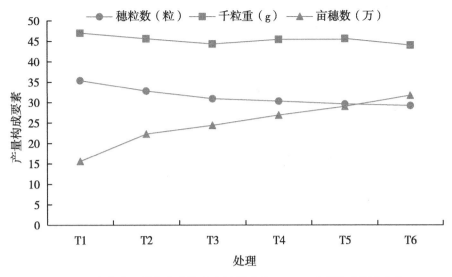

图3-5 农户大田耕作方式的小麦播量试验（Ⅰ）：产量构成要素走势

调查结果表明，T6 与其余各处理相比，增产幅度达到极显著水平；而 T5 和 T4 之间、T3 和 T2 之间的差异不显著。

3 小结

（1）随着播量的增加，返青期略有推迟，但拔节期提前 1 d，对其他生育时期没有影响；随着播量的增加，样段总苗数和出苗率增加，断垄程度趋轻；在整个生育期内，随着播量的增加，亩群体增加。

（2）从方差数值分析亩播量为 12.5 kg 的处理播种深度、地下茎长度，分布更为均匀，容易实现苗齐、苗匀、苗壮。

（3）播量对小麦冬、春抗寒能力没有影响。

（4）除返青期外，不同土层、不同处理的土壤含水量走势一致。

（5）不同播量的干物质积累在越冬期至返青期走势一致，而且在数值上差别不大，但返青后开始出现分化，并随着播量的增加单株干物质积累变多。

（6）随着播量的增加，千粒重和穗粒数趋于减少，但籽粒产量增加。亩播量 17.5 kg 达到 346.2 kg/亩，较亩播量 5.0 kg 增产 125.6 kg/亩，增幅达 56.9%。与其余各处理相比，亩播量 17.5 kg 增产幅度达到极显著水平，而亩播量 12.5 kg 和 15.0 kg 之间、亩播量 7.5 kg 和 10.0 kg 之间差异不显著。

（7）综合分析，在本年度试验条件下，郑麦 7698 最佳播量为 17.5 kg/亩。

第二节 农户大田耕作方式的小麦播量试验（Ⅱ）

1 材料与方法

试验在获嘉县城关镇前李村进行，试验田为壤土，地力均匀，灌排方便；前茬玉米产量650 kg/亩；在其习惯整地基础上，设不同播量处理，不设重复（表3-11），每区90 m×2.7 m。2013年10月5日，底施尿素20 kg/亩、磷酸一铵20 kg/亩、氯化钾10 kg/亩，旋耕。10月6日，机械播种，行距22 cm。品种采用郑麦7698，河南省农业科学院小麦研究所提供。播前种子用50%多菌灵悬浮剂100 g+40%辛硫磷乳油100 mL，加水300 g，拌种50 kg。因底墒不足，10月8日浇蒙头水。

表3-11 农户大田耕作方式的小麦播量试验（Ⅱ）：试验设计

序号	处理（kg/亩）
处理1（T1，CK）	5.0
处理2（T2）	7.5
处理3（T3）	10.0
处理4（T4）	12.5
处理5（T5）	15.0
处理6（T6）	17.5

2 生产管理

小区田间管理一致。2014年3月13日，每亩用10%苯磺隆可湿性粉剂18 g+20%氯氟吡氧乙酸乳油30 mL，加水15 kg，喷施除草。3月21日，浇拔节水，结合浇水亩追尿素10 kg。4月19日，每亩用50%多菌灵悬浮剂100 g+20%三唑酮乳油50 g+10%吡虫啉可湿性粉剂20 g，加水20 kg叶面喷雾，预防小麦赤霉病和蚜虫。

3 结果与分析

3.1 对生育期的影响

由生育时期调查结果（表3-12）可知，播量对小麦的生育期没有影响。

表3-12 农户大田耕作方式的小麦播量试验（Ⅱ）：生育时期调查

处理	出苗期	越冬期	返青期	拔节期
T1	10月14日	12月20日	2月16日	3月13日
T2	10月14日	12月20日	2月16日	3月13日
T3	10月14日	12月20日	2月16日	3月13日

（续表）

处理	出苗期	越冬期	返青期	拔节期
T4	10 月 14 日	12 月 20 日	2 月 16 日	3 月 13 日
T5	10 月 14 日	12 月 20 日	2 月 16 日	3 月 13 日
T6	10 月 14 日	12 月 20 日	2 月 16 日	3 月 13 日

处理	孕穗期	抽穗期	开花期	成熟期
T1	4 月 6 日	4 月 17 日	4 月 22 日	5 月 30 日
T2	4 月 6 日	4 月 17 日	4 月 22 日	5 月 30 日
T3	4 月 6 日	4 月 17 日	4 月 22 日	5 月 30 日
T4	4 月 6 日	4 月 17 日	4 月 22 日	5 月 30 日
T5	4 月 6 日	4 月 17 日	4 月 22 日	5 月 30 日
T6	4 月 6 日	4 月 17 日	4 月 22 日	5 月 30 日

3.2　对播种深度的影响

每处理选 4 个点，每点 10 株，取平均值，调查结果见表 3-13。T3 播种深度最深，T5 播种深度最浅。

表 3-13　农户大田耕作方式的小麦播量试验（Ⅱ）：播种深度调查

（测定日期：2013 年 10 月 25 日）　　　　　　　　　　　单位：cm

处理	深度	处理	深度
T1	2.63	T4	2.78
T2	2.84	T5	2.38
T3	3.02	T6	2.71

3.3　对地下茎长度的影响

每处理选 4 个点，每点 10 株取平均值，调查结果见表 3-14。结果表明，T2、T3 地下茎较长，分别为 0.86 cm 和 1.01 cm，其他 4 个处理趋于一致。

表 3-14　农户大田耕作方式的小麦播量试验（Ⅱ）：地下茎长度调查

（测定日期：2013 年 10 月 28 日）　　　　　　　　　　　单位：cm

处理	地下茎长度	处理	地下茎长度
T1	0.67	T4	0.69
T2	0.86	T5	0.62
T3	1.01	T6	0.64

3.4　对出苗的影响

由缺苗断垄情况调查结果（表3-15）可知，该品种>7 cm断垄点数较多，断垄长度较长，整体出苗率偏低，随着播量的增加，断垄程度逐步减轻。

表3-15　农户大田耕作方式的小麦播量试验（Ⅱ）：缺苗断垄情况调查

（测定日期：2013年10月25日）

处理	样段长度 （m）	样段总苗数 （株）	>7 cm 断垄点数	断垄总长度 （m）	出苗率 （%）	断垄程度
T1	88	2 332	281	45.24	66.9	严重
T2	88	3 476	268	40.08	66.8	严重
T3	88	4 664	222	34.51	67.1	一般
T4	88	5 764	178	27.84	66.4	一般
T5	88	6 864	143	13.12	65.8	轻
T6	88	7 876	114	10.56	64.9	轻

3.5　冬春季冻害程度调查

由冬春季冻害程度调查结果（表3-16）可知，T4、T5、T6在冬季发生冻害，受冻茎蘖数随着播量的增加趋于严重。在冬季积温整体较常年偏高的情况下发生冻害较为少见，可能是因为气温偏高分蘖增加，从而导致麦苗旺长，亩群体过大，抗冻能力下降。

表3-16　农户大田耕作方式的小麦播量试验（Ⅱ）：冻害程度调查　　　单位：个

处理	冬季冻害		春季冻害	
	样段总茎蘖数	样段受冻茎蘖数	样段总茎蘖数	样段受冻茎蘖数
T1	1 282	0	1 596	0
T2	1 667	0	2 085	0
T3	1 944	0	2 152	0
T4	2 212	12	2 346	0
T5	2 365	18	2 538	0
T6	2 448	22	2 624	0

注：冬季测定日期为2014年2月28日，春季测定日期为2014年3月30日。

3.6　对土壤含水量的影响

不同时期、不同处理、不同土层含水量测定结果见表3-17，走势见图3-6。不同土层、不同处理在不同生育时期的土壤含水量走势基本一致。0~10 cm土层T1在拔节期、20~30 cm土层T4在拔节期的土壤含水量走势有偏差，可能是因为操作误差引起。但是，T6处理在开花期3个土层含水量均处于较高水平，可能因为亩群体较大、空间密闭、水分不易散失等原因形成。

表 3-17　农户大田耕作方式的小麦播量试验（Ⅱ）：土壤含水量测定　　单位：%

生育时期	处理	0~10 cm	10~20 cm	20~30 cm	生育时期	处理	0~10 cm	10~20 cm	20~30 cm
越冬期	T1	17.82	19.22	17.86	抽穗期	T1	23.30	18.73	15.69
	T2	17.50	19.44	19.49		T2	23.25	18.88	14.81
	T3	16.48	20.47	19.18		T3	23.28	19.06	16.70
	T4	15.79	19.61	18.37		T4	21.52	17.29	14.03
	T5	16.24	18.40	18.07					
	T6	17.41	20.54	18.86					
返青期	T1	16.40	17.48	15.79	开花期	T1	23.08	18.23	14.99
	T2	15.83	16.51	16.49		T2	23.46	17.60	15.22
	T3	15.87	17.03	16.77		T3	19.14	20.42	20.38
	T4	15.40	16.57	17.92		T4	20.38	21.91	19.30
	T5	16.37	16.30	16.64		T5	19.81	22.09	19.37
	T6	17.04	16.33	15.87		T6	20.65	22.42	20.80
拔节期	T1	6.00	15.36	16.86	成熟期	T1	21.74	22.50	21.08
	T2	10.52	15.64	16.69		T2	21.76	24.18	21.22
	T3	11.16	14.71	15.09		T3	11.19	13.53	12.02
	T4	10.84	17.16	19.31		T4	10.35	13.72	13.41
	T5	10.23	15.25	16.18		T5	10.95	12.97	13.27
	T6	11.54	16.80	15.51		T6	8.87	11.47	11.70

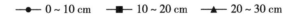

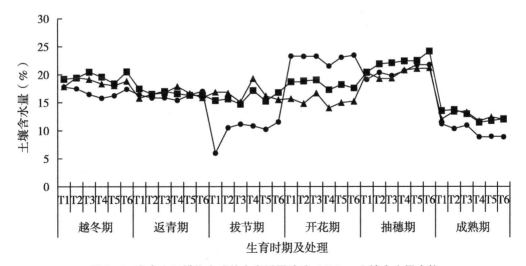

图 3-6　农户大田耕作方式的小麦播量试验（Ⅱ）：土壤含水量走势

3.7 对干物质积累的影响

不同生育时期干物质积累测定结果见表 3-18，其走势见图 3-7。不同播量在不同生育时期干物质积累总体趋势一致，各个处理之间没有明显规律，但播量最大的处理 T6 在干物质积累方面一直处于较低水平，与其他处理相比，T1 在抽穗期及开花期干物质积累较快，返青期、拔节期及成熟期 T3 干物质积累始终处于较高水平。

表 3-18　农户大田耕作方式的小麦播量试验（Ⅱ）：干物质积累测定　　　单位：g/株

处理	越冬期	返青期	拔节期	抽穗期	开花期	成熟期
T1	0.86	1.59	3.00	10.22	11.04	11.84
T2	0.60	3.24	3.55	5.67	7.77	10.53
T3	0.67	4.19	4.77	4.93	6.90	13.39
T4	0.65	1.73	2.06	4.17	5.56	12.18
T5	0.74	2.55	2.75	5.29	7.50	10.18
T6	0.69	2.19	2.68	3.98	4.49	10.78

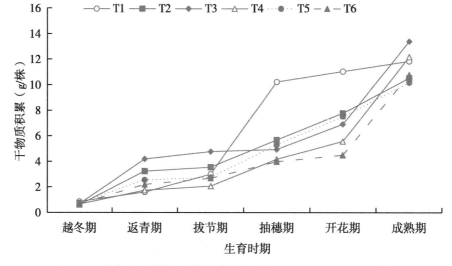

图 3-7　农户大田耕作方式的小麦播量试验（Ⅱ）：干物质积累走势

3.8 对亩群体的影响

采用一米双行，每处理选 3 个点取平均值，折算每亩群体数。亩群体调查结果见表 3-19，走势见图 3-8。不同播量在不同生育时期的亩群体走势一致，但是随着播量的增加，亩群体增加。

表 3-19　农户大田耕作方式的小麦播量试验（Ⅱ）：亩群体调查　　　单位：万

处理	三叶期	越冬期	返青期	拔节期	孕穗期	成熟期
T1	9.5	48.1	64.7	80.6	54.6	33.3
T2	13.6	60.9	84.2	105.3	68.2	35.2

处理	三叶期	越冬期	返青期	拔节期	孕穗期	成熟期
T3	17.1	70.0	97.1	108.7	69.1	38.9
T4	21.4	79.8	111.7	118.5	72.8	44.7
T5	25.3	87.9	119.4	128.2	74.6	47.1
T6	29.5	95.7	123.6	132.5	75.0	49.8

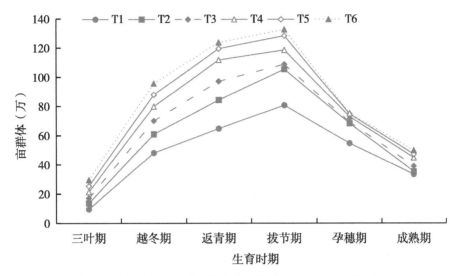

图3-8　农户大田耕作方式的小麦播量试验（Ⅱ）：亩群体走势

3.9　对产量构成要素与产量的影响

成熟期产量构成要素与产量见表3-20。穗粒数和千粒重则随着播量的增加呈下降趋势。随着播量的增加，籽粒产量呈现先升后降的趋势。T1产量最低（500.7 kg/亩），T4产量达到最高（616.4 kg/亩）。这一结果与上年度结果不一致，说明高产的决定因素不是播量大，而是合理的亩基本苗、合理的亩群体和协调的产量构成要素。本年度产量最高的处理T4产量构成要素分别为34.3粒、47.3 g、44.7万。

表3-20　农户大田耕作方式的小麦播量试验（Ⅱ）：产量构成要素与产量

处理	亩穗数（万）	穗粒数（粒）	千粒重（g）	理论产量（kg/亩）
T1	33.3	36.1	49.0	500.7
T2	35.2	35.4	48.6	514.8
T3	38.9	35.0	47.4	548.5
T4	44.7	34.3	47.3	616.4
T5	47.1	32.7	45.9	600.9
T6	49.8	30.9	44.7	584.7

4 小结

（1）播量对生育期没有影响，对播种深度、地下茎长度影响不明显。

（2）随着播量的增加，缺苗断垄程度逐步减轻。就试验品种来说，由于冬季气温偏高，造成冬前分蘖过多，亩群体过大，形成弱苗，抗冻能力减弱。

（3）随着播量的增加，不同土层土壤含水量、干物质积累走势一致，影响不明显。但是，随着播量的增加，亩群体随之增加。

（4）播量 5 kg/亩的处理产量最低（500.7 kg/亩），播量 12.5 kg/亩的处理产量达到最高（616.4 kg/亩）。这一结果与上年度结果不一致，说明决定高产量的因素为合理的亩基本苗、合理的亩群体和协调的产量构成要素。

第三节 农户大田耕作方式的小麦播量试验（Ⅲ）

1 材料与方法

试验在获嘉县城关镇前李村进行，试验田为壤土，地力均匀，灌排方便；前茬玉米产量 650 kg/亩（试验基础记载见表 3-21）；在其整地习惯基础上，设不同播量处理，不设重复（表 3-22），每区 90 m×2.7 m。2014 年 10 月 15 日，每亩撒施 40%（N-P-K=22-13-5）配方肥 50 kg，通过耕地与土壤充分混合。10 月 16 日，机械播种，播量按试验设计，行距 22 cm。品种采用郑麦 7698，河南省农业科学院小麦研究所提供。播前拌种：50% 多菌灵悬浮剂 100 g+40% 辛硫磷乳油 100 mL，加水 300 g，充分拌匀后，拌麦种 50 kg，拌后堆闷 4 h，晾干后播种。

表 3-21 农户大田耕作方式的小麦播量试验（Ⅲ）：基础信息

项目	内容	项目	内容
试验地区（县）	获嘉	整地方式	旋耕
承担单位	新乡农业技术推广站	播期	10 月 16 日
试验地点	前李村	播种方式	机播
试验田面积（m²）	1 600	基础施肥	尿素（N：46%）
小区尺寸（长×宽）	100 m×3.3 m		磷酸一铵（N：11% P_2O_5：44%）
土壤质地	中壤		氯化钾（K_2O：60%）

表 3-22 农户大田耕作方式的小麦播量试验（Ⅲ）：试验设计

序号	播量（kg/亩）	序号	播量（kg/亩）
处理 1（T1）	5.0	处理 4（T4）	12.5
处理 2（T2）	7.5	处理 5（T5）	15.0
处理 3（T3）	10.0	处理 6（T6）	17.5

2 生产管理

小区田间管理一致。追肥：2015年3月16日，追施拔节肥，亩追尿素10 kg，结合追肥进行浇水。防治病虫草害：3月9日，亩用20%氯氟吡氧乙酸异辛酯悬浮剂30 mL+TD助剂10 g，加水15 kg，喷施除草；4月27日，亩用50%多菌灵悬浮剂100 g+40%氧乐果乳油100 mL+25%吡虫啉可湿性粉剂8 g+磷酸二氢钾200 g，加水50 kg喷雾，预防小麦赤霉病、蚜虫、干热风。

3 结果与分析

3.1 对生育期的影响

由生育时期调查（表3-23）看出，播量对小麦的生育期没有影响。

表3-23 农户大田耕作方式的小麦播量试验（Ⅲ）：生育时期调查

处理	出苗期	越冬期	返青期	拔节期
T1	10月26日	12月20日	2月15日	3月15日
T2	10月26日	12月20日	2月15日	3月15日
T3	10月26日	12月20日	2月15日	3月15日
T4	10月26日	12月20日	2月15日	3月15日
T5	10月26日	12月20日	2月15日	3月15日
T6	10月26日	12月20日	2月15日	3月15日
处理	孕穗期	抽穗期	开花期	成熟期
T1	4月10日	4月21日	4月25日	6月3日
T2	4月10日	4月21日	4月25日	6月3日
T3	4月10日	4月21日	4月25日	6月3日
T4	4月10日	4月21日	4月25日	6月3日
T5	4月10日	4月21日	4月25日	6月3日
T6	4月10日	4月21日	4月25日	6月3日

3.2 对播种深度的影响

每处理选4个点，每点10株，取平均值，播种深度调查结果见表3-24。T4、T5播种较其他处理深，T1最浅。

表3-24 农户大田耕作方式的小麦播量试验（Ⅲ）：播种深度调查
（调查日期：2014年11月12日）

单位：cm

处理	深度	处理	深度
T1	1.9	T4	3.1
T2	2.8	T5	3.1
T3	2.2	T6	2.7

3.3 对地下茎长度的影响

每处理选 4 个点，每点 10 株取平均值，调查结果见表 3-25。T5 地下茎较长，为 0.7 cm，其他 4 个处理从 0 到 0.5 cm 不等，地下茎长度与播量无明显关系。

表 3-25　农户大田耕作方式的小麦播量试验（Ⅲ）：地下茎长度调查

（调查日期：2014 年 11 月 12 日） 单位：cm

处理	长度	处理	长度
T1	0.0	T4	0.4
T2	0.3	T5	0.7
T3	0.2	T6	0.5

3.4 对出苗的影响

由缺苗断垄情况调查结果（表 3-26）可知，该品种 >7 cm 断垄点数较多，断垄长度较长，整体出苗率偏低，随着播量的增加，断垄程度逐步减轻。

表 3-26　农户大田耕作方式的小麦播量试验（Ⅲ）：缺苗断垄情况调查

（调查日期：2014 年 11 月 12 日）

处理	样段长度（m）	样段总苗数（个）	>7 cm 断垄点数	断垄总长度（m）	出苗率（%）	断垄程度（%）
T1	60	1 825	143	17.38	82.7	28.96
T2	60	2 419	85	10.58	73.1	17.63
T3	60	3 211	77	9.39	72.8	15.65
T4	60	3 995	44	4.47	72.5	7.45
T5	60	4 536	29	2.89	68.6	4.82
T6	60	5 418	26	2.35	70.2	3.92

3.5 冬春季冻害程度调查

由冬春季冻害程度调查结果（表 3-27）可知，本年度所有处理冬春季均未发生冻害。

表 3-27　农户大田耕作方式的小麦播量试验（Ⅲ）：冻害程度调查

（冬季调查日期：2015 年 2 月 28 日　春季调查日期：2015 年 3 月 30 日） 单位：个

时期	处理	样段总茎蘖数	样段受冻茎蘖数	时期	处理	样段总茎蘖数	样段受冻茎蘖数
冬季冻害	T1	1 672	0	春季冻害	T1	1 753	0
	T2	1 890	0		T2	1 937	0
	T3	2 056	0		T3	2 171	0
	T4	2 194	0		T4	2 336	0
	T5	2 231	0		T5	2 390	0
	T6	2 346	0		T6	2 530	0

3.6 对土壤含水量的影响

不同生育时期、不同处理、不同土层土壤含水量测定见表 3-28，走势见图 3-9。结果表明，不同土层、不同处理在同一生育时期的土壤含水量走势基本一致。

表 3-28　农户大田耕作方式的小麦播量试验（Ⅲ）：土壤含水量测定　　　单位：%

生育时期	处理	0~10 cm	10~20 cm	20~30 cm	生育时期	处理	0~10 cm	10~20 cm	20~30 cm
越冬期	T1	17.33	18.38	19.40	开花期	T1	19.54	13.91	13.20
	T2	17.24	18.67	19.51		T2	17.79	16.36	14.02
	T3	15.76	17.69	18.50		T3	17.07	14.80	12.56
	T4	15.75	16.89	17.77		T4	16.69	15.80	13.44
	T5	15.64	17.63	18.77		T5	17.49	15.13	15.59
	T6	16.34	17.33	18.84		T6	18.83	16.53	13.33
返青期	T1	13.10	18.02	14.85	抽穗期	T1	19.60	13.90	13.20
	T2	12.10	16.80	15.33		T2	17.80	16.40	14.00
	T3	13.78	18.65	15.28		T3	17.10	14.80	12.60
	T4	14.39	18.32	14.66		T4	16.70	15.80	13.40
	T5	15.07	16.96	15.51		T5	17.50	15.10	15.60
	T6	13.38	17.71	15.16		T6	18.80	16.50	13.30
拔节期	T1	24.23	21.36	19.79	成熟期	T1	8.69	9.47	9.90
	T2	22.12	19.17	18.39		T2	10.34	11.79	12.01
	T3	23.90	20.42	18.77		T3	9.67	12.29	11.78
	T4	22.91	18.84	18.35		T4	10.66	11.66	11.66
	T5	23.82	21.61	21.38		T5	9.64	12.72	12.93
	T6	24.08	22.29	19.38		T6	10.53	12.85	12.53

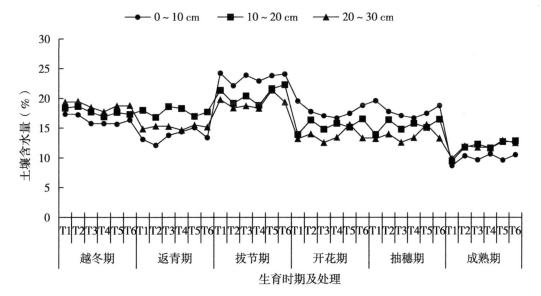

图 3-9　农户大田耕作方式的小麦播量试验（Ⅲ）：土壤含水量走势

3.7 对干物质积累的影响

由不同生育时期干物质积累调查结果（表3-29、图3-10）可以看出，不同播量在不同生育时期干物质积累，在越冬期、返青期和拔节期总体趋势一致，在抽穗期和成熟期开始分化，各个处理之间没有明显规律。但播量最大的处理T6在干物质积累方面趋势平缓，成熟期干物质积累数值处于较低水平。

表3-29 农户大田耕作方式的小麦播量试验（Ⅲ）：干物质积累测定　　　单位：g/株

处理	越冬期	返青期	拔节期	抽穗期	开花期	成熟期
T1	0.84	1.29	2.96	7.12	7.97	9.02
T2	0.58	1.61	3.33	7.16	8.01	7.99
T3	0.65	1.18	2.77	4.59	5.13	5.46
T4	0.63	0.89	2.49	3.37	3.76	5.66
T5	0.72	0.86	2.42	3.25	3.64	4.64
T6	0.67	1.12	2.58	4.29	4.79	3.87

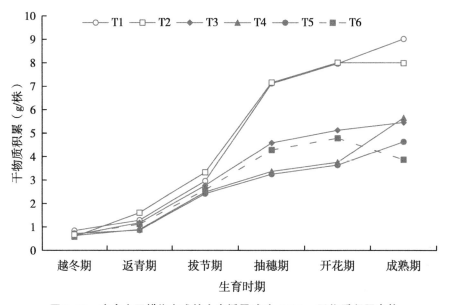

图3-10 农户大田耕作方式的小麦播量试验（Ⅲ）：干物质积累走势

3.8 对亩群体的影响

采用一米双行，每处理选3个点取平均值，折算每亩群体数。不同处理亩群体调查结果见表3-30，走势见图3-11。结果表明，不同播量在不同生育时期的亩群体走势一致，且随着播量的增加，亩群体增加。

表3-30 农户大田耕作方式的小麦播量试验（Ⅲ）：亩群体调查　　　单位：万

处理	三叶期	越冬期	返青期	拔节期	孕穗期	成熟期
T1	10.2	44.2	92.9	97.4	51.2	41.4
T2	13.7	53.9	105.0	107.6	55.0	43.3

（续表）

处理	三叶期	越冬期	返青期	拔节期	孕穗期	成熟期
T3	18.1	64.4	114.2	120.6	60.0	46.4
T4	22.2	73.9	121.9	129.8	63.6	48.3
T5	25.2	82.9	123.9	132.8	64.4	49.2
T6	30.2	93.0	130.3	140.6	67.4	51.4

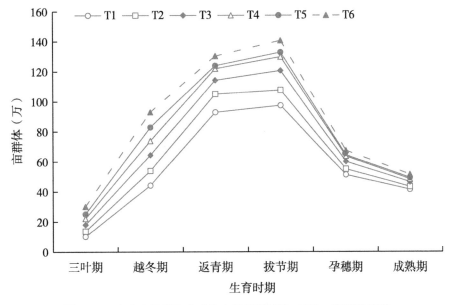

图3-11　农户大田耕作方式的小麦播量试验（Ⅲ）：亩群体走势

3.9　对产量构成要素与产量的影响

由成熟期产量构成要素与产量调查结果（表3-31）可知，随着播量的增加穗粒数则呈下降趋势，千粒重呈先升后降的趋势，籽粒产量呈先升后降的趋势，T1产量最低（614.2 kg/亩），T4产量达到最高（711.7 kg/亩）。这一结果与上年度结果一致。本年度产量最高为处理T4，产量构成要素分别为37.2粒、46.6 g、48.3万。

表3-31　农户大田耕作方式的小麦播量试验（Ⅲ）：产量构成要素与产量

处理	亩穗数 （万）	穗粒数 （粒）	千粒重 （g）	理论产量 （kg/亩）
T1	41.4	39.4	44.3	614.2
T2	43.3	38.8	46.8	668.3
T3	46.4	37.6	47.5	704.4
T4	48.3	37.2	46.6	711.7
T5	49.2	35.5	45.1	669.6
T6	51.4	32.8	44.2	633.4

4　小结

（1）播量对生育期没有影响，对播种深度、地下茎长度影响不明显。

（2）随着播量的增加，缺苗断垄程度逐步减轻。

（3）随着播量的增加，不同土层土壤含水量、干物质积累走势一致，差异不明显。但是，随着播量的增加，亩群体增加。

（4）随着播量的增加，籽粒产量呈现先升后降的趋势，而穗粒数则呈下降趋势，千粒重呈先升后降的趋势。播量 5.0 kg/亩的处理产量最低（547.1 kg/亩），播量 12.5 kg/亩的处理产量达到最高（641.4 kg/亩），与播量 10.0 kg/亩的处理非常接近，这一结果与上年度结果一致。

（5）郑麦 7698 在本年度试验条件下，适宜播量为 10.0~12.5 kg/亩。

第四章 播期、播量对小麦生长发育及产量的影响

随着社会的发展，小麦生产要素也发生了重大变化。过去由畜力精细耕耙变成现在的机械耕作，人工播种也变成机械播种，因此，小麦的播量也应随之变化。其次，由于土壤性质的不同和秸秆还田的大面积推广，以及大面积旋耕形成的整地质量粗放，导致目前小麦播量必须调整，改变过去的小播量为现在的适宜播量。同时，小麦播种的茬口不同，适宜播期外的播量也应调整。

为验证不同耕地方式、不同小麦品种、不同茬口条件下的适宜播量，相继开展了新麦26、新麦 2111、新麦 23、新麦 29、百农 207、新科麦 168、新麦 30、百农 201、新麦 36、中植 0914、伟隆 169、新麦 45 等不同类型小麦品种适宜的播期、播量试验，研究了不同播期、播量对小麦生长发育及产量的影响。

结果如下。①大田生产条件下，半冬性小麦品种适宜播期为 10 月 5—15 日，适宜亩播量为 10.0~12.5 kg；弱春性小麦品种适宜播期为 10 月 10—20 日，适宜亩播量为 10.0~12.5 kg；整地质量差、播期偏晚、种子发芽率低等情况下，要适当增加播量。②随着播期的推迟，气温逐渐下降，出苗时间拉长。③随着播期的推迟，拔节期、抽穗期、扬花期、成熟期等生育时期稍有推迟，但对有些品种基本没有影响。④同一播期情况下，随着播量的增加，亩穗数增加，穗粒数和千粒重下降。⑤同一播量下，随着播期推迟，亩穗数、穗粒数下降，千粒重上升。⑥晚播的情况下，随着播量的增加产量也随之增加，但试验中暂未发现播量的拐点，需要进一步验证。

第一节 不同类型小麦品种极限晚播试验

受 2021 年 7 月严重洪涝灾害及 9 月以来多次强降水影响，新乡市麦播大面积较往年推迟 1~2 周。为适应气候和耕作条件变化，解决不同茬口或涝灾影响下的小麦晚播问题，选用半冬性和弱春性两类小麦品种，开展了小麦极限晚播试验，研究极限晚播对小麦出苗时间、生育期、亩群体及产量等要素的影响，用于科学指导生产。

1 试验设计

半冬性品种选用新麦 45，弱春性品种选用新麦 29。播期起点 2021 年 11 月 10 日，每隔 10 d 作为 1 个处理，共 9 个播期，最晚播期为翌年 2 月 13 日。亩播量起点 16.5 kg，播期每推迟 10 d 增加 1 kg，共 9 个播量，最大亩播量 24.5 kg。

试验设 18 个处理（表 4-1），田间顺序排列。小区面积 40 m²（10 m×4 m），人工开

沟播种，每小区播种 16 行，行距 25 cm。

表 4-1 不同类型小麦品种极限晚播试验：试验设计

处理	品种	播期	播量（kg/亩）	处理	品种	播期	播量（kg/亩）
处理 1	新麦 45	11 月 10 日	16.5	处理 10	新麦 29	11 月 10 日	16.5
处理 2	新麦 45	11 月 20 日	17.5	处理 11	新麦 29	11 月 20 日	17.5
处理 3	新麦 45	11 月 30 日	18.5	处理 12	新麦 29	11 月 30 日	18.5
处理 4	新麦 45	12 月 1 日	19.5	处理 13	新麦 29	12 月 10 日	19.5
处理 5	新麦 45	12 月 20 日	20.5	处理 14	新麦 29	12 月 20 日	20.5
处理 6	新麦 45	12 月 30 日	21.5	处理 15	新麦 29	12 月 30 日	21.5
处理 7	新麦 45	1 月 14 日	22.5	处理 16	新麦 29	1 月 14 日	22.5
处理 8	新麦 45	1 月 29 日	23.5	处理 17	新麦 29	1 月 29 日	23.5
处理 9	新麦 45	2 月 13 日	24.5	处理 18	新麦 29	2 月 13 日	24.5

2 基本情况

试验田地力均匀，地势平坦，灌排方便。在深松晾墒的基础上，于 2021 年 11 月 9 日旋耕、压实。人工开沟，顺沟浇水造墒、人工撒籽播种，播后覆土，确保一播全苗。出苗后每小区固定一米双行，调查苗情。小麦成熟后，每个小区收获 10 m² 晒干后脱粒称重计产。播前用 27% 苯醚·咯·噻虫种子处理悬浮剂 70 g，拌 25 kg 小麦种子。整地前每亩底施 46%（N-P-K=21-20-5）腐植酸复合肥 50 kg，通过耕地与土壤充分混合。

2022 年 2 月 24 日，结合浇水每亩追施尿素 10 kg；4 月 9 日，结合浇水每亩追施尿素 4 kg。3 月 2 日，亩用 24 g/L 噻呋酰胺悬浮剂 25 mL+海藻液体肥 40 g+25% 吡唑醚菌酯悬浮剂 15 mL+磷酸二氢钾 50 g，防治纹枯病、白粉病，促苗早发。3 月 29 日，亩用 430 g/L 戊唑醇悬浮剂 20 mL+70% 吡虫啉可湿性粉剂 5 g+磷酸二氢钾 50 g+海藻液体肥 80 g，防治纹枯病、白粉病、蚜虫，促苗发育。4 月 25 日，亩用 25% 吡唑醚菌酯悬浮剂 20 mL+25% 噻虫嗪可湿性粉剂 5 g+0.01% 芸苔素内酯可溶液剂 1 500~2 000 倍液+氨基酸液肥 40 g，防治白粉病、赤霉病、蚜虫等。5 月 11 日，亩喷 70% 吡虫啉可湿性粉剂 5 g+40% 丙硫菌唑·戊唑醇悬浮剂 40 g+磷酸二氢钾 130 g，防治病虫害等。5 月 27 日，亩用 1% 吲丁·诱抗素可湿性粉剂 3 000 倍液+磷酸二氢钾 100 g 叶面喷雾，预防小麦蚜虫、白粉病、干热风等。

3 结果与分析

3.1 生育时期调查

试验各处理生育时期见表 4-2。随着播期的推迟，2021 年 12 月 30 日之前播种的处理，因气温持续下降出苗所需时间持续延长。2022 年 1 月 14 日之后播种的处理，因气温回升出苗所需时间有所减少，每期缩短 10 d。从 11 月 10 日开始播种，到翌年 2 月 13 日播种结束，新麦 45 出苗所需时间依次为 13 d、21 d、30 d、47 d、51 d、52 d、42 d、32 d、22 d；新麦 29 出苗所需时间依次为 14 d、20 d、32 d、48 d、52 d、53 d、43 d、33 d、23 d，与新麦 45 相比出苗所需时间增加 1 d 左右。

两种类型小麦 11 月 10 日、20 日播种的处理冬前出苗，越冬、返青时间一致。

两种类型小麦拔节、抽穗、扬花、成熟时间随着播期的推迟而推迟。与最早播种的处理（11 月 10 日）相比，最晚播种的处理（2 月 13 日）拔节时间分别推迟 35 d（新麦 45）、27 d（新麦 29），抽穗时间分别推迟 30 d（新麦 45）、18 d（新麦 29），扬花时间分别推迟 30 d（新麦 45）、19 d（新麦 29），成熟时间分别推迟 20 d（新麦 45）、10 d（新麦 29）。

表 4-2 不同类型小麦品种极限晚播试验：生育时期调查

处理	出苗期	越冬期	返青期	拔节期	抽穗期	扬花期	成熟期	收获期
处理 1	11 月 23 日	12 月 25 日	2 月 13 日	3 月 23 日	4 月 20 日	4 月 25 日	6 月 5 日	6 月 9 日
处理 2	12 月 10 日	12 月 25 日	2 月 13 日	3 月 26 日	4 月 22 日	4 月 26 日	6 月 6 日	6 月 9 日
处理 3	12 月 30 日	—	2 月 13 日	3 月 28 日	4 月 23 日	4 月 27 日	6 月 7 日	6 月 9 日
处理 4	1 月 26 日	—	2 月 13 日	3 月 30 日	4 月 24 日	4 月 28 日	6 月 7 日	6 月 9 日
处理 5	2 月 9 日	—	—	4 月 1 日	4 月 24 日	4 月 29 日	6 月 7 日	6 月 9 日
处理 6	2 月 20 日	—	—	4 月 3 日	4 月 25 日	4 月 30 日	6 月 7 日	6 月 9 日
处理 7	2 月 25 日	—	—	4 月 7 日	4 月 27 日	5 月 2 日	6 月 8 日	6 月 9 日
处理 8	3 月 2 日	—	—	4 月 14 日	5 月 4 日	5 月 10 日	6 月 12 日	6 月 14 日
处理 9	3 月 7 日	—	—	4 月 27 日	5 月 20 日	5 月 25 日	6 月 25 日	6 月 14 日
处理 10	11 月 24 日	12 月 25 日	2 月 13 日	3 月 18 日	4 月 19 日	4 月 24 日	6 月 4 日	6 月 9 日
处理 11	12 月 11 日	12 月 25 日	2 月 13 日	3 月 24 日	4 月 21 日	4 月 25 日	6 月 6 日	6 月 9 日
处理 12	1 月 2 日	—	2 月 13 日	3 月 28 日	4 月 22 日	4 月 26 日	6 月 6 日	6 月 9 日
处理 13	1 月 27 日	—	2 月 13 日	3 月 28 日	4 月 23 日	4 月 27 日	6 月 6 日	6 月 9 日
处理 14	2 月 10 日	—	—	3 月 30 日	4 月 23 日	4 月 29 日	6 月 6 日	6 月 9 日
处理 15	2 月 21 日	—	—	4 月 1 日	4 月 24 日	4 月 30 日	6 月 6 日	6 月 9 日
处理 16	2 月 26 日	—	—	4 月 3 日	4 月 26 日	5 月 2 日	6 月 8 日	6 月 9 日
处理 17	3 月 3 日	—	—	4 月 7 日	4 月 30 日	5 月 5 日	6 月 12 日	6 月 14 日
处理 18	3 月 8 日	—	—	4 月 14 日	5 月 7 日	5 月 13 日	6 月 14 日	6 月 14 日

3.2 苗情调查

3.2.1 越冬期苗情调查

越冬期苗情调查结果见表 4-3，结果表明，新麦 45、新麦 29 两个品种越冬苗情没有差别。在 2021 年 11 月 10 日播种，越冬期单株分蘖 1 个，主茎叶龄 2 片；11 月 20 日播种，越冬期单株分蘖 1 个，主茎叶龄 1 片。

表 4-3 不同类型小麦品种极限晚播试验：越冬期苗情

（调查时间：2021 年 12 月 15 日）

处理	亩基本苗 （万）	亩群体 （万）	单株分蘖 （个）	单株大分蘖 （个）	单株次生根 （条）	主茎叶龄 （片）
处理 1	30.0	30.0	1.0	1.0	0.0	2.1
处理 2	33.3	33.3	1.0	0.0	0.0	1.0
处理 3	36.4	—	—	—	—	—
处理 4	40.4	—	—	—	—	—
处理 5	42.1	—	—	—	—	—
处理 6	44.7	—	—	—	—	—
处理 7	46.5	—	—	—	—	—
处理 8	48.6	—	—	—	—	—
处理 9	50.7	—	—	—	—	—
处理 10	30.4	30.4	1.0	1.0	0.0	2.1
处理 11	33.1	33.1	1.0	0.0	0.0	1.0
处理 12	35.4	—	—	—	—	—
处理 13	37.9	—	—	—	—	—
处理 14	39.7	—	—	—	—	—
处理 15	40.9	—	—	—	—	—
处理 16	41.5	—	—	—	—	—
处理 17	43.3	—	—	—	—	—
处理 18	46.5	—	—	—	—	—

3.2.2 返青期苗情调查

由返青期苗情调查结果（表 4-4）可知，新麦 45、新麦 29 两个品种返青期亩群体均呈现先降后升的趋势，12 月 10 日播种的处理是拐点。单株分蘖、次生根、主茎叶龄随着播期的推迟而减少，11 月 30 日至 12 月 30 日播种的处理均为 1 个分蘖，12 月 30 日播种的处理主茎叶龄表现为"一根针"。

表 4-4 不同类型小麦品种极限晚播试验：返青期苗情

（调查时间：2022 年 2 月 21 日）

处理	亩群体 （万）	单株分蘖 （个）	单株大分蘖 （个）	单株次生根 （条）	主茎叶龄 （片）
处理 1	110.1	3.7	1.0	3.8	5.0
处理 2	71.7	2.2	1.0	2.4	3.8
处理 3	51.7	1.0	1.0	1.6	2.5
处理 4	40.4	1.0	0.0	0.0	1.5

（续表）

处理	亩群体（万）	单株分蘖（个）	单株大分蘖（个）	单株次生根（条）	主茎叶龄（片）
处理 5	42.1	1.0	0.0	0.0	1.0
处理 6	44.7	1.0	0.0	0.0	一根针
处理 7	—	—	—	—	—
处理 8	—	—	—	—	—
处理 9	—	—	—	—	—
处理 10	93.1	3.1	1.0	3.6	5.0
处理 11	85.9	2.5	1.0	2.0	4.0
处理 12	35.4	1.0	1.0	1.2	2.5
处理 13	37.9	1.0	0.0	0.0	1.5
处理 14	39.7	1.0	0.0	0.0	1.0
处理 15	40.9	1.0	0.0	0.0	一根针
处理 16	—	—	—	—	—
处理 17	—	—	—	—	—
处理 18	—	—	—	—	—

3.2.3　拔节期苗情调查

由拔节期苗情调查结果（表4-5）可知，随着播期的推迟，新麦45拔节期亩群体、单株分蘖、单株大分蘖呈现"降—升—降"的趋势，次生根基本呈下降趋势，主茎叶龄呈"先降后升"的趋势。新麦29拔节期亩群体、单株分蘖、单株大分蘖呈"先降后升"的趋势，次生根、主茎叶龄基本呈下降趋势。

表4-5　不同类型小麦品种极限晚播试验：拔节期苗情

处理	亩群体（万）	单株分蘖（个）	单株大分蘖（个）	单株次生根（条）	主茎叶龄（片）	调查时间
处理 1	208.8	7.0	3.5	11.5	8.0	3月23日
处理 2	173.9	5.2	3.3	11.1	8.0	3月26日
处理 3	133.3	3.7	2.8	10.8	8.0	4月2日
处理 4	128.8	3.2	2.3	9.4	7.1	4月2日
处理 5	118.7	2.8	2.0	8.5	6.5	4月2日
处理 6	108.3	2.4	1.6	7.6	6.3	4月4日
处理 7	106.9	2.4	1.4	6.8	6.2	4月7日
处理 8	150.7	3.1	1.6	6.3	7.1	4月15日
处理 9	136.5	2.7	1.0	6.5	7.0	4月27日

（续表）

处理	亩群体（万）	单株分蘖（个）	单株大分蘖（个）	单株次生根（条）	主茎叶龄（片）	调查时间
处理 10	145.3	4.8	3.5	11.9	7.7	3 月 18 日
处理 11	136.5	4.1	3.0	11.6	7.5	3 月 23 日
处理 12	109.1	3.1	2.6	11.8	7.5	4 月 2 日
处理 13	97.5	2.6	2.2	9.4	6.8	4 月 2 日
处理 14	91.3	2.3	1.6	9.1	6.5	4 月 2 日
处理 15	85.9	2.1	1.5	8.2	6.1	4 月 2 日
处理 16	83.1	2.0	1.2	7.4	6.1	4 月 4 日
处理 17	83.2	1.9	1.2	6.2	6.1	4 月 7 日
处理 18	106.9	2.3	1.3	5.7	6.1	4 月 15 日

3.3 籽粒灌浆及产量调查

3.3.1 新麦 45 灌浆速率调查

由新麦 45 灌浆速率调查结果（表 4-6）可知，新麦 45 不同播期的处理灌浆速率均呈先升后降的规律，但峰值出现的时间有差别。11 月 10 日、20 日、30 日播种的处理，灌浆高峰出现在 5 月 20—25 日，分别为 1.98 g/（千粒·d）、1.79 g/（千粒·d）、1.92 g/（千粒·d）；12 月 10 日、20 日播种的处理灌浆高峰提前，出现在 5 月 15—20 日，分别为 2.05 g/（千粒·d）、1.87 g/（千粒·d）；12 月 30 日播种的处理灌浆高峰时间又发生后移，出现在 5 月 20—25 日，为 2.26 g/（千粒·d）；1 月 14 日、29 日播种的处理，灌浆高峰继续后移至 5 月 25—30 日，分别为 2.08 g/（千粒·d）、2.39 g/（千粒·d）。

表 4-6　不同类型小麦品种极限晚播试验：新麦 45 灌浆速率

处理	千粒重（g）								
	5 月 5 日	5 月 10 日	5 月 15 日	5 月 20 日	5 月 25 日	5 月 30 日	6 月 4 日	6 月 9 日	6 月 14 日
处理 1	6.27	10.51	17.63	26.71	36.59	42.40	45.83	46.25	—
处理 2	5.84	9.70	17.43	26.03	34.97	39.84	44.58	46.18	—
处理 3	4.86	9.45	15.41	24.95	34.57	39.78	43.91	45.89	—
处理 4	—	7.94	13.12	23.37	33.23	38.92	42.73	45.02	—
处理 5	—	7.90	13.10	22.47	30.20	38.20	40.43	43.61	—
处理 6	—	6.62	12.31	18.70	30.01	37.34	39.96	43.46	—
处理 7	—	4.65	8.26	15.19	23.42	33.81	38.29	43.10	—
处理 8	—	—	—	6.18	13.81	25.75	34.31	41.76	42.99
处理 9	—	—	—	—	—	—	—	—	32.74

处理	灌浆速率 [g/（千粒·d）]							
	5月10日	5月15日	5月20日	5月25日	5月30日	6月4日	6月9日	6月14日
处理1	0.85	1.42	1.82	1.98	1.16	0.69	0.08	—
处理2	0.77	1.55	1.72	1.79	0.97	0.95	0.32	—
处理3	0.92	1.19	1.91	1.92	1.04	0.83	0.40	—
处理4	—	1.04	2.05	1.97	1.14	0.76	0.46	—
处理5	—	1.04	1.87	1.55	1.60	0.45	0.64	—
处理6	—	1.14	1.28	2.26	1.47	0.52	0.70	—
处理7	—	0.72	1.39	1.65	2.08	0.90	0.96	—
处理8	—	—	—	1.53	2.39	1.71	1.49	0.25
处理9	—	—	—	—	—	—	—	—

3.3.2 新麦29灌浆速率调查

新麦29灌浆速率调查结果见表4-7，结果表明，新麦29不同播期的处理灌浆速度也均呈先升后降的一般规律，但峰值出现的时间稍有差别。11月10日至12月30日播种的6个处理，灌浆高峰出现在5月15—25日，峰值分别为2.37 g/（千粒·d）、2.44 g/（千粒·d）、2.26 g/（千粒·d）、2.26 g/（千粒·d）、2.31 g/（千粒·d）、2.27 g/（千粒·d）。1月播种的2个处理灌浆高峰推迟到在5月25—30日，峰值分别为2.43 g/（千粒·d）、2.38 g/（千粒·d）。2月14日播种的处理，灌浆高峰进一步后移到5月30日至6月4日，峰值增加到2.84 g/（千粒·d）。

表4-7 不同类型小麦品种极限晚播试验：新麦29灌浆速率

处理	千粒重（g）								
	5月5日	5月10日	5月15日	5月20日	5月25日	5月30日	6月4日	6月9日	6月14日
处理10	5.99	13.15	18.74	30.60	42.11	48.36	53.17	53.98	—
处理11	5.64	11.59	18.38	29.73	41.93	48.01	53.81	53.91	—
处理12	5.45	11.31	18.30	29.61	40.34	47.16	53.61	53.81	—
处理13	—	9.85	17.44	27.48	38.77	46.50	50.39	52.01	—
处理14	—	8.89	17.13	26.92	38.49	45.56	50.32	51.28	—
处理15	—	8.83	15.91	26.69	38.05	45.43	49.96	51.27	—
处理16	—	5.45	9.89	19.71	29.01	41.15	49.06	50.40	—
处理17	—	—	5.85	12.94	23.61	35.49	43.39	48.12	49.80
处理18	—	—	—	5.02	15.55	28.28	42.49	48.00	49.19

处理	灌浆速率 [g/（千粒·d）]							
	5月10日	5月15日	5月20日	5月25日	5月30日	6月4日	6月9日	6月14日
处理10	1.43	1.12	2.37	2.30	1.25	0.96	0.16	—
处理11	1.19	1.36	2.27	2.44	1.22	1.16	0.02	—
处理12	1.17	1.40	2.26	2.15	1.36	1.29	0.04	—
处理13	—	1.52	2.01	2.26	1.55	0.78	0.32	—
处理14	—	1.65	1.96	2.31	1.41	0.95	0.19	—
处理15	—	1.42	2.16	2.27	1.48	0.91	0.26	—
处理16	—	0.89	1.96	1.86	2.43	1.58	0.27	—
处理17	—	—	1.42	2.13	2.38	1.58	0.95	0.34
处理18	—	—	—	2.11	2.55	2.84	1.10	0.24

就两种类型小麦灌浆速率比较，弱春性品种新麦29较半冬性品种新麦45灌浆时间早，灌浆速度快，容易通过提高千粒重提高产量，可以减少后期干热风危害。

3.4　产量构成要素与产量调查

产量构成要素与产量调查结果见表4-8，两种类型的小麦品种随着播期的推迟，虽然播量持续增加，但产量构成要素均呈下降趋势，亩产也随之持续下降。

11月播种的处理，半冬性品种新麦45产量下降速度小于弱春性品种新麦29产量下降速度。11月10日播种的半冬性品种新麦45实收产量808.7 kg/亩，较弱春性品种新麦29增加61.7 kg/亩，增幅8.3%。11月20日播种的新麦45实收产量与新麦29持平，11月30日播种的新麦45实收产量比新麦29增加9.9 kg/亩，增幅1.4%。

12月及之后播种的处理，半冬性品种新麦45产量下降速度大于弱春性品种新麦29产量下降速度，两种类型小麦产量对比发生逆转。半冬性小麦新麦45实收产量始终低于同期播种的新麦29实收产量，依次减少18.7 kg/亩、17.2 kg/亩、23.4 kg/亩、31.5 kg/亩、30.8 kg/亩、156.8 kg/亩。因此，在晚播的情况下，特别是春节前后播种，应选用弱春性小麦品种。

2月14日播种的半冬性小麦品种新麦45在6月14日收获时仍未正常成熟，籽粒绿籽率为75.7%，理论产量仅为320.3 kg/亩，实收产量仅为345.1 kg/亩，在生产上已没有实际意义。但是，弱春性品种新麦29理论产量462.3 kg/亩，实收产量501.9 kg/亩，能够正常成熟，在生产中尚可应用。

两种类型小麦在12月20日之前播种的处理，亩产能够超过600 kg，在生产中较为理想。12月30日、1月14日播种的处理，亩产超过500 kg，为晚茬播种提供了理论支撑。

表 4-8　不同类型小麦品种极限晚播试验：产量构成要素与产量

处理	亩穗数 （万）	穗粒数 （粒）	千粒重 （g）	理论产量 （kg/亩）	实收产量 （kg/亩）	株高 （cm）
处理 1	53.9	36.4	46.3	772.1	808.7	76.9
处理 2	49.6	35.7	46.2	695.4	723.7	74.5
处理 3	49.1	35.5	45.9	680.1	718.6	72.4
处理 4	48.7	34.9	45.2	653.0	666.7	71.5
处理 5	47.5	34.2	44.6	615.8	653.5	70.9
处理 6	45.7	33.1	43.5	559.3	581.9	69.7
处理 7	43.7	32.8	43.1	525.1	540.2	68.8
处理 8	42.1	31.6	43.0	486.2	501.4	68.3
处理 9	33.5	34.4	32.7	320.3	345.1	70.5
处理 10	46.9	33.8	54.0	727.6	747.0	84.3
处理 11	45.5	33.4	53.9	696.3	723.8	81.5
处理 12	44.6	33.1	53.8	675.1	708.7	78.8
处理 13	43.9	32.9	53.1	651.9	685.4	77.1
处理 14	43.5	32.7	52.8	638.4	670.7	76.6
处理 15	40.4	32.5	51.3	572.5	605.3	75.7
处理 16	38.5	32.4	50.4	534.4	571.7	73.9
处理 17	37.4	31.8	49.8	503.4	532.2	71.6
处理 18	32.8	33.7	49.2	462.3	501.9	78.9

注：2 月 14 日播种的新麦 45 所收籽粒绿籽率为 75.7%。

4　小结

（1）随着播期的推迟，各生育时期有所推迟。12 月 30 日播种的处理返青期主茎叶龄表现为"一根针"，1 月 14 日之后播种返青未出苗。1 月 14 日之前播种，成熟时间差别不大。2 月 13 日播种的半冬性品种熟期偏晚，生产上无实际意义。

（2）两个类型品种随着播期的推迟，灌浆高峰随之推迟，但峰值有所增加。

（3）随着播期的推迟，两个类型的小麦品种虽然播量增加，但产量构成要素均呈下降趋势，产量也随之持续下降。

（4）如果腾茬较晚或遇到涝灾，在生产上可"地不冻，只管种"，适当增加亩播量，选用弱春性品种，加强苗后管理，即使在春节前后播种，仍可取得 500 kg/亩左右的产量。

（5）本年度 11 月、12 月积温较常年偏高，利于晚播小麦生长发育并夺取高产，在冬前积温正常或偏低的年份，试验数据可能会产生差别。

第二节　播期、播量对新麦 26 生长发育及产量的影响

新乡市作为全国重要的强筋小麦生产基地，需要加快强筋小麦品种的更新换代步伐，

研究、推广新品种的配套生产技术，使良种良法相配套。新麦 26 是河南省新乡市农业科学院培育的半冬性高产强筋小麦新品种，高产、优质、抗病，2010 年通过国家审定。为大面积安全高效生产提供依据，于 2011 年麦播开展了新麦 26 适宜播期及最佳播量试验研究。

1 材料与方法

1.1 基本情况

试验在获嘉县照镜镇前李村进行，试验田为壤土，地力均匀，灌排方便；施肥前取土化验，有机质 18.1 g/kg，全氮 1.12%，有效磷 14.8 mg/kg，速效钾 255.3 mg/kg，试验共设 6 个处理（表4-9），不设重复，田间随机排列；2011 年 10 月 20—30 日播种。前茬作物玉米，产量水平 500 kg/亩。10 月 18 日耕地，耕后用旋耕耙、钉齿耙耙 2 遍；耕地前施入 40%（N-P-K=23-12-5）配方肥 50 kg/亩。

1.2 试验设计

试验共设 3 个播期，每 5 d 为一期，每个播期 2 个播量：10.0 kg/亩、15.0 kg/亩，小区面积 26 m²（6.5 m×4 m），田间顺序排列，不设重复，共 6 个小区（表4-9）。

表 4-9 播期、播量对新麦 26 生长发育及产量的影响：试验设计

处理	播期	播量（kg/亩）
处理 1	10 月 20 日	10
处理 2	10 月 20 日	15
处理 3	10 月 25 日	10
处理 4	10 月 25 日	15
处理 5	10 月 30 日	10
处理 6	10 月 30 日	15

1.3 田间管理

6 个小区的田间管理完全一致。深耕细耙，造足底墒，无明暗坷垃，上松下实。耕深 23~25 cm，打破犁底层，不漏耕，耕细耙透，增加土壤蓄水保墒能力。耕后复平，起垄后细平。播前用 50%多菌灵悬浮剂 100 g+40%辛硫磷乳油 100 mL，加水 300 g 拌种 50 kg。2012 年 3 月 17 日，亩用 10%苄嘧磺隆可湿性粉剂 50 g，加水 20 kg 喷雾，防治麦田杂草；3 月 20 日，每亩撒施尿素（N 46%）10 kg；3 月 29 日，亩用 5%阿维菌素悬浮剂 8 mL 喷雾，防治红蜘蛛；4 月 25 日，亩用 50%多菌灵悬浮剂 100 g+5%吡虫啉乳油 50 mL，加水 20 kg 喷雾，防治赤霉病、麦蚜；5 月 3 日，亩用 20%吡虫啉乳油 5 mL/亩，加水 20 kg 喷雾，防治麦蚜；6 月 1 号、3 号成熟收获，每个小区 50 m² 晒干后计算实收产量。

2 结果与分析

2.1 对小麦苗质的影响

亩基本苗与播量均呈明显正相关，由于当年播种偏晚，三叶期以 10 月 20 日播种的出

苗量最高，出苗率最高（表4-10）。

表4-10　播期、播量对新麦26生长发育及产量的影响：亩基本苗调查

处理	亩基本苗（万）	出苗率（%）
处理1	21.9	96.4
处理2	31.9	93.6
处理3	20.5	90.2
处理4	31.3	91.8
处理5	12.8	56.3
处理6	17.6	51.6

生长发育动态调查结果见表4-11、表4-12，结果表明，10月30日前播种的处理均能够产生大分蘖，实现冬前壮苗。相同播期下，越冬期主茎叶龄、单株茎蘖、单株大分蘖等个体发育指标随着播量增加无变化，返青期后随播量增加而减少。亩群体、株高等则随着播量增加而增大或提高，呈现正相关，且差异很显著。相同播量下，10月20日播种的处理主茎叶龄、单株茎蘖、单株大分蘖、亩群体、株高均高于其他播期，随着播期后移，以上各指标逐渐减少或降低，但在扬花期、灌浆期的单株茎蘖这一指标随播期后移呈先增加后减少的趋势。

表4-11　播期、播量对新麦26生长发育及产量的影响：越冬期—返青期发育动态

处理	越冬期					返青期				
	主茎叶龄（片）	单株茎蘖（个）	单株大分蘖（个）	亩群体（万）	株高（cm）	主茎叶龄（片）	单株茎蘖（个）	单株大分蘖（个）	亩群体（万）	株高（cm）
处理1	4.5	2.5	1	54.8	12.8	5.5	3.1	1.7	67.3	18.2
处理2	4.5	2.1	1	66.9	13.6	5.5	2.5	1.5	79.9	18.6
处理3	3.5	2.4	1	49.2	11.4	5.1	2.5	1.3	51.8	14.2
处理4	3.5	2.2	1	68.9	12.2	5.1	2.2	1.2	69.6	14.8
处理5	2.5	1.0	0	12.8	8.4	4.1	1.5	1.0	18.5	10.7
处理6	2.5	1.0	0	17.6	9.6	4.1	1.4	1.0	25.2	10.7

表4-12　播期、播量对新麦26生长发育及产量的影响：拔节期—灌浆期发育动态

处理		处理1	处理2	处理3	处理4	处理5	处理6
拔节期	主茎叶龄（片）	8.5	8.5	7.5	7.3	6.7	6.5
	单株茎蘖（个）	3.8	3.2	3.8	3.1	3.4	2.8
	单株大分蘖（个）	3.4	3.0	3.0	2.7	2.5	2.0
	亩群体（万）	83.2	102.1	78.1	97.0	43.3	49.3
	株高（cm）	25.5	27.2	22.8	24.5	21.7	23.9

（续表）

处理		处理1	处理2	处理3	处理4	处理5	处理6
抽穗期	主茎叶龄（片）	2.0	1.6	2.4	1.8	3.2	3.4
	亩群体（万）	43.3	50.4	48.3	56.1	41.3	60.7
	株高（cm）	65.0	65.0	61.0	62.0	54.0	57.0
扬花期	单株茎蘖（个）	1.6	1.3	1.9	1.5	2.3	2.2
	亩群体（万）	34.9	40.5	39.5	46.8	29.5	38.1
	株高（cm）	69.3	71.2	70.5	71.8	63.5	64.7
灌浆期	单株茎蘖（个）	1.6	1.2	1.9	1.4	2.1	1.8
	亩群体（万）	34.4	39.2	38.1	43.5	26.5	32.5
	株高（cm）	72.1	72.8	70.9	71.7	68.1	68.9

2.2 对生育期的影响

试验各处理生育时期见表 4-13，结果表明，由于早春升温慢，气温偏低，长时间低温寡照导致小麦各生育时期推迟，但同一播期下不同播量的处理各生育时期没有差异。随着播期推迟，6 个处理出苗期、分蘖期均相应推迟；10 月 20 日播种的处理和 10 月 25 日播种的处理拔节及成熟时间相同，但抽穗和开花时间提前 1 d。10 月 30 日播种的处理，较 10 月 20 日播种的处理在拔节期、抽穗期、开花期、成熟期时间分别推迟 3 d、4 d、3 d、2 d。

表 4-13　播期、播量对新麦 26 生长发育及产量的影响：生育时期调查

处理	出苗期	分蘖期	越冬期	返青期	拔节期	抽穗期	开花期	成熟期
处理1	10月31日	11月22日	12月15日	2月20日	3月26日	4月22日	4月27日	6月1日
处理2	10月31日	11月22日	12月15日	2月20日	3月26日	4月22日	4月27日	6月1日
处理3	11月6日	11月29日	12月15日	2月20日	3月26日	4月23日	4月28日	6月1日
处理4	11月6日	11月29日	12月15日	2月20日	3月26日	4月23日	4月28日	6月1日
处理5	11月15日	2月13日	12月15日	2月20日	3月29日	4月26日	5月1日	6月3日
处理6	11月15日	2月13日	12月15日	2月20日	3月29日	4月26日	5月1日	6月3日

2.3 对产量构成要素与产量的影响

产量构成要素与产量调查结果见表 4-14，结果表明，同一播期下，亩穗数随播量增加而增加，穗粒数和千粒重呈下降趋势。播量相同时，亩穗数随着播期的推迟先升后降，穗粒数、千粒重先降后升。其中，处理 4 亩穗数最高，千粒重最小。10 月 20 日播种的处理，产量随着播量的增加而减少；10 月 25 日、30 日播种的处理，产量随着播量的增加而增加。

处理 1 的实收产量最高（436.9 kg/亩），处理 2、处理 4 产量分别列第 2、第 3 位；

处理 5 实收产量最低（300.5 kg/亩）。

表 4-14 播期、播量对新麦 26 生长发育及产量的影响：产量构成要素与产量

处理	株高 （cm）	亩穗数 （万）	穗粒数 （粒）	千粒重 （g）	理论产量 （kg/亩）	实收产量 （kg/亩）
处理 1	72.2	33.1	38.8	41.0	447.6	436.9（1）
处理 2	73.1	36.8	36.7	39.5	453.5	430.2（2）
处理 3	71.4	34.9	33.9	41.0	412.3	403.5（4）
处理 4	72.7	40.2	33.1	39.1	442.2	418.9（3）
处理 5	68.5	24.7	34.3	42.2	303.9	300.5（6）
处理 6	69.7	30.1	33.1	41.3	349.8	335.1（5）

注：实收产量括号内数字为排序。

对性状的影响调查结果见表 4-15，结果表明，10 月 25 日前播种的落黄好，30 日播种的落黄较差。所有的处理均未发生倒伏。株高随播量增大而增大（播期为 10 月 20 日的为同播量最高）。

相同播期下，秕籽率、黑胚率随播量增大而增大，角质率则减小；播量相同时，秕籽率随播期后移而增大，角质率也减小。容重随播量变化趋势不明显，但是随播期推迟呈减少趋势。整体上，10 月 20 日播种的处理容重较高，播量 10 kg/亩的处理相对高于其他播量，达到 793.0 g/L。

表 4-15 播期、播量对新麦 26 生长发育及产量的影响：性状调查

处理	落黄	倒伏比例 （%）	倒伏 倾斜度 （°）	株高 （cm）	秕籽率 （%）	黑胚率 （%）	角质率 （%）	容重 （g/L）
处理 1	好	0	0	72.2	1	4	87	793.0
处理 2	好	0	0	73.1	2	6	86	782.0
处理 3	好	0	0	71.4	2	4	87	766.2
处理 4	好	0	0	72.7	2	8	86	767.2
处理 5	中	0	0	68.5	2	9	86	740.0
处理 6	中	0	0	69.7	3	11	82	742.0

3 小结

（1）亩基本苗与播量呈明显正相关，三叶期以 10 月 20 日播种的出苗量最高，出苗率最高。

（2）随着播期推迟，出苗期、分蘖期、起身期、拔节期、抽穗期、扬花期均相应推迟，但同一播期下不同播量的处理各生育时期没有差异。

（3）同一播期下，亩穗数随播量增加而增加，穗粒数和千粒重呈下降趋势。播量相同时，亩穗数随着播期的推迟先升后降，穗粒数、千粒重先降后升。

（4）相同播期下，秕籽率、黑胚率随播量增大而增大，角质率则减小；播量相同时，秕籽率随播期后移而增大，角质率也减小。

（5）本次试验条件下，10月20日播种、播量为10 kg/亩的实收产量最高，为436.9 kg/亩，为最佳播期及播量。

第三节　播期、播量对新麦 2111 生长发育及产量的影响

新麦2111是河南省新乡市农业科学院培育的小麦新品系，为验证其适宜播期、播量，为该品种在新乡市大面积推广提供理论依据，于2013年麦播在获嘉县开展了该品种适宜播期、播量试验研究。

1　材料与方法

1.1　试验设计

采用品种为新麦2111，种子由河南省新乡市农业科学院提供，试验设9个处理，重复1次，田间顺序排列（表4-16）。小区面积13 m²（6.5 m×2 m），人工开沟播种，每小区8行，行距25 cm。出苗后每小区固定一米双行调查点。小麦成熟后，每个小区收获12 m²，晒干后计算实收产量。

表4-16　播期、播量对新麦 2111 生长发育及产量的影响：试验设计

处理	播期	播量（kg/亩）	处理	播期	播量（kg/亩）
处理1	10月10日	9.0	处理6	10月18日	15
处理2	10月10日	12.0	处理7	10月25日	9
处理3	10月10日	15.0	处理8	10月25日	12
处理4	10月18日	9.0	处理9	10月25日	15
处理5	10月18日	12.0			

1.2　基本情况

试验地点：获嘉县城关镇前李村。试验田地力均匀，地势平坦，灌排方便。整地前每亩撒施40%（N-P-K=22-13-5）配方肥50 kg，通过耕地与土壤充分混合。2013年10月8日整地（旋耕、压实），每次播种时先开沟，顺沟浇水造墒，水下渗后顺沟撒籽，播后覆土，确保一播全苗。播前种子用50%多菌灵悬浮剂100 g+40%辛硫磷乳油100 mL，加水300 g，充分拌匀后，拌麦种50 kg，拌后堆闷4 h，晾干后播种。

1.3　田间管理

2014年3月13日，每亩用20%氯氟吡氧乙酸乳油30 mL+10%苯磺隆可湿性粉剂18 g，加水15 kg，喷施除草。3月21日，追施拔节肥，亩追尿素10 kg。结合追肥，进行浇水。4月19日，每亩用50%多菌灵悬浮剂100 g+20%三唑酮乳油50 g+10%吡虫啉可湿

性粉剂 20 g，加水 50 kg 喷雾，预防小麦赤霉病、锈病、蚜虫。

2 数据分析

2.1 对生育期的影响

由生育时期调查（表 4-17）可以看出，播期、播量对小麦返青期没有影响；但随着播期的推迟，拔节期、抽穗期、扬花期、成熟期相应推迟。同一播期下，不同播量之间各生育时期没有变化。

表 4-17 播期、播量对新麦 2111 生长发育及产量的影响试验：生育时期调查

处理	出苗期	分蘖期	越冬期	返青期	拔节期	抽穗期	扬花期	成熟期
处理 1	10 月 20 日	11 月 4 日	12 月 20 日	2 月 16 日	3 月 10 日	4 月 14 日	4 月 20 日	5 月 25 日
处理 2	10 月 20 日	11 月 4 日	12 月 20 日	2 月 16 日	3 月 10 日	4 月 14 日	4 月 20 日	5 月 25 日
处理 3	10 月 20 日	11 月 7 日	12 月 20 日	2 月 16 日	3 月 10 日	4 月 14 日	4 月 20 日	5 月 25 日
处理 4	11 月 8 日	11 月 29 日	12 月 20 日	2 月 16 日	3 月 21 日	4 月 16 日	4 月 23 日	5 月 26 日
处理 5	11 月 8 日	11 月 29 日	12 月 20 日	2 月 16 日	3 月 21 日	4 月 16 日	4 月 23 日	5 月 26 日
处理 6	11 月 8 日	11 月 29 日	12 月 20 日	2 月 16 日	3 月 21 日	4 月 16 日	4 月 23 日	5 月 26 日
处理 7	11 月 19 日	12 月 5 日	12 月 20 日	2 月 16 日	3 月 27 日	4 月 19 日	4 月 24 日	5 月 31 日
处理 8	11 月 19 日	12 月 6 日	12 月 20 日	2 月 16 日	3 月 27 日	4 月 19 日	4 月 24 日	5 月 31 日
处理 9	11 月 19 日	12 月 6 日	12 月 20 日	2 月 16 日	3 月 27 日	4 月 19 日	4 月 24 日	5 月 31 日

2.2 对苗情的影响

由苗情调查结果（表 4-18、表 4-19、表 4-20）可以看出：同一播期内，随着播量的增加，亩群体逐步增加，单株分蘖、次生根减少，主茎叶龄基本持平。同一播量下，随着播期的推迟，越冬期亩群体逐步下降；在返青期、拔节期，10 月 25 日播种发育较快，亩群体超过 10 月 18 日播种。

表 4-18 播期、播量对新麦 2111 生长发育及产量的影响：越冬期苗情

处理	亩基本苗（万）	亩群体（万）	单株分蘖（个）	单株大分蘖（个）	单株次生根（条）	主茎叶龄（片）	株高（cm）
处理 1	12.1	49.6	4.1	2.5	8.6	6.1	21.6
处理 2	19.7	63.2	3.2	2.2	8.1	6.1	22.6
处理 3	23.6	66.9	2.8	1.6	7.0	6.0	23.2
处理 4	12.9	26.3	2.6	1.0	4.8	4.8	14.1
处理 5	17.5	39.7	2.3	1.0	3.4	4.5	14.2
处理 6	23.5	50.8	2.2	1.0	3.2	4.5	14.6
处理 7	14.5	21.2	1.5	1.0	2.2	3.5	11.2
处理 8	21.5	30.2	1.4	1.0	1.8	3.4	11.4
处理 9	25.3	35.5	1.4	1.0	1.6	3.4	11.8

表 4-19　播期、播量对新麦 2111 生长发育及产量的影响：返青期苗情

处理	亩群体 （万）	单株分蘖 （个）	单株大分蘖 （个）	单株次生根 （条）	主茎叶龄 （片）	株高 （cm）
处理 1	91.1	7.6	3.6	13.0	7.5	18.5
处理 2	108.4	5.5	2.6	11.8	7.5	20.1
处理 3	111.6	4.7	2.2	10.2	7.2	20.7
处理 4	77.4	6.0	2.2	7.8	6.5	14.2
处理 5	84.1	4.8	2.0	8.2	6.2	14.6
处理 6	85.8	3.7	2.0	6.8	6.2	15.1
处理 7	78.3	5.4	2.0	6.4	5.8	10.6
处理 8	94.6	4.4	2.0	6.2	5.5	11.8
处理 9	95.5	3.8	2.0	5.6	5.5	12.1

表 4-20　播期、播量对新麦 2111 生长发育及产量的影响：拔节期苗情

处理	亩群体 （万）	单株分蘖 （个）	单株大分蘖 （个）	单株次生根 （条）	主茎叶龄 （片）	株高 （cm）
处理 1	108.9	9.0	4.2	19.8	9.1	29.2
处理 2	128.8	6.5	3.4	17.8	9.1	30.8
处理 3	133.7	5.7	2.8	17.4	9.1	30.9
处理 4	92.9	7.2	3.4	15.4	8.5	22.6
处理 5	103.8	5.9	2.6	13.5	8.4	23.8
处理 6	111.5	4.7	2.2	10.6	8.4	25.4
处理 7	99.1	6.8	2.6	12.2	7.4	17.1
处理 8	109.7	5.1	2.4	11.4	7.4	17.4
处理 9	117.7	4.7	2.2	9.6	7.4	18.2

2.3　对产量构成要素与产量的影响

由调查结果（表 4-21）可知，同一播期内，随着播量的增加，亩穗数增加，但穗粒数、千粒重下降。同一播量下，随着播期的推迟，亩穗数呈先升后降的趋势，千粒重则呈先降后升的趋势，穗粒数下降。总体来讲，10 月 18 日播种的产量最高，分别列第 3、第 1、第 2 位；10 月 10 日播种的产量次之，分别列第 4、第 5、第 7 位；10 月 25 日播种产量偏低，分别列第 9、第 8、第 5 位（图 4-1）。早期（10 月 10 日）播种，播量越大产量越低；后期（10 月 25 日）播种，播量越大产量越高；中期播种（10 月 18 日），中等播量（12 kg/亩）产量最高。

表 4-21 播期、播量对新麦 2111 生长发育及产量的影响：产量构成要素与产量

处理	亩穗数（万）	穗粒数（粒）	千粒重（g）	理论产量（kg/亩）	实收产量					株高（cm）
					小区产量（kg/12 m²）			折亩产（kg）	排序	
					Ⅰ	Ⅱ	平均			
处理 1	34.2	37.2	48.8	527.7	11.08	8.56	9.82	545.60	4	75.7
处理 2	36.8	35.1	47.6	522.6	9.93	9.56	9.75	541.71	5	76.8
处理 3	38.7	33.8	36.4	509.2	9.92	9.32	9.62	534.49	7	77.3
处理 4	35.5	36.8	48.3	536.3	10.69	9.36	10.03	557.27	3	76.8
处理 5	43.2	33.8	46.5	577.1	11.32	10.41	10.87	603.94	1	79.1
处理 6	45.8	31.2	45.1	547.8	10.52	10.32	10.42	578.94	2	81.2
处理 7	34.9	31.8	51.6	486.8	8.64	8.44	8.54	474.48	9	75.1
处理 8	37.1	31.2	51.3	504.7	9.28	8.91	9.10	505.60	8	77.6
处理 9	39.8	30.9	51.1	534.2	10.24	9.25	9.75	541.71	5	79.1

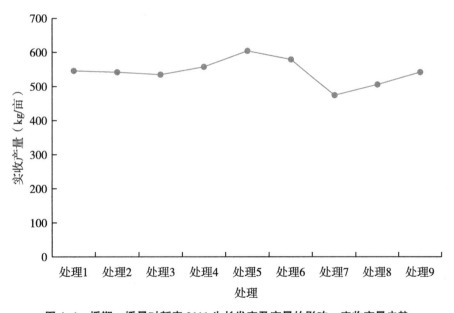

图 4-1 播期、播量对新麦 2111 生长发育及产量的影响：实收产量走势

3 小结

（1）随着播期的推迟，拔节期、抽穗期、扬花期、成熟期等相应推迟。

（2）播期相同时，不同播量对生育期没有影响。但随着播量增加，亩穗数增加，穗粒数、千粒重下降。

（3）播量相同时，随着播期推迟，亩穗数先升后降，千粒重先降后升，穗粒数减少。

（4）本试验条件下，新麦 2111 适宜播期为 10 月 18 日，适宜播量为 12 kg/亩。

第四节　播期、播量对新麦 23 生长发育及产量的影响

新麦 23 是河南省新乡市农业科学院培育的小麦新品系，为验证其适宜播期、播量，为该品种在新乡市大面积推广提供依据，于 2013 年麦播在获嘉县开展了该品种适宜的播期、播量试验研究。

1　材料与方法

1.1　试验设计

试验品种为新麦 23，种子由河南省新乡市农业科学院提供，试验设 9 个处理，重复 1 次，田间顺序排列（表 4-22）。小区面积 13 m²（6.5 m×2 m），人工开沟播种，每小区 8 行，行距 25 cm。出苗后每小区固定一米双行调查点。小麦成熟后，每小区收获 12 m²，晒干后计算实收产量。

表 4-22　播期、播量对新麦 23 生长发育及产量的影响：试验设计

处理	播期	播量（kg/亩）	处理	播期	播量（kg/亩）
处理 1	10 月 10 日	9.0	处理 6	10 月 18 日	15
处理 2	10 月 10 日	12.0	处理 7	10 月 25 日	9
处理 3	10 月 10 日	15.0	处理 8	10 月 25 日	12
处理 4	10 月 18 日	9.0	处理 9	10 月 25 日	15
处理 5	10 月 18 日	12.0			

1.2　基本情况

试验地点：获嘉县城关镇前李村。试验田地力均匀，地势平坦，灌排方便。2013 年 10 月 8 日整地（旋耕、压实），每次播种时先开沟，顺沟浇水造墒，水下渗后顺沟撒籽，播后覆土，确保一播全苗。

1.3　田间管理

拌种：50%多菌灵悬浮剂 100 g+40%辛硫磷乳油 100 mL，加水 300 g，充分拌匀后，拌麦种 50 kg，拌后堆闷 4 h，晾干后播种。

底肥：整地前每亩撒施 40%（N-P-K=22-13-5）配方肥 50 kg，通过耕地与土壤充分混合。

防治病虫草害：2014 年 3 月 13 日，每亩用 20%氯氟吡氧乙酸乳油 30 mL+10%苯磺隆可湿性粉剂 18 g，加水 15 kg，喷施除草。4 月 19 日，每亩用 50%多菌灵悬浮剂 100 g+20%三唑酮乳油 50 g+10%吡虫啉可湿性粉剂 20 g，加水 50 kg 喷雾，预防小麦赤霉病、锈病，蚜虫。

追肥：2014 年 3 月 21 日追施拔节肥，亩追尿素 10 kg。

浇水：2014 年 3 月 21 日结合追肥，进行浇水。

2　数据分析

2.1　对生育期的影响

由生育时期调查结果（表4-23）可以看出：播期、播量对小麦返青期没有影响；但随着播期的推迟，拔节期、抽穗期、扬花期、成熟期相应推迟。同一播期下，不同播量之间各生育时期没有变化。

表4-23　播期、播量对新麦23生长发育及产量的影响：生育时期调查

处理	出苗期	分蘖期	越冬期	返青期	拔节期	抽穗期	扬花期	成熟期
处理1	10月20日	11月3日	12月20日	2月16日	3月10日	4月14日	4月20日	5月25日
处理2	10月20日	11月4日	12月20日	2月16日	3月10日	4月14日	4月20日	5月25日
处理3	10月20日	11月4日	12月20日	2月16日	3月10日	4月14日	4月20日	5月25日
处理4	11月8日	11月24日	12月20日	2月16日	3月21日	4月16日	4月23日	5月26日
处理5	11月8日	11月25日	12月20日	2月16日	3月21日	4月16日	4月23日	5月26日
处理6	11月8日	11月25日	12月20日	2月16日	3月21日	4月16日	4月23日	5月26日
处理7	11月19日	12月5日	12月20日	2月16日	3月27日	4月19日	4月24日	5月31日
处理8	11月19日	12月6日	12月20日	2月16日	3月27日	4月19日	4月24日	5月31日
处理9	11月19日	12月6日	12月20日	2月16日	3月27日	4月19日	4月24日	5月31日

2.2　对苗情的影响

由苗情调查结果（表4-24、表4-25、表4-26）可以看出，同一播期内，随着播量的增加，亩群体逐步增加，单株分蘖、次生根减少，主茎叶龄基本持平。同一播量下，随着播期的推迟，越冬期亩群体逐步下降；返青拔节期，10月25日播种发育较快，亩群体与10月18日播种差距缩小。

表4-24　播期、播量对新麦23生长发育及产量的影响：越冬期苗情

处理	亩基本苗（万）	亩群体（万）	单株分蘖（个）	单株大分蘖（个）	单株次生根（条）	主茎叶龄（片）	株高（cm）
处理1	14.7	67.7	4.6	1.8	8.1	6.0	23.2
处理2	21.1	75.9	3.5	1.7	6.7	6.0	23.4
处理3	30.6	87.5	2.9	1.4	6.6	6.0	24.1
处理4	14.7	49.1	3.3	1.2	4.6	4.5	13.4
处理5	20.8	54.7	2.6	1.0	4.5	4.5	16.8
处理6	30.4	69.2	2.3	1.0	4.2	4.5	19.6
处理7	13.9	21.7	1.6	1.0	2.1	3.3	9.8
处理8	20.8	27.9	1.4	1.0	2.0	3.1	10.1
处理9	30.6	39.8	1.3	1.0	1.8	3.1	11.8

表4-25 播期、播量对新麦23生长发育及产量的影响：返青期苗情

处理	亩群体（万）	单株分蘖（个）	单株大分蘖（个）	单株次生根（条）	主茎叶龄（片）	株高（cm）
处理1	94.1	6.4	3.5	12.8	7.1	16.1
处理2	109.3	5.2	3.2	12.2	7.1	16.8
处理3	113.6	3.7	2.6	10.0	7.0	17.5
处理4	91.1	6.2	3.4	12.0	6.5	12.5
处理5	98.7	4.7	1.8	6.4	6.5	13.4
处理6	111.4	3.7	1.5	6.6	6.1	14.1
处理7	91.7	6.6	2.0	6.6	5.6	10.2
处理8	95.9	4.6	2.0	6.4	5.6	11.6
处理9	117.5	3.8	1.7	6.1	5.5	12.4

表4-26 播期、播量对新麦23生长发育及产量的影响：拔节期苗情

处理	亩群体（万）	单株分蘖（个）	单株大分蘖（个）	单株次生根（条）	主茎叶龄（片）	株高（cm）
处理1	114.7	7.8	4.0	21.8	9.1	28.2
处理2	130.8	6.2	3.6	18.4	9.1	28.6
处理3	137.7	4.5	3.2	15.2	9.0	29.4
处理4	108.8	7.4	3.8	20.4	8.5	22.8
处理5	120.6	5.8	3.2	19.9	8.5	23.1
处理6	136.8	4.5	2.8	16.1	8.4	23.7
处理7	105.6	7.6	2.4	16.8	7.5	17.6
处理8	118.6	5.7	2.4	11.6	7.5	17.8
处理9	139.9	4.6	2.3	9.0	7.3	18.1

2.3 对产量构成要素与产量的影响

调查结果（表4-27）表明，同一播期内，随着播量的增加，亩穗数增加，但穗粒数、千粒重呈下降的趋势。同一播量下，随着播期的推迟，亩穗数、穗粒数呈下降趋势，千粒重则呈上升趋势。总体来讲，10月10日、10月18日播种均能高产（图4-2）。早期（10月10日）播种，播量12 kg/亩产量最高；中期（10月18日）播种，播量12 kg/亩产量最高；后期（10月25日）播种，产量随着播量的增加而增加。

表4-27 播期、播量对新麦23生长发育及产量的影响：产量构成要素与产量

| 处理 | 亩穗数（万） | 穗粒数（粒） | 千粒重（g） | 理论产量（kg/亩） | 实收产量 | | | | | 株高（cm） |
| | | | | | 小区产量（kg/12 m²） | | | 折亩产（kg） | 排序 | |
					I	II	平均			
处理1	45.3	33.4	43.2	555.6	9.53	9.73	9.63	535.04	3	76.9

（续表）

处理	亩穗数（万）	穗粒数（粒）	千粒重（g）	理论产量（kg/亩）	实收产量					株高（cm）
					小区产量（kg/12 m²）			折亩产（kg）	排序	
					I	II	平均			
处理2	47.2	32.1	43.1	555.1	10.75	9.64	10.20	566.71	2	78.4
处理3	48.5	30.4	42.5	532.6	9.47	9.44	9.46	525.60	5	81.6
处理4	43.1	33.2	45.3	550.9	10.76	8.16	9.46	525.60	5	76.2
处理5	45.3	32.6	45.2	567.4	11.12	9.84	10.48	582.27	1	78.8
处理6	47.1	30.9	45.1	557.9	10.45	8.67	9.56	531.15	4	82.3
处理7	38.1	31.4	49.2	474.1	8.69	7.76	8.23	457.26	9	75.5
处理8	40.3	30.5	48.9	510.9	9.18	8.58	8.88	493.37	8	76.1
处理9	43.8	30.4	47.5	537.6	9.51	9.11	9.31	517.26	7	76.9

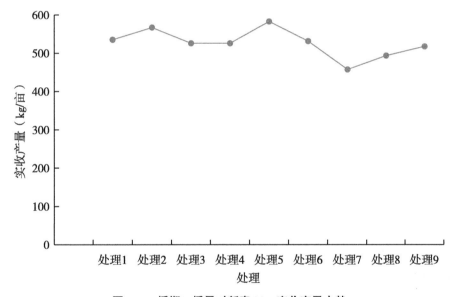

图 4-2　播期、播量对新麦 23：实收产量走势

3　小结

（1）随着播期的推迟，拔节期、抽穗期、扬花期、成熟期等相应推迟。

（2）播期相同时，不同播量对生育期没有影响；但随着播量增加，亩穗数增加，穗粒数、千粒重下降。

（3）播量相同时，随着播期推迟，亩穗数、穗粒数下降，千粒重上升。

（4）在本试验条件下，新麦 23 的适宜播期为 10 月 8—18 日，适宜播期内适宜播量为 12 kg/亩。随着播期的推迟，应适当增加播量。

第五节 播期、播量对新麦 29 生长发育及产量的影响

新麦 29 是河南省新乡市农业科学院培育的小麦新品系，为验证其适宜播期、播量，为该品种在新乡市大面积推广提供依据，于 2014 年麦播在获嘉县开展了该品种适宜的播期、播量试验研究。

1 材料与方法

1.1 试验设计

试验品种为新麦 29，种子由河南省新乡市农业科学院提供，试验设 9 个处理，重复二次，田间顺序排列（表 4-28）。小区面积 27 m²（6.75 m×4 m），人工开沟播种，每小区 16 行，行距 25 cm。小麦成熟后，每个小区收获 12 m²，晒干后计算实收产量。

表 4-28 播期、播量对新麦 29 生长发育及产量的影响：试验设计

处理	播期	播量（kg/亩）	处理	播期	播量（kg/亩）
处理 1	10 月 17 日	9	处理 6	10 月 22 日	15
处理 2	10 月 17 日	12	处理 7	10 月 27 日	9
处理 3	10 月 17 日	15	处理 8	10 月 27 日	12
处理 4	10 月 22 日	9	处理 9	10 月 27 日	15
处理 5	10 月 22 日	12			

1.2 基本情况

试验地点：获嘉县城关镇前李村。试验田地力均匀，地势平坦，灌排方便。2014 年 10 月 16 日整地（旋耕、压实），每次播种时先开沟，顺沟撒籽，播后覆土，确保一播全苗。出苗后每小区固定一米双行，调查苗情。

1.3 田间管理

播前拌种：50%多菌灵悬浮剂 100 g+40%辛硫磷乳油 100 mL，加水 300 g，充分拌匀后，拌麦种 50 kg，拌后堆闷 4 h，晾干后播种。底肥：整地前每亩撒施 40%（N-P-K=22-13-5）配方肥 50 kg，通过耕地与土壤充分混合。防治病虫草害：2015 年 3 月 9 日，亩用 20%氯氟吡氧乙酸异辛酯悬浮剂 30 mL+TD 助剂 10 g，加水 15 kg，喷施除草。追肥：3 月 16 日追施拔节肥，亩追尿素 10 kg。浇水：2015 年 3 月 16 日结合追肥，进行浇水。4 月 27 日，亩用 50%多菌灵悬浮剂 100 g+40%氧乐果乳油 100 mL+25%吡虫啉可湿性粉剂 8 g+磷酸二氢钾 200 g，加水 50 kg 喷雾，预防小麦赤霉病、蚜虫、干热风。

2 数据分析

2.1 对生育期的影响

由生育时期调查结果（表 4-29）可以看出，不同播期、播量处理下小麦返青期无差

异，但随着播期的推迟，拔节期、抽穗期、扬花期、成熟期相应推迟。同一播期下，不同播量之间各生育时期没有变化。

表 4-29 播期、播量对新麦 29 生长发育及产量的影响：生育时期调查

处理	出苗期	分蘖期	越冬期	返青期	拔节期	抽穗期	扬花期	成熟期
处理 1	10 月 27 日	11 月 12 日	12 月 20 日	2 月 15 日	3 月 10 日	4 月 18 日	4 月 23 日	5 月 29 日
处理 2	10 月 27 日	11 月 13 日	12 月 20 日	2 月 15 日	3 月 10 日	4 月 18 日	4 月 23 日	5 月 29 日
处理 3	10 月 27 日	11 月 13 日	12 月 20 日	2 月 15 日	3 月 9 日	4 月 18 日	4 月 23 日	5 月 29 日
处理 4	11 月 2 日	12 月 2 日	12 月 20 日	2 月 15 日	3 月 12 日	4 月 21 日	4 月 25 日	5 月 30 日
处理 5	11 月 2 日	12 月 2 日	12 月 20 日	2 月 15 日	3 月 12 日	4 月 21 日	4 月 25 日	5 月 30 日
处理 6	11 月 2 日	12 月 2 日	12 月 20 日	2 月 15 日	3 月 11 日	4 月 21 日	4 月 25 日	5 月 30 日
处理 7	11 月 10 日	12 月 24 日	12 月 20 日	2 月 15 日	3 月 15 日	4 月 23 日	4 月 27 日	6 月 1 日
处理 8	11 月 10 日	12 月 24 日	12 月 20 日	2 月 15 日	3 月 15 日	4 月 23 日	4 月 27 日	6 月 1 日
处理 9	11 月 10 日	12 月 24 日	12 月 20 日	2 月 15 日	3 月 15 日	4 月 23 日	4 月 27 日	6 月 1 日

2.2 对苗情的影响

由苗情调查结果（表 4-30、表 4-31、表 4-32）可以看出，同一播期内，随着播量的增加，亩群体逐步增加，单株分蘖、次生根减少，主茎叶龄基本持平。同一播量下，随着播期的推迟，越冬期亩群体逐步下降。

表 4-30 播期、播量对新麦 29 生长发育及产量的影响：越冬期苗情

处理	亩基本苗（万）	亩群体（万）	单株分蘖（个）	单株大分蘖（个）	单株次生根（条）	主茎叶龄（片）	株高（cm）
处理 1	14.1	46.6	3.3	1.5	4.4	5.0	19.0
处理 2	17.5	54.9	3.1	1.3	3.6	5.0	19.4
处理 3	23.9	58.5	2.4	1.2	3.4	5.0	22.8
处理 4	13.2	24.7	1.9	1.0	3.0	4.5	14.8
处理 5	16.1	30.4	1.9	1.0	3.0	4.5	16.6
处理 6	23.1	42.8	1.9	1.0	2.6	4.5	17.8
处理 7	12.7	12.7	1.0	1.0	1.0	3.3	11.8
处理 8	17.2	17.2	1.0	1.0	1.0	3.3	11.9
处理 9	22.9	22.9	1.0	1.0	0.9	3.3	12.6

表 4-31 播期、播量对新麦 29 生长发育及产量的影响试验：返青期苗情

处理	亩群体（万）	单株分蘖（个）	单株大分蘖（个）	单株次生根（条）	主茎叶龄（片）	株高（cm）
处理 1	69.1	4.9	3.5	16.5	7.5	18.5
处理 2	74.9	4.3	3.0	14.1	7.5	20.3

（续表）

处理	亩群体（万）	单株分蘖（个）	单株大分蘖（个）	单株次生根（条）	主茎叶龄（片）	株高（cm）
处理3	83.6	3.5	2.5	10.1	7.5	21.9
处理4	60.7	4.6	2.8	14.2	7.3	17.8
处理5	67.7	4.2	2.5	11.8	7.2	19.5
处理6	73.9	3.2	2.0	9.8	7.2	19.9
处理7	52.1	4.1	2.2	9.6	6.2	14.3
处理8	55.1	3.2	1.5	8.5	6.0	15.5
处理9	59.5	2.6	1.1	6.9	5.8	16.1

表4-32　播期、播量对新麦29生长发育及产量的影响：拔节期苗情

处理	亩群体（万）	单株分蘖（个）	单株大分蘖（个）	单株次生根（条）	主茎叶龄（片）	株高（cm）
处理1	84.6	6.0	4.5	31.1	9.1	28.6
处理2	91.1	5.2	3.5	27.8	9.0	31.1
处理3	102.8	4.3	3.0	20.3	9.0	32.5
处理4	76.6	5.8	4.0	25.6	8.5	28.1
处理5	80.5	5.0	3.5	20.7	8.3	29.9
处理6	92.4	4.0	3.0	17.8	8.3	30.7
处理7	69.8	5.5	3.5	21.4	8.0	24.3
处理8	73.9	4.3	3.1	19.2	7.8	27.8
处理9	80.2	3.5	2.3	17.6	7.8	28.1

2.3　对产量构成要素与产量的影响

由产量构成要素与产量调查结果（表4-33）可知，同一播期内，随着播量增加，亩穗数增加，但穗粒数、千粒重下降。同一播量下，随着播期推迟，亩穗数、穗粒数呈下降趋势，千粒重则呈上升趋势。

表4-33　播期、播量对新麦29生长发育及产量的影响试验：产量构成要素与产量

处理	亩穗数（万）	穗粒数（粒）	千粒重（g）	理论产量（kg/亩）	实收产量（kg/亩）	株高（cm）
处理1	39.1	38.6	50.5	647.8	648.6	83.5
处理2	43.8	36.2	50.4	679.3	691.3	84.6
处理3	46.4	33.6	49.4	654.6	669.3	85.9
处理4	38.8	37.4	49.1	605.6	613.5	80.5
处理5	43.7	35.5	48.6	640.8	646.6	81.8
处理6	45.1	33.2	48.2	613.5	623.3	83.1

（续表）

处理	亩穗数 （万）	穗粒数 （粒）	千粒重 （g）	理论产量 （kg/亩）	实收产量 （kg/亩）	株高 （cm）
处理 7	30.9	37.3	48.1	471.2	518.6	77.4
处理 8	39.1	33.5	47.5	528.9	541.3	78.8
处理 9	41.4	33.3	47.3	554.3	560.7	79.8

3　小结

（1）随着播期的推迟，拔节期、抽穗期、扬花期、成熟期等相应推迟。

（2）播期相同时，不同播量对生育期没有影响；但随着播量增加，亩穗数增加，穗粒数、千粒重下降。

（3）播量相同时，随着播期推迟，亩穗数、穗粒数下降，千粒重上升。

（4）在本试验条件下，新麦 29 的适宜播期为 10 月 17 日，适宜播期内适宜播量为 12 kg/亩。随着播期的推迟，应适当增加播量。

第六节　播期、播量对百农 207 生长
发育及产量的影响

百农 207 是河南百农种业有限公司、河南华冠种业有限公司联合培育的小麦新品种，2013 年通过国家审定，审定编号：国审麦 2013010。为验证百农 207 不同播期及不同播量对产量的影响，于 2014—2015 年度进行该试验，为该品种在新乡市大面积推广提供依据。

1　材料与方法

1.1　试验设计

试验品种为百农 207，种子由河南科技学院提供，试验设 9 个处理，重复 2 次，田间顺序排列（表 4-34）。小区面积 27 m²（6.75 m×4 m），人工开沟播种，每小区 16 行，行距 25 cm。小麦成熟后，每个小区收获 12 m²，晒干后计算实收产量。

表 4-34　播期、播量对百农 207 生长发育及产量的影响：试验设计

处理	播期	播量（kg/亩）	处理	播期	播量（kg/亩）
处理 1	10 月 17 日	9	处理 6	10 月 22 日	15
处理 2	10 月 17 日	12	处理 7	10 月 27 日	9
处理 3	10 月 17 日	15	处理 8	10 月 27 日	12
处理 4	10 月 22 日	9	处理 9	10 月 27 日	15
处理 5	10 月 22 日	12			

1.2　基本情况

试验地点：获嘉县城关镇前李村。试验田地力均匀，地势平坦，灌排方便。整地前每亩撒施 40%（N-P-K=22-13-5）配方肥 50 kg，通过耕地与土壤充分混合。2014 年 10 月 16 日整地（旋耕、压实），每次播种时先开沟，顺沟撒籽，播后覆土，确保一播全苗。播前用 50%多菌灵悬浮剂 100 g+40%辛硫磷乳油 100 mL，加水 300 g 充分拌匀后，拌麦种 50 kg，拌后堆闷 4 h，晾干后播种。出苗后每小区固定一米双行，调查苗情。

1.3　田间管理

2015 年 3 月 9 日，亩用 20%氯氟吡氧乙酸异辛酯悬浮剂 30 mL+TD 助剂 10 g，加水 15 kg，喷施除草。3 月 16 日，追施拔节肥，亩追尿素 10 kg，结合追肥，进行浇水。4 月 27 日，亩用 50%多菌灵悬浮剂 100 g+40%氧乐果乳油 100 mL+25%吡虫啉可湿性粉剂 8 g+磷酸二氢钾 200 g，加水 50 kg 喷雾，预防小麦赤霉病、蚜虫、干热风。

2　数据分析

2.1　对生育期的影响

由生育时期调查结果（表 4-35）可以看出，不同播期、播量对小麦返青时间没有影响；但随着播期的推迟，拔节、抽穗、扬花、成熟时间相应推迟。同一播期下，不同播量之间各生育时期没有变化。

表 4-35　播期、播量对百农 207 生长发育及产量的影响：生育时期调查

处理	出苗期	分蘖期	越冬期	返青期	拔节期	抽穗期	扬花期	成熟期
处理 1	10 月 27 日	11 月 13 日	12 月 20 日	2 月 15 日	3 月 14 日	4 月 21 日	4 月 25 日	6 月 2 日
处理 2	10 月 27 日	11 月 13 日	12 月 20 日	2 月 15 日	3 月 14 日	4 月 21 日	4 月 25 日	6 月 2 日
处理 3	10 月 27 日	11 月 13 日	12 月 20 日	2 月 15 日	3 月 13 日	4 月 21 日	4 月 25 日	6 月 2 日
处理 4	11 月 2 日	12 月 2 日	12 月 20 日	2 月 15 日	3 月 15 日	4 月 23 日	4 月 27 日	6 月 3 日
处理 5	11 月 2 日	12 月 2 日	12 月 20 日	2 月 15 日	3 月 15 日	4 月 23 日	4 月 27 日	6 月 3 日
处理 6	11 月 2 日	12 月 2 日	12 月 20 日	2 月 15 日	3 月 15 日	4 月 23 日	4 月 27 日	6 月 3 日
处理 7	11 月 10 日	12 月 24 日	12 月 20 日	2 月 15 日	3 月 18 日	4 月 25 日	4 月 28 日	6 月 5 日
处理 8	11 月 10 日	12 月 24 日	12 月 20 日	2 月 15 日	3 月 18 日	4 月 25 日	4 月 28 日	6 月 5 日
处理 9	11 月 10 日	12 月 24 日	12 月 20 日	2 月 15 日	3 月 18 日	4 月 25 日	4 月 28 日	6 月 5 日

2.2　对苗情的影响

由苗情调查结果（表 4-36、表 4-37、表 4-38）可以看出：同一播期内，随着播量的增加，亩群体逐步增加，单株分蘖、次生根减少，主茎叶龄基本持平。同一播量下，随着播期的推迟，越冬期亩群体逐步下降。

表4-36　播期、播量对百农207生长发育及产量的影响：越冬期苗情

处理	亩基本苗（万）	亩群体（万）	单株分蘖（个）	单株大分蘖（个）	单株次生根（条）	主茎叶龄（片）	株高（cm）
处理1	16.8	48.5	2.9	1.6	4.8	5.0	19.6
处理2	23.6	68.5	2.9	1.6	3.6	5.0	19.9
处理3	27.1	78.1	2.9	1.5	3.5	5.0	20.6
处理4	18.0	38.0	2.1	1.0	3.2	4.5	14.5
处理5	21.6	46.4	2.1	1.0	3.1	4.5	14.8
处理6	27.9	55.4	2.0	1.0	2.9	4.5	17.4
处理7	12.5	12.5	1.0	1.0	1.1	3.4	21.1
处理8	17.9	17.9	1.0	1.0	1.1	3.4	12.5
处理9	23.1	23.1	1.0	1.0	1.0	3.4	13.2

表4-37　播期、播量对百农207生长发育及产量的影响：返青期苗情

处理	亩群体（万）	单株分蘖（个）	单株大分蘖（个）	单株次生根（条）	主茎叶龄（片）	株高（cm）
处理1	90.2	5.4	3.6	13.3	7.3	18.8
处理2	105.4	4.5	3.0	12.5	7.1	21.3
处理3	109.8	4.1	2.7	8.8	7.1	21.5
处理4	84.1	4.7	3.0	10.5	7.0	16.7
处理5	88.3	4.1	2.4	8.7	6.8	17.8
处理6	94.5	3.4	1.7	7.9	6.8	18.5
处理7	57.5	4.6	1.5	5.2	6.2	13.7
处理8	66.5	3.7	1.3	4.5	6.2	14.4
处理9	73.9	3.2	1.1	4.3	6.0	15.3

表4-38　播期、播量对百农207生长发育及产量的影响：拔节期苗情

处理	亩群体（万）	单株分蘖（个）	单株大分蘖（个）	单株次生根（条）	主茎叶龄（片）	株高（cm）
处理1	109.2	6.5	4.7	25.6	9.0	29.4
处理2	125.1	5.3	4.0	23.9	9.0	32.7
处理3	121.9	4.5	3.5	17.7	9.0	33.5
处理4	108.1	6.0	4.3	21.7	8.5	27.1
处理5	118.8	5.5	3.3	20.5	8.5	29.3
处理6	119.9	4.3	3.0	16.9	8.5	30.5
处理7	78.8	6.3	4.0	19.8	8.0	23.7
处理8	89.5	5.0	3.0	18.6	8.0	26.4
处理9	94.7	4.1	2.1	17.4	8.0	27.9

2.3 对产量构成要素与产量的影响

产量构成要素与产量调查结果（表4-39）表明，同一播期内，随着播量增加，亩穗数增加，但穗粒数、千粒重下降。同一播量下，随着播期推迟，亩穗数、穗粒数呈下降趋势，千粒重则呈上升趋势。

表4-39 播期、播量对百农207生长发育及产量的影响：产量构成要素与产量

处理	亩穗数（万）	穗粒数（粒）	千粒重（g）	理论产量（kg/亩）	实收产量（kg/亩）	株高（cm）
处理1	41.1	36.6	48.6	621.4	628.2	82.9
处理2	43.9	35.8	48.1	642.5	678.3	83.4
处理3	47.8	32.4	47.3	622.7	632.1	84.5
处理4	39.4	36.8	46.7	575.5	606.6	79.8
处理5	43.8	35.7	46.2	614.1	633.3	81.5
处理6	46.2	32.8	45.9	591.2	615.8	83.2
处理7	31.5	35.9	46.1	443.1	460.1	77.6
处理8	39.5	33.6	45.4	512.2	542.6	78.9
处理9	42.4	32.9	44.8	531.2	554.7	80.5

3 小结

（1）随着播期的推迟，拔节、抽穗、扬花、成熟等时间相应推迟。

（2）播期相同时，不同播量对生育期没有影响；但随着播量增加，亩穗数增加，穗粒数、千粒重下降。

（3）播量相同时，随着播期推迟，亩穗数、穗粒数下降，千粒重上升。

（4）在本试验条件下，百农207的适宜播期为10月17日，适宜播期内适宜播量为12 kg/亩。随着播期的推迟，应适当增加播量。

第七节　播期、播量对新科麦168生长发育及产量的影响

1 试验目的

研究小麦新科麦168在本地适宜播期和适宜播量，为其在生产上推广应用提供理论依据。

2 材料与方法

2.1 供试品种

新科麦168。

2.2 试验设计

两因素裂区设计，3 次重复（表 4-40）。主区（A）为播期，设 3 个水平：10 月 4 日播种（A1）、11 日播种（A2）、18 日播种（A3）。副区（B）为播量，设 4 个水平：每亩 7.5 kg（B1）、10.5 kg（B2）、13.5 kg（B3）、16.5 kg（B4）。小区长 4 m、宽 3 m，每小区 12 行，行宽 0.4 m。

表 4-40　播期、播量对新科麦 168 生长发育及产量的影响：处理田间排列顺序

A1B1	A1B3	A1B2	A1B4	A3B3	A3B1	A3B2	A3B4	A2B2	A2B1	A2B4	A2B3
A2B2	A2B1	A2B4	A2B3	A1B2	A1B3	A1B4	A1B1	A3B3	A3B2	A3B1	A3B4
A3B4	A3B3	A3B1	A3B2	A2B1	A2B4	A2B3	A2B2	A1B4	A1B1	A1B2	A1B3

2.3 基本情况

试验设在获嘉县城关镇前李村，试验田地势平坦、灌排方便，土质重壤、肥力中上等、肥力均匀。前茬玉米于 2015 年 10 月 1 日收获，产量水平 600 kg/亩。旋耕整地，人工开沟，顺沟浇水，水下渗后人工顺沟播种，播后随即覆土，确保一播全苗。播前种子用 80%多菌灵可湿性粉剂（种子重量的 0.1%）和 50%辛硫磷乳油（种子重量的 0.13%）拌种，底肥每亩施 40%（N-P-K=23-12-5）配方肥 50 kg。等行距机条播，行距 20 cm。

2.4 田间管理

2016 年 3 月 10 日结合浇水，亩追尿素 15 kg；5 月 9 日浇灌浆水。4 月 20 和 27 日，每次亩用 50%多菌灵悬浮剂 100 g+10%吡虫啉可湿性粉剂 20 g 喷雾，预防小麦赤霉病、防治小麦穗蚜。6 月 2 日收获。

3　结果与分析

3.1 生育时期调查

生育时期调查结果（表 4-41）表明，10 月 4 日和 11 日播种的处理，出苗时间为 6 d，而 10 月 18 日播种的处理出苗时间为 9 d，说明随着播期的推迟，日平均气温逐步下降，出苗期时间有所延迟。在同一播期内，分蘖期随着播量的增加而推迟；播种时间越晚，分蘖期间隔越长，16.5 kg 播量的处理分蘖时间最大间隔为 7 d。所有处理在越冬期、返青期上没有差异，但在以后的生育时间上有明显差别。起身期、拔节期、抽穗期、扬花期随着播期的推迟而推迟。在同一播期内，起身期、拔节期随着播量的增加相应推迟，但在抽穗期、扬花期、成熟期没有差异。10 月 4 日和 7 日播种的处理成熟期一致，10 月 18 日播种的处理成熟相对延后 1 d。

表 4-41　播期、播量对新科麦 168 生长发育及产量的影响：生育时期调查

处理	出苗期	分蘖期	越冬期	返青期	起身期	拔节期	抽穗期	扬花期	成熟期
A1B1	10 月 10 日	10 月 28 日	11 月 28 日	2 月 10 日	2 月 26 日	3 月 8 日	4 月 15 日	4 月 22 日	6 月 1 日
A1B2	10 月 10 日	10 月 28 日	11 月 28 日	2 月 10 日	2 月 26 日	3 月 8 日	4 月 15 日	4 月 22 日	6 月 1 日

（续表）

处理	出苗期	分蘖期	越冬期	返青期	起身期	拔节期	抽穗期	扬花期	成熟期
A1B3	10月10日	10月30日	11月28日	2月10日	2月24日	3月6日	4月15日	4月22日	6月1日
A1B4	10月10日	10月31日	11月28日	2月10日	2月24日	3月6日	4月15日	4月22日	6月1日
A2B1	10月17日	11月4日	11月28日	2月10日	3月2日	3月14日	4月16日	4月23日	6月1日
A2B2	10月17日	11月4日	11月28日	2月10日	3月2日	3月14日	4月16日	4月23日	6月1日
A2B3	10月17日	11月6日	11月28日	2月10日	2月29日	3月12日	4月16日	4月23日	6月1日
A2B4	10月17日	11月6日	11月28日	2月10日	2月29日	3月12日	4月16日	4月23日	6月1日
A3B1	10月27日	12月18日	11月28日	2月10日	3月7日	3月19日	4月18日	4月24日	6月2日
A3B2	10月27日	12月18日	11月28日	2月10日	3月7日	3月19日	4月18日	4月24日	6月2日
A3B3	10月27日	12月25日	11月28日	2月10日	3月5日	3月18日	4月18日	4月24日	6月2日
A3B4	10月27日	12月25日	11月28日	2月10日	3月5日	3月18日	4月18日	4月24日	6月2日

3.2 亩群体调查

亩群体调查结果（表4-42）表明，在同一播期内，亩群体随着播量的增加而增加。在同一播量下，10月4日和11日播种的越冬期亩群体没有明显规律，但均比10月18日播种的群体明显偏大；10月4日和11日播种的处理拔节期、孕穗期亩群体，同样没有明显规律，但10月18日播种的处理亩群体逐步赶上并超过早播的处理亩群体；在成熟期，随着播期的推迟，亩群体呈先升后降趋势，10月18日播种的处理亩穗数最少。

表4-42 播期、播量对新科麦168生长发育及产量的影响：亩群体调查

单位：万

处理	亩基本苗	越冬期	拔节期	孕穗期	成熟期
A1B1	12.5	53.6	67.4	42.4	29.3
A1B2	17.9	59.1	77.5	45.7	31.6
A1B3	25.2	70.1	88.8	49.9	33.4
A1B4	31.0	78.6	99.2	53.2	34.4
A2B1	13.8	46.8	67.7	43.9	30.8
A2B2	20.9	60.1	74.2	46.7	32.2
A2B3	27.3	67.4	82.9	49.2	34.3
A2B4	32.9	72.2	97.0	57.4	36.0
A3B1	13.8	31.7	75.1	52.9	28.2
A3B2	21.0	36.2	85.1	56.3	30.3
A3B3	25.7	37.7	90.0	57.0	32.0
A3B4	32.0	40.5	102.6	63.5	34.2

注：拔节期调查时间，第1期3月5日，第2期3月15日，第3期3月23日，数据取平均值。

3.3 苗情调查

苗情调查结果见表4-43。结果表明，无论在越冬期还是拔节期，主茎叶龄、单株分

蘖、次生根都是随着播量的增加而减少，株高随着播量的增加而增加。在同一播量下，越冬期主茎叶龄、株高、单株分蘖、单株大分蘖随着播期的推迟而减少，拔节期主茎叶龄、株高随着播期的推迟略有增加，而单株分蘖和次生根则随着播期的推迟呈先升后降的趋势。

表4-43 播期、播量对新科麦168生长发育及产量的影响：苗情调查

处理	越冬期					拔节期			
	主茎叶龄（片）	株高（cm）	单株分蘖（个）	单株大分蘖（个）	次生根（条）	主茎叶龄（片）	株高（cm）	单株分蘖（个）	次生根（条）
A1B1	6.5	21.5	4.3	2.1	6.7	8.5	24.7	5.4	18.8
A1B2	6.4	22.4	3.3	1.7	5.1	8.5	25.4	4.4	13.6
A1B3	6.3	24.9	2.8	1.4	4.1	8.4	27.0	3.5	9.8
A1B4	6.2	26.2	2.5	1.1	3.2	8.3	28.0	3.2	8.5
A2B1	5.4	16.5	3.4	1.5	4.1	8.4	24.1	4.9	14.7
A2B2	5.4	18.0	2.9	1.3	3.8	8.4	26.0	3.5	12.8
A2B3	5.3	19.7	2.5	1.1	3.5	8.2	27.1	3.2	10.6
A2B4	5.1	20.8	2.2	1.1	2.9	8.2	29.2	3.0	8.9
A3B1	4.3	13.7	2.3	1.0	1.6	8.6	26.5	5.4	15.3
A3B2	4.2	15.3	1.7	1.0	1.4	8.4	28.8	4.1	13.6
A3B3	4.2	16.4	1.5	1.0	1.2	8.2	29.5	3.5	11.0
A3B4	4.1	17.3	1.3	1.0	1.0	8.1	31.6	3.2	9.9

3.4 穗部发育调查

由穗部发育调查结果（表4-44）可知，在同一播期内，小穗数、不孕小穗数、穗长随着播量的增加而减少，株高则随着播量的增加而增加。同一播量，小穗数、不孕小穗数、穗长、株高均随着播期的推迟而减少。

表4-44 播期、播量对新科麦168生长发育及产量的影响：穗部发育调查

处理	小穗数（个）	不孕小穗数（个）	穗长（cm）	株高（cm）
A1B1	26.7	8.0	10.8	73.0
A1B2	24.9	7.5	10.6	74.2
A1B3	24.5	7.6	10.4	76.3
A1B4	24.1	7.6	10.2	77.7
A2B1	24.4	7.4	10.5	72.5
A2B2	24.0	7.2	10.2	73.4
A2B3	23.4	7.1	9.8	75.2
A2B4	22.8	7.0	9.5	77.3
A3B1	23.2	7.3	9.9	69.4
A3B2	22.7	7.2	9.6	71.1
A3B3	22.1	7.0	9.2	72.5
A3B4	21.6	6.7	9.0	73.7

3.5 产量构成要素与产量调查

产量构成要素与产量调查结果（表4-45）表明，同一播期下，亩穗数随着播量的增加而增加，穗粒数、千粒重随着播量的增加而减少。同一播量下，亩穗数千粒重随着播期的推迟呈先升后降的趋势，穗粒数的变化则没有明显规律。

从理论产量分析，10月4日播种亩播量13.5 kg产量达到最高，理论产量492.1 kg/亩；其次为11日播种亩播量16.5 kg和13.5 kg，产量分别位列第2、第3，理论产量分别为488.0 kg/亩和486.9 kg/亩。在同一播期内，亩播量为7.5 kg的处理产量均位居最后，说明小播量不能适应目前生产实际，难以夺取高产。在10月18日播种的处理，理论产量和实收产量均排名靠后，特别是小播量的处理产量最低，说明该品种适宜播期在10月4—11日，如果由于不可抗力因素必须延迟播种的，要适当增加播量弥补亩群体不足。

表4-45 播期、播量对新科麦168生长发育及产量的影响：产量构成要素与产量

处理	亩穗数 （万）	穗粒数 （粒）	千粒重 （g）	理论产量 （kg/亩）	实收产量 （kg/亩）
A1B1	29.3	35.4	51.3	451.3（10）	427.2（9）
A1B2	31.6	35.1	51.0	480.6（4）	458.6（4）
A1B3	33.4	34.1	50.8	492.1（1）	466.5（2）
A1B4	34.4	32.0	50.2	468.9（6）	444.8（7）
A2B1	30.8	34.2	51.5	459.9（8）	426.7（10）
A2B2	32.2	33.6	51.7	475.0（5）	453.6（5）
A2B3	34.3	32.7	51.1	486.9（3）	469.0（1）
A2B4	36.0	31.7	50.3	488.0（2）	462.5（3）
A3B1	28.2	34.0	51.4	418.0（12）	393.4（12）
A3B2	30.3	33.6	50.9	439.4（11）	417.6（11）
A3B3	32.0	33.3	50.4	455.8（9）	434.9（8）
A3B4	34.2	32.2	49.5	463.4（7）	451.3（6）

注：理论产量、实收产量括号内的数字为排序。

4 小结

（1）随着播期的推迟，出苗时间有所延迟。不同处理在越冬、返青时间上没有差异，但中后期发育时间随着播期的推迟而推迟。在同一播期内，生育期前期发育时间随着播量的增加相应推迟，但在生育期后期没有差异。

（2）主茎叶龄、单株分蘖、次生根随着播量的增加而减少，株高随着播量的增加而增加。在同一播量下，越冬期主茎叶龄、株高、单株分蘖、单株大分蘖随着播期的推迟而减少；拔节期主茎叶龄、株高随着播期的推迟略有增加，而单株分蘖和次生根则随着播期的推迟呈先升后降的趋势。

（3）在同一播期内，亩穗数随着播量的增加而增加，穗粒数、千粒重、小穗数、不孕小穗数、穗长随着播量的增加而减少。在同一播量内，小穗数、不孕小穗数、穗长随着播期的推迟而减少，亩穗数、千粒重随着播期的推迟呈先升后降的趋势。

（4）在本年度试验条件下，新科麦 168 适宜播期为 10 月 4—11 日，适宜亩播量为 13.5~16.5 kg。

第八节 播期、播量对新麦 30 生长发育及产量的影响

1 试验目的

研究小麦新品种新麦 30 在本地适宜播期和适宜播量，为其在生产上推广应用提供理论依据。

2 材料与方法

供试品种：新麦 30。

试验设计：两因素裂区设计，田间随机排列，不设重复。播期：2016 年 10 月 5 日、12 日、19 日，亩播量：7.5 kg、10.0 kg、12.5 kg、15.0 kg（表 4-46）。小区长 6.5 m、宽 3 m，每小区种 12 行，行宽 0.4 m。

表 4-46 播期、播量对新麦 30 生长发育及产量的影响：试验设计

处理	播期	播量（kg/亩）	处理	播期	播量（kg/亩）
处理 1	10 月 5 日	7.5	处理 7	10 月 12 日	12.5
处理 2	10 月 5 日	10.0	处理 8	10 月 12 日	15.0
处理 3	10 月 5 日	12.5	处理 9	10 月 19 日	7.5
处理 4	10 月 5 日	15.0	处理 10	10 月 19 日	10.0
处理 5	10 月 12 日	7.5	处理 11	10 月 19 日	12.5
处理 6	10 月 12 日	10.0	处理 12	10 月 19 日	15.0

基本情况：试验设在获嘉县城关镇前李村，试验田地势平坦、灌排方便，土质重壤、肥力中上等、肥力均匀。前茬玉米，产量水平 550 kg/亩。亩底施 45%（N-P-K=23-16-6）配方肥 40 kg，旋耕整地。人工等行距开沟，行距 20 cm，顺沟浇水，水下渗后人工顺沟播种，播后随即覆土，确保一播全苗。

田间管理：2016 年 12 月 4 日，喷施 36%唑草·苯磺隆水分散粒剂 6.6 g/亩，加水 15 kg。2017 年 3 月 20 日，浇拔节水，追施尿素 12.5 kg/亩。4 月 21 日，亩用 50%多菌灵可湿性粉剂 160 g+25%三唑酮可湿性粉剂 35 g+40%氧乐果乳油 75 mL+25%吡虫啉可湿性粉剂 8 g，加水 50 kg 喷施，防治小麦赤霉病、锈病和蚜虫。

3 结果与分析

3.1 生育时期调查

从生育时期调查结果（表 4-47）可以看出，10 月 5 日播种的处理出苗时间为 5 d，10 月 12 日播种的处理出苗时间为 6 d，10 月 19 日播种的处理出苗时间为 9 d，说明随着

播期的推迟，日平均气温逐步下降，出苗时间有所延迟。此外，随着播期的推迟，分蘖期、起身期、拔节期、抽穗期、扬花期、成熟期均有所推迟。

表 4-47　播期、播量对新麦 30 生长发育及产量的影响：生育时期调查

处理	出苗期	分蘖期	越冬期	返青期	起身期	拔节期	抽穗期	扬花期	成熟期
处理 1	10 月 10 日	10 月 29 日	12 月 31 日	2 月 10 日	2 月 16 日	2 月 25 日	4 月 16 日	4 月 23 日	5 月 31 日
处理 2	10 月 10 日	10 月 29 日	12 月 31 日	2 月 10 日	2 月 16 日	2 月 25 日	4 月 16 日	4 月 23 日	5 月 31 日
处理 3	10 月 10 日	10 月 29 日	12 月 31 日	2 月 10 日	2 月 15 日	2 月 23 日	4 月 16 日	4 月 23 日	5 月 31 日
处理 4	10 月 10 日	10 月 29 日	12 月 31 日	2 月 10 日	2 月 15 日	2 月 23 日	4 月 16 日	4 月 23 日	5 月 31 日
处理 5	10 月 18 日	11 月 8 日	12 月 31 日	2 月 10 日	2 月 22 日	3 月 2 日	4 月 18 日	4 月 25 日	6 月 1 日
处理 6	10 月 18 日	11 月 8 日	12 月 31 日	2 月 10 日	2 月 22 日	3 月 2 日	4 月 18 日	4 月 25 日	6 月 1 日
处理 7	10 月 18 日	11 月 8 日	12 月 31 日	2 月 10 日	2 月 20 日	2 月 28 日	4 月 18 日	4 月 25 日	6 月 1 日
处理 8	10 月 18 日	11 月 8 日	12 月 31 日	2 月 10 日	2 月 20 日	2 月 28 日	4 月 18 日	4 月 25 日	6 月 1 日
处理 9	10 月 28 日	11 月 17 日	12 月 31 日	2 月 10 日	3 月 6 日	3 月 13 日	4 月 19 日	4 月 27 日	6 月 2 日
处理 10	10 月 28 日	11 月 17 日	12 月 31 日	2 月 10 日	3 月 6 日	3 月 13 日	4 月 19 日	4 月 27 日	6 月 2 日
处理 11	10 月 28 日	11 月 17 日	12 月 31 日	2 月 10 日	3 月 6 日	3 月 12 日	4 月 19 日	4 月 27 日	6 月 2 日
处理 12	10 月 28 日	11 月 17 日	12 月 31 日	2 月 10 日	3 月 6 日	3 月 12 日	4 月 19 日	4 月 27 日	6 月 2 日

3.2　亩群体调查

由亩群体调查结果（表 4-48）可知，在同一播期内，亩群体随着播量的增加而增加。在同一播量下，不同播期亩群体变化没有明显规律。

表 4-48　播期、播量对新麦 30 生长发育及产量的影响：亩群体调查　　单位：万

处理	基本苗	越冬期	拔节期	孕穗期	成熟期
处理 1	16.9	65.2	68.4	69.9	47.6
处理 2	23.3	74.9	76.4	77.5	53.5
处理 3	28.8	77.7	78.1	80.2	56.4
处理 4	33.9	85.3	86.1	86.9	59.5
处理 5	17.1	67.2	78.5	80.6	53.9
处理 6	23.9	73.1	83.7	85.3	56.1
处理 7	29.5	82.6	84.8	86.1	56.3
处理 8	34.1	85.3	86.2	87.3	59.6
处理 9	17.1	54.5	91.8	93.9	48.5
处理 10	23.5	62.7	95.5	97.3	49.1
处理 11	29.2	67.9	99.7	101.2	50.5
处理 12	34.3	73.1	107.2	108.4	52.6

3.3　苗情调查

苗情调查结果（表 4-49）表明，无论在越冬期还是拔节期，主茎叶龄、单株分蘖、

次生根都是随着播量的增加而减少，株高随着播量的增加而增加。在同一播量下，主茎叶龄、株高、单株分蘖、单株大分蘖随着播期的推迟而减少。

表 4-49　播期、播量对新麦 30 生长发育及产量的影响：苗情调查

处理	越冬期					拔节期			
	主茎叶龄（片）	株高（cm）	单株分蘖（个）	单株大分蘖（个）	次生根（条）	主茎叶龄（片）	株高（cm）	单株分蘖（个）	次生根（条）
处理 1	3.9	2.5	6.8	7.4	29.6	4.1	8.8	12.4	34.5
处理 2	3.2	2.2	6.8	6.1	33.1	3.3	8.8	12.0	36.1
处理 3	2.7	2.0	6.8	5.8	34.6	2.8	8.5	10.6	36.6
处理 4	2.5	1.6	6.8	4.2	35.3	2.6	8.5	9.2	37.4
处理 5	3.9	2.0	5.5	5.2	23.6	4.7	8.5	14.6	33.6
处理 6	3.1	1.5	5.5	4.8	24.2	3.6	8.5	9.8	35.4
处理 7	2.8	1.3	5.5	4.2	25.4	2.9	8.3	9.6	35.8
处理 8	2.5	1.2	5.5	3.8	26.2	2.6	8.3	8.6	36.4
处理 9	3.2	1.0	5.0	3.4	10.6	5.5	8.5	13.5	29.8
处理 10	2.7	1.0	5.0	3.1	13.2	4.1	8.5	11.4	31.2
处理 11	2.3	1.0	5.0	2.4	13.4	3.5	8.3	10.9	32.8
处理 12	2.1	1.0	5.0	2.2	14.1	3.2	8.3	8.8	33.2

注：处理 1~4 调查日期为 2 月 28 日，处理 5~8 调查日期为 3 月 6 日，处理 9~12 调查日期为 3 月 14 日。

3.4　产量构成要素与产量调查

由产量构成要素与产量调查结果（表 4-50）可知，同一播期下，亩穗数随着播量的增加而增加，穗粒数、千粒重随着播量的增加而减少。同一播量下，亩穗数、千粒重随着播期的推迟呈先升后降的趋势，穗粒数呈下降的趋势。

表 4-50　播期、播量对新麦 30 生长发育及产量的影响：产量构成要素与产量

处理	株高（cm）	亩穗数（万）	穗粒数（粒）	千粒重（g）	理论产量（kg/亩）	实收产量（kg/亩）
处理 1	83.5	37.8	36.7	47.3	557.7（5）	581.3（5）
处理 2	84.8	39.5	36.6	44.8	550.5（6）	568.6（6）
处理 3	85.6	42.8	34.4	42.9	536.9（7）	539.9（7）
处理 4	86.3	45.1	34.0	41.1	535.7（8）	538.4（8）
处理 5	83.1	40.7	36.1	48.4	604.5（4）	631.6（4）
处理 6	84.3	43.6	35.8	47.5	630.2（1）	664.3（1）
处理 7	85.2	46.5	34.3	46.1	625.0（2）	651.7（2）
处理 8	86.6	47.2	33.9	44.8	609.3（3）	634.4（3）
处理 9	81.4	36.1	35.3	43.8	474.4（12）	508.3（12）
处理 10	82.8	37.3	34.7	43.5	478.6（11）	511.2（11）

处理	株高 （cm）	亩穗数 （万）	穗粒数 （粒）	千粒重 （g）	理论产量 （kg/亩）	实收产量 （kg/亩）
处理11	84.4	39.8	34.5	43.4	506.5（10）	525.6（10）
处理12	85.3	41.9	34.3	42.7	521.6（9）	536.5（9）

注：理论产量、实收产量括号内的数字为排序。

从理论产量分析，整体可分为高产、中产、低产3个水平。10月12日播种的处理处于高产水平，产量在600 kg/亩以上；10月5日播种的4个处理处于中产水平，产量在530~560 kg/亩；10月19日播种的4个处理整体处于低产水平，产量470~520 kg/亩。同一播期内，早期播种的4个处理产量随着播量的增加而减少，晚期播种的4个处理产量随着播量的增加而增加，中期播种的产量随着播量的增加先降后升。其中，10月12日播种、播量10.0 kg/亩的处理产量最高（630.2 kg/亩），10月19日播种、播量为7.5 kg/亩的处理产量最低（474.4 kg/亩）。

4 小结

（1）随着播期的推迟，日平均气温逐步下降，出苗期、分蘖期、起身期、拔节期、抽穗期、扬花期、成熟期均有所推迟。

（2）在同一播期内，亩群体随着播量的增加而增加。在同一播量下，不同播期亩群体变化没有明显规律。

（3）主茎叶龄、分蘖、次生根都是随着播量的增加而减少，株高随着播量的增加而增加。在同一播量下，主茎叶龄、株高、单株分蘖、单株大分蘖随着播期的推迟而减少。

（4）同一播期下，亩穗数随着播量的增加而增加，穗粒数、千粒重随着播量的增加而减少。同一播量下，亩穗数、千粒重随着播期的推迟呈先升后降的趋势，穗粒数呈下降趋势。

（5）在本年度试验条件下，新麦30适宜播期为10月12日前后，适宜亩播量为10.0~12.5 kg。

第九节 播期、播量对百农201生长 发育及产量的影响

1 试验目的

研究小麦百农201在本地适宜播期和适宜播量，为其在生产上推广应用提供理论依据。

2 材料与方法

2.1 试验材料与方法

试验在获嘉县照镜镇前李村进行，试验田为壤土，地力均匀，灌排方便；2016年10

月12日至11月2日播种，等行距机械条播，行距20 cm。前茬作物玉米，旋耕整地，亩底施45%（N-P-K=23-16-6）配方肥40 kg。

试验设计：两因素裂区设计，田间随机排列，不设重复。试验共设有12个处理，3个播期，每个播期4个播量（表4-51）。播期：10月12日、10月19日、11月2日，亩播量：10.0 kg、12.5 kg、15.0 kg、17.5 kg。小区长4 m、宽3 m，每小区种12行，行宽0.4 m。

表4-51　播期、播量对百农201生长发育及产量的影响：试验设计

处理	播期	播量（kg/亩）	处理	播期	播量（kg/亩）
处理1	10月12日	10.0	处理7	10月19日	15.0
处理2	10月12日	12.5	处理8	11月2日	17.5
处理3	10月12日	15.0	处理9	11月2日	10.0
处理4	10月12日	17.5	处理10	11月2日	12.5
处理5	10月19日	10.0	处理11	11月2日	15.0
处理6	10月19日	12.5	处理12	11月2日	17.5

2.2　田间管理

2016年12月4日，亩用36%唑草·苯磺隆水分散粒剂6.6 g进行化学除草。2017年3月20日，浇拔节水，追施尿素12.5 kg/亩。4月21日，亩用50%多菌灵可湿性粉剂160 g+25%三唑酮可湿性粉剂50 g+40%氧乐果乳油100 mL+25%吡虫啉可湿性粉剂8 g，防治小麦赤霉病、锈病和蚜虫。

3　结果与分析

3.1　生育时期调查

生育时期调查结果见表4-52，结果表明，随着播期的推迟，播种、出苗分别延迟7 d、14 d，到抽穗、扬花等生育时期后期随着播期推迟延迟2 d、4 d，可见播期对各生育时期推迟影响是递减效应。

在同一播期内，随着播量增加，对各生育时期影响不大。只在15.0 kg、17.5 kg亩播量的起身期、拔节期比10.0 kg、12.5 kg亩播量的起身期、拔节期推迟1~2 d。

表4-52　播期、播量对百农201生长发育及产量的影响：生育时期调查

处理	出苗期	分蘖期	越冬期	返青期	起身期	拔节期	抽穗期	扬花期	成熟期
处理1	10月18日	11月6日	12月31日	2月15日	2月22日	3月2日	4月16日	4月22日	5月31日
处理2	10月18日	11月6日	12月31日	2月15日	2月22日	3月2日	4月16日	4月22日	5月31日
处理3	10月18日	11月6日	12月31日	2月15日	2月20日	2月28日	4月16日	4月22日	5月31日
处理4	10月18日	11月6日	12月31日	2月15日	2月20日	2月28日	4月16日	4月22日	5月31日
处理5	10月28日	11月17日	12月31日	2月15日	3月6日	3月13日	4月18日	4月24日	6月1日

（续表）

处理	出苗期	分蘖期	越冬期	返青期	起身期	拔节期	抽穗期	扬花期	成熟期
处理6	10月28日	11月17日	12月31日	2月15日	3月6日	3月13日	4月18日	4月24日	6月1日
处理7	10月28日	11月17日	12月31日	2月15日	3月5日	3月12日	4月18日	4月24日	6月1日
处理8	10月28日	11月17日	12月31日	2月15日	3月5日	3月12日	4月18日	4月24日	6月1日
处理9	11月16日	11月17日	12月31日	2月15日	3月18日	3月25日	4月22日	4月28日	6月2日
处理10	11月16日	11月17日	12月31日	2月15日	3月18日	3月25日	4月22日	4月28日	6月2日
处理11	11月16日	11月17日	12月31日	2月15日	3月16日	3月23日	4月22日	4月28日	6月2日
处理12	11月16日	11月17日	12月31日	2月15日	3月16日	3月23日	4月22日	4月28日	6月2日

3.2 亩群体调查

亩群体调查结果（表4-53）表明，在同一播期内，亩群体随着播量的增加而增加。在同一播量下，10月12日和19日播种的越冬期亩群体没有明显规律，但均比11月2日播种的亩群体明显偏大；10月12日和19日播种的处理拔节期、孕穗期亩群体，同样没有明显规律，但11月2日播种的亩群体逐步赶上并超过早播的亩群体；在成熟期，随着播期的推迟，亩群体呈先升后降趋势，11月2日播种的处理最少。

表4-53 播期、播量对百农201生长发育及产量的影响：亩群体调查　　　单位：万

处理	基本苗	越冬期	拔节期	孕穗期	成熟期
处理1	16.7	62.1	77.3	78.2	49.9
处理2	22.5	76.5	84.8	85.5	52.1
处理3	27.5	82.4	86.1	86.5	54.4
处理4	32.8	85.3	90.7	91.1	59.9
处理5	16.1	50.8	88.1	89.2	48.7
处理6	21.9	56.7	95.6	96.3	51.9
处理7	27.5	68.8	104.1	104.8	56.2
处理8	33.3	79.9	107.3	107.9	57.1
处理9	17.2	17.2	53.1	92.0	44.5
处理10	22.4	22.4	61.6	100.4	45.6
处理11	28.5	28.5	66.8	102.9	47.3
处理12	34.1	34.1	71.2	106.3	49.3

3.3 苗情调查

由越冬期苗情调查结果（表4-54）可知，在同一播期内，单株分蘖、单株大分蘖、次生根数量随着播量的增加而减少，株高随播量增加而增加，而主茎叶龄则没有差别。播期较晚的18日单株大分蘖数量没有差异，而在11月2日这一播期，由于温度较低，植株发育缓慢，各播量的单株分蘖没有差别，单株大分蘖和次生根没有发育。随着播期推

迟，同一播量处理的间单株分蘖、单株大分蘖、主茎叶龄、次生根、株高随之变少。

表4-54　播期、播量对百农201生长发育及产量的影响：越冬期苗情

处理	单株分蘖（个）	单株大分蘖（个）	主茎叶龄（片）	次生根（条）	株高（cm）
处理1	3.7	2.0	5.5	6.6	16.4
处理2	3.4	1.8	5.5	5.4	19.8
处理3	3.0	1.6	5.5	5.0	20.6
处理4	2.6	1.2	5.5	3.8	21.2
处理5	3.2	1.0	4.5	3.4	14.1
处理6	2.6	1.0	4.5	3.2	15.2
处理7	2.5	1.0	4.5	2.5	16.0
处理8	2.4	1.0	4.5	2.2	16.5
处理9	1.0	0.0	2.5	0.0	8.8
处理10	1.0	0.0	2.5	0.0	9.6
处理11	1.0	0.0	2.5	0.0	10.1
处理12	1.0	0.0	2.5	0.0	10.6

由拔节期苗情调查结果（表4-55）可知，在同一播期内，单株分蘖、单株大分蘖、主茎叶龄、次生根数量随着播量的增加而减少，株高随播量增加而增加。而随着播期推迟，10月19日和11月2日比10月12日的拔节期分别推迟了8 d和14 d。单株分蘖、单株大分蘖、主茎叶龄、次生根数量随着播期推迟出现了减少趋势。而株高随播量增加而增加，这是与越冬期苗情相比变化最大的地方。这是由于播期越晚越冬期温度越低，而到了拔节期，播期晚的不再受温度低的影响，而是播期越晚拔节期的温度越高，所以出现了疯长的趋势。

表4-55　播期、播量对百农201生长发育及产量的影响：拔节期苗情

处理	单株分蘖（个）	单株大分蘖（个）	主茎叶龄（片）	次生根（条）	株高（cm）
处理1	4.7	3.2	9.0	16.1	30.5
处理2	3.8	2.7	8.8	14.8	31.4
处理3	3.2	2.5	8.5	13.6	32.4
处理4	2.8	2.0	8.5	12.2	33.5
处理5	5.5	2.8	8.5	16.4	29.0
处理6	4.4	2.4	8.5	13.6	29.2
处理7	3.8	2.0	8.5	13.4	30.1
处理8	3.2	1.6	8.5	13.0	31.1
处理9	5.3	2.2	8.5	15.4	33.8
处理10	4.5	1.8	8.3	14.8	36.4
处理11	3.6	1.5	8.3	12.5	37.5
处理12	3.1	1.0	8.3	10.8	38.5

注：处理1~4调查日期为3月6日，处理5~8调查日期为3月14日，处理9~12调查日期为3月28日。

3.4 产量构成要素与产量调查

由产量构成要素与产量结果（表4-56）可知，在同一播期内，亩穗数、株高随着播量的增加而增加，而穗粒数、千粒重随着播量的增加而减少。在同一播量内，株高随着播期的推迟而降低，而亩穗数、穗粒数、千粒重则是以播期10月19日最大，其次为播期10月12日，11月2日最小。

从理论产量、实收产量数据可见，该品种最佳播期为10月19日，该播期内千粒重、理论产量、实收产量最大的是15.0 kg/亩的处理。因此，百农201的最佳播期为10月19日，适宜播量为15.0 kg/亩。

在同一播期内，除早播外亩播量为7.5 kg的处理产量均位居最后，在11月2日播种的处理，产量较低，特别是小播量的处理，产量最低，如果由于不可抗力因素必须延迟播种，要适当增加播量弥补亩群体不足。

表4-56 播期、播量对百农201生长发育及产量的影响：产量构成要素与产量

处理	株高（cm）	亩穗数（万）	穗粒数（粒）	千粒重（g）	理论产量（kg/亩）	实收产量（kg/亩）
处理1	82.6	40.9	38.1	42.8	566.9	602.3
处理2	83.9	42.7	36.8	41.1	549.0	580.3
处理3	85.2	43.8	36.2	40.4	544.5	573.6
处理4	85.9	45.5	35.3	39.3	536.5	559.6
处理5	81.1	39.8	38.7	43.9	574.7	607.0
处理6	81.8	42.6	38.5	43.6	607.8	635.7
处理7	82.6	45.8	37.4	42.7	621.7	646.9
处理8	83.4	46.1	36.7	41.9	602.6	620.3
处理9	72.4	35.7	35.8	42.7	463.9	485.9
处理10	73.7	36.3	35.7	42.4	467.0	497.6
处理11	74.2	38.7	35.4	41.9	487.9	516.9
处理12	75.1	40.6	35.3	41.5	505.6	530.3

4 小结

（1）随着播期的推迟，出苗时间有所延迟。不同处理在越冬、返青时间上没有差异，但中后期发育时间随着播期的推迟而推迟。在同一播期内，生育期前期发育时间随着播量的增加相应推迟，但在生育期后期没有差异。

（2）在同一播期内，亩群体随着播量的增加而增加。在同一播量下，早播比晚播的亩群体明显偏大，但是生育期后期亩群体差异不明显；在成熟期，随着播期的推迟，亩群体呈先升后降趋势。

（3）越冬期、拔节期的小麦单株分蘖、单株大分蘖、次生根数量随着播量的增加而减少，株高随播量增加而增加。随着播期推迟，拔节期时间也会相应推迟，且同一播量处理的间单株分蘖、单株大分蘖、主茎叶龄、次生根随之变少。

（4）本年度试验条件下，百农 201 的最佳播期为 10 月 19 日，适宜播量为 15 kg/亩。

第十节 播期、播量对新麦 36 生长 发育及产量的影响（Ⅰ）

1 试验目的

研究小麦新品种新麦 36 在本地适宜播期和适宜播量，为其在生产上推广应用提供理论依据。

2 材料与方法

2.1 供试品种

新麦 36。

2.2 试验设计

两因素裂区设计，田间随机排列，不设重复。播期：2017 年 10 月 14 日、20 日、26 日，亩播量：7.5 kg、10.0 kg、12.5 kg、15.0 kg（表4-57）。小区长 6.5 m、宽 3 m，每小区种 12 行，埂宽 0.4 m。

表 4-57 播期、播量对新麦 36 生长发育及产量的影响（Ⅰ）：试验设计

处理	播期	播量（kg/亩）	处理	播期	播量（kg/亩）
处理 1	10 月 14 日	7.5	处理 7	10 月 20 日	12.5
处理 2	10 月 14 日	10.0	处理 8	10 月 20 日	15.0
处理 3	10 月 14 日	12.5	处理 9	10 月 26 日	7.5
处理 4	10 月 14 日	15.0	处理 10	10 月 26 日	10.0
处理 5	10 月 20 日	7.5	处理 11	10 月 26 日	12.5
处理 6	10 月 20 日	10.0	处理 12	10 月 26 日	15.0

2.3 基本情况

试验设在获嘉县城关镇前李村，试验田地势平坦、灌排方便，土质重壤、肥力中上等、肥力均匀。前茬玉米，产量水平 550 kg/亩。亩底施 45%（N-P-K=23-16-6）配方肥 50 kg，旋耕整地。人工等行距开沟，行距 20 cm，顺沟浇水，水下渗后人工顺沟播种，播后随即覆土，确保一播全苗。

2.4 田间管理

2017 年 11 月 28 日，冬灌。2018 年 3 月 7 日，化学除草（每亩喷施 3% 双氟·唑草酮悬乳剂 40 mL）。3 月 28 日，浇拔节水，结合浇水追施尿素 10 kg/亩。4 月 18 日，每亩 50% 多菌灵可湿性粉剂 50 g+25% 戊唑醇可湿性粉剂 30 g+40% 氧化果乳油 50 mL+10% 吡虫啉可湿性粉剂 20 g，加水 50 kg，混合喷施预防赤霉病、蚜虫。

3 结果与分析

3.1 生育时期调查

从生育时期调查结果（表4-58）可以看出，10月14日播种的处理出苗时间为7 d，10月20日播种的处理出苗时间为9 d，10月26日播种的处理出苗时间为11 d，说明随着播期的推迟，日平均气温逐步下降，出苗时间有所延迟。此外，随着播期的推迟，分蘖期、起身期、拔节期、抽穗期、扬花期、成熟期均有所推迟。

表4-58 播期、播量对新麦36生长发育及产量的影响试验（Ⅰ）：生育时期调查

处理	出苗期	分蘖期	越冬期	返青期	起身期	拔节期	抽穗期	扬花期	成熟期
处理1	10月21日	11月5日	1月4日	2月13日	3月12日	3月19日	4月16日	4月21日	5月28日
处理2	10月21日	11月5日	1月4日	2月13日	3月12日	3月19日	4月16日	4月21日	5月28日
处理3	10月21日	11月5日	1月4日	2月13日	3月10日	3月18日	4月16日	4月21日	5月28日
处理4	10月21日	11月5日	1月4日	2月13日	3月10日	3月18日	4月16日	4月21日	5月28日
处理5	10月29日	11月14日	1月4日	2月13日	3月15日	3月22日	4月17日	4月22日	5月29日
处理6	10月29日	11月14日	1月4日	2月13日	3月15日	3月22日	4月17日	4月22日	5月29日
处理7	10月29日	11月14日	1月4日	2月13日	3月14日	3月21日	4月17日	4月22日	5月29日
处理8	10月29日	11月15日	1月4日	2月13日	3月14日	3月21日	4月17日	4月22日	5月29日
处理9	11月6日	12月8日	1月4日	2月13日	3月17日	3月23日	4月18日	4月23日	5月30日
处理10	11月6日	12月8日	1月4日	2月13日	3月17日	3月23日	4月18日	4月23日	5月30日
处理11	11月6日	12月10日	1月4日	2月13日	3月16日	3月22日	4月19日	4月23日	5月30日
处理12	11月6日	12月10日	1月4日	2月13日	3月16日	3月22日	4月19日	4月23日	5月30日

3.2 亩群体调查

亩群体调查结果见表4-59，结果表明，在同一播期内，亩群体随着播量的增加而增加。

表4-59 播期、播量对新麦36生长发育及产量的影响（Ⅰ）：亩群体调查 单位：万

处理	基本苗	越冬期	拔节期	孕穗期	成熟期
处理1	12.9	48.1	80.4	90.1	50.8
处理2	18.0	59.1	101.2	107.1	53.3
处理3	23.1	71.7	117.4	126.8	61.5
处理4	28.1	84.3	132.1	143.3	69.2
处理5	11.5	27.7	72.8	83.2	44.5
处理6	14.0	32.0	85.2	96.5	45.9
处理7	19.3	42.5	109.7	114.4	53.5
处理8	25.7	55.1	121.1	133.1	60.8

（续表）

处理	基本苗	越冬期	拔节期	孕穗期	成熟期
处理 9	12.5	17.8	63.8	78.1	55.5
处理 10	17.2	23.3	76.6	86.8	60.3
处理 11	22.7	29.7	88.9	99.1	64.8
处理 12	27.5	35.2	104.5	112.8	72.1

3.3　苗情调查

由苗情调查结果（表4-60）可知，无论在越冬期还是拔节期，主茎叶龄、单株分蘖、次生根都是随着播量的增加而减少，株高随着播量的增加而增加。在同一播量下，主茎叶龄、株高、单株分蘖、单株大分蘖随着播期的推迟而减少。

表4-60　播期、播量对新麦36生长发育及产量的影响试验（Ⅰ）：苗情调查

处理	越冬期					拔节期				
	单株分蘖（个）	单株大分蘖（个）	主茎叶龄（片）	次生根（条）	株高（cm）	单株分蘖（个）	单株大分蘖（个）	主茎叶龄（片）	次生根（条）	株高（cm）
处理 1	3.7	2.6	5.5	6.2	16.4	7.0	4.6	9.5	26.4	28.3
处理 2	3.3	2.4	5.5	5.8	18.8	6.0	3.5	9.5	25.6	29.1
处理 3	3.1	2.0	5.5	5.5	21.2	5.5	3.1	9.3	23.4	30.7
处理 4	3.0	1.8	5.5	5.2	23.6	5.1	2.8	9.1	22.8	31.2
处理 5	2.4	1.6	4.5	4.5	13.5	7.2	3.8	8.5	23.6	26.1
处理 6	2.3	1.6	4.5	3.7	14.0	6.9	3.2	8.5	22.4	26.8
处理 7	2.2	1.1	4.4	3.5	14.5	5.9	2.7	8.4	20.1	27.9
处理 8	2.1	1.0	4.4	3.5	17.5	5.2	2.5	8.4	18.8	28.2
处理 9	1.4	1.0	3.1	3.0	13.5	6.2	3.2	8.0	19.8	23.4
处理 10	1.4	1.0	3.1	3.0	13.8	5.0	2.6	8.0	17.7	23.9
处理 11	1.3	1.0	3.1	2.5	14.0	4.4	2.5	7.8	15.1	24.5
处理 12	1.3	1.0	3.1	2.5	14.1	4.1	2.1	7.8	13.2	25.3

3.4　产量构成要素与产量调查

产量构成要素与产量调查结果见表4-61，结果表明，同一播期下，亩穗数随着播量的增加而增加，穗粒数、千粒重随着播量的增加而减少。同一播量下，亩穗数、千粒重随着播期的推迟呈先升后降的趋势，穗粒数呈下降趋势。10月14日播种、播量12.5 kg/亩的处理实收产量最高（515.3 kg/亩），10月26日播种、播量为7.5 kg/亩的处理产量最低（380.7 kg/亩）。

表 4-61　播期、播量对新麦 36 生长发育及产量的影响（Ⅰ）：产量构成要素与产量

处理	株高 （cm）	亩穗数 （万）	穗粒数 （粒）	千粒重 （g）	理论产量 （kg/亩）	实收产量 （kg/亩）
处理 1	69.1	30.1	36.6	45.6	427.0	442.9（5）
处理 2	71.5	35.4	35.1	45.1	476.3	470.9（4）
处理 3	72.9	40.9	34.5	44.2	530.1	515.3（1）
处理 4	75.8	43.2	30.5	43.7	489.4	509.6（2）
处理 5	66.4	26.1	38.6	45.2	387.1	416.9（10）
处理 6	68.2	28.7	35.8	44.9	392.1	424.4（8）
处理 7	70.3	32.1	34.6	44.5	420.1	441.3（6）
处理 8	72.5	37.3	32.9	43.7	455.8	479.2（3）
处理 9	64.8	27.5	35.9	43.9	368.4	380.7（12）
处理 10	66.9	29.9	34.1	43.7	378.7	405.5（11）
处理 11	67.8	33.6	33.9	43.1	417.3	422.4（9）
处理 12	71.1	35.7	33.1	42.5	426.9	429.4（7）

注：实收产量括号内的数字为排序。

4　小结

（1）随着播期的推迟，出苗期、分蘖期、起身期、拔节期、抽穗期、扬花期、成熟期均有所推迟。

（2）在同一播期内，亩群体随着播量的增加而增加。在同一播量下，不同播期亩群体变化没有明显规律。

（3）主茎叶龄、分蘖、次生根都是随着播量的增加而减少，株高随着播量的增加而增加。在同一播量下，主茎叶龄、株高、单株分蘖、单株大分蘖随着播期的推迟而减少。

（4）同一播期下，亩穗数随着播量的增加而增加，穗粒数、千粒重随着播量的增加而减少。同一播量下，亩穗数、千粒重随着播期的推迟呈先升后降的趋势，穗粒数呈下降趋势。

（5）在本年度试验条件下，新麦 36 适宜播期为 10 月 14 日，适宜亩播量为 12.5 kg。

第十一节　播期、播量对新麦 36 生长
发育及产量的影响（Ⅱ）

1　试验目的

研究小麦新品种新麦 36 在本地适宜播期和适宜播量，为其在生产上推广应用提供理论依据。

2 材料与方法

2.1 供试品种

新麦 36。

2.2 试验设计

两因素裂区设计，田间随机排列，不设重复（表 4-62）。播期：2018 年 10 月 10 日、18 日、26 日，亩播量：7.5 kg、10.0 kg、12.5 kg、15.0 kg。小区长 6.5 m、宽 3 m，每小区种 12 行，行宽 0.4 m。

表 4-62 播期、播量对新麦 36 生长发育及产量的影响（Ⅱ）：试验设计

处理	播期	播量（kg/亩）	处理	播期	播量（kg/亩）
处理 1	10 月 10 日	7.5	处理 7	10 月 18 日	12.5
处理 2	10 月 10 日	10.0	处理 8	10 月 18 日	15.0
处理 3	10 月 10 日	12.5	处理 9	10 月 26 日	7.5
处理 4	10 月 10 日	15.0	处理 10	10 月 26 日	10.0
处理 5	10 月 18 日	7.5	处理 11	10 月 26 日	12.5
处理 6	10 月 18 日	10.0	处理 12	10 月 26 日	15.0

2.3 基本情况

试验设在获嘉县城关镇前李村，试验田地势平坦、灌排方便，土质重壤、肥力中上等、肥力均匀。前茬玉米，产量水平 550 kg/亩。亩底施 40%（N-P-K=25-12-3）配方肥 50 kg，旋耕整地。人工等行距开沟，行距 20 cm，顺沟浇水，水下渗后人工顺沟播种，播后随即覆土，确保一播全苗。

2.4 田间管理

2018 年 12 月 4 日冬灌；2019 年 3 月 8 日，亩用 80%唑嘧磺草胺水分散粒剂 2 g 化学除草；3 月 18 日浇拔节水，结合浇水追拔节肥尿素 10 kg/亩；4 月 24 日，每亩用 50%多菌灵悬浮剂 100 g+10%吡虫啉可湿性粉剂 15 g 混合喷施，预防赤霉病、蚜虫。

3 结果与分析

3.1 生育时期调查

从生育时期调查结果（表 4-63）可以看出，10 月 10 日播种的处理出苗时间为 6 d，10 月 18 日播种的处理出苗时间为 8 d，10 月 26 日播种的处理出苗时间为 11 d，说明随着播期的推迟，出苗时间有所延迟。此外，随着播期的推迟，起身期、拔节期、抽穗期、扬花期、成熟期均有所推迟。

表 4-63　播期、播量对新麦 36 生长发育及产量的影响（Ⅱ）：生育时期调查

处理	出苗期	越冬期	返青期	起身期	拔节期	抽穗期	扬花期	成熟期
处理 1	10 月 16 日	12 月 9 日	2 月 22 日	3 月 12 日	3 月 19 日	4 月 18 日	4 月 26 日	5 月 31 日
处理 2	10 月 16 日	12 月 9 日	2 月 22 日	3 月 12 日	3 月 19 日	4 月 18 日	4 月 26 日	5 月 31 日
处理 3	10 月 16 日	12 月 9 日	2 月 22 日	3 月 10 日	3 月 17 日	4 月 18 日	4 月 26 日	5 月 31 日
处理 4	10 月 16 日	12 月 9 日	2 月 22 日	3 月 10 日	3 月 17 日	4 月 18 日	4 月 26 日	5 月 31 日
处理 5	10 月 26 日	12 月 9 日	2 月 22 日	3 月 17 日	3 月 23 日	4 月 19 日	4 月 27 日	5 月 31 日
处理 6	10 月 26 日	12 月 9 日	2 月 22 日	3 月 17 日	3 月 23 日	4 月 19 日	4 月 27 日	5 月 31 日
处理 7	10 月 26 日	12 月 9 日	2 月 22 日	3 月 15 日	3 月 21 日	4 月 19 日	4 月 27 日	5 月 31 日
处理 8	10 月 26 日	12 月 9 日	2 月 22 日	3 月 15 日	3 月 21 日	4 月 19 日	4 月 27 日	5 月 31 日
处理 9	11 月 5 日	12 月 9 日	2 月 22 日	3 月 20 日	3 月 25 日	4 月 21 日	4 月 28 日	6 月 1 日
处理 10	11 月 5 日	12 月 9 日	2 月 22 日	3 月 20 日	3 月 25 日	4 月 21 日	4 月 28 日	6 月 1 日
处理 11	11 月 5 日	12 月 9 日	2 月 22 日	3 月 19 日	3 月 24 日	4 月 21 日	4 月 28 日	6 月 1 日
处理 12	11 月 5 日	12 月 9 日	2 月 22 日	3 月 18 日	3 月 23 日	4 月 21 日	4 月 28 日	6 月 1 日

3.2　亩群体调查

亩群体调查结果见表 4-64。调查结果表明，在同一播期内，亩群体随着播量的增加而增加。

表 4-64　播期、播量对新麦 36 生长发育及产量的影响（Ⅱ）：亩群体调查　　单位：万

处理	基本苗	越冬期	拔节期	孕穗期	成熟期
处理 1	14.0	72.3	90.8	108.9	60.5
处理 2	19.3	75.1	96.7	110.3	60.8
处理 3	25.7	78.7	105.3	115.9	61.3
处理 4	30.8	86.2	113.6	118.6	62.1
处理 5	13.7	43.7	71.5	92.4	49.1
处理 6	20.5	55.1	86.4	108.7	56.2
处理 7	25.7	66.7	94.0	114.8	58.1
处理 8	30.8	77.1	103.6	115.5	58.3
处理 9	14.4	36.3	60.5	101.3	57.7
处理 10	20.9	48.1	74.3	107.7	58.1
处理 11	25.9	51.8	89.3	116.9	62.5
处理 12	30.9	56.1	94.7	121.5	64.5

3.3　苗情调查

由苗情调查结果（表 4-65）可知，同一播期内单株分蘖、次生根随着播量的增加而减少，株高随着播量的增加而增加。在同一播量下，主茎叶龄、株高、单株分蘖、单株大分蘖随着播期的推迟而减少。

表 4-65 不同播期、播量对新麦 36 生长发育及产量的影响试验（Ⅱ）：苗情调查

处理	越冬期					拔节期				
	单株分蘖（个）	单株大分蘖（个）	主茎叶龄（片）	次生根（条）	株高（cm）	单株分蘖（个）	单株大分蘖（个）	主茎叶龄（片）	次生根（条）	株高（cm）
处理 1	5.2	2.4	6.5	8.4	23.3	7.8	5.0	9.7	16.4	30.1
处理 2	3.9	1.5	6.1	6.2	25.2	5.7	4.0	9.5	15.8	30.5
处理 3	3.1	1.4	6.1	5.6	27.9	4.5	3.5	9.5	15.5	31.9
处理 4	2.8	1.2	6.1	4.1	28.2	3.9	2.8	9.5	14.2	33.5
处理 5	3.2	1.0	5.0	4.6	18.8	6.7	4.0	9.3	15.3	28.6
处理 6	2.7	1.0	4.8	4.4	19.2	5.3	3.1	9.1	15.4	29.8
处理 7	2.6	1.0	4.5	4.1	20.4	4.5	2.8	9.1	14.4	30.1
处理 8	2.5	1.0	4.5	3.6	20.8	3.8	2.4	9.0	11.8	32.7
处理 9	2.5	1.0	3.5	2.2	14.9	7.0	2.8	8.8	14.8	27.7
处理 10	2.3	1.0	3.5	1.5	16.6	5.2	2.7	8.8	14.2	28.4
处理 11	2.0	1.0	3.5	1.5	17.2	4.5	2.5	8.5	12.9	29.9
处理 12	1.8	1.0	3.5	1.2	17.5	3.9	2.1	8.5	11.4	30.1

3.4 产量构成要素与产量调查

产量构成要素与产量调查结果（表 4-66）表明，同一播期下，亩穗数随着播量的增加而增加，穗粒数、千粒重随着播量的增加而减少。同一播量下，亩穗数、千粒重随着播期的推迟呈先升后降的趋势，穗粒数呈下降的趋势。10 月 10 日播种、播量 12.5 kg/亩的处理实收产量最高（509.9 kg/亩）；10 月 26 日播种、播量为 10.0 kg/亩的处理实收产量最低（400.2 kg/亩）。

表 4-66 播期、播量对新麦 36 生长发育及产量的影响（Ⅱ）：产量构成要素与产量调查

处理	株高（cm）	亩穗数（万）	穗粒数（粒）	千粒重（g）	理论产量（kg/亩）	实收产量（kg/亩）
处理 1	76.2	31.7	33.2	53.4	477.7	473.6（5）
处理 2	76.6	32.5	32.7	53.2	480.6	486.9（4）
处理 3	78.2	35.1	31.4	53.1	497.5	509.9（1）
处理 4	78.8	36.6	30.3	52.3	493.0	501.2（2）
处理 5	72.2	31.1	31.5	51.6	429.7	447.6（10）
处理 6	74.3	32.4	31.4	51.5	445.3	465.4（7）
处理 7	76.2	33.7	31.1	51.3	457.0	468.4（6）
处理 8	76.4	35.8	30.4	50.9	470.9	496.5（3）
处理 9	71.4	30.4	31.6	49.5	404.2	400.2（12）
处理 10	74.2	31.7	31.4	49..3	417.1	431.7（11）
处理 11	75.1	34.3	30.7	48.2	431.4	452.1（9）
处理 12	75.9	35.3	30.5	47.9	438.4	460.9（8）

注：实收产量括号内的数字为排序。

4 小结

（1）随着播期的推迟，出苗期、分蘖期、起身期、拔节期、抽穗期、扬花期、成熟期均有所推迟。

（2）在同一播期内，亩群体随着播量的增加而增加。

（3）单株分蘖、次生根都是随着播量的增加而减少，株高随着播量的增加而增加。在同一播量下，主茎叶龄、株高、单株分蘖、单株大分蘖随着播期的推迟而减少。

（4）同一播期下，亩穗数随着播量的增加而增加，穗粒数、千粒重随着播量的增加而减少。同一播量下，亩穗数、千粒重随着播期的推迟呈先升后降的趋势，穗粒数呈下降趋势。

（5）在本年度试验条件下，新麦 36 适宜播期为 10 月 10 日，适宜亩播量为 12.5 kg。

（6）晚播情况下，产量随着播量的增加而增加，但是 15.0 kg 亩播量是否达到产量极限需要进一步研究。

第十二节　播期、播量对百农 201 生长发育及产量的影响

1　试验目的

研究小麦新品种百农 201 在本地适宜播期和适宜播量，为其在生产上推广应用提供理论依据。

2　材料与方法

2.1　供试品种

百农 201。

2.2　试验设计

两因素裂区设计，田间随机排列，不设重复。播期：2017 年 10 月 14 日、20 日、26 日，亩播量：10.0 kg、12.5 kg、15.0 kg、17.5 kg（表 4-67）。小区长 4 m、宽 3 m，每小区种 12 行，埂宽 0.4 m。等行距机条播；行距 20 cm。

表 4-67　播期、播量对百农 201 生长发育及产量的影响：试验设计

处理	播期	播量（kg/亩）	处理	播期	播量（kg/亩）
处理 1	10 月 14 日	10.0	处理 7	10 月 20 日	15.0
处理 2	10 月 14 日	12.5	处理 8	10 月 20 日	17.5
处理 3	10 月 14 日	15.0	处理 9	10 月 26 日	10.0
处理 4	10 月 14 日	17.5	处理 10	10 月 26 日	12.5
处理 5	10 月 20 日	10.0	处理 11	10 月 26 日	15.0
处理 6	10 月 20 日	12.5	处理 12	10 月 26 日	17.5

2.3　基本情况

试验设在获嘉县城关镇前李村，试验田地势平坦、灌排方便，土质重壤、肥力中上等、肥力均匀。前茬玉米，产量水平 550 kg/亩。亩底施 45%（N-P-K=23-16-6）配方肥 50 kg，旋耕整地。人工等行距开沟，行距 20 cm，顺沟浇水，水下渗后人工顺沟播种，播后随即覆土，确保一播全苗。

2.4　田间管理

2017 年 11 月 28 日，冬灌。2018 年 3 月 7 日，亩用 3% 双氟·唑草酮悬浮剂 40 mL 化学除草。3 月 28 日，浇拔节水，结合浇水追尿素 10 kg/亩。4 月 18 日，预防赤霉病、蚜虫，每亩 50% 多菌灵可湿性粉剂 50 g+25% 戊唑醇可湿性粉剂 30 g+40% 氧乐果乳油 50 mL+10% 吡虫啉可湿性粉剂 20 g，加水 50 kg 混合喷施。

3　结果与分析

3.1　生育时期调查

从生育时期调查结果（表 4-68）可以看出，10 月 14 日播种的处理出苗时间为 7 d，10 月 20 日播种的处理出苗时间为 9 d，10 月 26 日播种的处理出苗时间为 11 d，说明随着播期的推迟，出苗时间有所延迟。此外，随着播期的推迟，分蘖期、起身期、拔节期、抽穗期、扬花期、成熟期均有所推迟。

表 4-68　播期、播量对百农 201 生长发育及产量的影响：生育时期调查

处理	出苗期	分蘖期	越冬期	返青期	起身期	拔节期	抽穗期	扬花期	成熟期
处理 1	10 月 21 日	11 月 5 日	1 月 4 日	2 月 13 日	3 月 3 日	3 月 10 日	4 月 13 日	4 月 19 日	5 月 28 日
处理 2	10 月 21 日	11 月 5 日	1 月 4 日	2 月 13 日	3 月 3 日	3 月 10 日	4 月 13 日	4 月 19 日	5 月 28 日
处理 3	10 月 21 日	11 月 5 日	1 月 4 日	2 月 13 日	3 月 1 日	3 月 8 日	4 月 13 日	4 月 19 日	5 月 28 日
处理 4	10 月 21 日	11 月 5 日	1 月 4 日	2 月 13 日	3 月 1 日	3 月 8 日	4 月 13 日	4 月 19 日	5 月 28 日
处理 5	10 月 29 日	11 月 15 日	1 月 4 日	2 月 13 日	3 月 13 日	3 月 20 日	4 月 16 日	4 月 21 日	5 月 28 日
处理 6	10 月 29 日	11 月 15 日	1 月 4 日	2 月 13 日	3 月 13 日	3 月 20 日	4 月 16 日	4 月 21 日	5 月 28 日
处理 7	10 月 29 日	11 月 15 日	1 月 4 日	2 月 13 日	3 月 11 日	3 月 18 日	4 月 16 日	4 月 21 日	5 月 28 日
处理 8	10 月 29 日	11 月 15 日	1 月 4 日	2 月 13 日	3 月 11 日	3 月 18 日	4 月 16 日	4 月 21 日	5 月 28 日
处理 9	11 月 6 日	12 月 10 日	1 月 4 日	2 月 13 日	3 月 16 日	3 月 22 日	4 月 18 日	4 月 22 日	5 月 29 日
处理 10	11 月 6 日	12 月 13 日	1 月 4 日	2 月 13 日	3 月 16 日	3 月 22 日	4 月 18 日	4 月 22 日	5 月 29 日
处理 11	11 月 6 日	12 月 13 日	1 月 4 日	2 月 13 日	3 月 15 日	3 月 21 日	4 月 18 日	4 月 22 日	5 月 29 日
处理 12	11 月 6 日	12 月 13 日	1 月 4 日	2 月 13 日	3 月 15 日	3 月 21 日	4 月 18 日	4 月 22 日	5 月 29 日

3.2　亩群体调查

亩群体调查结果如表 4-69 所示，结果表明，在同一播期内，亩群体随着播量的增加而增加。

表4-69　播期、播量对百农201生长发育及产量的影响：亩群体调查　　单位：万

处理	基本苗	越冬期	拔节期	孕穗期	成熟期
处理1	17.5	58.9	80.8	96.3	48.8
处理2	21.9	72.3	100.7	118.5	54.1
处理3	26.3	84.5	115.7	129.5	59.3
处理4	31.2	91.5	119.3	131.5	60.1
处理5	14.0	33.6	76.9	86.4	46.8
处理6	17.9	42.1	90.4	99.9	48.5
处理7	20.4	45.5	97.9	106.1	50.5
处理8	23.6	46.3	109.4	118.1	52.7
处理9	14.1	18.4	60.1	67.8	43.1
处理10	18.3	22.3	68.5	75.6	46.4
处理11	22.2	26.4	85.2	88.8	53.7
处理12	26.6	31.2	89.4	101.1	60.8

3.3　苗情调查

苗情调查结果见表4-70，结果表明，同一播期内单株分蘖、次生根随着播量的增加而减少，株高随着播量的增加而增加。在同一播量下，主茎叶龄、株高、单株分蘖、单株大分蘖随着播期的推迟而减少。

表4-70　播期、播量对百农201生长发育及产量的影响：苗情调查

处理	越冬期					拔节期				
	单株分蘖（个）	单株大分蘖（个）	主茎叶龄（片）	次生根（条）	株高（cm）	单株分蘖（个）	单株大分蘖（个）	主茎叶龄（片）	次生根（条）	株高（cm）
处理1	3.4	2.4	5.5	6.1	18.5	5.5	3.9	9.8	23.1	29.2
处理2	3.3	2.0	5.5	6.0	19.5	5.4	3.5	9.8	22.8	30.5
处理3	3.2	2.0	5.5	5.4	21.5	4.9	3.0	9.8	18.0	32.7
处理4	2.9	2.0	5.5	5.3	21.6	4.2	2.5	9.8	17.2	34.9
处理5	2.4	1.6	4.5	4.5	13.2	6.2	4.7	9.1	29.6	32.1
处理6	2.4	1.6	4.5	4.1	14.5	5.6	3.6	9.1	28.2	33.8
处理7	2.2	1.0	4.1	4.0	15.0	5.2	3.5	9.1	26.4	34.6
处理8	2.0	1.0	4.1	3.7	15.1	5.0	2.6	9.1	23.6	34.8
处理9	1.3	1.0	3.0	2.5	9.8	4.8	3.0	8.5	22.4	28.1
处理10	1.2	1.0	3.0	2.0	12.0	4.1	2.5	8.5	20.5	29.8
处理11	1.2	1.0	3.0	2.0	13.5	4.0	2.4	8.0	18.5	29.9
处理12	1.2	1.0	3.0	2.0	14.0	3.8	2.1	7.8	16.6	31.6

3.4 产量构成要素与产量调查

由产量构成要素与产量调查结果（表4-71）可知，同一播期下，亩穗数随着播量的增加而增加，穗粒数、千粒重随着播量的增加而减少。同一播量下，亩穗数、千粒重随着播期的推迟呈先升后降的趋势，穗粒数呈下降趋势。10月14日播种、播量15.0 kg/亩的处理产量最高（484.7 kg/亩）；10月26日播种、播量为10.0 kg/亩的处理产量最低（328.8 kg/亩）。

表4-71 播期、播量对百农201生长发育及产量的影响：产量构成要素与产量

处理	株高（cm）	亩穗数（万）	穗粒数（粒）	千粒重（g）	理论产量（kg/亩）	实收产量（kg/亩）
处理1	71.1	34.1	35.1	43.2	439.5	458.6（4）
处理2	72.4	38.7	34.1	42.0	471.1	469.7（3）
处理3	73.9	40.3	32.9	41.9	472.2	484.7（1）
处理4	77.8	40.8	31.3	41.8	453.7	479.9（2）
处理5	68.5	28.1	36.6	43.1	376.8	373.8（9）
处理6	70.7	33.1	33.2	42.3	395.1	411.3（7）
处理7	72.3	34.2	32.5	42.0	396.8	415.5（6）
处理8	74.8	35.8	32.2	42.0	410.6	436.1（5）
处理9	66.2	24.4	33.5	42.9	298.1	328.8（12）
处理10	68.5	27.2	32.6	42.7	321.8	349.1（11）
处理11	70.9	30.5	31.4	42.0	341.9	370.4（10）
处理12	73.3	34.5	30.8	41.3	373.0	390.6（8）

注：实收产量括号内的数字为排序。

4 小结

（1）随着播期的推迟，出苗期、分蘖期、起身期、拔节期、抽穗期、扬花期、成熟期均有所推迟。

（2）在同一播期内，亩群体随着播量的增加而增加。

（3）单株分蘖、次生根都是随着播量的增加而减少，株高随着播量的增加而增加。在同一播量下，主茎叶龄、株高、单株分蘖、单株大分蘖随着播期的推迟而减少。

（4）同一播期下，亩穗数随着播量的增加而增加，穗粒数、千粒重随着播量的增加而减少。同一播量下，亩穗数、千粒重随着播期的推迟呈先升后降的趋势，穗粒数呈下降趋势。

（5）本年度试验条件下，百农201适宜播期为10月14日，适宜亩播量为15.0 kg。

（6）晚播情况下，产量随着播量的增加而增加，但是17.5 kg亩播量是否达到产量极限需要进一步研究。

第十三节　播期、播量对中植0914生长发育及产量的影响

1　试验目的

研究小麦新品种中植0914在本地适宜播期和适宜播量，为其在生产上推广应用提供理论依据。

2　材料与方法

2.1　供试品种

中植0914。

2.2　试验设计

两因素裂区设计，田间随机排列，不设重复（表4-72）。播期：2018年10月10日、18日、26日，亩播量：7.5 kg、10.0 kg、12.5 kg、15.0 kg。小区长4 m、宽3 m，每小区种12行，埂宽0.4 m。

表4-72　播期、播量对中植0914生长发育及产量的影响：试验设计

处理	播期	播量（kg/亩）	处理	播期	播量（kg/亩）
处理1	10月10日	7.5	处理7	10月18日	12.5
处理2	10月10日	10.0	处理8	10月18日	15.0
处理3	10月10日	12.5	处理9	10月26日	7.5
处理4	10月10日	15.0	处理10	10月26日	10.0
处理5	10月18日	7.5	处理11	10月26日	12.5
处理6	10月18日	10.0	处理12	10月26日	15.0

2.3　基本情况

试验设在获嘉县城关镇前李村，试验田地势平坦、灌排方便，土质重壤、肥力中上等、肥力均匀。前茬玉米，产量水平550 kg/亩。亩底施40%（N-P-K＝25-12-3）配方肥50 kg，旋耕整地。人工等行距开沟，行距20 cm，顺沟浇水，水下渗后人工顺沟播种，播后随即覆土，确保一播全苗。

2.4　田间管理

2018年12月4日，冬灌。2019年3月8日，亩用80%唑嘧磺草胺水分散粒剂2 g化学除草。3月18日，浇拔节水，结合浇水追施尿素10 kg/亩。4月24日，用50%多菌灵悬浮剂100 g+10%吡虫啉可湿性粉剂15 g混合喷施，预防赤霉病、蚜虫。

3 结果与分析

3.1 生育时期调查

从生育时期调查结果（表4-73）可以看出，10月10日播种的处理出苗时间为6 d，10月18日播种的处理出苗时间为8 d，10月26日播种的处理出苗时间为11 d，说明随着播期的推迟，出苗时间有所延迟。此外，随着播期的推迟，起身期、拔节期、抽穗期、扬花期、成熟期均有所推迟。

表4-73 播期、播量对中植0914生长发育及产量的影响：生育时期调查

处理	出苗期	越冬期	返青期	起身期	拔节期	抽穗期	扬花期	成熟期
处理1	10月16日	12月9日	2月22日	3月9日	3月15日	4月16日	4月21日	5月29日
处理2	10月16日	12月9日	2月22日	3月7日	3月13日	4月16日	4月21日	5月29日
处理3	10月16日	12月9日	2月22日	3月5日	3月11日	4月15日	4月21日	5月29日
处理4	10月16日	12月9日	2月22日	3月5日	3月11日	4月15日	4月21日	5月29日
处理5	10月26日	12月9日	2月22日	3月13日	3月18日	4月17日	4月22日	5月30日
处理6	10月26日	12月9日	2月22日	3月13日	3月18日	4月17日	4月22日	5月30日
处理7	10月26日	12月9日	2月22日	3月11日	3月16日	4月17日	4月22日	5月30日
处理8	10月26日	12月9日	2月22日	3月11日	3月16日	4月17日	4月22日	5月30日
处理9	11月5日	12月9日	2月22日	3月17日	3月22日	4月20日	4月25日	5月31日
处理10	11月5日	12月9日	2月22日	3月17日	3月22日	4月20日	4月25日	5月31日
处理11	11月5日	12月9日	2月22日	3月15日	3月20日	4月20日	4月25日	5月31日
处理12	11月5日	12月9日	2月22日	3月15日	3月20日	4月20日	4月25日	5月31日

3.2 亩群体调查

亩群体调查结果（表4-74）表明，同一播期内亩群体随着播量的增加而增加。

表4-74 播期、播量对中植0914生长发育及产量的影响：亩群体调查　　单位：万

处理	基本苗	越冬期	拔节期	孕穗期	成熟期
处理1	14.3	60.1	67.7	70.1	49.4
处理2	19.5	70.2	74.0	76.4	53.6
处理3	26.0	75.4	77.5	80.5	55.5
处理4	31.5	81.9	87.3	90.8	59.5
处理5	14.5	35.7	66.7	74.8	49.7
处理6	19.5	45.1	73.1	76.9	50.9
处理7	25.9	56.9	76.8	78.1	51.7
处理8	31.9	66.3	80.8	88.0	57.9
处理9	13.7	28.7	47.2	68.1	51.5
处理10	20.3	36.5	62.9	75.9	54.7
处理11	25.9	44.8	77.1	91.1	65.5
处理12	29.2	50.4	84.7	101.3	70.9

3.3 苗情调查

由苗情调查结果（表4-75）可知，同一播期内单株分蘖、次生根随着播量的增加而减少，株高随着播量的增加而增加。在同一播量下，主茎叶龄、株高、单株分蘖、单株大分蘖随着播期的推迟而减少。

表4-75 播期、播量对中植0914生长发育及产量的影响试验：苗情调查

处理	越冬期					拔节期				
	单株分蘖（个）	单株大分蘖（个）	主茎叶龄（片）	次生根（条）	株高（cm）	单株分蘖（个）	单株大分蘖（个）	主茎叶龄（片）	次生根（条）	株高（cm）
处理1	4.2	2.1	5.5	7.2	25.8	4.9	4.0	9.5	17.8	34.6
处理2	3.6	1.6	5.5	6.4	27.2	3.9	3.0	9.5	17.2	34.8
处理3	2.9	1.4	5.3	6.2	28.6	3.1	2.4	9.2	16.8	35.4
处理4	2.6	1.1	5.3	4.5	30.4	2.9	2.1	9.2	15.2	35.7
处理5	2.5	1.0	4.5	4.4	19.1	5.2	3.2	9.0	17.5	33.9
处理6	2.3	1.0	4.5	4.0	19.8	3.9	2.8	8.5	15.3	34.3
处理7	2.2	1.0	4.5	3.4	20.8	3.0	2.5	8.8	14.4	34.8
处理8	2.1	1.0	4.2	3.2	21.2	2.8	2.4	8.5	13.1	35.1
处理9	2.1	1.0	3.5	2.7	14.6	5.0	3.0	8.5	15.7	32.4
处理10	1.8	1.0	3.5	2.4	14.8	3.7	2.6	8.2	14.2	33.3
处理11	1.7	1.0	3.5	2.2	15.5	3.5	2.5	8.0	13.8	34.1
处理12	1.7	1.0	3.4	1.8	16.1	3.5	2.4	8.0	12.4	34.6

3.4 产量构成要素与产量调查

由产量构成要素与产量调查结果（表4-76）可知，同一播期下，亩穗数随着播量的增加而增加，穗粒数、千粒重随着播量的增加而减少。同一播量下，亩穗数、千粒重随着播期的推迟呈先升后降的趋势，穗粒数呈下降趋势。10月18日播种、播量15.0 kg/亩的处理实收产量最高（455.1 kg/亩）；10月26日播种、播量为10.0 kg/亩的处理实收产量最低（362.4 kg/亩）。

表4-76 播期、播量对中植0914生长发育及产量的影响：产量构成要素与产量

处理	株高（cm）	亩穗数（万）	穗粒数（粒）	千粒重（g）	理论产量（kg/亩）	实收产量（kg/亩）
处理1	72.6	33.5	29.4	48.4	405.2	409.1（7）
处理2	72.8	36.4	28.6	47.5	420.3	425.4（5）
处理3	74.2	38.1	28.4	46.9	431.4	441.7（2）
处理4	74.9	41.7	26.3	46.6	434.4	440.9（3）
处理5	71.6	31.6	31.1	48.2	402.6	407.6（8）
处理6	72.4	32.3	30.8	47.9	405.1	420.2（6）
处理7	73.6	33.4	30.2	47.6	408.1	428.4（4）

（续表）

处理	株高 （cm）	亩穗数 （万）	穗粒数 （粒）	千粒重 （g）	理论产量 （kg/亩）	实收产量 （kg/亩）
处理 8	74.5	39.1	28.1	46.5	434.3	455.1（1）
处理 9	70.6	29.5	29.4	46.7	344.3	362.4（12）
处理 10	71.4	30.7	28.5	46.6	346.7	368.3（11）
处理 11	72.7	35.2	26.6	45.8	364.5	388.3（10）
处理 12	73.9	36.3	26.5	44.9	367.1	392.8（9）

注：实收产量括号内的数字为排序。

4　小结

（1）随着播期的推迟，出苗期、分蘖期、起身期、拔节期、抽穗期、扬花期、成熟期均有所推迟。

（2）在同一播期内，亩群体随着播量的增加而增加。

（3）同一播期单株分蘖、次生根都是随着播量的增加而减少，株高随着播量的增加而增加。在同一播量下，主茎叶龄、株高、单株分蘖、单株大分蘖随着播期的推迟而减少。

（4）同一播期下，亩穗数随着播量的增加而增加，穗粒数、千粒重随着播量的增加而减少。同一播量下，亩穗数、千粒重随着播期的推迟呈先升后降的趋势，穗粒数呈下降趋势。

（5）在本年度试验条件下，中植 0914 适宜播期为 10 月 18 日，适宜亩播量为 15.0 kg。

（6）晚播情况下，产量随着播量的增加而增加，但是 15.0 kg 亩播量是否达到产量极限需要进一步研究。

第十四节　播期、播量对伟隆 169 生长
发育及产量的影响（Ⅰ）

1　试验目的

研究小麦新品种伟隆 169 在本地适宜播期和适宜播量，为其在生产上推广应用提供理论依据。

2　材料与方法

2.1　供试品种

伟隆 169。

2.2　试验设计

大区对比，顺序排列，不设重复（表 4-77）。播期：2019 年 10 月 16 日、23 日、30 日，亩播量：7.5 kg、10.0 kg、12.5 kg、15.0 kg。小区长 80 m、宽 2.5 m，每小区种 14 行，埂宽 0.5 m。

表4-77 播期、播量对伟隆169生长发育及产量的影响（Ⅰ）：试验设计

处理	播期	播量（kg/亩）	处理	播期	播量（kg/亩）
处理1	10月16日	7.5	处理7	10月23日	12.5
处理2	10月16日	10.0	处理8	10月23日	15.0
处理3	10月16日	12.5	处理9	10月30日	7.5
处理4	10月16日	15.0	处理10	10月30日	10.0
处理5	10月23日	7.5	处理11	10月30日	12.5
处理6	10月23日	10.0	处理12	10月30日	15.0

2.3 基本情况

试验设在获嘉县位庄乡大位庄村，试验田地势平坦、灌排方便，土质轻壤、肥力中上等、肥力均匀。前茬玉米，产量水平550 kg/亩。深松旋耕镇压整地，亩底施45%（N-P-K=18-18-9）复合肥50 kg。播种方式：等行距条播，行距17.86 cm。

2.4 田间管理

2019年11月20日，浇越冬水。2020年2月25日，亩用80%唑嘧磺草胺水分散粒剂2 g，防除阔叶杂草。3月15日，浇拔节水，亩追尿素15 kg。3月24日亩用25%噻虫·高氯氟悬浮剂10 mL+30%吡唑醚菌酯悬浮剂10 mL混合喷雾，预防小麦穗蚜、白粉病及锈病。4月20日，亩用45%戊唑·咪酰胺可湿性粉剂10 g+10%吡虫啉可湿性粉剂15 g混合喷雾，预防小麦赤霉病及穗蚜。5月1日，浇灌浆水。5月5日，人工拔除节节麦。5月10日，亩用30%氟环·嘧菌酯悬浮剂20 g+磷钾聚能170 mL混合喷雾，预防小麦白粉病、锈病及干热风。

3 结果与分析

3.1 生育时期调查

从表4-78生育时期调查结果可以看出，2019年10月16日播种的处理出苗时间为7 d，10月23日播种的处理出苗时间为9 d，10月30日播种的处理出苗时间为12 d，说明随着播期的推迟，出苗时间有所延迟。虽然播期间隔7 d，但抽穗、扬花及成熟时间相差不大。

表4-78 播期、播量对伟隆169生长发育及产量的影响（Ⅰ）：生育时期调查

处理	出苗期	越冬期	返青期	起身期	拔节期	抽穗期	扬花期	成熟期
处理1	10月23日	12月31日	2月9日	3月1日	3月8日	4月16日	4月24日	5月31日
处理2	10月23日	12月31日	2月9日	3月1日	3月8日	4月16日	4月24日	5月31日
处理3	10月23日	12月31日	2月9日	2月28日	3月6日	4月16日	4月24日	5月31日
处理4	10月23日	12月31日	2月9日	2月26日	3月4日	4月16日	4月24日	5月31日
处理5	11月1日	12月31日	2月9日	3月3日	3月10日	4月17日	4月24日	6月1日
处理6	11月1日	12月31日	2月9日	3月3日	3月10日	4月17日	4月24日	6月1日
处理7	11月1日	12月31日	2月9日	3月2日	3月9日	4月17日	4月24日	6月1日

处理	出苗期	越冬期	返青期	起身期	拔节期	抽穗期	扬花期	成熟期
处理8	11月1日	12月31日	2月9日	3月2日	3月9日	4月17日	4月24日	6月1日
处理9	11月11日	12月31日	2月9日	3月7日	3月13日	4月18日	4月25日	6月1日
处理10	11月11日	12月31日	2月9日	3月7日	3月13日	4月18日	4月25日	6月1日
处理11	11月11日	12月31日	2月9日	3月6日	3月12日	4月18日	4月25日	6月1日
处理12	11月11日	12月31日	2月9日	3月6日	3月12日	4月18日	4月25日	6月1日

3.2 亩群体调查

由表4-79亩群体调查结果可知，在同一播期内，亩群体随着播量的增加而增加。同一播量下，亩群体随着播期的推迟而减少。

表4-79 播期、播量对伟隆169生长发育及产量的影响（Ⅰ）：亩群体调查 单位：万

处理	基本苗	越冬期	拔节期	孕穗期	成熟期
处理1	15.4	72.4	133.3	135.5	51.8
处理2	19.8	85.1	142.3	150.5	55.9
处理3	25.6	99.8	158.9	166.4	59.6
处理4	30.0	105.7	166.6	173.3	62.4
处理5	15.6	47.8	115.1	126.4	48.8
处理6	20.2	55.0	125.9	137.3	51.1
处理7	25.2	62.6	141.5	148.7	54.3
处理8	30.6	75.4	150.9	159.1	57.7
处理9	15.9	24.8	112.6	127.9	48.9
处理10	20.7	32.2	123.3	137.5	50.1
处理11	25.6	36.9	140.8	150.6	53.7
处理12	31.1	41.7	151.4	158.7	56.1

3.3 苗情调查

越冬期于2019年12月10日调查，拔节期于翌年3月18日调查，结果见表4-80。结果表明，同一播期内单株分蘖、次生根随着播量的增加而减少，株高随着播量的增加而增加。在同一播量下，主茎叶龄、株高、单株分蘖、单株大分蘖随着播期的推迟而减少。

表4-80 播期、播量对伟隆169生长发育及产量的影响（Ⅰ）：苗情调查

处理	越冬期					拔节期				
	单株分蘖（个）	单株大分蘖（个）	主茎叶龄（片）	次生根（条）	株高（cm）	单株分蘖（个）	单株大分蘖（个）	主茎叶龄（片）	次生根（条）	株高（cm）
处理1	4.7	2.0	5.5	6.6	21.9	8.8	4.2	10.0	21.1	40.1
处理2	4.3	1.9	5.5	5.6	22.4	7.6	3.6	10.0	18.8	41.8

（续表）

处理	越冬期					拔节期				
	单株分蘖（个）	单株大分蘖（个）	主茎叶龄（片）	次生根（条）	株高（cm）	单株分蘖（个）	单株大分蘖（个）	主茎叶龄（片）	次生根（条）	株高（cm）
处理 3	3.9	1.8	5.5	4.2	23.2	6.5	3.1	9.8	16.7	42.3
处理 4	3.5	1.7	5.3	3.6	25.4	5.8	3.0	9.8	15.6	42.9
处理 5	4.0	1.6	4.8	3.6	12.1	8.1	4.0	9.8	19.4	38.5
处理 6	3.8	1.5	4.8	3.4	13.4	6.8	3.5	9.8	17.1	38.8
处理 7	3.2	1.2	4.5	2.8	14.6	5.9	3.0	9.5	16.2	39.2
处理 8	3.2	1.2	4.3	2.2	15.4	5.2	2.8	9.5	15.8	39.4
处理 9	2.0	1.0	3.1	1.2	11.3	8.0	3.3	9.1	18.5	35.8
处理 10	1.8	1.0	3.1	1.2	12.1	6.6	3.2	9.1	16.8	36.5
处理 11	1.2	1.0	3.0	0.8	12.4	5.9	3.0	9.0	15.9	37.6
处理 12	1.0	1.0	2.8	0.6	12.5	5.1	2.6	9.0	15.2	38.4

3.4 产量构成要素与产量调查

由产量构成要素与产量调查结果（表 4-81）可知，同一播期下，亩穗数随着播量的增加而增加，穗粒数、千粒重随着播量的增加而减少。同一播量下，株高、亩穗数、穗粒数、千粒重、理论产量随着播期的推迟呈下降趋势。10 月 16 日播种、播量 12.5 kg/亩的处理实收产量最高（674.7 kg/亩）；10 月 30 日播种、播量为 7.5 kg/亩的处理实收产量最低（557.0 kg/亩）。

表 4-81　播期、播量对伟隆 169 生长发育及产量的影响（Ⅰ）：产量构成要素与产量

处理	株高（cm）	亩穗数（万）	穗粒数（粒）	千粒重（g）	理论产量（kg/亩）	实收产量（kg/亩）
处理 1	85.5	41.9	37.4	45.7	608.7	633.7（5）
处理 2	87.6	43.1	36.5	45.6	609.8	633.7（5）
处理 3	88.9	45.2	36.3	45.4	634.6	674.7（1）
处理 4	90.1	45.5	35.8	44.7	618.9	646.5（2）
处理 5	83.7	41.1	37.8	44.6	589.0	628.5（8）
处理 6	85.1	42.8	36.9	44.4	596.0	631.1（7）
处理 7	85.5	44.9	35.9	44.1	604.2	641.3（4）
处理 8	86.0	45.3	35.6	44.1	604.5	646.5（2）
处理 9	77.4	40.5	34.9	44.0	528.6	557.0（12）
处理 10	80.6	42.4	34.8	43.8	549.3	595.2（11）
处理 11	81.1	44.8	34.1	43.6	566.2	600.3（10）
处理 12	81.3	45.3	34.1	43.5	571.2	615.7（9）

注：实收产量括号内的数字为排序。

4 小结

（1）随着播期的推迟，出苗时间推迟明显。

（2）同一播期内，株高随着播量的增加而增加。在同一播量下，株高随着播期的推迟而降低。

（3）同一播期下，亩穗数随着播量的增加而增加，穗粒数、千粒重随着播量的增加而减少。同一播量下，亩穗数、千粒重随着播期的推迟呈下降趋势。

（4）在本年度试验条件下，伟隆169适宜播期为10月16日，适宜亩播量为12.5 kg。

（5）晚播情况下，产量随着播量的增加而增加，但是15 kg亩播量是否达到产量极限需要进一步研究。

第十五节 播期、播量对伟隆169生长发育及产量的影响（Ⅱ）

1 试验目的

研究小麦新品种伟隆169在本地适宜播期和适宜播量，为其在生产上推广应用提供理论依据。

2 材料与方法

2.1 试验设计

两因素裂区设计，不设重复（表4-82）。播期：2020年10月11日、18日、25日，亩播量：9.5 kg、11.5 kg、13.5 kg、15.5 kg。小区长25 m、宽4.7 m，每小区种28行，埂宽0.4 m。

表4-82 播期、播量对伟隆169生长发育及产量的影响（Ⅱ）：试验设计

处理	播期	播量（kg/亩）	处理	播期	播量（kg/亩）
处理1	10月11日	9.5	处理7	10月18日	13.5
处理2	10月11日	11.5	处理8	10月18日	15.5
处理3	10月11日	13.5	处理9	10月25日	9.5
处理4	10月11日	15.5	处理10	10月25日	11.5
处理5	10月18日	9.5	处理11	10月25日	13.5
处理6	10月18日	11.5	处理12	10月25日	15.5

2.2 基本情况

试验设在获嘉县位庄乡大位庄村，试验田地势平坦、灌排方便，土质轻壤、肥力中上

等、肥力均匀。前茬玉米，产量水平 550 kg/亩。亩施底肥纯氮 10.5 kg/亩、P_2O_5 10.0 kg/亩、K_2O 2.5 kg/亩。深松 30 cm，深松后旋耕 3 遍，然后用镇压器镇压，提高整地质量。播种方式：等行距条播，行距 17 cm。

2.3 田间管理

2020 年 11 月底，按传统灌溉量灌溉一次，塌实土壤。小麦拔节后期和开花期，用滴灌带补充灌溉，每次灌水量为 40 m³/亩，亩追施尿素 15 kg。2021 年 2 月下旬，用 3% 双氟·唑草酮悬乳剂 30 mL/亩+30 g/L 甲基二磺隆可分散油悬浮剂 20 mL/亩，采用无人机飞防作业，防除麦田杂草；4 月 25 日，用 25% 戊唑醇可湿性粉剂 30 g/亩，防治小麦赤霉病；5 月 3 日，用 25% 吡唑醚菌酯悬浮剂 30 mL/亩，防治小麦白粉病；5 月 12 日，用 25% 噻虫嗪可湿性粉剂 5 g/亩、25% 吡唑醚菌酯 20 mL/亩、磷酸二氢钾 200 g/亩，开展"一喷三防"。

3 结果与分析

3.1 生育时期调查

从生育时期调查结果（表 4-83）可以看出，10 月 11 日、18 日、25 日播种的处理出苗时间分别为 7 d、9 d、11 d，说明随着播期的推迟，出苗时间有所延迟。同一播期内，随着播量的增加，起身、拔节推迟 1 d；同一播量下，随着播期的推迟，起身期、拔节期推迟 2 d；不同播期、播量对抽穗期、扬花期及成熟期没有影响。

表 4-83 播期、播量对伟隆 169 生长发育及产量的影响（Ⅱ）：生育时期调查

处理	出苗期	越冬期	返青期	起身期	拔节期	抽穗期	扬花期	成熟期
处理 1	10 月 18 日	12 月 14 日	2 月 7 日	2 月 28 日	3 月 10 日	4 月 18 日	4 月 26 日	6 月 4 日
处理 2	10 月 18 日	12 月 14 日	2 月 7 日	2 月 28 日	3 月 10 日	4 月 18 日	4 月 26 日	6 月 4 日
处理 3	10 月 18 日	12 月 14 日	2 月 7 日	2 月 27 日	3 月 9 日	4 月 18 日	4 月 26 日	6 月 4 日
处理 4	10 月 18 日	12 月 14 日	2 月 7 日	2 月 27 日	3 月 9 日	4 月 18 日	4 月 26 日	6 月 4 日
处理 5	10 月 27 日	12 月 14 日	2 月 7 日	3 月 2 日	3 月 11 日	4 月 18 日	4 月 26 日	6 月 4 日
处理 6	10 月 27 日	12 月 14 日	2 月 7 日	3 月 2 日	3 月 11 日	4 月 18 日	4 月 26 日	6 月 4 日
处理 7	10 月 27 日	12 月 14 日	2 月 7 日	3 月 1 日	3 月 10 日	4 月 18 日	4 月 26 日	6 月 4 日
处理 8	10 月 27 日	12 月 14 日	2 月 7 日	3 月 1 日	3 月 10 日	4 月 18 日	4 月 26 日	6 月 4 日
处理 9	11 月 5 日	12 月 14 日	2 月 7 日	3 月 4 日	3 月 13 日	4 月 19 日	4 月 26 日	6 月 4 日
处理 10	11 月 5 日	12 月 14 日	2 月 7 日	3 月 4 日	3 月 13 日	4 月 19 日	4 月 26 日	6 月 4 日
处理 11	11 月 5 日	12 月 14 日	2 月 7 日	3 月 3 日	3 月 12 日	4 月 19 日	4 月 26 日	6 月 4 日
处理 12	11 月 5 日	12 月 14 日	2 月 7 日	3 月 3 日	3 月 12 日	4 月 19 日	4 月 26 日	6 月 4 日

3.2 亩群体调查

由亩群体调查结果（表 4-84）可知，在同一播期内，亩群体随着播量的增加而增加。同一播量下，亩群体随着播期的推迟而减少。

表4-84　播期、播量对伟隆169生长发育及产量的影响（Ⅱ）：亩群体调查

单位：万

处理	基本苗	越冬期	返青期	拔节期	处理	基本苗	越冬期	返青期	拔节期
处理1	18.8	110.6	115.8	118.4	处理7	24.9	79.6	163.2	166.2
处理2	23.5	127.6	128.2	128.5	处理8	28.9	88.2	167.6	168.1
处理3	28.4	136.4	142.2	143.1	处理9	16.4	48.4	124.6	155.7
处理4	33.1	147.8	149.1	150.2	处理10	20.8	60.3	133.8	164.3
处理5	17.8	69.4	152.4	157.8	处理11	24.9	67.2	141.9	169.3
处理6	21.2	72.8	159.3	164.1	处理12	28.8	74.9	150.9	118.4

3.3　苗情调查

由苗情调查结果（表4-85）可知，同一播期内单株分蘖、次生根随着播量的增加而减少，株高随着播量的增加而增加。在同一播量下，主茎叶龄、株高、单株分蘖、单株大分蘖随着播期的推迟而减少。

表4-85　播期、播量对伟隆169生长发育及产量的影响（Ⅱ）：苗情调查

处理	越冬期					拔节期				
	单株分蘖（个）	单株大分蘖（个）	主茎叶龄（片）	次生根（条）	株高（cm）	单株分蘖（个）	单株大分蘖（个）	主茎叶龄（片）	次生根（条）	株高（cm）
处理1	5.9	3.0	6.5	7.7	24.8	6.3	5.8	10.3	16.7	38.0
处理2	5.4	2.2	6.5	5.8	27.5	5.5	5.0	10.3	15.9	38.5
处理3	4.8	2.0	6.5	4.9	28.1	5.0	4.5	10.3	14.4	39.1
处理4	4.5	1.9	6.5	4.5	30.0	4.5	4.0	10.3	13.5	40.6
处理5	3.9	1.8	5.5	3.7	19.2	8.9	4.9	10.0	15.4	37.7
处理6	3.4	1.8	5.5	3.6	19.8	7.7	4.1	10.0	14.5	38.5
处理7	3.2	1.6	5.1	3.4	20.6	6.7	3.5	10.0	13.7	39.0
处理8	3.1	1.4	5.1	3.2	20.7	5.8	3.0	10.0	12.9	39.2
处理9	3.0	1.0	4.5	2.4	13.6	9.5	3.8	9.1	13.8	34.6
处理10	2.9	1.0	4.5	2.2	13.8	7.9	3.5	9.1	13.1	34.8
处理11	2.7	1.0	4.3	2.0	14.0	6.8	3.4	9.1	12.3	35.5
处理12	2.6	1.0	4.0	2.0	14.0	6.2	2.5	9.1	11.6	36.1

3.4　产量构成要素与产量调查

由产量构成要素与产量调查结果（表4-86）可知，同一播期下，亩穗数随着播量的增加而增加，穗粒数、千粒重随着播量的增加而减少。同一播量下，株高、亩穗数、穗粒数、千粒重、理论产量随着播期的推迟呈下降趋势。10月11日播种、播量11.5 kg/亩的处理实收产量最高（698.6 kg/亩）；10月25日播种、播量为9.5 kg/亩的处理实收产量最低（511.4 kg/亩）。

表 4-86 播期、播量对伟隆 169 生长发育及产量的影响（Ⅱ）：产量构成要素与产量

处理	株高（cm）	亩穗数（万）	穗粒数（粒）	千粒重（g）	理论产量（kg/亩）	实收产量（kg/亩）
处理 1	87.5	46.5	40.4	40.5	646.7	648.8
处理 2	89.3	48.3	40.3	40.4	668.4	698.6
处理 3	89.6	48.5	38.9	38.9	639.9	641.9
处理 4	90.1	49.2	38.8	38.8	627.9	639.7
处理 5	84.2	44.8	39.3	39.3	580.7	600.3
处理 6	84.9	46.9	37.6	39.2	587.6	618.5
处理 7	87.1	48.4	37.3	38.7	593.9	631.9
处理 8	88.2	49.8	36.9	38.6	602.9	637.1
处理 9	79.4	40.0	38.1	38.7	501.3	511.4
处理 10	80.5	43.5	36.4	38.6	519.5	545.5
处理 11	81.1	46.1	36.2	37.9	537.6	568.9
处理 12	81.8	49.8	34.9	37.3	551.0	579.3

4 小结

（1）随着播期的推迟，出苗时间推迟明显。

（2）同一播期内，株高随着播量的增加而增加。在同一播量下，株高随着播期的推迟而降低。

（3）同一播期下，亩穗数随着播量的增加而增加，穗粒数、千粒重随着播量的增加而减少。同一播量下，亩穗数、千粒重随着播期的推迟呈下降趋势。

（4）在本年度试验条件下，伟隆 169 适宜播期为 10 月 11 日，适宜亩播量为 11.5 kg。

（5）晚播情况下，产量随着播量的增加而增加，但是 15.5 kg 亩播量是否达到产量极限需要进一步研究。

第五章　优质小麦品种对比筛选试验研究

新乡是全国知名的优质强筋小麦生产基地，常年种植强筋、中强筋小麦100万亩以上。种子是农业的"芯片"。为打造强筋小麦品牌，推进新乡优质强筋小麦产业高质量可持续发展，从2016年麦播开始，连续多年开展优质强筋、中强筋小麦品种对比筛选试验。在大田条件下，以当地强筋小麦主导品种为参试品种，引进近年新审定强筋小麦品种，搜集强筋小麦苗头组合，立足节种、节水、节肥、节药、高质、高效等多重目标，结合区域生态条件和生产实际，集成高产高效栽培技术，并根据不同品种特征特性进行差异化田间管理。通过对不同品种农艺性状、籽粒品质的综合考察，进一步筛选综合农艺性状好、品质达到标准、适宜本地种植的小麦品种，实现技术集成化、本土化、实用化，为推进农业供给侧结构性改革提供理论依据，为小麦生产向质量更高、结构更优、效益更好方向发展提供支撑。

试验结果表明，随着农业供给侧结构性改革的持续推进，小麦育种方向有了较大调整，优质高产小麦新品种不断推出，小麦优质不高产的时代已经成为历史。郑麦366抗倒能力强，干热风危害轻，落黄好，产量水平较高，主要品质指标达到国家强筋小麦标准，但春季冻害稍重。丰德存麦5号产量高、品质优，可作为强筋小麦主导品种，但容易遭受晚霜冻害，在生产上倒春寒到来之前应注意浇水预防。丰德存麦21冬季冻害轻，春季起身拔节早，两极分化快，抽穗早，落黄中等；亩穗数、千粒重、穗粒数较高，产量构成要素协调，生产上应注意纹枯病、根腐病和赤霉病的防治，后期预防干热风。新麦26分蘖力较强，冬季冻害轻；春季起身拔节早，两极分化快，落黄中等；亩穗数、千粒重、穗粒数较高，产量构成要素协调，生产上应注意根腐病的防治，后期预防干热风。伟隆169在大田生产条件下，纹枯病较轻，受干热风危害较小，落黄好，是一个很有推广潜力的中强筋小麦新品种。在2021—2022年度试验中，新植9号、科林618、新麦45、百农4199这4个品种实收产量超过750 kg/亩，金诚麦19、新麦38实收产量接近750 kg/亩，在生产上丰产潜力更大。但在应用实践上要根据不同品种存在的缺陷，采取相应的技术措施加以应对，以顺利夺取高产。

第一节　优质小麦品种对比筛选试验（Ⅰ）

本试验旨在大田条件下，以当地强筋小麦主导品种为参试品种，根据不同品种特征特性进行差异化田间管理，通过对不同品种农艺性状、籽粒品质的综合考察，筛选出适宜本地种植的优质强筋小麦品种，为推进农业供给侧结构性改革提供理论依据。

1 材料与方法

试验在获嘉县照镜镇照镜村进行，试验田为壤土，地力均匀，灌排方便，前茬玉米。参试品种 7 个：郑麦 7698、怀川 916、西农 979、新麦 26、师栾 02-1、郑麦 366、郑麦 0943。简单对比试验，每个品种 1 个小区，播种方式采用宽幅播种。前茬玉米，旋耕整地，2016 年 10 月 10 日播种，亩播量：12.5 kg，底肥：N-P-K = 18-22-10（总养分 ≥ 50%）40 kg/亩。

2 田间管理

2016 年 11 月 11 日，亩用 10%苯磺隆可湿性粉剂 15 g+20%氯氟吡氧乙酸乳油 30 mL 进行化学除草。2017 年 3 月 2 日，喷施 15%多效唑可湿性粉剂 55 g/亩化控。3 月 15 日，浇拔节水，追施尿素 15 kg/亩。4 月 22 日，亩用 50%多菌灵可湿性粉剂 100 g+25%三唑酮可湿性粉剂 50 g+40%氧乐果乳油 100 mL+10%吡虫啉可湿性粉剂 15 g，防治小麦赤霉病、锈病和蚜虫。

3 结果与分析

3.1 苗情调查

参试品种苗情调查结果见表 5-1。郑麦 7698 生长健壮，在单株分蘖、主茎叶龄、次生根、株高等指标方面发育均衡，较其他品种具有一定优势。郑麦 7698、怀川 916、新麦 26 冬前单株分蘖较好，均在 4 个以上；其他品种单株分蘖一般，在 4 个以下。

表 5-1 优质小麦品种对比筛选试验（Ⅰ）：苗情调查

生育时期	品种	亩基本苗（万）	亩群体（万）	单株分蘖（个）	单株大分蘖（个）	次生根（条）	主茎叶龄（片）	株高（cm）
越冬期（12月15日调查）	郑麦 7698	17.0	71.4	4.2	1.5	4.0	5.5	17.1
	怀川 916	16.5	71.1	4.3	1.6	4.2	5.5	14.6
	西农 979	20.8	74.8	3.6	1.4	3.6	5.5	13.8
	新麦 26	16.2	77.9	4.8	2.2	3.6	5.3	14.5
	师栾 02-1	23.0	81.5	3.5	2.0	3.8	5.8	15.6
	郑麦 366	20.3	77.9	3.8	1.5	3.4	5.1	15.8
	郑麦 0943	22.4	75.9	3.4	1.5	3.2	5.1	14.2
返青期（2月15日调查）	郑麦 7698	—	96.9	5.7	3.9	9.8	8.0	20.8
	怀川 916	—	118.5	7.2	4.2	14.6	8.0	16.6
	西农 979	—	158.1	7.6	3.8	17.0	8.3	17.4
	新麦 26	—	118.5	7.3	4.0	11.2	8.0	17.0
	师栾 02-1	—	175.2	7.6	3.8	14.2	8.3	15.4
	郑麦 366	—	105.6	5.2	3.5	9.0	7.3	17.6
	郑麦 0943	—	157.9	7.1	4.0	9.6	7.5	17.1

（续表）

生育时期	品种	亩基本苗（万）	亩群体（万）	单株分蘖（个）	单株大分蘖（个）	次生根（条）	主茎叶龄（片）	株高（cm）
拔节期（3月14日调查）	郑麦7698	—	98.6	5.8	4.0	17.6	9.5	33.5
	怀川916	—	125.4	7.6	4.2	23.8	9.5	31.0
	西农979	—	162.2	7.8	4.0	23.0	9.8	30.6
	新麦26	—	119.9	7.4	4.2	23.4	9.5	28.4
	师栾02-1	—	174.8	7.8	4.0	22.8	9.5	29.4
	郑麦366	—	113.7	5.6	4.1	18.6	9.1	31.8
	郑麦0943	—	159.0	7.4	4.0	16.8	9.1	28.2

3.2 生育时期调查

参试品种生育时期调查结果见表5-2。郑麦7698、怀川916、西农979、郑麦366起身拔节较早，新麦26、郑麦0943晚2 d；怀川916抽穗、扬花最早，其次为郑麦366、西农979；怀川916成熟最早，其次为西农979、郑麦366、郑麦7698，新麦26、师栾02-1、郑麦0943熟期最晚。

表5-2 优质小麦品种对比筛选试验（Ⅰ）：生育时期调查

品种	出苗期	越冬期	返青期	起身期	拔节期	抽穗期	扬花期	成熟期
郑麦7698	10月21日	12月15日	2月15日	3月1日	3月12日	4月20日	4月25日	6月2日
怀川916	10月21日	12月15日	2月15日	3月1日	3月12日	4月16日	4月23日	5月31日
西农979	10月21日	12月15日	2月15日	3月1日	3月12日	4月18日	4月24日	6月1日
新麦26	10月21日	12月15日	2月15日	3月2日	3月14日	4月21日	4月27日	6月4日
师栾02-1	10月21日	12月15日	2月15日	3月1日	3月13日	4月20日	4月26日	6月4日
郑麦366	10月21日	12月15日	2月15日	3月1日	3月12日	4月17日	4月24日	6月1日
郑麦0943	10月21日	12月15日	2月15日	3月2日	3月14日	4月21日	4月27日	6月4日

3.3 抗逆性调查

参试品种抗逆性调查结果见表5-3。7个参试品种均未发生冻害。西农979、新麦26、师栾02-1抗纹枯病能力好，怀川916、郑麦0943次之，郑麦7698、郑麦366感纹枯病较重。7个参试品种中，郑麦7698、西农979、师栾02-1、郑麦0943抗根腐病，其他品种个别植株感根腐病。7个参试品种均未感赤霉病和锈病，干热风危害较轻。怀川916、郑麦366落黄好，师栾02-1落黄最差，其他品种落黄中等。

表 5-3 优质小麦品种对比筛选试验（Ⅰ）：抗逆性调查

品种	冻害		纹枯病（%）	根腐病	赤霉病	锈病	倒伏（%）	干热风	落黄
	冬季	春季							
郑麦 7698	0	0	30	0	0	0	40	轻	中
怀川 916	0	0	10	个别植株	0	0	0	轻	好
西农 979	0	0	0	0	0	0	80	轻	中
新麦 26	0	0	1	个别植株	0	0	70	轻	中
师栾 02-1	0	0	3	0	0	0	100	轻	差
郑麦 366	0	0	30	个别植株	0	0	10	轻	好
郑麦 0943	0	0	15	0	个别穗	0	10	轻	中

3.4 产量构成要素与产量调查

产量构成要素与产量调查结果见表 5-4。师栾 02-1 亩穗数最高（58.5 万），西农 979 次之（53.1 万），新麦 26 最低（43.8 万）。郑麦 7698 穗粒数最高（38.6 粒），新麦 26 次之（35.1 粒），西农 979 最少（27.7 粒）。怀川 916 千粒重最高（49.9 g），郑麦 7698（44.7 g）、西农 979（44.7 g）、郑麦 0943（44.8 g）次之，师栾 02-1 最低（36.6 g）。产量分析：郑麦 7698 无论理论产量还是实收产量均达到第 1 位；郑麦 366、郑麦 0943 产量相近，分别为第 2、第 3 位；新麦 26、怀川 916、西农 979，分别列第 4、第 5、第 6 位；师栾 02-1 产量最低，列第 7 位。

表 5-4 优质小麦品种对比筛选试验（Ⅰ）：产量构成要素与产量

品种	株高（cm）	亩穗数（万）	穗粒数（粒）	千粒重（g）	理论产量（kg/亩）	实收产量（kg/亩）
郑麦 7698	83.5	43.9	38.6	44.7	643.8	653.5
怀川 916	84.2	44.1	30.8	49.9	576.1	565.8
西农 979	85.4	53.1	27.7	44.7	558.9	544.9
新麦 26	82.1	43.8	35.1	45.5	594.6	621.7
师栾 02-1	87.6	58.5	28.6	36.6	520.5	544.7
郑麦 366	75.1	50.8	31.8	45.2	620.7	641.1
郑麦 0943	77.8	52.5	30.9	44.8	617.8	643.7

3.5 品质检测

农业农村部农产品质量监督检验中心（郑州）检测结果（2017 年）汇总于表 5-5。依据国家标准《优质小麦 强筋小麦》（GB/T 17892—1999），郑麦 366、师栾 02-1 检测项目均达到国家强筋小麦标准，新麦 26 湿面筋 1 项指标未达标，郑麦 7698、怀川 916、西农 979、郑麦 0943 湿面筋值和蛋白质 2 项指标未达到国家标准。

表 5-5　优质小麦品种对比筛选试验（Ⅰ）：品质检测结果

检测项目	新麦 26	郑麦 7698	郑麦 366	怀川 916	师栾 02-1	百农 207	西农 979	郑麦 0943
水分（g/100 g）	10.5	10.2	10.6	10.2	10.4	10.2	10.0	10.1
蛋白质（干基）（g/100 g）	14.9	13.0	14.4	13.4	15.6	12.6	13.8	12.2
湿面筋（%）	30.0	29.4	32.5	30.0	32.8	31.4	31.2	27.8
降落数值（%）	410	420	426	362	412	430	430	432
吸水量（mL/100 g）	63.6	55.0	63.6	66.9	61.2	59.8	65.8	63.6
形成时间（min）	14.6	6.9	6.7	5.8	10.6	3.8	7.8	5.8
稳定时间（min）	10.4	7.2	8.0	10.8	18.0	6.6	17.2	8.0
弱化度（FU）	98	98	62	57	28	56	22	84
出粉率（%）	66.6	66.1	69.3	65.7	68.8	71.1	66.2	66.0

4　综合评价

4.1　郑麦 7698

　　审定编号：国审麦 2012009。选育单位：河南省农业科学院小麦研究中心。品种来源：郑麦 9405/4B269//周麦 16。半冬性多穗型中熟品种。苗势较壮，分蘖力较强，成穗率低，冬季抗寒性较好。株高平均 83.5 cm，茎秆弹性一般，抗倒性中等。重感纹枯病，未发现感根腐病、赤霉病、锈病，干热风危害轻。熟相中等，穗长方形，籽粒角质、均匀。平均亩穗数 43.9 万，穗粒数 38.6 粒，千粒重 44.7 g。理论产量 643.8 kg/亩，实收产量 653.5 kg/亩，位列 7 个参试品种第 1。根据该品种审定资料，籽粒容重、蛋白质（干基）、湿面筋（14%水分基）、面团稳定时间等指标达到或接近国家强筋小麦品质，是介于强筋小麦和中筋小麦之间的一个品种。据农业农村部农产品质量监督检验中心（郑州）检测结果（2017 年），湿面筋值和蛋白质 2 项指标未达到国家标准，品质介于强筋小麦和中筋小麦之间，是加工面条较好的品种。

4.2　怀川 916

　　审定编号：豫审麦 2011024。选育单位：河南怀川种业有限责任公司。品种来源：豫麦 47/小偃 54。弱春性多穗型早熟强筋品种。幼苗匍匐，苗期叶小、耐寒性好，分蘖成穗率一般；成株期株型偏松散，株高 84.2 cm，旗叶偏小、上冲，略卷，抗倒性好；轻感纹枯病，个别植株感根腐病，未发现感赤霉病、锈病，干热风危害轻。纺锤形穗，穗层整齐，短芒，穗短粗，熟相好，籽粒角质。平均亩穗数 44.1 万，穗粒数 30.8 粒，千粒重 49.9 g。理论产量 571.6 kg/亩，实收产量 565.8 kg/亩，位列 7 个参试品种第 5。根据该品种审定资料，籽粒容重、降落数值、蛋白质（干基）、面团稳定时间均达到国家强筋小麦指标，湿面筋（14%水分基）接近国家强筋小麦指标。据农业农村部农产品质量监督检验中心（郑州）检测结果（2017 年），湿面筋值和蛋白质 2 项指标未达到国家标准。

4.3 西农 979

审定编号：国审麦 2005005。选育单位：西北农林科技大学。品种来源：西农 2611/（918/95 选 1）F1。半冬性早熟品种。幼苗匍匐，叶片较窄，越冬抗寒性好。冬前分蘖力一般，春季分蘖力强，成穗率较高。株高 85.4 cm，茎秆弹性一般，抗倒伏能力差。未发现感纹枯病、根腐病、赤霉病、锈病，干热风危害轻。熟相中等，穗纺锤形，长芒，白壳，白粒，籽粒角质。平均亩穗数 53.1 万，穗粒数 27.7 粒，千粒重 44.7 g。理论产量 558.9 kg/亩，实收产量 544.9 kg/亩，位列 7 个参试品种第 6。根据该品种审定资料，籽粒容重、蛋白质（干基）含量、湿面筋（14%水分基）、面团稳定时间均达到国家强筋小麦指标。据农业农村部农产品质量监督检验中心（郑州）检测结果（2017 年），湿面筋值和蛋白质 2 项指标未达标，但稳定时间长达 17.2 min，弱化度达到 22FU，这两项指标较其他品种特别突出，是一个较好的配麦品种。

4.4 新麦 26

审定编号：国审麦 2010007。选育单位：河南省新乡市农业科学院。品种来源：新麦 9408/济南 17。半冬性中晚熟品种。幼苗半直立，叶长卷，叶色浓绿，分蘖力较强，成穗率一般。冬季抗寒性较好。株高 82.1 cm，株型较紧凑，旗叶短宽、平展、深绿色。个别植株感根腐病，未发现感赤霉病和锈病。抗倒性差，干热风危害轻，熟相一般。穗纺锤形，长芒，白壳，白粒，籽粒角质、卵圆形、均匀。平均亩穗数 43.8 万，穗粒数 35.1 粒，千粒重 45.5 g。理论产量 594.6 kg/亩，实收产量 621.7 kg/亩，位列 7 个参试品种第 4。根据该品种审定资料，籽粒容重、蛋白质（干基）含量、湿面筋（14%水分基）、面团稳定时间均达到国家强筋小麦指标。据农业农村部农产品质量监督检验中心（郑州）检测结果（2017 年），湿面筋 1 项指标未达标，是较好的配麦品种。

4.5 师栾 02-1

审定编号：国审麦 2007016。选育单位：河北师范大学、栾城县原种场。品种来源：9411/9430。半冬性中晚熟品种。幼苗匍匐，冬前分蘖力一般，春季分蘖力强，成穗率高。株高 87.6 cm，株型紧凑，叶色浅绿，叶小上举，穗层整齐。茎秆弹性一般，抗倒伏能力差。感纹枯病，未发现感根腐病、赤霉病、锈病，干热风危害轻。穗纺锤形，长芒，白壳，白粒，角质。平均亩穗数 58.5 万，穗粒数 28.6 粒，千粒重 36.6 g。理论产量 520.5 kg/亩，实收产量 544.7 kg/亩，位列 7 个参试品种第 7。根据该品种审定资料，籽粒容重、蛋白质（干基）含量、湿面筋（14%水分基）、面团稳定时间、面包评分均达到国家强筋小麦指标。据农业农村部农产品质量监督检验中心（郑州）检测结果（2017 年），检测项目均达到国家强筋小麦标准。

4.6 郑麦 366

审定编号：国审麦 2005003。选育单位：河南省农业科学院小麦研究所。品种来源：豫麦 47/PH82-2-2。半冬性早中熟品种。幼苗半匍匐，叶色黄绿。株高 75.1 cm，株型较紧凑，穗层整齐，穗黄绿色，旗叶上冲。感纹枯病，个别植株发现根腐病，未发现感赤霉病和锈病。越冬抗寒性好，抗倒伏能力强，干热风危害轻，后期熟相好。穗纺锤形，长芒，白壳，白粒，籽粒角质。平均亩穗数 50.8 万，穗粒数 31.8 粒，千粒重 45.2 g。理论产量 620.7 kg/亩，实收产量 641.1 kg/亩，分别位列 7 个参试品种第 2、第 3。根据该品种审定资料，籽粒容重、蛋白质（干基）含量、湿面筋（14%水分基）、面团稳定时间均达到国家强筋小麦指标。据农业农村部农产品质量监督检验中心（郑州）检测结果（2017年），检测项目均达到国家强筋小麦标准。

4.7 郑麦0943

审定编号：豫审麦2014025。选育单位：河南省农业科学院小麦研究所。品种来源：郑97199/济麦19。半冬性中晚熟品种。幼苗半直立，叶片细长，叶色淡绿；春季起身拔节略晚，冬前分蘖一般，春季分蘖力强，成穗率高；株型松散，旗叶小上冲，株高77.8 cm，茎秆粗壮，弹性好，较抗倒伏；纺锤形穗，中穗，穗层整齐，长芒，白壳，白粒，半角质；感纹枯病，个别植株发现赤霉病，未发现感根腐病和锈病。干热风危害轻，成熟落黄一般。亩穗数52.5万，穗粒数30.9粒，千粒重44.8 g。理论产量617.8 kg/亩，实收产量643.7 kg/亩，分别位列7个参试品种第3、第2。根据该品种审定资料，籽粒容重、蛋白质（干基）含量、降落数值、面团稳定时间均达到国家强筋小麦指标，湿面筋（14%水分基）未达到国家强筋小麦指标。据农业农村部农产品质量监督检验中心（郑州）检测结果（2017年），湿面筋值和蛋白质2项指标未达标。

综合以上分析，郑麦366抗倒能力强，干热风危害轻，落黄好，产量水平较高，且主要品质指标达到国家强筋小麦标准，在7个参试品种中综合性状较好，应在生产中进一步扩大推广应用面积。

第二节 优质小麦品种对比筛选试验（Ⅱ）

1 试验目的

选用本地主导强筋小麦品种，引进近年新审定强筋小麦品种，搜集强筋小麦苗头组合，集成高产高效栽培技术，进一步筛选综合农艺性状好、品质达到强筋标准、适宜本地种植的强筋小麦品种（组合），集成保优增效技术措施，为强筋小麦可持续发展提供理论依据，为农业增产增效夯实基础。

2 试验设计

试验地点位于获嘉县位庄乡大位庄村，交通便利，便于观摩。土壤肥力均匀一致，地势平整、灌排方便。前茬大豆，亩产200 kg，2017年10月14日收获。

参试品种11个，其中强筋小麦10个：新麦26、西农979、郑麦366、师栾02-1、丰德存麦5号、怀川916、藁优2018、伟隆169、郑品优9号、郑麦101，以中筋小麦百农207为对照，3次重复。每个品种1个小区，2.7 m×50 m。成熟后，每个小区收获5 m²折算实际产量。

3 田间管理

2017年10月14日整地，深松+旋耕+镇压，亩施40%（N-P-K=15-20-5）腐植酸复合肥60 kg（活性腐植酸30%，有机质8%，湖北金正大肥业有限公司经销，湖北茂盛生物有限公司）。10 月 15 日播种，播量 12.5 kg/亩，行距 20.6 cm。

2017 年 11 月 25 日，浇越冬水；3 月 27 日浇拔节水，每亩追尿素 15 kg。3 月 3 日，用 3%双氟·唑草酮悬乳剂 50 mL/亩开展化除。4 月 19 日，亩用 2.5%高效氯氟氰菊酯水乳剂 70 mL+430 g/L 戊唑醇悬浮剂 33 mL+80%多菌灵可湿性粉剂 35 g+25%噻虫嗪可湿性粉剂 1.6 g，防治赤霉病、蚜虫、锈病。4 月 27 日，亩用 25%咪鲜胺乳油 50 g，防治赤霉病。

4 数据调查

4.1 生育时期调查

由生育时期调查结果（表 5-6）可知，返青前参试品种生育进程没有差别。郑麦 366、郑品优 9 号拔节最早，较其他品种提前 3~4 d，百农 207、师栾 02-1、郑麦 101 相对偏晚。郑麦 366、郑品优 9 号、怀川 916 抽穗、开花较早，比其他参试品种早 2~3 d，百农 207、郑麦 101 相对偏晚。郑麦 366、西农 979、丰德存麦 5 号、怀川 916、郑品优 9 号较其他品种早熟 1~2 d。

表 5-6　优质小麦品种对比筛选试验（Ⅱ）：生育时期调查

品种	出苗期	越冬期	返青期	拔节期	抽穗期	开花期	成熟期
百农 207	10 月 22 日	1 月 4 日	2 月 13 日	3 月 20 日	4 月 19 日	4 月 24 日	5 月 30 日
新麦 26	10 月 22 日	1 月 4 日	2 月 13 日	3 月 17 日	4 月 17 日	4 月 22 日	5 月 29 日
郑麦 366	10 月 22 日	1 月 4 日	2 月 13 日	3 月 15 日	4 月 15 日	4 月 19 日	5 月 28 日
西农 979	10 月 22 日	1 月 4 日	2 月 13 日	3 月 17 日	4 月 17 日	4 月 21 日	5 月 28 日
丰德存麦 5 号	10 月 22 日	1 月 4 日	2 月 13 日	3 月 17 日	4 月 17 日	4 月 21 日	5 月 28 日
师栾 02-1	10 月 22 日	1 月 4 日	2 月 13 日	3 月 19 日	4 月 18 日	4 月 22 日	5 月 29 日
藁优 2018	10 月 22 日	1 月 4 日	2 月 13 日	3 月 17 日	4 月 18 日	4 月 23 日	5 月 30 日
怀川 916	10 月 22 日	1 月 4 日	2 月 13 日	3 月 21 日	4 月 16 日	4 月 19 日	5 月 28 日
伟隆 169	10 月 22 日	1 月 4 日	2 月 13 日	3 月 21 日	4 月 18 日	4 月 23 日	5 月 30 日
郑品优 9 号	10 月 22 日	1 月 4 日	2 月 13 日	3 月 15 日	4 月 14 日	4 月 19 日	5 月 28 日
郑麦 101	10 月 22 日	1 月 4 日	2 月 13 日	3 月 19 日	4 月 18 日	4 月 24 日	5 月 30 日

4.2 苗情调查

越冬期苗情调查结果见表 5-7。师栾 02-1 亩基本苗最多（30.0 万），其次为郑品优 9 号（29.8 万），西农 979 亩基本苗最少（22.7 万）。参试品种主茎叶龄在 5.0~5.5 片，丰德存麦 5 号、藁优 2018 为 5.5 片，百农 207、郑麦 366、郑品优 9 号为 5.0 片。单株茎蘖在 2.5~3.9 个，西农 979 最多，伟隆 169 最少。亩群体 66.8 万~108.5 万，郑品优 9 号最大，郑麦 101 最小。

表 5-7　优质小麦品种对比筛选试验（Ⅱ）：越冬期苗情

（调查时间：2017 年 12 月 11 日）

品种	亩基本苗（万）	主茎叶龄（片）	单株茎蘖（个）	亩群体（万）	品种	亩基本苗（万）	主茎叶龄（片）	单株茎蘖（个）	亩群体（万）
百农 207	23.4	5.0	2.9	68.1	藁优 2018	23.9	5.5	2.8	67.7
新麦 26	25.8	5.3	2.6	66.9	怀川 916	27.4	5.3	3.0	81.6
郑麦 366	25.3	5.0	3.3	82.7	伟隆 169	28.5	5.2	2.5	70.2
西农 979	22.7	5.3	3.9	90.5	郑品优 9 号	29.8	5.0	3.6	108.5
丰德存麦 5 号	22.9	5.5	3.3	76.1	郑麦 101	26.0	5.1	2.6	66.8
师栾 02-1	30.0	5.3	3.2	95.5					

返青期苗情调查结果见表 5-8。参试品种主茎叶龄在 6.5~7.1 片，丰德存麦 5 号、藁优 2018 最多，郑麦 366、郑品优 9 号、郑麦 101 最少。单株茎蘖 4.0~7.2 个，西农 979 最多，郑品优 9 号最少。亩群体 102.9 万~169.9 万，怀川 916 最大，百农 207 最小。

表 5-8　优质小麦品种对比筛选试验（Ⅱ）：返青期苗情

（调查时间：2018 年 2 月 26 日）

品种	主茎叶龄（片）	单株茎蘖（个）	亩群体（万）	品种	主茎叶龄（片）	单株茎蘖（个）	亩群体（万）
百农 207	6.7	4.4	102.9	藁优 2018	7.1	6.0	143.4
新麦 26	7.0	4.8	123.8	怀川 916	7.0	6.2	169.9
郑麦 366	6.5	4.7	118.9	伟隆 169	6.8	5.1	145.4
西农 979	7.0	7.2	163.4	郑品优 9 号	6.5	4.0	119.2
丰德存麦 5 号	7.1	5.5	125.9	郑麦 101	6.5	4.5	117.0
师栾 02-1	7.0	6.1	183.0				

拔节期苗情调查结果见表 5-9。参试品种主茎叶龄在 8.3~9.0 片，新麦 26、郑麦 366、丰德存麦 5 号、伟隆 169 这 4 个品种达到 9.0 片，百农 207 最少。单株茎蘖 4.7~7.3 个，西农 979 最多，郑品优 9 号最少，与返青期一致。亩群体 124.8 万~200.2 万，师栾 02-1 最大，百农 207 最小。

表 5-9　优质小麦品种对比筛选试验（Ⅱ）：拔节期苗情

（调查时间：2018 年 3 月 15 日）

品种	主茎叶龄（片）	单株茎蘖（个）	亩群体（万）	品种	主茎叶龄（片）	单株茎蘖（个）	亩群体（万）
百农 207	8.3	5.3	124.8	藁优 2018	8.5	6.8	163.4
新麦 26	9.0	5.9	153.2	怀川 916	8.5	7.3	199.2
郑麦 366	9.0	6.7	169.7	伟隆 169	9.0	5.8	165.8
西农 979	8.5	8.2	186.5	郑品优 9 号	8.5	4.7	140.1
丰德存麦 5 号	9.0	6.8	154.8	郑麦 101	8.4	5.3	137.6
师栾 02-1	8.4	6.7	200.2				

4.3 抗逆性调查

由抗逆性调查结果（表5-10）可知，冬季冻害调查师栾02-1叶片受冻较重，西农979、丰德存麦5号稍重，其他参试品种较轻。春季冻害调查，郑麦366冻害最为严重，受冻穗率23%；西农979、怀川916、伟隆169、郑品优9号冻害偏重，受冻穗率分别为19%、18.8%、16%、18.5%，其他品种冻害较轻。

表5-10 优质小麦品种对比筛选试验（Ⅱ）：抗逆性调查

品种	冻害		纹枯病	根腐病	赤霉病	锈病	倒伏（%）	干热风	落黄
	冬季	春季（%）							
百农207	（叶尖）轻	1.0	轻	轻	轻	0	10	轻	好
新麦26	（叶尖）轻	3.0	轻	中	轻	0	10	轻	好
郑麦366	（叶尖）轻	23.0	轻	中	轻	0	0	轻	中
西农979	稍重	19.0	轻	中	轻	0	60	轻	中
丰德存麦5号	稍重	21.0	轻	中	轻	0	0	轻	好
师栾02-1	重（整叶）	6.8	轻	轻	轻	0	100	轻	中
藁优2018	轻	3.2	轻	轻	轻	0	90	轻	好
怀川916	轻	18.8	轻	轻	轻	0	5	轻	中
伟隆169	轻	16.0	轻	轻	轻	0	5	轻	好
郑品优9号	轻	18.5	轻	轻	轻	0	0	轻	中
郑麦101	轻	3.0	轻	轻	轻	0	100	轻	中

注：2018年4月4—6日大风降温天气，致部分品种、部分小穗受冻，冬季冻害于2018年2月26日调查。

4.4 产量构成要素与产量调查

据产量构成要素与产量调查结果（表5-11），师栾02-1株高最高（80.4 cm），藁优2018次之（80.2 cm），郑麦366株高最低（72.1 cm）。师栾02-1亩穗数最高（58.3万），怀川916次之（53.1万），伟隆169最低（35.8万）。实收产量居前5位的品种依次是丰德存麦5号、郑麦101、郑品优9号、伟隆169、百农207（CK），亩产分别为466.9 kg、448.2 kg、442.9 kg、434.9 kg、433.6 kg，较对照增幅分别为7.7%、3.4%、2.1%、0.3%。

表5-11 优质小麦品种对比筛选试验（Ⅱ）：产量构成要素与产量
（调查时间：2018年6月1日）

品种	株高（cm）	亩穗数（万）	穗粒数（粒）	千粒重（g）	理论产量（kg/亩）	实收产量（kg/亩）	实收产量与对照相比（%）
百农207（CK）	72.3	38.8	33.8	38.5	429.2	433.6（5）	—
新麦26	75.4	45.2	27.8	40.4	431.5	424.2（7）	-2.2
郑麦366	72.1	39.1	29.5	41.6	407.9	426.4（6）	-1.7
西农979	79.7	50.9	23.9	39.3	406.4	418.9（9）	-3.4

（续表）

品种	株高（cm）	亩穗数（万）	穗粒数（粒）	千粒重（g）	理论产量（kg/亩）	实收产量（kg/亩）	实收产量与对照相比（%）
丰德存麦 5 号	73.6	44.2	26.4	47.1	467.2	466.9（1）	+7.7
师栾 02-1	80.4	58.3	23.8	30.7	362.1	389.5（11）	-10.2
藁优 2018	80.2	46.5	26.8	38.2	404.6	422.9（8）	-2.5
怀川 916	79.4	53.1	22.3	39.9	401.6	416.2（10）	-4.0
伟隆 169	74.2	35.8	38.4	37.5	415.4	434.9（4）	+0.3
郑品优 9 号	75.5	44.5	28.4	39.7	426.5	442.9（3）	+2.1
郑麦 101	78.9	40.8	30.8	40.9	436.9	448.2（2）	+3.4

注：实收产量括号内数字为排序。

4.5 品质检测

农业农村部农产品质量监督检验中心（郑州）检测结果见表 5-12，依据国家标准《优质小麦 强筋小麦》（GB/T 17892—1999），藁优 2018 水分、蛋白质（干基）、湿面筋、降落数值、稳定时间 5 项指标达到国家标准，藁优 2018、新麦 26、丰德存麦 5 号、伟隆 169 水分、蛋白质（干基）、降落数值、稳定时间 4 项指标达到国家标准，郑麦 366、怀川 916、师栾 02-1、百农 207、西农 979、郑麦 101、郑品优 9 号 3 项指标达到国家标准。

表 5-12 优质小麦品种对比筛选试验（Ⅱ）：品质检测结果

检测项目	新麦 26	丰德存麦 5 号	郑麦 366	怀川 916	师栾 02-1	百农 207	西农 979	藁优 2018	伟隆 169	郑麦 101	郑品优 9 号
水分（g/100 g）	8.88	8.33	8.78	8.8	8.72	8.96	8.88	8.98	9.02	8.60	8.56
蛋白质（干基）（g/100 g）	16.4	15.0	15.7	15.1	16.0	14.5	14.6	15.1	14.9	15.2	14.4
湿面筋（%）	30.4	30.9	31.1	30.8	31.1	31.9	29.8	32.6	30.1	30.8	30.1
降落数值（%）	356	378	294	215	237	356	200	320	362	286	258
吸水量（mL/100 g）	62.0	58.9	62.7	61.9	58.1	56.9	61.4	55.8	57.2	60.7	57.6
形成时间（min）	24.7	7.5	7.5	6.5	3.0	4.7	3.0	13.3	13.8	10.9	7.1
稳定时间（min）	27.5	11.3	10.1	11.2	26.4	6.0	10.9	28.2	24.0	20.8	9.6
弱化度（FU）	78	40	51	51	7	56	39	16	25	21	80
出粉率（%）	66.7	68.8	72.2	68.3	71.5	72.9	71.1	70.8	70.6	67.3	67.0

5 小结

（1）丰德存麦 5 号、郑麦 101 产量高、品质优，可作为强筋小麦主导品种。

（2）丰德存麦 5 号容易遭受晚霜冻害，在生产上倒春寒到来之前应注意浇水预防。

（3）郑麦 101 抗倒能力差，生产上应注意控制播量，早春进行化控，降低株高，预防后期倒伏。

（4）郑麦366虽然春季冻害稍重，但抗倒能力强，产量较对照略低，仍可在生产上应用。

（5）郑品优9号、伟隆169属小麦新品系，产量居第3、第4位，尚未通过审定，其农艺性状及品质指标有待进一步观察。

第三节　优质小麦品种对比筛选试验（Ⅲ）

1　试验目的

选用本地主导和引进近年新审定强筋中强筋小麦品种，集成高产高效栽培技术，进一步筛选综合农艺性状好、品质达到标准、适宜本地种植的小麦品种，为新乡优质小麦可持续发展提供理论依据。

2　材料与方法

2.1　供试品种

藁麦5766、中麦578、伟隆169、西农979（CK）、郑麦158、新麦26、师栾02-1、郑麦379、丰德存麦21、丰德存麦5号。

2.2　试验设计

每个品种2个小区，每小区2.7 m×50 m，不设重复。

2.3　基本情况

试验地位于获嘉县位庄乡大位庄村。土壤肥力均匀一致，壤土，地势平整、灌排方便。前茬大豆2018年10月10日收获，亩产150 kg。整地采用深耕+旋耕+镇压方式。亩施底肥：尿素12.5 kg、磷酸二铵32.5 kg、氯化钾5 kg。10月17日，等行距机械播种，亩播量12.5 kg，行距20 cm。播前种子包衣，亩用2.5%咯菌腈种子处理悬浮剂40 mL+3%苯醚甲环唑悬浮种衣剂20 mL+600 g/L吡虫啉悬浮种衣剂30 mL+5%氟虫腈悬浮种衣剂10 g。

2.4　田间管理

2018年11月25日，浇越冬水。2019年2月28日，亩用80%唑嘧磺草胺水分散粒剂2 g，防除阔叶杂草。3月18日，浇拔节水，亩追尿素15 kg。4月22日，亩用2.5%联苯菊酯微乳剂50 mL+45%戊唑·咪鲜胺可湿性粉剂10 g+10%吡虫啉可湿性粉剂15 g，混合喷雾，预防小麦赤霉病及穗蚜。4月29，浇灌浆水。5月5日，亩用2.5%联苯菊酯微乳剂50 mL+30%吡唑醚菌酯悬浮剂30 mL，混合喷雾，预防小麦穗蚜及锈病。

2.5　灾害性天气

2019年1—3月共降雨13.4 mm，出现长时间干旱，5月滴雨未降，旱象严重。

3 结果与分析

3.1 生育时期调查

由生育时期调查结果（表5-13）可以看出，参试品种出苗、越冬、返青时间相同。拔节最早在3月11日，最晚在3月20日，相差9 d，差异比较明显。中麦578拔节最早，其次为新麦26、丰德存麦21、郑麦158、丰德存麦5号，藁优5766、师栾02-1、郑麦379拔节最晚，伟隆169、西农979拔节较晚。抽穗最早在4月17日，最晚在4月21日，相差4 d。中麦578、西农979、郑麦158抽穗最早，新麦26、丰德存麦21、丰德存麦5号次之，藁优5766抽穗最晚，伟隆169、郑麦379、师栾02-1较晚。开花最早在4月22日，最晚在4月28日，相差6 d，差异较大。最早成熟时间在5月30日，成熟最晚在6月3日，相差3 d。西农979成熟最早，其次为藁优5766、丰德存麦21、丰德存麦5号，郑麦158成熟最晚，其余品种成熟相对稍晚。

表5-13 优质小麦品种对比筛选试验（Ⅲ）：生育时期调查

品种	出苗期	越冬期	返青期	拔节期	抽穗期	开花期	成熟期
藁优5766	10月25日	12月9日	2月22日	3月20日	4月21日	4月28日	5月31日
中麦578	10月25日	12月9日	2月22日	3月11日	4月17日	4月22日	6月2日
伟隆169	10月25日	12月9日	2月22日	3月19日	4月20日	4月26日	6月2日
西农979（CK）	10月25日	12月9日	2月22日	3月19日	4月17日	4月23日	5月30
郑麦158	10月25日	12月9日	2月22日	3月13日	4月17日	4月24日	6月3日
新麦26	10月25日	12月9日	2月22日	3月12日	4月18日	4月25日	6月2日
师栾02-1	10月25日	12月9日	2月22日	3月20日	4月19日	4月26日	6月2日
郑麦379	10月25日	12月9日	2月22日	3月20日	4月20日	4月27日	6月3日
丰德存麦21	10月25日	12月9日	2月22日	3月12日	4月18日	4月24日	5月31日
丰德存麦5号	10月25日	12月9日	2月22日	3月13日	4月18日	4月24日	5月31日

3.2 苗情调查

由越冬期苗情调查结果（表5-14）可知，西农979（CK）、郑麦379、丰德存麦5号亩基本苗偏大，在27万左右；其余参试品种亩基本苗为17.4万~20.7万，较为合理。越冬期主茎叶龄为4.7~5.1片，差异不大。单株茎蘖最多为4.2个，最少为2.8个，相差1.4个；师栾02-1单株茎蘖最多，其次为新麦26、伟隆169、西农979；郑麦379、丰德存麦5号单株茎蘖最少，藁优5766、中麦578相对较少。越冬期亩群体最大为104.9万，最小为52.5万，相差52.4万，差异较大。西农979亩群体最大，其次为新麦26、伟隆169、师栾02-1，中麦578亩群体最小。

表 5-14　优质小麦品种对比筛选试验（Ⅲ）：越冬期苗情

（调查时间：2018 年 12 月 12 日）

品种	亩基本苗（万）	主茎叶龄（片）	单株茎蘖（个）	亩群体（万）	品种	亩基本苗（万）	主茎叶龄（片）	单株茎蘖（个）	亩群体（万）
藁优 5766	23.1	5.0	2.9	67.7	新麦 26	20.7	5.1	4.1	84.6
中麦 578	17.4	5.0	3.0	52.5	师栾 02-1	18.7	5.0	4.2	79.2
伟隆 169	20.7	5.0	3.9	80.8	郑麦 379	27.0	4.7	2.8	76.4
西农 979（CK）	27.2	5.1	3.9	104.9	丰德存麦 21	19.7	5.1	3.5	69.3
郑麦 158	20.5	5.0	3.3	67.2	丰德存麦 5 号	27.0	5.0	2.8	75.6

由返青期苗情调查结果（表 5-15）可知，返青期各参试品种主茎叶龄 6.0~6.5 片。单株茎蘖 3.8~7.7 个，最大值与最小值相差 3.9 个。师栾 02-1 单株茎蘖最多，其次为伟隆 169、新麦 26、丰德存麦 21、西农 979、中麦 578、郑麦 158，郑麦 379、丰德存麦 5 号最少。亩群体 81.3 万~144.4 万，最大值与最小值相差 63.1 万。其中，师栾 02-1 亩群体最大，伟隆 169、西农 979 次之，中麦 578 最小，其余品种均在 100 万左右。

表 5-15　优质小麦品种对比筛选试验（Ⅲ）：返青期苗情

（调查时间：2019 年 2 月 22 日）

品种	主茎叶龄（片）	单株茎蘖（个）	亩群体（万）	品种	主茎叶龄（片）	单株茎蘖（个）	亩群体（万）
藁优 5766	6.0	4.5	102.9	新麦 26	6.5	6.2	127.7
中麦 578	6.5	4.7	81.3	师栾 02-1	6.5	7.7	144.4
伟隆 169	6.1	6.8	139.8	郑麦 379	6.1	3.8	101.9
西农 979（CK）	6.5	5.1	139.2	丰德存麦 21	6.5	5.2	102.6
郑麦 158	6.2	4.7	96.6	丰德存麦 5 号	6.3	3.8	101.8

拔节期苗情调查结果见表 5-16，拔节期主茎叶龄 8.1~9.1 片，最大值与最小值相差 1 片。单株茎蘖 4.3~8.9 个，最大值与最小值相差 4.6 个。师栾 02-1 单株茎蘖最大，其次为伟隆 169、新麦 26、藁优 5766、丰德存麦 21，丰德存麦 5 号最少。亩群体 89.3 万~166.4 万，最大值与最小值相差 77.1 万。师栾 02-1 亩群体最多，藁优 5766、伟隆 169、西农 979、新麦 26 次之，中麦 578 最少。

表 5-16　优质小麦品种对比筛选试验（Ⅲ）：拔节期苗情

（调查时间：2019 年 3 月 18 日）

品种	主茎叶龄（片）	单株茎蘖（个）	亩群体（万）	品种	主茎叶龄（片）	单株茎蘖（个）	亩群体（万）
藁优 5766	8.1	6.6	151.8	新麦 26	9.1	6.9	142.8
中麦 578	8.5	5.1	89.3	师栾 02-1	8.3	8.9	166.4
伟隆 169	8.3	7.2	148.4	郑麦 379	8.5	4.7	125.6
西农 979（CK）	8.5	5.4	147.1	丰德存麦 21	9.0	5.6	110.8
郑麦 158	8.8	5.2	105.7	丰德存麦 5 号	8.8	4.3	116.7

3.3　抗逆性调查

抗逆性调查如表 5-17 所示，结果表明，藁优 5766、中麦 578 无冬季冻害，伟隆 169、新麦 26、郑麦 379、丰德存麦 21 冬季冻害较轻，郑麦 158、师栾 02-1、丰德存麦 5 号冬季冻害稍重，西农 979 中度。所有参试品种均未发生春季冻害。郑麦 158 重感纹枯病，丰德存麦 21 稍重，丰德存麦 5 号轻感，其余品种未感纹枯病。师栾 02-1 未发生根腐病，其余品种轻感。除丰德存麦 21 轻感赤霉病外，其余品种未发生赤霉病。锈病及倒伏参试品种均未发生。藁优 5766、中麦 578、伟隆 169、郑麦 158、郑麦 379、丰德存麦 21 干热风危害较轻，西农 979、新麦 26、师栾 02-1 旗叶干尖重，丰德存麦 5 号旗叶干尖轻。藁优 5766、伟隆 169、西农 979、郑麦 379 落黄较好，其余品种落黄中等。

表 5-17　优质小麦品种对比筛选试验（Ⅲ）：抗逆性调查

品种	冻害		纹枯病	根腐病	赤霉病	锈病	倒伏	干热风危害	落黄
	冬季	春季							
藁优 5766	无	无	无	轻	无	无	无	轻	好
中麦 578	无	无	无	轻	无	无	无	轻	中
伟隆 169	轻	无	无	轻	无	无	无	轻	好
西农 979（CK）	中	无	无	轻	无	无	无	旗叶干尖重	好
郑麦 158	重	无	重	轻	无	无	无	轻	中
新麦 26	轻	无	无	轻	无	无	无	旗叶干尖重	中
师栾 02-1	重	无	无	无	无	无	无	旗叶干尖重	中
郑麦 379	轻	无	无	轻	无	无	无	轻	好
丰德存麦 21	轻	无	稍重	轻	轻	无	无	轻	中
丰德存麦 5 号	重	无	轻	轻	无	无	无	旗叶干尖轻	中

注：冬季冻害于 2 月 22 日调查。

3.4　产量构成要素与产量

产量构成要素与产量调查结果见表 5-18。结果表明，参试品种株高 75.4~89.8 cm，中麦 578 最高，新麦 26、师栾 02-1、郑麦 379 次之，丰德存麦 5 号最低。理论产量方面，郑麦 158 产量最高（615.5 kg/亩）；其次为丰德存麦 21、新麦 26、丰德存麦 5 号、伟隆 169，产量分别为 573.0 kg/亩、572.5 kg/亩、570.2 kg/亩、562.4 kg/亩；藁优 5766 产量最低（464.2 kg/亩）。

表 5-18　优质小麦品种对比筛选试验（Ⅲ）：产量构成要素与产量
（调查时间：2019 年 6 月 4 日）

品种	株高（cm）	亩穗数（万）	穗粒数（粒）	千粒重（g）	理论产量（kg/亩）	实收产量（kg/亩）	理论产量较对照（%）
藁优 5766	82.8	43.6	36.1	34.7	464.2（10）	479.6	-7.9
中麦 578	89.8	47.2	23.2	53.6	498.9（9）	482.9	-0.4

（续表）

品种	株高 （cm）	亩穗数 （万）	穗粒数 （粒）	千粒重 （g）	理论产量 （kg/亩）	实收产量 （kg/亩）	理论产量 较对照 （%）
伟隆 169	77.1	41.6	36.9	43.1	562.4（5）	564.9	11.0
西农 979（CK）	82.6	50.7	27.4	42.4	500.7（8）	504.3	—
郑麦 158	85.2	48.7	34.5	43.1	615.5（1）	640.9	18.7
新麦 26	88.4	49.2	33.8	40.5	572.5（3）	582.9	12.5
师栾 02-1	87.4	59.3	27.3	36.6	503.6（7）	510.9	0.6
郑麦 379	85.8	50.8	29.4	43.9	557.3（6）	584.3	10.2
丰德存麦 21	80.2	46.6	34.2	42.3	573.0（2）	606.9	12.6
丰德存麦 5 号	75.4	45.4	35.1	42.1	570.2（4）	571.6	12.2

3.5 品质检测

参试品种农业农村部农产品质量监督检验中心（郑州）检测结果见表 5-19，依据强筋小麦国家标准（GB/T17892—1999），中麦 578 水分、蛋白质（干基）、湿面筋、降落数值、稳定时间 5 项指标达到国家标准，新麦 26、丰德存麦 5 号、丰德存麦 21、师栾 02-1、藁麦 5766、伟隆 169 水分、蛋白质（干基）、降落数值、稳定时间 4 项指标达到国家标准，西农 979、郑麦 158 有 3 项指标达到国家标准，郑麦 379 有 2 项指标达到国家标准。

表 5-19 优质小麦品种对比筛选试验（Ⅲ）：品质检测结果

检测项目	新麦 26	丰德存 麦 5 号	丰德存 麦 21	师栾 02-1	藁麦 5766	西农 979	中麦 578	伟隆 169	郑麦 158	郑麦 379
水分（g/100 g）	10.1	10.1	10.3	10.1	10.4	10.2	10.7	10.1	10.4	10.5
蛋白质（干基） （g/100 g）	16.4	15.1	14.7	16.4	15.4	14.0	16.5	14.2	13.9	13.4
湿面筋（%）	28.3	30.6	30.0	30.8	26.7	27.0	33.2	27.0	28.1	27.2
降落数值（%）	568	550	523	480	611	558	598	496	466	434
吸水量（mL/100 g）	69.0	64.8	64.4	63.9	69.6	71.6	69.8	62.6	66.9	69.1
形成时间（min）	26.8	8.2	8.5	12.7	2.5	2.2	8.7	10.4	6.5	1.9
稳定时间（min）	29.2	14.7	12.0	31.6	12.9	4.7	18.5	24.9	8.8	7.4
弱化度（FU）	65	28	37	14	26	57	16	22	40	52
出粉率（%）	68.8	71.3	73.0	73.0	72.5	72.0	71.8	72.7	73.1	71.7

4 综合评价

4.1 郑麦 158

中强筋品种。分蘖力中等，冬季冻害重。春季起身拔节早，两极分化快，抽穗早，灌浆时间长，较对照西农 979 晚熟 3 d。重感纹枯病，轻感根腐病。干热风危害轻，落黄中等。亩穗数、千粒重、穗粒数较高，产量构成要素协调，产量 615.5 kg/亩，居参试品种第 1 位，较对照西农 979 增产 18.7%。生产上应注意纹枯病、根腐病的防治，后期预防干热风。

4.2　丰德存麦 21

强筋小麦品种。分蘖力中等，冬季冻害轻。春季起身拔节早，两极分化快，抽穗早，较对照西农 979 晚熟 1 d。感纹枯病稍重，轻感根腐病和赤霉病。干热风危害轻，落黄中等。亩穗数、千粒重、穗粒数较高，产量构成要素协调，产量 573.0 kg/亩，居参试品种第 2 位，较对照西农 979 增产 12.6%。生产上应注意纹枯病、根腐病和赤霉病的防治，后期预防干热风。

4.3　新麦 26

强筋小麦品种。分蘖力较强，冬季冻害轻。春季起身拔节早，两极分化快，较对照西农 979 晚熟 2 d。轻感根腐病，干热风危害干尖重，落黄中等。亩穗数、千粒重、穗粒数较高，产量构成要素协调，产量 572.5 kg/亩，居参试品种第 3 位，较对照西农 979 增产 12.5%。生产上应注意根腐病的防治，后期预防干热风。

第四节　优质小麦品种对比筛选试验（Ⅳ）

1　试验目的

本试验立足节种、节水、节肥、节药、高质、高效等多重目标，结合区域生态条件和生产实际，筛选适宜本地种植的优质小麦品种，实现技术集成化、本土化、实用化，为小麦生产向质量更高、结构更优、效益更好方向发展提供支撑。

2　试验设计

试验地位于辉县市占城镇和庄村，试验地面积为 5 亩，土壤类型为壤土。参试品种包括郑麦 1860、伟隆 169、师栾 02-1、郑麦 366、丰德存麦 5 号、西农 979、新麦 26（CK1）、百农 207（CK2）。

小区面积 150 m²（3 m×50 m），大区设计，不设重复。

3　田间管理

底肥亩施 45%（N-P-K=15-20-10）复合肥 50 kg，深松深度 35~40 cm，之后旋耕、镇压。播前用 600 g/L 吡虫啉悬浮种衣剂 20 mL/亩、2.5% 咯菌腈种子处理悬浮剂 40 mL/亩种子包衣。2018 年 10 月 15 日播种，亩播量 10 kg。11 月 20—21 日，亩用 10% 苯磺隆可湿性粉剂 10 g+6.9% 精噁唑禾草灵水乳剂 30 mL，加水 30 kg 喷雾，防除播娘蒿、野燕麦。12 月 4—6 日，进行冬灌，以踏实土壤，促进小麦盘根和大分蘖发育，确保麦苗安全越冬。2019 年 3 月 18—20 日，结合浇水，亩追尿素 10 kg。3 月 5—6 日，亩用 80%

戊唑醇水分散粒剂 20 g+20% 三唑酮乳油 50 mL，加水 20 kg 喷雾，防治纹枯病、锈病；4 月 20—22 日，亩用 10% 吡虫啉可湿性粉剂 15 g+40% 氧乐果 50 mL，加水 20 kg 喷雾，防治蚜虫。

4 结果与分析

4.1 生育时期调查

从生育时期调查结果（表 5-20）可知，从出苗到返青各个品种没有差异。新麦 26 拔节最早（3 月 13 日），郑麦 1860、百农 207 拔节最晚（3 月 20 日）。郑麦 366 抽穗最早（4 月 15 日），郑麦 1860 抽穗最晚（4 月 20 日）。郑麦 366 开花最早（4 月 18 日），郑麦 1860 开花最晚（4 月 23 日）。百农 207、新麦 26、伟隆 169 较其他品种成熟晚 1 d。

表 5-20 优质小麦品种对比筛选试验（Ⅳ）：生育时期调查

品种	出苗期	越冬期	返青期	拔节期	抽穗期	扬花期	成熟期
郑麦 1860	10 月 22 日	12 月 20 日	3 月 8 日	3 月 20 日	4 月 20 日	4 月 23 日	6 月 1 日
师栾 02-1	10 月 22 日	12 月 20 日	3 月 8 日	3 月 18 日	4 月 17 日	4 月 20 日	6 月 1 日
百农 207	10 月 22 日	12 月 20 日	3 月 8 日	3 月 20 日	4 月 19 日	4 月 21 日	6 月 2 日
郑麦 366	10 月 22 日	12 月 20 日	3 月 8 日	3 月 16 日	4 月 15 日	4 月 18 日	6 月 1 日
丰德存麦 5 号	10 月 22 日	12 月 20 日	3 月 8 日	3 月 19 日	4 月 16 日	4 月 19 日	6 月 1 日
新麦 26	10 月 22 日	12 月 20 日	3 月 8 日	3 月 13 日	4 月 18 日	4 月 21 日	6 月 2 日
伟隆 169	10 月 22 日	12 月 20 日	3 月 8 日	3 月 18 日	4 月 19 日	4 月 22 日	6 月 2 日
西农 979	10 月 22 日	12 月 20 日	3 月 8 日	3 月 16 日	4 月 18 日	4 月 20 日	6 月 1 日

4.2 苗情调查

由苗情调查结果（表 5-21）可知，师栾 02-1 因籽粒较小，亩基本苗及越冬期亩群体有比较优势，但伟隆 169、西农 979 春季分蘖较强，超越师栾 02-1。新麦 26、丰德存麦 5 号、郑麦 366 亩群体相对偏小。

表 5-21 优质小麦品种对比筛选试验（Ⅳ）：苗情调查

品种	亩基本苗（万）	主茎叶龄（片）			单株茎蘖（个）			亩群体（万）		
		越冬期	返青期	拔节期	越冬期	返青期	拔节期	越冬期	返青期	拔节期
郑麦 1860	12.35	6.2	6.5	7.8	4.1	10.0	10.3	50.64	123.5	127.2
师栾 02-1	15.69	7.0	7.2	8.5	4.8	8.2	8.5	75.31	128.7	133.4
百农 207	14.59	6.0	6.5	7.7	4.0	7.5	7.8	58.36	109.5	113.9
郑麦 366	11.03	6.2	6.5	7.8	4.2	8.4	8.7	46.32	92.4	95.7
丰德存麦 5 号	12.26	6.2	6.6	8.0	4.0	7.0	7.5	49.04	86.1	92.2
新麦 26	12.26	6.5	7.0	8.2	4.2	6.2	6.7	51.49	76.3	82.5
伟隆 169	12.14	6.2	6.6	7.9	4.0	11.0	11.4	48.56	134.2	139.0
西农 979	13.86	6.5	7.2	8.4	4.2	11.0	11.3	58.25	132.9	136.5

4.3 抗逆性调查

抗逆性调查结果如表 5-22 所示，在冻害表现中，所有品种均未发生。郑麦 366 感纹枯病 3 级，师栾 02-1 感根腐病 2 级，百农 207 感锈病 2 级，师栾 02-1 干热风危害 2 级，落黄较差。伟隆 169 综合表现较为突出。

表 5-22　优质小麦品种对比筛选试验（Ⅳ）：抗逆性调查

（调查日期：2019 年 3 月 20 日）

品种	冻害		纹枯病	根腐病	赤霉病	锈病	倒伏	干热风	落黄
	冬季	春季							
郑麦 1860	0	0	1 (5)	0 (5)	0 (5)	0.5 (5)	0 (5)	0.5 (5)	中上
师栾 02-1	0	0	1 (5)	2 (5)	0 (5)	1 (5)	0 (5)	2 (5)	差
百农 207	0	0	1 (5)	0 (5)	0 (5)	2 (5)	0 (5)	1 (5)	中
郑麦 366	0	0	3 (5)	0 (5)	0 (5)	1 (5)	0 (5)	1 (5)	中
丰德存麦 5 号	0	0	1 (5)	0 (5)	0 (5)	1 (5)	0 (5)	1 (5)	中上
新麦 26	0	0	0 (5)	0 (5)	0 (5)	0 (5)	0 (5)	2 (5)	中下
伟隆 169	0	0	0 (5)	0 (5)	0 (5)	0 (5)	0 (5)	0 (5)	好
西农 979	0	0	0 (5)	0 (5)	0 (5)	1 (5)	0 (5)	0.5 (5)	中

注：无冻害发生，用"0"表示；(5) 表示分为 5 级。

4.4 产量构成要素与产量调查

产量构成要素与产量调查结果见表 5-23。结果表明，较新麦 26（CK1）增产的品种有 2 个，分别为郑麦 1860、伟隆 169，理论产量分别为 559.1 kg/亩、564.9 kg/亩，较 CK1 分别增产 2.1%、3.1%。较百农 207（CK2）增产的品种有 5 个，分别为郑麦 1860、郑麦 366、新麦 26、伟隆 169、西农 979。

表 5-23　优质小麦品种对比筛选试验（Ⅳ）：产量构成要素与产量

（调查时间：2019 年 6 月 2 日）

处理	株高（cm）	亩穗数（万）	穗粒数（粒）	千粒重（g）	理论产量（kg/亩）	与 CK1 相比（%）	与 CK2 相比（%）
郑麦 1860	75	37.2	42.1	42	559.1	+2.1	+10.3
师栾 02-1	79	66.3	31.6	28	498.6	-9.0	-1.7
百农 207	72	41.9	36.5	39	507.0	-7.4	—
郑麦 366	70	43.8	33.0	42	516.0	-5.8	+1.8
丰德存麦 5 号	70	44.2	32.0	42	504.9	-7.8	-0.4
新麦 26	75	45.0	34.1	42	547.8	—	+8.1
伟隆 169	71	45.9	36.2	40	564.9	+3.1	+11.4
西农 979	75	43.9	34.2	43	548.7	+0.1	+8.2

5 综合评价

5.1 郑麦 1860

理论产量 559.1 kg/亩，比对照新麦 26 增产 2.1%，中等高度，蜡质秆，中等穗，长芒，综合病害轻，后期叶片干尖程度一般，籽粒角质，偏大粒，熟相偏好，综合评价中上。

5.2 师栾 02-1

理论产量 498.6 kg/亩，比对照新麦 26 减产 9.0%，分蘖力强，中小穗，细秆偏高，叶片早衰严重，干尖明显，后期熟相差，综合评价中下。

5.3 百农 207（CK2）

理论产量 507.0 kg/亩，中低秆，大穗，秆粗壮，叶片宽大，下部叶黄化偏明显，综合抗性较好，籽粒偏短圆，软角质，熟相一般，综合评价中。

5.4 郑麦 366

理论产量 516.0 kg/亩，比对照新麦 26 减产 5.8%，低秆中等穗，穗头青色，不具蜡层，旗叶竖，表现不整齐，综合抗性偏差，熟相一般，综合评价中。

5.5 丰德存麦 5 号

理论产量 504.9 kg/亩，比对照新麦 26 减产 7.8%，整体表现齐整，低秆，脖颈节偏短，旗叶大，综合抗病性一般，熟相偏佳，综合评价中等。

5.6 新麦 26（CK1）

理论产量 547.8 kg/亩，株高偏大，植株偏蜡质，中大穗，炸芒明显，偏晚熟，综合抗病性较好，但熟相偏差，不耐看。

5.7 伟隆 169

理论产量 564.9 kg/亩，比对照新麦 26 增产 3.1%，中低秆，不具蜡质，穗中大，纺锤形，旗叶竖，长相耐看，叶片持绿性好，后期叶片失绿慢，综合抗病性也好，籽粒硬角质，最大特点是熟相特佳。

5.8 西农 979

理论产量 548.7 kg/亩，比对照新麦 26 增产 0.2%，秆偏高，中大穗，综合抗病能力较强，叶片干尖是本品种的明显特征，早熟是另一个主要特征。籽粒硬角质，综合抗性好（干尖除外），熟相偏于一般，综合评价中上。

5.9 综合排序

以理论产量计，顺序为伟隆 169、郑麦 1860、西农 979、新麦 26、郑麦 366、百农 207、丰德存麦 5 号、师栾 02-1。以熟相计，顺序为伟隆 169、丰德存麦 5 号、郑麦 1860、西农 979、百农 207、郑麦 366、新麦 26、师栾 02-1。以熟期计，顺序为西农 979、丰德存麦 5 号、郑麦 1860、郑麦 366、师栾 02-1 早于新麦 26、百农 207、伟隆 169。

在生产中，小麦的熟期、熟相、产量是农民对品种选择的 3 个并重指标。3 个指标之间既相互促进，又相互制约。单纯的产量标准并不能代表优秀品种的全部内涵。西农 979

的大面积推广就充分说明了这一点。因为在实际生产中，除了产量指标外，农民还要考虑综合抗性（抗病能力、抗虫能力、抗风、抗冻、抗倒春寒、抗干热风等），成本投入（物化成本、管理成本等），产品价值（是否优质专用、是否订单生产、麦质品相甚至粒型粒质）以及熟期早晚对下茬作物的影响等诸多因素。一个产量较高的品种或许会因为它的一个明显缺点而不为农民所接受，而限制了它的大面积推广。站在农民的角度，连年的稳产要重于单年的高产。他们必会从熟期、熟相、产量、售价等诸多方面去择优而选。虽然十全十美的品种是不存在的，但农民会依据自己的需要去选择尽善尽美的。

综上所述，依本次试验结果而言，认为综合表现良好，适宜扩展的品种依次是伟隆169、西农979、郑麦1860、丰德存麦5号。

第五节　优质小麦品种对比筛选试验（V）

1　试验目的

本试验围绕绿色高质高效要求和目标，立足节种、节水、节肥、节药、高质、高效等多重目标，结合区域生态条件和生产实际，选用本地主导和近年新审定强筋中强筋小麦品种，集成高产高效栽培技术，筛选综合农艺性状好、品质达到标准、适宜本地种植的小麦强筋、中强筋小麦品种，筛选适宜本地种植的优质小麦品种，实现技术集成化、本土化、实用化，为小麦生产向质量更高、结构更优、效益更好方向发展提供支撑。

2　材料与方法

2.1　供试品种

百农4199、伟隆169、秦鑫271、西农979、师栾02-1、新麦26、丰德存麦21、丰德存麦5号、百农418（CK）。

2.2　试验设计

大区试验，每个品种1个小区，面积300 m² 左右，不设重复。试验田整地、播种及田间管理一致。

2.3　基本情况

试验地位于获嘉县位庄乡大位庄村。土壤肥力均匀一致，壤土，地势平整、灌排方便。前茬大豆，收获时间2019年10月14日，亩产230 kg。整地采用深耕+旋耕+镇压方式。底肥：45%（N-P-K=17-23-5）复合肥50 kg/亩。10月17日，等行距机械播种，亩播量12.5 kg，行距17 cm。播前种子包衣，亩用2.5%咯菌腈种子处理悬浮剂40 mL、3%苯醚甲环唑20 mL、600 g/L吡虫啉悬浮种衣剂30 mL、5%氟虫腈悬浮种衣剂10 g。

2.4　田间管理

2019年11月20日，浇越冬水。2020年2月25日，亩用80%唑嘧磺草胺水分散粒剂2 g，防除阔叶杂草。3月15日浇拔节水，亩追尿素15 kg。3月24日，亩用25%

噻虫·高氯氟悬浮剂 10 mL+30%吡唑醚菌酯悬浮剂 10 mL，混合喷雾，预防小麦穗蚜、白粉病及锈病。4 月 20 日，亩用 45%戊唑·咪酰胺可湿性粉剂 10 g+10%吡虫啉可湿性粉剂 15 g 混合喷雾，预防小麦赤霉病及穗蚜。5 月 1 日，浇灌浆水。5 月 5 日，人工拔除节节麦。5 月 10 日，亩用 30%氟环·嘧菌酯悬浮剂 20 g+磷钾聚能 170 mL 混合喷雾，预防小麦白粉病、锈病及干热风。

2.5 灾害性天气

2020 年 5 月 1—3 日高温对籽粒形成有一定影响。

3 结果与分析

3.1 生育时期调查

由生育时期调查结果（表 5-24）可以看出，参试品种出苗、越冬、返青时间相同。拔节最早在 3 月 5 日，最晚在 3 月 10 日，相差 5 d。百农 4199 拔节最早，其次为秦鑫 271、师栾 02-1、新麦 26、丰德存麦 21、丰德存麦 5 号，伟隆 169、西农 979、百农 418 拔节最晚。抽穗最早在 4 月 14 日，最晚在 4 月 17 日，相差 3 d。秦鑫 271、西农 979、丰德存麦 21 抽穗最早，伟隆 169、师栾 02-1、百农 418 抽穗最晚。开花最早在 4 月 21 日，最晚在 4 月 25 日，相差 4 d。最早成熟时间在 5 月 28 日，成熟最晚在 6 月 2 日，相差 3 d。秦鑫 271、西农 979 成熟最早，其次为丰德存麦 21，师栾 02-1、百农 418 成熟最晚，百农 4199、伟隆 169、新麦 26、丰德存麦 5 号熟期中等。

表 5-24　优质小麦品种对比筛选试验（Ⅴ）：生育时期调查

品种	出苗期	越冬期	返青期	起身期	拔节期	抽穗期	扬花期	成熟期
百农 4199	11 月 2 日	12 月 31 日	2 月 9 日	2 月 28 日	3 月 5 日	4 月 15 日	4 月 23 日	6 月 1 日
伟隆 169	11 月 2 日	12 月 31 日	2 月 9 日	3 月 3 日	3 月 10 日	4 月 17 日	4 月 25 日	6 月 1 日
秦鑫 271	11 月 2 日	12 月 31 日	2 月 9 日	2 月 28 日	3 月 7 日	4 月 14 日	4 月 21 日	5 月 28 日
西农 979	11 月 2 日	12 月 31 日	2 月 9 日	3 月 4 日	3 月 10 日	4 月 14 日	4 月 21 日	5 月 28 日
师栾 02-1	11 月 2 日	12 月 31 日	2 月 9 日	2 月 28 日	3 月 7 日	4 月 17 日	4 月 25 日	6 月 2 日
新麦 26	11 月 2 日	12 月 31 日	2 月 9 日	3 月 3 日	3 月 8 日	4 月 16 日	4 月 24 日	6 月 1 日
丰德存麦 21	11 月 2 日	12 月 31 日	2 月 9 日	3 月 3 日	3 月 8 日	4 月 14 日	4 月 21 日	5 月 30 日
丰德存麦 5 号	11 月 2 日	12 月 31 日	2 月 9 日	3 月 3 日	3 月 8 日	4 月 16 日	4 月 23 日	6 月 1 日
百农 418（CK）	11 月 2 日	12 月 31 日	2 月 9 日	3 月 3 日	3 月 10 日	4 月 17 日	4 月 25 日	6 月 2 日

3.2 苗情调查

由越冬期苗情调查结果（表 5-25）可知，参试品种亩基本苗为 20.7 万~26.3 万，较为合理。越冬期主茎叶龄为 4.0~4.8 片，差异不大。单株茎蘖最多 3.2 个，最少 2.1 个，相差 1.1 个；新麦 26 单株茎蘖最多，其次为伟隆 169、丰德存麦 5 号、百农 4199、师栾 02-1、百农 418、西农 979、丰德存麦 21，秦鑫 271 单株茎蘖最少。越冬期亩群体最大 70.6 万，最小 45.7 万，相差 24.9 万，差异较大。丰德存麦 5 号亩群体最大，其次为师栾 02-1、新麦 26、百农 418、伟隆 169、西农 979、丰德存麦 21、百农 4199，秦鑫 271 亩群体最小。

表 5-25 优质小麦品种对比筛选试验（Ⅴ）：越冬期苗情

（调查时间：2019 年 12 月 10 日）

品种	亩基本苗（万）	主茎叶龄（片）	单株茎蘖（个）	亩群体（万）	品种	亩基本苗（万）	主茎叶龄（片）	单株茎蘖（个）	亩群体（万）
百农 4199	22.0	4.0	2.6	56.7	新麦 26	20.7	4.8	3.2	66.7
伟隆 169	22.6	4.1	2.8	63.7	丰德存麦 21	25.7	4.8	2.4	60.9
秦鑫 271	21.9	4.3	2.1	45.7	丰德存麦 5 号	25.9	4.1	2.7	70.6
西农 979	25.6	4.5	2.4	62.6	百农 418（CK）	26.3	4.5	2.5	65.4
师栾 02-1	25.7	4.5	2.6	67.4					

由返青期苗情调查结果（表 5-26）可知，返青期各参试品种主茎叶龄 6.0~7.0 片。单株茎蘖 3.8~6.1 个，最大值与最小值相差 2.3 个。伟隆 169 单株茎蘖最多，其次为师栾 02-1、秦鑫 271、西农 979、新麦 26、百农 4199、百农 418、丰德存麦 5 号，丰德存麦 21 最少。亩群体 96.7 万~141.9 万，最大值与最小值相差 45.2 万。其中，师栾 02-1 亩群体最大，伟隆 169、西农 979 次之，秦鑫 271、丰德存麦 5 号、百农 418 亩群体比较接近，丰德存麦 21 最小。

表 5-26 优质小麦品种对比筛选试验（Ⅴ）：返青期苗情

（调查时间：2020 年 2 月 13 日）

品种	主茎叶龄（片）	单株茎蘖（个）	亩群体（万）	品种	主茎叶龄（片）	单株茎蘖（个）	亩群体（万）
百农 4199	6.0	4.9	106.8	新麦 26	7.0	5.1	105.7
伟隆 169	6.5	6.1	137.2	丰德存麦 21	6.8	3.8	96.7
秦鑫 271	6.5	5.4	119.3	丰德存麦 5 号	6.8	4.3	112.2
西农 979	6.8	5.2	134.1	百农 418（CK）	6.8	4.5	117.8
师栾 02-1	6.8	5.5	141.9				

由拔节期苗情调查结果（表 5-27）可知，拔节期百农 4199 主茎叶龄 9.1 片，其余参试品种 9.5 片，比较均匀。单株茎蘖 4.0~6.6 个，最大值与最小值相差 2.6 个。伟隆 169 单株茎蘖最大，其次为新麦 26、师栾 02-1、百农 4199、秦鑫 271、西农 979，丰德存麦 21 单株茎蘖最小。亩群体 103.1 万~152.1 万，最大值与最小值相差 49.0 万。师栾 02-1 亩群体最大，伟隆 169、西农 979、百农 4199、秦鑫 271、百农 418、丰德存麦 5 号次之，丰德存麦 21 亩群体最小。

表 5-27 优质小麦品种对比筛选试验（Ⅴ）：拔节期苗情

（调查时间：2020 年 3 月 18 日）

品种	主茎叶龄（片）	单株茎蘖（个）	亩群体（万）	品种	主茎叶龄（片）	单株茎蘖（个）	亩群体（万）
百农 4199	9.1	5.9	130.8	秦鑫 271	9.5	5.7	125.8
伟隆 169	9.5	6.6	148.9	西农 979	9.5	5.7	145.9

（续表）

品种	主茎叶龄（片）	单株茎蘖（个）	亩群体（万）	品种	主茎叶龄（片）	单株茎蘖（个）	亩群体（万）
新麦 26	9.5	6.0	124.1	丰德存麦 5 号	9.5	4.8	123.7
丰德存麦 21	9.5	4.0	103.1	百农 418（CK）	9.5	4.9	125.5
师栾 02-1	9.5	5.9	152.1				

3.3 抗逆性调查

由抗逆性调查结果（表 5-28）可知，师栾 02-1 冬季冻害稍重，其他品种冻害较轻。伟隆 169、秦鑫 271、丰德存麦 21、丰德存麦 5 号轻感纹枯病，其他参试品种未感。丰德存麦 21、丰德存麦 5 号、百农 418 轻感根腐病，其他参试品种未感。除丰德存麦 21、丰德存麦 5 号轻感赤霉病外，其余品种未发生赤霉病。所有参试品种未感锈病。伟隆 169、秦鑫 271 重感白粉病，百农 4199、西农 979、新麦 26、百农 418 轻感，丰德存麦 21、丰德存麦 5 号未感。秦鑫 271、丰德存麦 21 重感叶枯病，其他参试品种轻感。西农 979 倒伏较重，倒伏率 25%，秦鑫 271、师栾 02-1 轻微倒伏，倒伏率分别为 7%、2%，其余品种未倒伏。秦鑫 271、西农 979、丰德存麦 21 干热风危害中等，其余品种危害较轻。伟隆 169、西农 979 落黄较好，其余品种落黄中等。

表 5-28 优质小麦品种对比筛选试验（Ⅴ）：抗逆性调查

品种	冻害		纹枯病	根腐病	赤霉病	锈病	白粉病	叶枯	倒伏	干热风	落黄
	冬季	春季									
百农 4199	无	轻	无	无	无	无	轻	轻	0	轻	中
伟隆 169	轻	轻	轻	无	无	无	重	轻	0	轻	好
秦鑫 271	轻	轻	轻	无	无	无	重	重	7%	中	中
西农 979	轻	轻	无	无	无	无	轻	轻	25%	中	好
师栾 02-1	重	轻	无	无	无	无	无	轻	2%	轻	中
新麦 26	轻	轻	无	无	无	无	轻	轻	0	轻	中
丰德存麦 21	轻	轻	轻	轻	轻	无	无	重	0	中	中
丰德存麦 5 号	轻	轻	轻	轻	轻	无	无	轻	0	中	中
百农 418（CK）	轻	轻	无	轻	无	无	轻	轻	0	轻	中

注：冬季冻害于 2 月 15 日调查。

3.4 产量构成要素与产量调查

由产量构成要素与产量调查结果（表 5-29）可知，参试品种株高 80.6~97.3 cm，师栾 02-1 最高，西农 979、新麦 26、丰德存麦 21 次之，秦鑫 271 最低。实收产量方面，百农 4199 产量最高（677.3 kg/亩），其次为伟隆 169、百农 418、新麦 26、丰德存麦 5 号，产量分别为 646.5 kg/亩、636.2 kg/亩、610.6 kg/亩、610.6 kg/亩，西农 979 产量最低（554.1 kg/亩）。

表 5-29　优质小麦品种对比筛选试验（Ⅴ）：产量构成要素与产量

（调查时间：2020 年 6 月 4 日）

品种	株高（cm）	亩穗数（万）	穗粒数（粒）	千粒重（g）	理论产量（kg/亩）	实收产量（kg/亩）	实收产量与对照相比（%）
百农 4199	81.7	52.0	31.3	47.4	655.8	677.3	+6.5
伟隆 169	87.3	44.6	36.6	44.5	617.4	646.5	+1.6
秦鑫 271	80.6	38.5	38.9	43.4	552.4	595.2	−6.4
西农 979	92.3	46.5	32.4	41.5	531.5	554.1	−12.9
师栾 02-1	97.3	54.4	31.1	34.9	501.9	569.5	−10.5
新麦 26	90.1	38.9	37.2	45.6	560.9	610.6	−4.0
丰德存麦 21	87.5	37.7	36.4	47.1	549.4	605.4	−4.8
丰德存麦 5 号	86.9	45.1	32.8	46.5	584.7	610.6	−4.0
百农 418（CK）	84.2	38.2	37.1	50.4	607.1	636.2	—

3.5　品质检测

参试品种农业农村部农产品质量监督检验中心（郑州）检测结果见表 5-30，依据国家标准《优质小麦　强筋小麦》（GB/T 17892—1999），丰德存麦 5 号、丰德存麦 21 两个品种水分、蛋白质（干基）、湿面筋、降落数值、稳定时间 5 项指标达到国家标准，新麦 26、师栾 02-1 两个品种水分、蛋白质（干基）、降落数值、稳定时间 4 项指标达到国家标准，其余品种 3 项指标达到国家标准。

表 5-30　优质小麦品种对比筛选试验（Ⅴ）：品质检测结果

检测项目	新麦 26	丰德存麦 5 号	百农 418	丰德存麦 21	师栾 02-1	百农 4199	西农 979	秦鑫 271	伟隆 169
水分（g/100 g）	10.6	10.6	10.6	10.6	10.5	10.7	10.6	10.6	10.7
蛋白质（干基）（g/100 g）	15.0	15.4	14.5	15.5	14.5	13.6	13.6	12.6	13.5
湿面筋（%）	29.2	32.6	31.2	33.4	29.9	30.1	29.6	29.3	30.9
降落数值（%）	494	487	493	462	406	450	456	388	480
吸水量（mL/100 g）	65.3	62.8	61.6	61.2	60.6	60.8	66.1	67.5	62.4
形成时间（min）	21.3	7.5	5.7	7.5	14.5	6.7	7.7	4.2	14.0
稳定时间（min）	18.8	11.7	6.0	12.1	30.1	10.7	23.3	8.0	19.9
弱化度（FU）	59	35	92	38	15	36	12	85	29
出粉率（%）	66.3	67.5	66.5	70.0	67.2	68.5	66.2	66.9	68.6

4　小结

（1）伟隆 169：中强筋小麦品种。在大田生产条件下，纹枯病较轻，未感根腐病、赤霉病、锈病，受干热风危害较小，落黄好。实收产量达到 646.5 kg/亩，较对照百农 418

增产 1.6%，是一个很有推广潜力的中强筋小麦新品种。

（2）丰德存麦 21、新麦 26、丰德存麦 5 号：强筋小麦品种。实收产量分别为 605.4 kg/亩、610.6 kg/亩、610.6 kg/亩，虽然较对照百农 418 产量略减，但强筋小麦单价较高，整体效益不减。

（3）随着农业供给侧结构性改革的持续推进，小麦育种方向有了较大调整，优质高产小麦新品种不断推出，小麦优质不高产的时代已经成为历史。

第六节　优质小麦品种对比筛选试验（Ⅵ）

新乡是全国知名的优质强筋小麦生产基地，常年种植强筋、中强筋小麦 100 万亩以上。种子是农业的"芯片"。为打造强筋小麦品牌，推进新乡优质强筋小麦产业高质量可持续发展，于 2020—2021 年在获嘉县位庄乡大位庄村开展了优质强筋小麦品种比较试验，并和普通小麦品种对比产量差异，从中筛选出适宜大面积推广应用、综合农艺性状好的强筋小麦品种。

1　材料与方法

1.1　参试品种

伟隆 169、新麦 58、师栾 02-1、新麦 26、郑麦 379、丰德存麦 21、西农 979、新麦 38、郑麦 369、新麦 45、百农 4199（CK）。

1.2　试验设计

每个品种 1 个小区，面积 40 m² 左右，重复 2 次、随机排列。成熟后实打实收，每小区收获 20 m² 折算产量。

1.3　田间管理

试验地地势平整，肥力均匀。前茬大豆，产量水平 240 kg/亩。播前每亩底施 46%（N-P-K=18-18-10）复合肥 50 kg，深松 30 cm+旋耕 3 遍+镇压。2020 年 10 月 19 日，播种，亩播量 12.5 kg，行距 17.3 cm。播前用 27%苯醚·咯·噻虫悬浮种衣剂 70 g 拌种 25 kg。2020 年 11 月 30 日冬灌；2021 年 3 月 20 日灌溉，结合灌溉每亩追施 15 kg 尿素；5 月 10 日灌溉，保障小麦灌浆用水。2 月 20 日，每亩用 30 g/L 甲基二磺隆可分散油悬浮剂 30 mL，防除节节麦。4 月 10 日，每亩用 50%醚菌酯水分散粒剂 10 g，防治白粉病；4 月 25 日，每亩用 430 g/L 戊唑醇悬浮剂 25 mL+25%噻虫嗪水分散粒剂 10 g，预防小麦赤霉病及穗蚜；5 月 2 日，每亩用 40%丙硫菌唑·戊唑醇悬浮剂 40 mL，防治小麦白粉病。

1.4　天气影响

本年度小麦生育期内无重大自然灾害。灌浆后期气温较高，对产量形成造成一定影响。

2 结果与分析

2.1 生育时期调查

由生育时期调查结果（表5-31）可知，所有参试品种在返青期之前生育进程没有差别，拔节期开始有差别。新麦58、百农4199、丰德存麦21、新麦38、郑麦369、新麦45拔节时间相对较早（3月9日）；伟隆169、师栾02-1拔节相对稍晚，分别为3月12日、13日。丰德存麦21、西农979、郑麦369抽穗最早（4月16日）；师栾02-1抽穗最晚（4月19日）；其余品种大部分在4月18日抽穗。丰德存麦21、西农979扬花最早（4月23日）；新麦26、郑麦379扬花最晚（4月26日）；其余品种多为4月25日扬花。新麦58、丰德存麦21、西农979、新麦38、郑麦369成熟最早（6月2日）；师栾02-1、郑麦379成熟相对稍晚（6月4日）；其余品种在6月3日成熟。

表5-31　优质小麦品种对比筛选试验（Ⅵ）：生育时期调查

品种	出苗期	越冬期	返青期	拔节期	抽穗期	扬花期	成熟期
伟隆169	10月28日	12月14日	2月7日	3月12日	4月18日	4月25日	6月3日
新麦58	10月28日	12月14日	2月7日	3月9日	4月17日	4月25日	6月2日
师栾02-1	10月28日	12月14日	2月7日	3月13日	4月19日	4月26日	6月4日
百农4199	10月28日	12月14日	2月7日	3月9日	4月18日	4月25日	6月3日
新麦26	10月28日	12月14日	2月7日	3月10日	4月18日	4月26日	6月3日
郑麦379	10月28日	12月14日	2月7日	3月10日	4月18日	4月26日	6月4日
丰德存麦21	10月28日	12月14日	2月7日	3月9日	4月16日	4月23日	6月2日
西农979	10月28日	12月14日	2月7日	3月10日	4月16日	4月23日	6月2日
新麦38	10月28日	12月14日	2月7日	3月9日	4月18日	4月25日	6月2日
郑麦369	10月28日	12月14日	2月7日	3月9日	4月16日	4月24日	6月2日
新麦45	10月28日	12月14日	2月7日	3月9日	4月17日	4月25日	6月3日

2.2 亩群体调查

由亩群体调查结果（表5-32）可知，亩基本苗最多的3个品种为师栾02-1、百农4199、郑麦369，分别为23.8万、22.5万、21.3万；亩基本苗最少的品种为新麦58、丰德存麦21，分别为16.0万、14.8万。越冬期亩群体最大的品种为师栾02-1（91.7万）；亩群体最小的品种为新麦58、丰德存麦21，亩群体分别为59.1万、57.7万；其余品种越冬亩群体多在65万~70万。返青期亩群体较大的品种为师栾02-1、新麦45，亩群体分别为156.7万、148.5万；亩群体最小的品种为新麦58、丰德存麦21，亩群体分别为94.4万、92.1万；其余品种亩群体多在120万左右。拔节期师栾02-1、新麦45亩群体最大，分别为186.9万、167.7万；丰德存麦21亩群体最小，为97.7万；其余品种拔节期亩群体多在120万~130万。

表 5-32　优质小麦品种对比筛选试验（Ⅵ）：亩群体调查　　　　单位：万

品种	基本苗	越冬期	返青期	拔节期	品种	基本苗	越冬期	返青期	拔节期
伟隆 169	18.8	66.5	117.9	135.4	丰德存麦 21	14.8	57.7	92.1	97.7
新麦 58	16.0	59.1	94.4	113.7	西农 979	18.5	64.1	120.3	136.9
师栾 02-1	23.8	91.7	156.7	186.9	新麦 38	20.0	67.5	126.5	126.7
百农 4199	22.5	72.1	117.1	120.4	郑麦 369	21.3	67.1	119.8	129.4
新麦 26	19.0	68.5	124.6	127.3	新麦 45	19.6	65.9	148.5	167.7
郑麦 379	20.4	73.1	125.2	137.3					

2.3　抗逆性调查

由抗逆性调查结果（表 5-33）可知，冬季冻害百农 4199、丰德存麦 21、西农 979、郑麦 369 表现中等，其余品种冬季冻害较轻。伟隆 169 中感纹枯病，其余品种感青枯病较轻。伟隆 169、新麦 26 重感白粉病，西农 979、新麦 38、郑麦 369 为中感，其余品种轻感。参试品种对根腐病、赤霉病、锈病的感染率为 0。西农 979 发生倒伏，倒伏率 30%，其余品种未发生倒伏。5 月底至 6 月初气温较高，参试品种均受到干热风危害。伟隆 169、新麦 58、百农 4199、西农 979、新麦 38 落黄较好，其余品种落黄中等。

表 5-33　优质小麦品种对比筛选试验（Ⅵ）：抗逆性调查

品种	冻害		纹枯病	白粉病	根腐病	赤霉病	锈病	倒伏	干热风	落黄
	冬季	春季								
伟隆 169	轻	轻	中	重	0	0	0	0	重	好
新麦 58	轻	轻	轻	轻	0	0	0	0	重	好
师栾 02-1	轻	轻	轻	轻	0	0	0	0	重	中
百农 4199	中	轻	轻	轻	0	0	0	0	重	好
新麦 26	轻	轻	轻	重	0	0	0	0	重	中
郑麦 379	轻	轻	轻	轻	0	0	0	0	重	中
丰德存麦 21	中	轻	轻	轻	0	0	0	0	重	中
西农 979	中	轻	轻	中	0	0	0	30%	重	好
新麦 38	轻	轻	轻	中	0	0	0	0	重	好
郑麦 369	中	轻	轻	中	0	0	0	0	重	中
新麦 45	轻	轻	轻	轻	0	0	0	0	重	中

注：冬季冻害于 2021 年 2 月 22 日调查。

2.4　产量构成要素与产量调查

由产量构成要素与产量调查结果（表 5-34）可知，参试品种亩穗数普遍较高，为增加产量奠定基础。其中师栾 02-1、百农 4199、西农 979、郑麦 369 亩穗数超过 50 万，分别为 52.8 万、50.2 万、50.9 万、50.4 万；伟隆 169、新麦 58、新麦 38、新麦 45 亩穗数超过 49 万，分别为 49.6 万、49.2 万、49.9 万、49.1 万。新麦 26 穗粒数 39.4 粒，为参试品种最多；第 2 位伟隆 169 穗粒数 39.2 粒；郑麦 369 穗粒数 31.5，为参试品种最少。丰德存麦 21 千粒重 47.2 g 为参试品种第 1 位，郑麦 369 千粒重 46.9 g 位列第 2，其余品种千粒重在 41 g 左右。

从理论产量来看，伟隆 169 662.7 kg/亩位列第 1，新麦 38 662.0 kg/亩位列第 2，但两者差别不大；此外，新麦 58、新麦 26、丰德存麦 21、郑麦 369 理论产量超过 630 kg/亩，理论产量分别为 637.4 kg/亩、633.2 kg/亩、638.5 kg/亩、632.9 kg/亩；理论产量接近 630 kg/亩的品种有郑麦 379、新麦 45，理论产量分别为 624.6 kg/亩、629.9 kg/亩；师栾 02-1 理论产量最低。

理论产量和实收产量存在误差，导致产量排序略有差别。从实收产量分析，新麦 38 685.0 kg/亩位列第 1，郑麦 369 666.8 kg/亩，位列第 2，伟隆 169 660.0 kg/亩，位列第 3，除师栾 02-1 外，其余参试品种实收产量均达到 600 kg/亩以上，表现出了良好的丰产性。以普通小麦百农 4199 为对照，除师栾 02-1、西农 979 外，其余 8 个品种均增产，其中新麦 38 增产 10.5%，郑麦 369 增产 7.6%，伟隆 169 增产 6.5%，新麦 58 增产 6.3%，新麦 45 与对照产量基本持平。

表5-34　优质小麦品种对比筛选试验（Ⅵ）：产量构成要素与产量

品种	亩穗数（万）	穗粒数（粒）	千粒重（g）	理论产量（kg/亩）	实收产量（kg/亩）	实收产量与对照相比（%）
伟隆 169	49.6	39.2	40.1	662.7（1）	660.0（3）	+6.5
新麦 58	49.2	38.2	39.9	637.4（4）	659.1（4）	+6.3
师栾 02-1	52.8	37.9	32.2	547.7（11）	584.4（11）	−5.7
百农 4199	50.2	33.2	42.9	607.7（9）	619.9（9）	—
新麦 26	46.8	39.4	40.4	633.2（5）	651.9（5）	+5.2
郑麦 379	45.3	38.9	41.7	624.6（8）	639.6（7）	+3.2
丰德存麦 21	42.9	37.1	47.2	638.5（3）	642.8（6）	+3.7
西农 979	50.9	33.1	41.7	597.2（10）	604.9（10）	−2.4
新麦 38	49.9	36.9	42.3	662.0（2）	685.0（1）	+10.5
郑麦 369	50.4	31.5	46.9	632.9（6）	666.8（2）	+7.6
新麦 45	49.1	35.6	42.4	629.9（7）	620.5（8）	+0.1

注：理论产量、实收产量括号内的数字为排序。

2.5　品质检测

参试品种农业农村部农产品质量监督检验中心（郑州）检测结果见表5-35，依据强筋小麦国家标准（GB/T 17892—1999），新麦 58、师栾 02-1、丰德存麦 21 这 3 个品种水分、蛋白质（干基）、湿面筋、降落数值、稳定时间 5 项指标达到国家标准，新麦 26、新麦 38、新麦 45 这 3 个品种水分、蛋白质（干基）、降落数值、稳定时间 4 项指标达到国家标准，百农 4199、西农 979、伟隆 169 仅 3 项指标达到国家标准。

表5-35　优质小麦品种对比筛选试验研究（Ⅵ）：品质检测结果

检测项目	新麦 26	新麦 38	新麦 45	新麦 58	师栾 02-1	百农 4199	西农 979	丰德存麦 21	伟隆 169
水分（g/100 g）	8.57	8.72	8.46	9.38	8.68	8.66	9.41	9.26	8.95

（续表）

检测项目	新麦 26	新麦 38	新麦 45	新麦 58	师栾 02-1	百农 4199	西农 979	丰德 存麦 21	伟隆 169
蛋白质（干基）（g/100 g）	14.9	15.0	14.3	16.1	16.1	13.4	13.9	15.2	13.4
湿面筋（%）	29.2	31.3	31.3	32.6	32	31.0	29.2	32.5	28.2
降落数值（%）	376	347	382	398	342	352	380	388	392
吸水量（mL/100 g）	62.9	61.1	63.4	62.4	62.4	63.1	64.4	64.4	59.1
形成时间（min）	26.7	11.2	9.5	19.2	23.4	5.5	9.0	7.2	8.4
稳定时间（min）	31.1	13.4	17.5	21.0	30.5	10.5	20.4	11.6	10.7
弱化度（FU）	55	46	22	46	30	37	18	37	41
出粉率（%）	66.3	68.4	67.3	67.6	69.4	69.3	68.8	69.2	70.5

3　小结

（1）综合试验数据，综合农艺性状好、抗逆性强、适宜大面积推广应用的强筋中强筋小麦品种有 8 个：伟隆 169、新麦 58、新麦 26、郑麦 379、丰德存麦 21、新麦 38、郑麦 369、新麦 45。

（2）师栾 02-1、西农 979 两个强筋小麦品种为我国优质小麦发展做出了重要贡献，随着我国强筋小麦品种育种进度加快，已失去品种优势，建议逐步缩小推广面积。

（3）试验结果表明，小麦品种优质不高产、高产不优质的时代已成为历史，我国强筋中强筋小品种利用进入新时代。

第七节　优质小麦品种对比筛选试验（Ⅶ）

1　试验目的

选用本地主导小麦品种，引进近年新审定小麦品种，集成绿色高质高效栽培技术，进一步筛选综合农艺性状好、品质优、适宜本地种植的小麦品种，为新乡小麦可持续发展提供理论依据。

2　试验设计

试验设在获嘉县位庄乡大位庄村，试验田地力均匀，地势平坦，灌排方便。

供试品种：新麦 45、百农 4199、科林 618、新麦 38、百农 207（CK）、联邦 2 号、伟隆 169、新植 9 号、金诚麦 19。

每个品种 1 个小区，面积 40 m²，重复 2 次，随机排列，整地、播种及田间管理等一致。试验田小麦出齐苗后每小区固定一米双行，调查苗情。小麦成熟后实打实收，每小区收获 10 m² 折算产量。

在深松晾垧的基础上，于2021年11月9日旋耕、压实。11月10日，采用小型汽油机精播耧播种，亩播量11 kg，播后随即镇压，确保一播全苗。

3 田间管理

（1）播前拌种：用27%苯醚·咯·噻虫悬浮种衣剂70 g，拌25 kg小麦种子。

（2）底肥：整地前每亩底施46%（N-P-K=21-20-5）腐植酸复合肥50 kg，通过耕地与土壤充分混合。

（3）追肥：2022年2月24日亩追尿素10 kg；4月9日亩追尿素4 kg。

（4）浇水：分别于2022年2月24日、4月9日，结合追肥进行浇水。

（5）防治病虫害：2022年3月2日，亩用24 g/L噻呋酰胺悬浮剂25 mL+25%吡唑醚菌酯悬浮剂15 mL+海藻液体肥40 g+磷酸二氢钾50 g，防治纹枯病、白粉病等。

3月29日，亩用24 g/L噻呋酰胺悬浮剂20 mL+25%吡唑醚菌酯悬浮剂20 mL+430 g/L戊唑醇悬浮剂20 mL+50 g/L高效氯氟氰菊酯乳油40 mL+70%吡虫啉可湿性粉剂5 g+海藻液体肥80 g+磷酸二氢钾50 g，防治纹枯病、白粉病、蚜虫等。

4月25日，亩用40%咪铜·氟环唑悬浮剂35 g+25%吡唑醚菌酯悬浮剂20 mL+50%醚菌酯水分散粒剂10 g+2.5%高效氯氟氰菊酯乳油50 mL+25%噻虫嗪可湿性粉剂15 g+0.01%芸苔素内酯可溶液剂10 g+氨基酸液肥40 g+磷钾肥40 g，防治赤霉病、白粉病、蚜虫等。

（6）一喷三防：5月11日，亩喷2.5%高效氯氟氰菊酯乳油50 mL+70%吡虫啉可湿性粉剂5 g+40%丙硫菌唑·戊唑醇悬浮剂40 mL+50%醚菌酯水分散粒剂10 g。5月14日，亩用磷酸二氢钾130 g+氨基酸水溶肥40 g叶面喷雾；5月27日，亩用磷酸二氢钾100 g+1%吲丁·诱抗素可湿性粉剂3 000倍液叶面喷雾，预防小麦白粉病、蚜虫、干热风等。

4 数据分析

4.1 生育时期调查

生育时期调查结果见表5-36，结果表明，参试品种出苗、越冬及返青时间没有差别；百农4199、新植9号于3月18日拔节，相对较早，新麦45于3月23日拔节，联邦2号于3月24日拔节，相对较晚。百农4199、科林618、新植9号4月19日抽穗，时间最早；百农207、联邦2号4月22日抽穗，相对较晚。百农4199、科林618、新麦38、新植9号4个品种4月24日开花，联邦2号4月26日开花，其余品种4月25日开花。百农4199成熟最早，于6月2日成熟，其余品种于6月4日、5日成熟。

表5-36 优质小麦品种对比筛选试验（Ⅶ）：生育时期调查

品种	出苗期	越冬期	返青期	拔节期	抽穗期	扬花期	成熟期
新麦45	11月24日	12月25日	2月13日	3月23日	4月21日	4月25日	6月5日
百农4199	11月24日	12月25日	2月13日	3月18日	4月19日	4月24日	6月2日
科林618	11月24日	12月25日	2月13日	3月20日	4月19日	4月24日	6月4日

（续表）

品种	出苗期	越冬期	返青期	拔节期	抽穗期	扬花期	成熟期
新麦 38	11 月 24 日	12 月 25 日	2 月 13 日	3 月 19 日	4 月 20 日	4 月 24 日	6 月 4 日
百农 207	11 月 24 日	12 月 25 日	2 月 13 日	3 月 19 日	4 月 22 日	4 月 25 日	6 月 5 日
联邦 2 号	11 月 24 日	12 月 25 日	2 月 13 日	3 月 24 日	4 月 22 日	4 月 26 日	6 月 5 日
伟隆 169	11 月 24 日	12 月 25 日	2 月 13 日	3 月 22 日	4 月 20 日	4 月 25 日	6 月 4 日
新植 9 号	11 月 24 日	12 月 25 日	2 月 13 日	3 月 18 日	4 月 19 日	4 月 24 日	6 月 4 日
金诚麦 19	11 月 24 日	12 月 25 日	2 月 13 日	3 月 19 日	4 月 21 日	4 月 25 日	6 月 5 日

4.2　苗情调查

越冬期苗情调查结果如表 5-37 所示，结果表明，受晚播影响，至 12 月 10 日调查时间，参试品种主茎叶龄为 2.1 片，单株茎蘖为 1.0 个，越冬苗情整体较差。

表 5-37　优质小麦品种对比筛选试验（Ⅶ）：越冬期苗情
（调查时间：2021 年 12 月 10 日）

品种	亩基本苗（万）	主茎叶龄（片）	单株茎蘖（个）	亩群体（万）	品种	亩基本苗（万）	主茎叶龄（片）	单株茎蘖（个）	亩群体（万）
新麦 45	20.0	2.1	1.0	20.0	联邦 2 号	17.5	2.1	1.0	17.5
百农 4199	18.7	2.1	1.0	18.7	伟隆 169	18.1	2.1	1.0	18.1
科林 618	18.4	2.1	1.0	18.4	新植 9 号	15.8	2.1	1.0	15.8
新麦 38	17.9	2.1	1.0	17.9	金诚麦 19	18.7	2.1	1.0	18.7
百农 207	16.1	2.1	1.0	16.1					

由返青期苗情调查结果（表 5-38）可知，受 12 月积温较常年偏高影响，小麦发育较快。返青期参试品种主茎叶龄 4.8~5.1 片，单株茎蘖 3.0~4.5 个，亩群体 47.7 万~86.9 万。返青苗情虽较常年偏差，但总体好于预期。其中，科林 618、新麦 38、百农 207 冬季分蘖力一般，新麦 45、新植 9 号、金诚麦 19 分蘖力较强，亩群体相对较大。

表 5-38　优质小麦品种对比筛选试验（Ⅶ）：返青期苗情
（调查时间：2022 年 2 月 22 日）

品种	主茎叶龄（片）	单株茎蘖（个）	亩群体（万）	品种	主茎叶龄（片）	单株茎蘖（个）	亩群体（万）
新麦 45	5.1	4.3	86.9	联邦 2 号	5.1	3.9	67.7
百农 4199	5.0	3.6	66.7	伟隆 169	4.8	3.4	60.8
科林 618	5.0	3.1	56.5	新植 9 号	5.0	4.1	65.5
新麦 38	4.8	3.2	57.1	金诚麦 19	5.1	4.5	84.4
百农 207	5.0	3.0	47.7				

拔节期苗情调查结果见表 5-39，结果表明，参试品种拔节期苗情持续好转，主茎叶

龄达到7.8~8.0片，单株茎蘖4.6~7.7个，亩群体73.5万~154.4万。其中，新麦45、金诚麦19春季分蘖力较强，亩群体分别达到154.4万、142.1万；新麦38、百农207春季分蘖力一般，亩群体分别为86.8万、73.5万。

表5-39 优质小麦品种对比筛选试验（Ⅶ）：拔节期苗情
（调查时间：2022年3月23日）

品种	主茎叶龄（片）	单株茎蘖（个）	亩群体（万）	品种	主茎叶龄（片）	单株茎蘖（个）	亩群体（万）
新麦45	8.0	7.7	154.4	联邦2号	8.0	5.1	89.7
百农4199	7.8	5.1	94.8	伟隆169	8.0	6.1	110.3
科林618	8.0	5.0	91.7	新植9号	7.8	6.1	95.8
新麦38	8.0	4.8	86.8	金诚麦19	8.0	7.6	142.1
百农207	8.0	4.6	73.5				

4.3 抗逆性调查

抗逆性调查结果见表5-40，结果表明，参试品种均未发生冻害。纹枯病抗性：新麦45、百农4199、科林618轻感，联邦2号、伟隆169中感，百农207重感，新麦38、新植9号、金诚麦19未感。白粉病抗性：百农4199、科林618、百农207轻感，新麦45、联邦2号、新植9号中感，新麦38、伟隆169、金诚麦19重感。根腐病、赤霉病、锈病均未感。抗倒性：新麦45、百农4199、科林618发生点片倒伏，其余品种抗倒性较好。抗干热风能力：百农4199、科林618、新麦38、伟隆169受干热风影响较重，其余品种受干热风影响较轻。落黄：科林618、新麦38、百农207、伟隆169落黄较好，其余品种落黄中等。

表5-40 优质小麦品种对比筛选试验研究（Ⅶ）：抗逆性调查

品种	冻害		纹枯病	白粉病	根腐病	赤霉病	锈病	倒伏	干热风	落黄
	冬季	春季								
新麦45	无	无	轻	中	无	无	无	点片	轻	中
百农4199	无	无	轻	轻	无	无	无	点片	重	中
科林618	无	无	轻	轻	无	无	无	点片	重	好
新麦38	无	无	无	重	无	无	无	0	重	好
百农207	无	无	重	轻	无	无	无	0	轻	好
联邦2号	无	无	中	中	无	无	无	0	轻	中
伟隆169	无	无	中	重	无	无	无	0	重	好
新植9号	无	无	无	中	无	无	无	0	轻	中
金诚麦19	无	无	无	重	无	无	无	0	轻	中

注：冬季冻害于2月22日调查。

4.4 产量构成要素与产量调查

由产量构成要素（表5-41）及小区实收产量调查结果（表5-42）可知，参试品种联邦 2 号株高最低（68.5 cm）；百农 207 株高最高（77.1 cm）；其余品种株高 70 cm 左右。亩穗数金诚麦 19 最高（49.9 万）；其次为新麦 38（49.8 万）；第 3 位是新麦 45（49.4 万）；联邦 2 号最低（42.2 万）。穗粒数新植 9 号最高（39.8 粒）；联邦 2 号最低（36.4 粒）。千粒重联邦 2 号最高（52.36 g）；新麦 38 最低（44.12 g）。理论产量新植 9 号最高（749.7 kg/亩）；其次为百农 4199、新麦 45、科林 618、金诚麦 19，理论产量分别为 733.4 kg/亩、731.3 kg/亩、726.5 kg/亩、715.9 kg/亩。实收产量均超过 700 kg/亩，新植 9 号产量最高（773.2 kg/亩），较对照增产 9.7%；其他品种依次为科林 618、新麦 45、百农 4199、金诚麦 19、新麦 38、百农 207、联邦 2 号、伟隆 169，实收产量分别为 763.7 kg/亩、757.4 kg/亩、757.4 kg/亩、748.5 kg/亩、735.7 kg/亩、704.9 kg/亩、702.4 kg/亩、701.9 kg/亩。

表 5-41　优质小麦品种对比筛选试验研究（Ⅶ）：产量构成要素与产量

（调查时间：2022 年 6 月 8 日）

品种	株高（cm）	亩穗数（万）	穗粒数（粒）	千粒重（g）	理论产量（kg/亩）
新麦 45	74.6	49.4	38.9	44.77	731.3
百农 4199	70.9	48.8	38.8	45.57	733.4
科林 618	67.7	46.5	38.6	47.62	726.5
新麦 38	76.3	49.8	37.7	44.12	704.1
百农 207	77.1	44.5	38.9	45.42	668.3
联邦 2 号	68.5	42.2	36.4	52.36	683.6
伟隆 169	76.4	45.2	37.5	46.24	666.2
新植 9 号	76.7	45.9	39.8	48.28	749.7
金诚麦 19	72.9	49.9	38.3	44.07	715.9

表 5-42　优质小麦品种对比筛选试验（Ⅶ）：实收产量

品种	小区产量（kg/40 m²）			折亩产（kg）	与对照相比（%）
	重复 1	重复 2	平均		
新麦 45	44.69	46.19	45.44	757.4	+7.4
百农 4199	44.39	46.49	45.44	757.4	+7.4
科林 618	47.99	43.65	45.82	763.7	+8.3
新麦 38	44.24	43.49	44.12	735.7	+4.4
百农 207	43.11	41.47	42.29	704.9	—
联邦 2 号	41.83	42.44	42.14	702.4	-0.4
伟隆 169	42.97	41.24	42.11	701.9	-0.4
新植 9 号	46.49	46.28	46.39	773.2	+9.7
金诚麦 19	46.34	43.48	44.91	748.5	+6.2

4.5 品质检测

参试品种农业农村部农产品质量监督检验中心（郑州）检测结果见表5-43，依据国家标准《优质小麦 强筋小麦》（GB/T 17892—1999），金诚麦19、新麦45两个品种水分、蛋白质（干基）、湿面筋、降落数值、稳定时间5项指标达到国家标准，其余品种可以定性为普通中筋小麦。

表5-43　优质小麦品种对比筛选试验（Ⅶ）：品质检测结果

检测项目	百农4199	科林618	伟隆169	金诚麦19	新麦38	联邦2号	新植9号	百农207	新麦45
水分（g/100 g）	6.36	6.62	6.41	6.26	6.54	6.56	6.58	7.18	6.85
蛋白质（干基）（g/100 g）	12.8	12.4	13.6	15.9	13.9	13.4	13.9	13.5	15.2
湿面筋（%）	28	28.2	29.0	34.2	28.4	28.0	32.7	34.6	35.4
降落数值（%）	442	430	448	518	410	411	433	398	458
吸水量（mL/100 g）	63.9	67.2	62.2	64.6	61.9	62.6	63.7	63.9	68.0
形成时间（min）	4.3	4.0	11.7	17.8	14.5	3.7	5.7	3.9	14.7
稳定时间（min）	7.0	3.7	22.8	16.2	12.7	3.1	6.1	7.9	13.3
弱化度（FU）	49	119	22	69	76	130	95	45	73
出粉率（%）	68.8	68.7	71.4	68.8	66.8	66.4	66.8	69.8	66.0

5 综合评价

5.1 新植9号

冬前分蘖力强。春季发育快，分蘖力中等。田间未发现纹枯病、根腐病、赤霉病、锈病，中感白粉病，抗倒伏，干热风危害轻。中熟，落黄中等。成熟株高76.7 cm，亩穗数45.9万，穗粒数39.8粒，千粒重48.28 g。实收产量773.2 kg/亩，较对照增产9.7%，居参试品种第1位。

5.2 科林618

冬前分蘖力一般。春季发育快，分蘖力中等。田间轻感纹枯病，未发现根腐病、赤霉病、锈病，轻感白粉病，抗倒伏能力一般，干热风危害重。中早熟，落黄好。成熟株高67.7 cm，亩穗数46.5万，穗粒数38.6粒，千粒重47.62 g。实收产量763.7 kg/亩，较对照增产8.3%，居参试品种第2位。

5.3 新麦45

冬前分蘖力强。春季发育速度一般，分蘖力强。田间轻感纹枯病，中感白粉病，未发现根腐病、赤霉病、锈病，抗倒伏能力一般，干热风危害轻。中熟，落黄中等。成熟株高74.6 cm，亩穗数49.4万，穗粒数38.9粒，千粒重44.77 g。实收产量757.4 kg/亩，较对照增产7.4%，居参试品种第3位。

5.4 百农4199

冬前分蘖力中等。春季发育速度快，分蘖力一般。田间轻感纹枯病、白粉病，未发现根腐病、赤霉病、锈病，抗倒伏能力一般，干热风危害重。中早熟，落黄中等。成熟株高70.9 cm，亩穗数48.8万，穗粒数38.8粒，千粒重45.57 g。实收产量757.4 kg/亩，较对照增产7.4%，居参试品种并列第3位。

5.5 金诚麦19

冬前分蘖力强。春季发育速度中等，分蘖力强。田间重感白粉病，未发现纹枯病、根腐病、赤霉病、锈病，抗倒伏能力好，干热风危害轻。中熟，落黄中等。成熟株高72.9 cm，亩穗数49.9万，穗粒数38.3粒，千粒重44.07 g。实收产量748.5 kg/亩，较对照增产6.2%，居参试品种第5位。

5.6 新麦38

冬前分蘖力一般。春季发育速度中等，分蘖力一般。田间重感白粉病，未发现纹枯病、根腐病、赤霉病、锈病，抗倒伏能力好，干热风危害重。中早熟，落黄好。成熟株高76.3 cm，亩穗数49.8万，穗粒数37.7粒，千粒重44.12 g。实收产量735.7 kg/亩，较对照增产4.4%，居参试品种第6位。

5.7 百农207

冬前分蘖力一般。春季发育速度中等，分蘖力一般。田间重感纹枯病，轻感白粉病，未发现根腐病、赤霉病、锈病，抗倒伏能力好，干热风危害轻。中熟，落黄好。成熟株高77.1 cm，亩穗数44.5万，穗粒数38.9粒，千粒重45.42 g，实收产量704.9 kg/亩，居参试品种第7位。

5.8 联邦2号

冬前分蘖力一般。春季发育速度中等，分蘖力一般。田间中感纹枯病、白粉病，未发现根腐病、赤霉病、锈病，抗倒伏能力好，干热风危害轻。中熟，落黄中等。成熟株高68.5 cm，亩穗数42.2万，穗粒数36.4粒，千粒重52.36 g。实收产量702.4 kg/亩，较对照减产0.4%，居参试品种第8位。

5.9 伟隆169

冬前分蘖力一般。春季发育速度中等，分蘖力强。田间中感纹枯病，重感白粉病，未发现根腐病、赤霉病、锈病，抗倒伏能力好，干热风危害重。中早熟，落黄好。成熟株高76.4 cm，亩穗数45.2万，穗粒数37.5粒，千粒重46.24 g。实收产量701.9 kg/亩，较对照减产0.4%，居参试品种第9位。

本试验9个参试品种实收产量均超过700 kg/亩，均具有推广应用价值。但新植9号、科林618、新麦45、百农4199这4个品种实收产量超过750 kg/亩，金诚麦19、新麦38实收产量接近750 kg/亩，在生产上丰产潜力更大。但在应用实践上要根据不同品种存在的缺陷，采取相应的技术措施加以应对，以顺利夺取高产。

第八节　彩色小麦品种比较试验（Ⅰ）

近几年，彩色小麦在新乡发展势头较好，作为一个小麦的特殊品种，因其独有的外观、独特的富硒成分而受到市场的认可。目前市场上彩色小麦品种较多，但是高产优质品种较少，不同品种品质良莠不齐。为了选择优质、高产品种给种植户提供科学依据，通过向育种人征集品种，2020年10月开展了彩色小麦品种的对比试验，试验结果如下。

1　试验材料

1.1　试验品种

共征集试验品种12个，分别是农大3753、紫17、新65、Q14、济紫、新平、太紫6336、柳黑麦1号、新134、秦紫1号、中蓝麦1号、爱民蓝麦1号，以上品种种子全部由育种人提供。

1.2　试验地概况

试验地安排在新乡县小冀镇都富村北地，灌溉便利，地势平坦，肥力中等一致，土壤为两合土偏砂。前茬种植作物为大豆。试验地全部深耕深松后旋耕耙2遍，播前撒施的基肥为贵州田悦化肥有限公司生产的45%（N-P-K=18-22-5）复合肥，亩施50 kg，浇水1周后开始播种，播种时墒情足。

1.3　试验设置

试验品种12个，随机排列，不设重复，每小区宽3.6 m，长50 m，面积180 m^2。

1.4　播种时间与播量

播种采用人工拉线拉耧精播，按照每亩10 kg播种，折合每小区2.7 kg左右，于2020年10月17日完成播种，人工起垄。

12个品种实际亩播量：农大3753，9.3 kg；紫17，7.4 kg；新65，6.7 kg；Q14，6.7 kg；济紫，9.9 k；新平，10 kg；太紫6336，9.5 kg；柳黑麦1号，11.5 kg；新134，8.9 kg；秦紫1号，12.2 kg；中蓝麦1号，12.2 kg；爱民蓝麦1号，10.2 kg。

2　调查结果与分析

2.1　调查内容

苗期随机调查出苗时间和出苗率，抽穗期调查病虫害发生情况，及时指导喷药防治。

小麦成熟收割前，每个小区随机3点抽样，每点一米双行调查小麦株数并记载。

小麦成熟收割前，在每个小区用1 m^{2}的铁丝框随机取样1 m^2，用剪刀剪掉小麦穗头，放入取样袋带回农场，随机取穗50个查每穗小麦粒记载后，放回袋中进行晾晒，待晒干后进行人工脱粒去杂，称量千粒重和每个小区籽粒重量，同时观察小麦粒的颜色。

2.2　调查时间

2021年6月11日。

2.3 计算方法

将原始数据进行归纳整理,按照2种方法计算小区产量。

实收产量折亩产＝3个样点籽粒重量之和÷3×666.7

理论产量＝亩穗数×穗粒数×千粒重×0.85

2.4 调查结果

出苗时间和出苗率:播种后7 d、14 d分别调查,每个小区出苗时间相差不大,出苗率一样。

彩色小麦品种试验调查结果见表5-44。两种测产结果产量相差较大。综合衡量2种方法认为产量较高的是2个蓝麦品种,其次是深黑色品种柳黑麦1号、济紫,再次是浅黑色品种新134和Q14。秦紫1号和太紫6336品种表现一般,农大3753和紫17产量表现较差。

表5-44 彩色小麦品种比较试验（I）:产量构成要素与产量

品种名称	株高（cm）	亩穗数（万）	穗粒数（粒）	千粒重（g）	理论产量（kg/亩）	小区产量（kg/m²）	实收产量折亩产（kg）	籽粒颜色
农大3753	94.3	19.6	47.3	39.0	307.5	0.65	433.4	深黑色
紫17	77.0	21.0	50.2	47.3	424.8	0.61	406.7	深黑色
新65	83.8	22.4	41.4	51.9	409.3	0.71	473.4	浅黑色
Q14	84.0	24.7	47.5	46.3	461.8	0.75	500.0	浅黑色
太紫6336	83.3	35.9	50.2	40.4	619.5	0.72	480.0	深黑色
新平	80.0	32.6	38.6	45.5	486.8	0.70	466.7	浅黑色
济紫	87.6	34.1	40.0	47.3	547.7	0.68	453.4	深黑色
柳黑麦1号	85.5	47.1	30.6	42.4	518.9	0.76	506.7	深黑色
新134	85.3	31.5	50.4	44.0	593.9	0.72	480.0	浅黑色
秦紫1号	86.0	30.9	46.8	36.8	452.7	0.71	473.4	深黑色
中蓝麦1号	88.7	41.2	50.9	42.4	755.3	0.74	493.4	深蓝色
爱民蓝麦1号	89.0	35.9	35.0	49.8	532.5	0.77	513.4	深蓝色

3 小结

(1)产量考查。按照两种方法进行测产,但个别品种差别稍大;从实际测产结果考量,表现较好的品种:爱民蓝麦1号产量最高,其次是浅黑色品种Q14,再次为深黑色品种柳黑麦1号和济紫。

(2)性状考查。彩色小麦颜色不一,分为深黑色、浅黑色和深蓝色等,内在品质没有进行测试,从商品性状考虑以黑小麦更受市场欢迎。

根据试验结果和商品性分析,建议对彩色小麦的营养成分进行分析,既要高产又要优质,为种植户提供优质高产健康食品提供更可靠科学的依据。

第九节　彩色小麦品种比较试验（Ⅱ）

1　试验田基本情况

试验地安排在新乡县小冀镇西街，灌溉便利，地势平坦，肥力中等一致，土壤为两合土。前茬种植作物为玉米。试验地全部深耕深松后旋耕耙 2 遍，播前撒施的基肥为贵州田悦化肥有限公司生产的 45%（N-P-K=18-22-5）复合肥，亩施 50 kg，浇水 1 周后开始播种，播种时墒情足。

2　播种时间及播量

2021 年 11 月 5 日采用人工播种，每亩播量 15 kg。

3　参试品种

8 个：柳黑麦 1 号、农大 3753、Q14、紫 12、兰大系 55、中蓝麦 10 号、秦紫 1 号、秦蓝 1 号，种子均由育种人提供。

4　结果及分析

4.1　生育期分析

8 个品种成熟期差别较大，秦蓝 1 号成熟最晚，到 6 月 18 日成熟收获；兰大系 55 品种 6 月 15 日成熟收获；紫 12 品种 6 月 12 日成熟收获；其余品种在 6 月 9 日统一收获。

4.2　产量分析

每小区按照 5 点取样，每样点取 1 m²。测产结果折合亩产，位列前 5 位的依次为 Q14（586.9 kg/亩）、柳黑麦 1 号（583.4 kg/亩）、兰大系 55（550.5 kg/亩）、中蓝麦 10 号（526.6 kg/亩）、紫 12（508.6 kg/亩）；产量最低的为农大 3753（481.6 kg/亩）。

第六章 麦玉周年减灾保产关键技术研究（小麦）

麦玉周年减灾保产关键技术研究项目包括小麦和玉米两种作物减灾保产关键技术研究。小麦减灾保产关键技术研究从 2017 年麦播开始，到 2020 年麦收结束，历时 3 年，主要开展了小麦品种筛选试验和小麦茬口衔接优化试验及集成技术示范。每年选择已通过审定的小麦新品种 15~20 个开展试验示范，以抗逆、优质、高产为主要目标，对供试品种进行综合评价，从中选出抗逆减灾能力强、产量水平高、商品质量优、综合效益好的适合本区域及相似类型区域种植的小麦品种。根据筛选和抗性评价结果，选择抗逆、丰产综合性理想的麦玉品种进行组合，周年迎茬方式为玉米-小麦（小麦接茬玉米），冬小麦播种期梯度，通过生育期进程、个体/群体发育动态、产量等调查与分析，为合理科学麦玉接茬和品种布局，突破两熟休闲期光热水资源利用瓶颈，最大程度实现周年避灾减灾，最大限度利用周年自然资源提供依据。3 年来，累计参试小麦品种 27 个：百农 207、新麦 26、郑麦 366、西农 979、丰德存麦 5 号、师栾 02-1、藁优 2018、怀川 916、郑麦 7698、周麦 27 号、郑麦 101、众麦 2 号、百农 4199、新麦 30、百农 AK58、郑麦 379、中麦 895、郑麦 583、伟隆 169、周麦 22 号、中植 0914、新植 9 号、中麦 578、郑麦 136、众麦 7 号、百农 418、科林 201。

小麦品种筛选试验结果表明，中筋小麦品种百农 207、众麦 2 号、百农 4199、周麦 27 号、新植 9 号、百农 AK58、郑麦 583、郑麦 379 产量较高，综合抗性好；强筋中强筋小麦表现较好的有郑麦 101、西农 979、丰德存麦 5 号、师栾 02-1、藁优 2018、伟隆 169、郑麦 7698、郑麦 366、新麦 26、中麦 578。小麦茬口衔接优化试验结果表明，10 月 15 日前后播种、播量 12.5 kg/亩左右的产量最高，晚播情况下应适当增加播量。

第一节 小麦品种筛选试验（Ⅰ）

1 试验目的

针对小麦干旱重发、低温冻害频发、干热风区域性高发并交互危害等突出问题，结合不同区域典型性农业气象灾害和生产条件，选择已通过审定的小麦新品种开展试验示范，以抗逆、优质、高产为主要目标，对供试品种进行综合评价，从中选出抗逆减灾能力强、产量水平高、商品质量优、综合效益好的适合本区域及相似类型区域种植的小麦品种。

2 基本情况

试验地点位于新乡县七里营，属于黄淮冬麦区。新乡县耕地土壤有机质含量为

2. 126~48. 365 g/kg，平均值为 17. 586 g/kg；土壤全氮含量为 0. 13~2. 90 g/kg，平均值为 1. 09 g/kg；耕地土壤有效磷含量为 2. 1~126. 0 mg/kg，平均值 21. 3 mg/kg。耕地土壤速效钾含量为 25~965 mg/kg，平均为 156 mg/kg。试验基本信息见表 6-1。

表 6-1　小麦品种筛选试验（Ⅰ）：基本信息

类别	项目	内容
农田基本信息	试验地点	中国农业科学院植物保护研究所新乡基地
	土壤质地	砂壤土
试验管理信息	播种日期	2017 年 10 月 22 日
	收获日期	2018 年 6 月 3 日
	试验异常信息（重大病虫害、异常气象灾害等）	2018 年 4 月 6 日极端低温造成部分品种冻害；5 月 4—18 日持续阴雨寡照

3　试验设计

参试品种 15 个：百农 207、新麦 26、郑麦 366、西农 979、丰德存麦 5 号、师栾 02-1、藁优 2018、怀川 916、郑麦 7698、周麦 27 号、郑麦 101、众麦 2 号、百农 4199、新麦 30、百农 AK58（CK）。小区面积：3.8 m×13 m＝49.4 m²。3 次重复。过道 1.5 m（图 6-1）。

过道	新麦 30	过道	丰德存麦 5 号	过道	郑麦 7698	过道
	百农 4199		西农 979		怀川 916	
	百农 AK58（CK）		郑麦 366		藁优 2018	
	众麦 2 号		新麦 26		师栾 02-1	
	郑麦 101		百农 207		丰德存麦 5 号	
	周麦 27 号		新麦 30		西农 979	
	郑麦 7698		百农 4199		郑麦 366	
	怀川 916		百农 AK58（CK）		新麦 26	
	藁优 2018		众麦 2 号		百农 207	
	师栾 02-1		郑麦 101		新麦 30	
	丰德存麦 5 号		周麦 27 号		百农 4199	
	西农 979		郑麦 7698		百农 AK58（CK）	
	郑麦 366		怀川 916		众麦 2 号	
	新麦 26		藁优 2018		郑麦 101	
	百农 207		师栾 02-1		周麦 27 号	
	重复Ⅰ		重复Ⅱ		重复Ⅲ	

图 6-1　小麦品种筛选试验（Ⅰ）：试验设计示意图

2017 年 10 月 21 日，旋耕整地，每亩底施磷酸二铵 40 kg、尿素 10 kg。播前每斤种子用 25 g/L 灭菌唑种子处理悬浮剂 1 mL+600 g/L 吡虫啉悬浮种衣剂 1 mL，加水 8 mL 包衣，播期 10 月 22 日，播量 12.5 kg/亩。为确保全苗，11 月 4 日进行喷灌，时长 1.5 h。2 月 27 日喷灌 3 h，亩追肥 10 kg 尿素；3 月 10 日使用 25%双氟磺草胺水分散粒剂 1 g/亩+80%唑嘧磺草胺水分散粒剂 2 g/亩；4 月 5 日浇孕穗水；4 月 20 打药防病虫害（7.5%氯氟·吡虫啉悬浮剂 30 g/亩+25%吡唑醚菌酯悬浮剂 30 mL/亩+25%氰烯菌酯悬浮剂 200 mL/亩）。

4 数据分析

4.1 亩基本苗调查结果

亩基本苗调查结果见表 6-2。从调查数据分析，一般情况下亩播量按重量计算，但是师栾 02-1 千粒重较小，导致播种时亩基本苗较大，达到 38.1 万。因此，在生产上确定亩播量要考虑千粒重，特别是千粒重偏高和偏低的品种。

表 6-2 小麦品种筛选试验（Ⅰ）：亩基本苗调查　　　　　　　　单位：万

品种名称	重复Ⅰ	重复Ⅱ	重复Ⅲ	平均	品种名称	重复Ⅰ	重复Ⅱ	重复Ⅲ	平均
新麦 30	30.8	28.7	27.5	29.0	薰优 2018	28.4	26.3	27.5	27.4
百农 4199	27.1	26.9	27.8	27.3	师栾 02-1	37.5	36.8	40.0	38.1
百农 AK58（CK）	27.8	27.4	25.9	27.1	丰德存麦 5 号	21.4	22.4	21.4	21.8
众麦 2 号	32.0	30.5	28.1	30.2	西农 979	27.5	27.3	29.8	28.2
郑麦 101	21.7	23.6	26.3	23.8	郑麦 366	29.7	28.3	26.7	28.2
周麦 27 号	21.8	23.2	25.8	23.6	新麦 26	26.5	25.6	25.1	25.7
郑麦 7698	20.1	20.3	23.1	21.1	百农 207	33.8	32.3	32.9	33.0
怀川 916	30.1	27.7	27.0	28.3					

4.2 生育时期调查

参试品种出苗、越冬、返青时间上没有差别。新麦 26、郑麦 366 拔节时间较早，比其他参试品种提前 1~2 d；百农 AK58 拔节最晚。郑麦 366、西农 979、丰德存麦 5 号、怀川 916、百农 AK58、百农 4199 抽穗较早，较比其他参试品种提前 1~2 d；百农 207 抽穗最晚。郑麦 366、西农 979、丰德存麦 5 号、师栾 02-1、怀川 916、众麦 2 号、百农 4199 灌浆较早，较比其他参试品种提前 1~2 d；百农 207、郑麦 101 灌浆最晚。新麦 26、郑麦 366、西农 979、怀川 916、众麦 2 号、百农 4199 成熟较早，较比其他参试品种提前 1~2 d（表 6-3）。

表 6-3 小麦品种筛选试验（Ⅰ）：生育时期调查

品种	出苗期	越冬期	返青期	拔节期	抽穗期	开花期	成熟期
百农 207	10 月 31 日	12 月 26 日	3 月 2 日	3 月 12 日	4 月 18 日	4 月 23 日	6 月 3 日
新麦 26	10 月 31 日	12 月 26 日	3 月 2 日	3 月 11 日	4 月 16 日	4 月 21 日	6 月 1 日

品种	出苗期	越冬期	返青期	拔节期	抽穗期	开花期	成熟期
郑麦 366	10 月 31 日	12 月 26 日	3 月 2 日	3 月 11 日	4 月 13 日	4 月 19 日	6 月 1 日
西农 979	10 月 31 日	12 月 26 日	3 月 2 日	3 月 13 日	4 月 14 日	4 月 20 日	6 月 1 日
丰德存麦 5 号	10 月 31 日	12 月 26 日	3 月 2 日	3 月 11 日	4 月 14 日	4 月 20 日	6 月 2 日
师栾 02-1	10 月 31 日	12 月 26 日	3 月 2 日	3 月 13 日	4 月 15 日	4 月 20 日	6 月 3 日
藁优 2018	10 月 31 日	12 月 26 日	3 月 2 日	3 月 13 日	4 月 15 日	4 月 21 日	6 月 3 日
怀川 916	10 月 31 日	12 月 26 日	3 月 2 日	3 月 14 日	4 月 14 日	4 月 20 日	6 月 1 日
郑麦 7698	10 月 31 日	12 月 26 日	3 月 2 日	3 月 14 日	4 月 17 日	4 月 21 日	6 月 2 日
周麦 27 号	10 月 31 日	12 月 26 日	3 月 2 日	3 月 14 日	4 月 14 日	4 月 21 日	6 月 2 日
郑麦 101	10 月 31 日	12 月 26 日	3 月 2 日	3 月 12 日	4 月 17 日	4 月 23 日	6 月 3 日
众麦 2 号	10 月 31 日	12 月 26 日	3 月 2 日	3 月 12 日	4 月 15 日	4 月 20 日	6 月 1 日
百农 AK58（CK）	10 月 31 日	12 月 26 日	3 月 2 日	3 月 15 日	4 月 14 日	4 月 22 日	6 月 3 日
百农 4199	10 月 31 日	12 月 26 日	3 月 2 日	3 月 13 日	4 月 19 日	4 月 19 日	6 月 1 日
新麦 30	10 月 31 日	12 月 26 日	3 月 2 日	3 月 14 日	4 月 15 日	4 月 21 日	6 月 2 日

4.3　亩群体调查

由亩群体调查结果（表6-4）可知，百农 207、新麦 26、郑麦 366、怀川 916、众麦 2 号、百农 AK58、百农 4199 亩群体在 40 万左右，较为合理；西农 979、师栾 02-1、藁优 2018 亩群体偏大，容易倒伏。

表 6-4　小麦品种筛选试验（Ⅰ）：亩群体调查　　　　　　　单位：万

品种	苗期	拔节期	收获期	品种	苗期	拔节期	收获期
百农 207	33.0	109.7	39.2	郑麦 7698	21.1	109.2	33.3
新麦 26	25.7	127.2	40.0	周麦 27 号	23.6	108.2	36.0
郑麦 366	28.2	102.0	39.2	郑麦 101	23.8	113.8	34.9
西农 979	28.2	160.0	47.7	众麦 2 号	30.2	143.6	41.5
丰德存麦 5 号	21.8	98.7	35.5	百农 AK58（CK）	27.1	116.5	39.4
师栾 02-1	38.1	138.6	52.7	百农 4199	27.3	98.8	44.9
藁优 2018	27.4	150.7	56.2	新麦 30	29.0	120.1	35.3
怀川 916	28.3	135.4	43.2				

4.4　主茎叶龄调查

由主茎叶龄调查结果（表6-5）可知，拔节期主茎叶龄最大的品种为西农 979、丰德存麦 5 号、郑麦 101、百农 AK58（10 叶 1 心）；主茎叶龄最小的品种为师栾 02-1（8 叶 1

心）。扬花期主茎叶龄最大的品种为百农 AK58（14 叶）；主茎叶龄最小的品种为百农 207（12 叶）。灌浆期主茎叶龄最大的品种为郑麦 101、众麦 2 号、百农 AK58（CK）、百农 4199、新麦 30（14 叶），主茎叶龄最小的品种为百农 207、新麦 26（12 叶）。

表 6-5　小麦品种筛选试验（Ⅰ）：主茎叶龄调查

品种	拔节期	扬花期	灌浆期	品种	拔节期	扬花期	灌浆期
百农 207	9 叶 1 心	12 叶	12 叶	郑麦 7698	10 叶	12 叶 1 心	13 叶
新麦 26	9 叶 1 心	12 叶 1 心	12 叶	周麦 27 号	10 叶	13 叶	13 叶 1 心
郑麦 366	10 叶	12 叶 1 心	13 叶	郑麦 101	10 叶 1 心	13 叶 1 心	14 叶
西农 979	10 叶 1 心	13 叶	13 叶	众麦 2 号	9 叶 1 心	12 叶 1 心	14 叶
丰德存麦 5 号	10 叶 1 心	13 叶	13 叶 1 心	百农 AK58（CK）	10 叶 1 心	14 叶	14 叶
师栾 02-1	8 叶 1 心	11 叶 1 心	12 叶 1 心	百农 4199	9 叶 1 心	13 叶	14 叶
蓑优 2018	10 叶	12 叶 1 心	13 叶 1 心	新麦 30	10 叶	13 叶	14 叶
怀川 916	9 叶 1 心	12 叶 1 心	13 叶 1 心				

4.5　耐寒性调查

耐寒性调查结果见表 6-6，从苗期、返青期耐寒性调查结果可知，百农 207、新麦 26、新麦 30 叶尖枯黄程度相对偏重。

表 6-6　小麦品种筛选试验（Ⅰ）：耐寒性调查

品种	叶尖枯黄程度		品种	叶尖枯黄程度	
	苗期	返青期		苗期	返青期
百农 207	3	3	郑麦 7698	2	2
新麦 26	3	3	周麦 27 号	2	2
郑麦 366	3	2	郑麦 101	2	2
西农 979	2	2	众麦 2 号	2	3
丰德存麦 5 号	2	2	百农 AK58（CK）	2	2
师栾 02-1	1	2	百农 4199	2	2
蓑优 2018	1	3	新麦 30	3	3
怀川 916	2	2			

4.6　晚霜冻害调查

丰德存麦 5 号、郑麦 366 重度冻害，受冻穗比例分别达到 47.3%、18.0%；其次为众麦 2 号、百农 AK58、新麦 30，受冻穗比例 10% 左右；师栾 02-1、蓑优 2018、怀川 916、周麦 27 号、郑麦 101 无明显冻害。郑麦 366、西农 979、丰德存麦 5 号轻微冻害比例较大，分别为 42.1%、39.2%、63.6%；其次为新麦 26、郑麦 7698、周麦 27 号、郑麦 101、众麦 2 号、百农 AK58、新麦 30，受冻比例在 10%～20%；百农 207、师栾 02-1、藁优 2018、怀川 916、郑麦 101、百农 4199 抗倒春寒能力相对较强，受冻穗率 10% 以下（表 6-7）。

表 6-7 小麦品种筛选试验（Ⅰ）：晚霜冻害调查

品种	调查总穗数（穗）	重度冻害		轻度冻害	
		穗数（穗）	比例（%）	穗数（穗）	比例（%）
百农 207	237	2	0.8	12	5.1
新麦 26	240	10	4.2	47	19.6
郑麦 366	140	26	18.6	59	42.1
西农 979	148	8	5.4	58	39.2
丰德存麦 5 号	110	52	47.3	70	63.6
师栾 02-1	188	0	0.0	8	4.3
藁优 2018	162	0	0.0	3	1.9
怀川 916	181	0	0.0	12	6.6
郑麦 7698	102	5	4.9	11	10.8
周麦 27 号	108	0	0.0	12	11.1
郑麦 101	114	0	0.0	2	1.8
众麦 2 号	109	11	10.1	21	19.3
百农 AK58（CK）	106	10	9.4	15	14.2
百农 4199	146	3	2.1	10	6.8
新麦 30	103	11	10.7	18	17.5

4.7 产量构成要素与产量调查

产量构成要素与产量调查结果见表 6-8，数据分析如下。

抗倒性分析：新麦 26 抗倒性最差，倒伏及倒折率 50%；其次为百农 207，倒伏及倒折率 40%；郑麦 366、西农 979、师栾 02-1、藁优 2018、怀川 916、周麦 27 号、郑麦 101，倒伏及倒折率 20%；丰德存麦 5 号、郑麦 7698、众麦 2 号、百农 AK58、百农 4199、新麦 30，抗倒能力相对较强。

产量分析：百农 207 实收产量最高（635.0 kg/亩）；郑麦 366 实收产量最低（434.3 kg/亩）。实收产量超过 600 kg/亩的品种 5 个，分别是百农 207、众麦 2 号、郑麦 101、百农 4199、周麦 27 号。实收产量为 550～600 kg/亩的品种 5 个，分别是百农 AK58、新麦 30、西农 979、丰德存麦 5 号、师栾 02-1；实收产量 500～550 kg/亩的品种 3 个，分别是郑麦 7698、藁优 2018、新麦 26；实收产量 500 kg/亩以下的品种 2 个，分别是怀川 916、郑麦 366。

表6-8　小麦品种筛选试验（Ⅰ）：产量构成要素与产量

品种	有效穗数（穗）	倒伏比例（%）	穗粒数（粒）	千粒重（g）	理论产量（kg/亩）	实收产量（kg/亩）	较对照（%）
百农207	39.2	40	36.3	44.0	532.2	635.0（1）	7.1
新麦26	40.0	50	24.7	47.0	394.7	500.5（13）	−15.6
郑麦366	39.2	20	25.1	47.5	397.3	434.3（15）	−26.7
西农979	47.7	20	39.3	47.0	748.9	571.5（8）	−3.6
丰德存麦5号	35.5	—	27.7	53.0	443.0	565.3（9）	−4.6
师栾02-1	52.7	20	23.6	34.0	359.4	559.0（10）	−5.7
藁优2018	56.2	20	23.1	47.0	518.6	545.5（12）	−8.0
怀川916	43.2	20	27.1	48.0	477.7	489.5（14）	−17.4
郑麦7698	33.3	—	27.2	50.0	384.9	549.5（11）	−7.3
周麦27号	36.0	20	35.2	48.0	517.0	595.3（5）	0.4
郑麦101	34.9	20	32.0	52.5	498.4	606.2（3）	2.3
众麦2号	41.5	—	29.6	40.5	422.9	615.3（2）	3.8
百农AK58（CK）	39.4	—	24.4	43.0	351.4	592.7（6）	—
百农4199	44.9	—	26.5	49.5	500.6	600.5（4）	1.3
新麦30	35.3	—	30.1	50.0	451.6	578.5（7）	−2.4

注：实收产量括号内数字为排序。

5　小结

（1）小麦品种千粒重应作为确定亩播量或亩基本苗的重要指标。

（2）中筋小麦实收产量前5位的品种依次是百农207、众麦2号、郑麦101、百农4199、周麦27号，实收产量分别为635.0 kg/亩、615.3 kg/亩、606.2 kg/亩、600.5 kg/亩、595.3 kg/亩，分别较对照增产7.1%、3.8%、2.3%、1.3%、0.4%。

（3）郑麦101（审定编号：国审麦2013014），河南省农业科学院小麦研究所选育，品种来源：Ta1648/郑麦9023，弱春性中早熟品种，据审定公告品质达到强筋小麦品种标准。在本年度试验中，产量位列第3，冬季耐寒性好，抗倒春寒能力较丰德存麦5号、郑麦366强。生育进程中等，亩穗数一般，抗倒性一般。在生产上要注意播期后移，控制播量，春季注意预防倒春寒。

（4）强筋小麦品种实收产量居前5位的依次是郑麦101、西农979、丰德存麦5号、师栾02-1、藁优2018，总排位为第3、第8、第9、第10、第12位，实收产量分别为606.2 kg/亩、571.5 kg/亩、565.3 kg/亩、559.0 kg/亩、545.5 kg/亩，分别较对照增产2.3%、−3.6%、−4.6%、−5.7%、−8.0%。

第二节 小麦品种筛选试验（Ⅱ）

1 试验目的

选择已通过审定的小麦新品种，以抗逆、优质、高产为主要目标，对供试品种进行综合评价，从中选出抗逆减灾能力强、产量水平高、商品质量优、综合效益好的适合本区域及相似类型区域种植的小麦品种。

2 试验设计

参试品种 15 个：百农 4199、百农 AK58、百农 207、周麦 27 号、郑麦 7698、郑麦 379、中麦 895、郑麦 583、西农 979、郑麦 366、伟隆 169、新麦 26、周麦 22 号、中植 0914、新植 9 号。小区面积 49.4 m²（宽 3.8 m×长 13 m），3 次重复。

试验地基本信息见表 6-9。

表 6-9 小麦品种筛选试验（Ⅱ）：基本信息

项目	具体信息
试验地点	中国农业科学院新乡基地七里营
土壤质地	砂壤土
播种日期	2018 年 10 月 13 日
收获日期	2019 年 6 月 1—4 日
试验异常信息（重大病虫害、异常气象灾害等）	无

3 田间管理

2018 年 10 月 11 日，旋耕 3 遍，底肥：亩施磷酸二铵 50 kg、尿素 10 kg。10 月 13 日播种，10 月 14 日喷灌造墒。12 月 18 日浇越冬水，施尿素 10 kg/亩。2019 年 3 月 4 日浇返青水，施入尿素 7.5 kg/亩。3 月 9 日，使用 25% 双氟磺草胺水分散粒剂 1 g/亩+80% 唑嘧磺草胺水分散粒剂 2 g/亩。4 月 20 日，喷施 40% 氧乐果乳油 50 g/亩+7.5% 氯氟·吡虫啉悬浮剂 10 mL/亩。5 月 6 日，喷施 7.5% 氯氟·吡虫啉悬浮剂 10 mL/亩+20% 噻虫·高氯氟悬浮剂 10 mL/亩。

4 数据分析

4.1 生育时期调查

由生育时期调查结果（表 6-10）可知，所有品种在出苗至返青期时间相同，没有差别。中植 0914、郑麦 366 拔节较早（3 月 18 日）；百农 4199、新植 9 号、周麦 27 号、郑麦 7698、郑麦 583、伟隆 169 于 3 月 19 日拔节，其余品种 3 月 20 日拔节。西农 979、郑麦 366 于 4 月 13 日抽穗，时间最早；百农 207 抽穗最晚（4 月 19 日）。百农 4199、西农

979 成熟最早（6 月 1 日）；百农 207 成熟最晚（6 月 4 日）。

表 6-10　小麦品种筛选试验（Ⅱ）：生育时期调查

品种	出苗期	越冬期	返青期	拔节期	抽穗期	开花期	成熟期
百农 4199	10 月 19 日	12 月 20 日	3 月 8 日	3 月 19 日	4 月 14 日	4 月 19 日	6 月 1 日
百农 AK58	10 月 19 日	12 月 20 日	3 月 8 日	3 月 20 日	4 月 16 日	4 月 21 日	6 月 2 日
百农 207	10 月 19 日	12 月 20 日	3 月 8 日	3 月 20 日	4 月 19 日	4 月 24 日	6 月 4 日
中植 0914	10 月 19 日	12 月 20 日	3 月 8 日	3 月 18 日	4 月 16 日	4 月 21 日	6 月 2 日
新植 9 号	10 月 19 日	12 月 20 日	3 月 8 日	3 月 19 日	4 月 15 日	4 月 20 日	6 月 2 日
周麦 27 号	10 月 19 日	12 月 20 日	3 月 8 日	3 月 19 日	4 月 14 日	4 月 20 日	6 月 2 日
郑麦 7698	10 月 19 日	12 月 20 日	3 月 8 日	3 月 19 日	4 月 15 日	4 月 20 日	6 月 3 日
郑麦 379	10 月 19 日	12 月 20 日	3 月 8 日	3 月 20 日	4 月 17 日	4 月 21 日	6 月 3 日
中麦 895	10 月 19 日	12 月 20 日	3 月 8 日	3 月 19 日	4 月 17 日	4 月 21 日	6 月 2 日
郑麦 583	10 月 19 日	12 月 20 日	3 月 8 日	3 月 19 日	4 月 16 日	4 月 20 日	6 月 3 日
西农 979	10 月 19 日	12 月 20 日	3 月 8 日	3 月 20 日	4 月 13 日	4 月 18 日	6 月 1 日
郑麦 366	10 月 19 日	12 月 20 日	3 月 8 日	3 月 18 日	4 月 13 日	4 月 18 日	6 月 2 日
伟隆 169	10 月 19 日	12 月 20 日	3 月 8 日	3 月 19 日	4 月 18 日	4 月 22 日	6 月 3 日
新麦 26	10 月 19 日	12 月 20 日	3 月 8 日	3 月 20 日	4 月 17 日	4 月 21 日	6 月 3 日
周麦 22 号	10 月 19 日	12 月 20 日	3 月 8 日	3 月 20 日	4 月 18 日	4 月 22 日	6 月 3 日

4.2　亩群体调查

由亩群体动态调查结果（表 6-11）可知，亩基本苗最大的品种为百农 AK58（25.6 万），最小的品种为周麦 27 号（15.7 万）。拔节期亩群体最大的品种为伟隆 169（132.6 万），亩群体最小的品种为百农 207（76.8 万）。扬花期、灌浆期及收获期亩群体一致，亩群体最大的品种为西农 979（51.8 万），亩群体最小的品种为郑麦 7698（36.2 万）。

表 6-11　小麦品种筛选试验（Ⅱ）：亩群体调查　　　　　　　　单位：万

品种	苗期	拔节期	扬花期	灌浆期	收获期
百农 4199	21.1	106.4	48.7	48.7	48.7
百农 AK58	25.6	94.6	44.8	44.8	44.8
百农 207	17.8	76.8	38.3	38.3	38.3
中植 0914	17.4	81.4	44.4	44.4	44.4
新植 9 号	23.3	94.8	42.4	42.4	42.4
周麦 27 号	15.7	98.8	40.6	40.6	40.6
郑麦 7698	18.1	88.6	36.2	36.2	36.2

（续表）

品种	苗期	拔节期	扬花期	灌浆期	收获期
郑麦 379	21.6	84.6	39.6	39.6	39.6
中麦 895	20.4	99.1	42.3	42.3	42.3
郑麦 583	22.7	102.6	46.7	46.7	46.7
西农 979	20.2	98.3	51.8	51.8	51.8
郑麦 366	21.4	89.4	40.3	40.3	40.3
伟隆 169	24.2	132.6	41.4	41.4	41.4
新麦 26	22.3	106.5	40.1	40.1	40.1
周麦 22 号	16.5	91.6	38.7	38.7	38.7

4.3　株高调查

由株高调查结果（表6-12）可知，收获期百农 207、郑麦 379、西农 979 株高超过 80 cm，分别为 83 cm、82 cm、83 cm；百农 AK58 株高最低（69 cm）；百农 4199、郑麦 583 株高较低（71 cm）。

表6-12　小麦品种筛选试验（Ⅱ）：株高调查　　　　单位：cm

品种	苗期	拔节期	扬花期	灌浆期	收获期
百农 4199	17	35	71	71	71
百农 AK58	18	33	65	69	69
百农 207	22	33	81	83	83
中植 0914	22	34	74	79	79
新植 9 号	20	36	76	78	78
周麦 27 号	19	32	74	80	80
郑麦 7698	19	30	76	78	78
郑麦 379	23	32	72	82	82
中麦 895	16	28	70	76	76
郑麦 583	17	34	67	71	71
西农 979	15	32	80	83	83
郑麦 366	18	32	70	73	73
伟隆 169	14	27	65	75	75
新麦 26	19	31	74	78	78
周麦 22 号	18	29	65	77	77

4.4　耐寒性调查

由耐寒性调查结果（表6-13）可知，苗期百农 4199、百农 AK58、周麦 27 号、中麦 895、郑麦 583、西农 979 冻害较轻，郑麦 379 最重，其余为中等。返青期百农 4199、郑麦 583、西农 979 冻害较轻，百农 207、中植 0914、郑麦 379、新麦 26 偏重，其余为中等。

表 6-13　小麦品种筛选试验（Ⅱ）：耐寒性调查

品种	苗期		返青期	
	叶尖枯黄程度	叶尖萎缩程度	叶尖枯黄程度	叶尖萎缩程度
百农 4199	2	极轻	2	极轻
百农 AK58	2	轻	3	中等
百农 207	3	中等	3	重
中植 0914	3	中等	3	重
新植 9 号	3	中等	2	中等
周麦 27 号	2	轻	2	中等
郑麦 7698	3	中等	3	中等
郑麦 379	3	重	3+	重
中麦 895	2	轻	3	中等
郑麦 583	2	极轻	2	轻
西农 979	2	极轻	2	轻
郑麦 366	3	中等	3	中等
伟隆 169	3	中等	3	中等
新麦 26	3	中等	3+	重
周麦 22 号	2	轻	3	中等

4.5　抗高温（干热风）调查

抗高温（干热风）能力从植株青枯程度分析，百农 207、新植 9 号、郑麦 379、中麦 895、郑麦 583、伟隆 169 较轻，其余为中等（表 6-14）。

表 6-14　小麦品种筛选试验（Ⅱ）：抗高温（干热风）调查

品种	植株青枯程度	叶片持绿性	穗下节萎蔫程度
百农 4199	中等	较好	轻
百农 AK58	中等	好	轻
百农 207	轻	较好	轻
中植 0914	中等	较好	轻
新植 9 号	轻	好	轻
周麦 27 号	中等	较好	轻
郑麦 7698	中等	较好	中等
郑麦 379	轻	好	中等
中麦 895	轻	好	中等
郑麦 583	轻	好	中等
西农 979	中等	中等	中等
郑麦 366	中等	中等	中等
伟隆 169	轻	好	中等

（续表）

品种	植株青枯程度	叶片持绿性	穗下节萎蔫程度
新麦 26	中等	中等	中等
周麦 22 号	中等	较好	中等

注：调查时间在小麦灌浆期。

4.6　产量构成要素与产量调查

由产量构成要素与产量调查结果（表 6-15）可知，在灌浆期中植 0914、周麦 27 号、西农 979 倒伏较重。实收产量排在前 5 位的品种是百农 4199、新植 9 号、百农 AK58、郑麦 583、周麦 27 号，产量分别为 586.8 kg/亩、582.7 kg/亩、576.6 kg/亩、574.4 kg/亩、571.4 kg/亩。强筋（中强筋）小麦品种产量排序为伟隆 169、郑麦 7698、郑麦 366、新麦 26、西农 979，产量分别为 544.7 kg/亩、529.1 kg/亩、526.5 kg/亩、522.1 kg/亩、514.9 kg/亩。

表 6-15　小麦品种筛选试验（Ⅱ）：产量构成要素与产量调查

品种	有效穗数（万/亩）	倒伏比例（%）	倒伏倾斜度（°）	穗粒数（粒）	有效小穗数（个）	无效小穗数（个）	千粒重（g）	理论产量（kg/亩）	实收产量（kg/亩）
百农 4199	48.7	0	0	32.6	15.3	4.9	44.0	593.8	586.8（1）
百农 AK58	44.8	0	0	31.0	15.9	4.5	45.3	534.8	576.6（3）
百农 207	38.3	0	0	36.3	17.5	3.1	46.7	548.9	550.4（6）
中植 0914	44.4	30	40	31.0	16.6	4.0	49.0	573.3	547.2（7）
新植 9 号	42.4	0	0	32.6	16.2	3.6	47.8	561.2	582.7（2）
周麦 27 号	40.6	25	30	35.8	18.7	3.3	47.7	589.3	571.4（5）
郑麦 7698	36.2	0	0	35.2	17.0	3.0	49.5	536.1	529.1（11）
郑麦 379	39.6	0	0	33.1	16.5	3.5	49.2	549.3	535.6（9）
中麦 895	42.3	0	0	30.0	15.9	4.1	48.0	517.8	531.1（10）
郑麦 583	46.7	0	0	31.7	16.5	2.7	46.3	582.6	574.4（4）
西农 979	51.8	35	35	30.4	15.7	5.5	42.0	562.2	514.9（14）
郑麦 366	40.3	0	0	35.2	16.0	3.0	42.7	514.9	526.5（12）
伟隆 169	41.4	0	0	34.6	17.5	3.3	42.3	515.0	544.7（8）
新麦 26	40.1	35	40	37.0	15.4	3.2	40.8	508.2	522.1（13）
周麦 22 号	38.7	0	0	32.4	16.7	4.7	46.0	490.3	511.3（15）

注：实收产量括号内数字为排序。

5　小结

综合以上数据，在本年度试验条件下，中筋小麦推荐品种：百农 4199、新植 9 号、百农 AK58、郑麦 583、周麦 27 号、百农 207。强筋（中强筋）小麦推荐品种：伟隆 169、郑麦 7698、郑麦 366、新麦 26。

第三节 小麦品种筛选试验（Ⅲ）

1 试验目的

选择已通过审定的小麦新品种，以抗逆、优质、高产为主要目标，对供试品种进行综合评价，从中选出抗逆减灾能力强、产量水平高、商品质量优、综合效益好的适合本区域及相似类型区域种植的小麦品种。

2 试验设计

参试品种 20 个：郑麦 7698、中麦 578、百农 AK58、周麦 27 号、百农 207、西农 979、中麦 895、郑麦 379、郑麦 136、郑麦 583、伟隆 169、师栾 02-1、丰德存麦 5 号、百农 4199、众麦 7 号、百农 418、新麦 26、中植 0914、科林 201、新植 9 号。3 次重复。

试验地基本信息见表 6-16。

表 6-16 小麦品种筛选试验（Ⅲ）：基本信息

项目	具体信息
试验地点	中国农业科学院新乡基地
土壤质地	砂壤土
播种日期	2019 年 10 月 21 日
收获日期	2020 年 5 月 30 日
试验异常信息（重大病虫害、异常气象灾害等）	无

3 田间管理

2019 年 10 月 15 日旋耕，耕深 25 cm，耕后用机耙 3 遍。底肥：尿素（N 46%）10 kg/亩＋磷酸二铵（N-P＝16-46）50 kg/亩。2020 年 2 月 18 日喷施美护磷钾（N-P-K＝0-45-45）50 g/亩，3 月 18 日施尿素（N 46%）6 kg/亩。

浇水时间与方法：2019 年 12 月 26 日人工冬灌，2020 年 3 月 18 日浇小麦孕穗水，4 月 28 日浇小麦灌浆水。

主要病虫草害发生与防治：2020 年 2 月 18 日，用 60% 苯醚甲环唑水分散粒剂 20 g/亩，防治纹枯病；4 月 18 日，用 5% 阿维菌素悬浮剂 20 mL/亩＋7.5% 氯氟·吡虫啉悬浮剂 10 mL/亩复配，防治小麦红蜘蛛和蚜虫；5 月 8 日，用 50% 醚菌酯水分散粒剂 10 g/亩＋30% 氟环唑悬浮剂 20 mL/亩复配，防治小麦白粉病、小麦条锈和叶锈病。

4 数据分析

4.1 生育时期调查

生育时期调查结果见表 6-17。所有参试品种出苗、越冬、返青时间无差异。中麦 578

于3月7日拔节，时间最早；丰德存麦5号、中植0914、科林201次之（3月8日），伟隆169拔节较晚（3月15日），师栾02-1拔节最晚（3月16日）。中麦578抽穗最早（4月7日），西农979次之（4月9日），中麦895、伟隆169、师栾02-1、众麦7号抽穗最晚（4月15日）。中麦578、西农979扬花最早（4月15日），百农207、师栾02-1、新麦26扬花最晚（4月22日）。西农979、科林201成熟最早（5月26日），中麦578、中麦895、百农4199、百农418、中植0914、新植9号熟期次之（5月27日），郑麦379熟期最晚（5月29日），其余参试品种熟期为5月28日。

表6-17 小麦品种筛选试验（Ⅲ）：生育时期调查

品种	出苗期	越冬期	返青期	拔节期	抽穗期	开花期	成熟期
郑麦7698	10月29日	12月21日	2月16日	3月10日	4月15日	4月21日	5月28日
中麦578	10月29日	12月21日	2月16日	3月7日	4月7日	4月15日	5月27日
百农AK58	10月29日	12月21日	2月16日	3月9日	4月12日	4月19日	5月28日
周麦27号	10月29日	12月21日	2月16日	3月10日	4月12日	4月19日	5月28日
百农207	10月29日	12月21日	2月16日	3月9日	4月15日	4月22日	5月28日
西农979	10月29日	12月21日	2月16日	3月11日	4月9日	4月15日	5月26日
中麦895	10月29日	12月21日	2月16日	3月12日	4月15日	4月21日	5月27日
郑麦379	10月29日	12月21日	2月16日	3月13日	4月12日	4月20日	5月29日
郑麦136	10月29日	12月21日	2月16日	3月13日	4月12日	4月19日	5月28日
郑麦583	10月29日	12月21日	2月16日	3月13日	4月12日	4月18日	5月28日
伟隆169	10月29日	12月21日	2月16日	3月15日	4月15日	4月21日	5月28日
师栾02-1	10月29日	12月21日	2月16日	3月16日	4月15日	4月22日	5月28日
丰德存麦5号	10月29日	12月21日	2月16日	3月8日	4月10日	4月18日	5月28日
百农4199	10月29日	12月21日	2月16日	3月10日	4月11日	4月18日	5月27日
众麦7号	10月29日	12月21日	2月16日	3月12日	4月15日	4月21日	5月28日
百农418	10月29日	12月21日	2月16日	3月12日	4月14日	4月20日	5月27日
新麦26	10月29日	12月21日	2月16日	3月10日	4月14日	4月22日	5月28日
中植0914	10月29日	12月21日	2月16日	3月8日	4月14日	4月21日	5月27日
科林201	10月29日	12月21日	2月16日	3月8日	4月13日	4月21日	5月26日
新植9号	10月29日	12月21日	2月16日	3月12日	4月12日	4月19日	5月27日

4.2 亩群体调查

亩群体调查结果见表6-18，结果表明，亩穗数前5位的品种分别为师栾02-1、伟隆169、中麦895、新麦26、科林201，依次达到55.8万、48.8万、48.6万、48.0万、47.9万；郑麦379亩穗数最少（41.0万）。分蘖成穗率前5位的品种是丰德存麦5号、中麦578、新植9号、百农207、科林201，分别达到43.7%、39.9%、39.7%、37.1%、

36.8%；郑麦 379 分蘖成穗率最低（27.6%）。

表 6-18　小麦品种筛选试验（Ⅲ）：亩群体调查

品种	越冬期（万）	拔节期（万）	扬花期（万）	灌浆期（万）	收获期（万）	分蘖成穗率（%）
郑麦 7698	110.3	130.1	42.6	42.6	42.6	32.7
中麦 578	89.9	115.4	46.0	46.0	46.0	39.9
百农 AK58	105.5	129.2	42.4	42.4	42.4	32.8
周麦 27 号	119.9	140.8	44.0	44.0	44.0	31.3
百农 207	98.5	116.9	43.4	43.4	43.4	37.1
西农 979	114.6	136.7	47.6	47.6	47.6	34.8
中麦 895	127.7	163.5	48.6	48.6	48.6	29.7
郑麦 379	120.5	148.5	41.0	41.0	41.0	27.6
郑麦 136	117.4	140.5	47.2	47.2	47.2	33.6
郑麦 583	110.8	138.7	42.8	42.8	42.8	30.9
伟隆 169	123.7	150.5	48.8	48.8	48.8	32.4
师栾 02-1	128.9	160.2	55.8	55.8	55.8	34.8
丰德存麦 5 号	89.3	107.0	46.8	46.8	46.8	43.7
百农 4199	129.8	150.3	49.9	49.9	49.9	33.2
众麦 7 号	110.5	137.7	43.7	43.7	43.7	31.7
百农 418	123.7	149.4	47.2	47.2	47.2	31.6
新麦 26	113.2	138.8	48.0	48.0	48.0	34.6
中植 0914	110.1	135.0	46.7	46.7	46.7	34.6
科林 201	109.4	130.0	47.9	47.9	47.9	36.8
新植 9 号	91.2	114.5	45.5	45.5	45.5	39.7

4.3　株高调查

由株高调查结果（表 6-19）可知，株高前 5 位的品种是新麦 26、中麦 578、师栾 02-1、西农 979、郑麦 7698，分别为 87 cm、86 cm、85 cm、84 cm、82 cm；其次为众麦 7 号、百农 4199、郑麦 583（均为 72 cm）；百农 AK58 株高最低（68 cm）。

表 6-19　小麦品种筛选试验（Ⅲ）：株高调查　　　　　　　　单位：cm

品种	越冬期	拔节期	扬花期	灌浆期	收获期
郑麦 7698	22	36	80	82	82
中麦 578	23	38	83	86	86
百农 AK58	18	32	64	68	68
周麦 27 号	21	33	75	81	81
百农 207	23	36	78	80	80
西农 979	16	33	81	84	84

品种	越冬期	拔节期	扬花期	灌浆期	收获期
中麦 895	19	31	75	81	81
郑麦 379	24	34	77	85	85
郑麦 136	18	29	74	78	78
郑麦 583	18	32	68	72	72
伟隆 169	15	28	67	76	76
师栾 02-1	20	31	79	85	85
丰德存麦 5 号	24	36	71	78	78
百农 4199	16	36	71	72	72
众麦 7 号	21	32	70	72	72
百农 418	21	35	74	75	75
新麦 26	21	39	83	87	87
中植 0914	22	37	76	81	81
科林 201	23	37	77	80	80
新植 9 号	21	36	76	79	79

4.4　耐寒性调查

由耐寒性调查结果（表6-20）可知，苗期中麦 895 叶尖枯黄程度达到 4 级，叶尖萎缩程度稍重；中麦 578、周麦 27 号、西农 979、郑麦 136、郑麦 583、伟隆 169、百农 4199、众麦 7 号、新麦 26、中植 0914、科林 201、新植 9 号 12 个品种叶尖枯黄程度达到 2 级，叶尖萎缩程度较轻，百农 4199 叶尖萎缩程度极轻；其余品种叶尖枯黄程度达到 3 级，叶尖萎缩程度中等。返青期，中麦 578、中麦 895、师栾 02-1、丰德存麦 5 号、百农 418、中植 0914 共 6 个品种叶尖枯黄程度达到 3 级，叶尖萎缩程度中等；其余参试品种叶尖枯黄程度达到 2 级，叶尖萎缩程度轻或极轻。

表 6-20　小麦品种筛选试验（Ⅲ）：耐寒性调查

品种	苗期		返青期	
	叶尖枯黄程度	叶尖萎缩程度	叶尖枯黄程度	叶尖萎缩程度
郑麦 7698	3	中等	2	轻
中麦 578	2	轻	3	中等
百农 AK58	3	中等	2	轻
周麦 27 号	2	轻	2	轻
百农 207	3	中等	2	轻
西农 979	2	轻	2	轻
中麦 895	4	稍重	3	中等
郑麦 379	3	中等	2	轻
郑麦 136	2	轻	2	极轻

品种	苗期		返青期	
	叶尖枯黄程度	叶尖萎缩程度	叶尖枯黄程度	叶尖萎缩程度
郑麦 583	2	轻	2	极轻
伟隆 169	2	轻	2	极轻
师栾 02-1	3	中等	3	中等
丰德存麦 5 号	3	中等	3	中等
百农 4199	2	极轻	2	极轻
众麦 7 号	2	轻	2	轻
百农 418	3	中等	3	中等
新麦 26	2	轻	2	轻
中植 0914	2	轻	3	中等
科林 201	2	轻	2	轻
新植 9 号	2	轻	2	轻

4.5 抗高温（干热风）、倒伏情况调查

由抗高温（干热风）、倒伏情况调查结果（表 6-21）可知，中麦 578、百农 207、中麦 895、郑麦 379、郑麦 583、众麦 7 号、百农 418、科林 201、新植 9 号共 9 个品种抗高温（干热风）能力较强，灌浆期植株青枯程度轻，叶片持绿性较好，穗下节萎蔫程度轻。西农 979、丰德存麦 5 号、新麦 26 抗高温（干热风）能力相对稍差。西农 979、师栾 02-1 抗倒伏能力较差，倒伏率达到 30% 以上。

表 6-21 小麦品种筛选试验（Ⅲ）：抗高温（干热风）、倒伏情况调查

品种	灌浆期			倒伏比例（%）	倒伏倾斜度（°）
	植株青枯程度	叶片持绿性	穗下节萎蔫程度		
郑麦 7698	中等	较好	中等	0	1
中麦 578	轻	较好	轻	0	1
百农 AK58	中等	好	轻	0	1
周麦 27 号	一般	较好	轻	0	1
百农 207	轻	较好	轻	0	1
西农 979	一般	一般	中等	30	60
中麦 895	轻	较好	轻	0	1
郑麦 379	轻	好	轻	0	1
郑麦 136	中等	较好	中等	0	1
郑麦 583	轻	较好	轻	0	1
伟隆 169	轻	好	中等	0	1
师栾 02-1	中等	较好	中等	40	40
丰德存麦 5 号	中等	一般	中等	0	1
百农 4199	中等	较好	中等	0	1

（续表）

品种	灌浆期			倒伏比例（%）	倒伏倾斜度（°）
	植株青枯程度	叶片持绿性	穗下节萎蔫程度		
众麦 7 号	轻	较好	轻	0	1
百农 418	轻	较好	轻	0	1
新麦 26	一般	一般	中等	0	1
中植 0914	中等	较好	轻	0	1
科林 201	轻	较好	轻	0	1
新植 9 号	轻	较好	轻	0	1

4.6　产量构成要素与产量调查

实收产量前 5 位的品种依次是周麦 27 号、中麦 578、郑麦 379、丰德存麦 5 号、郑麦 7698，产量分别为 643.31 kg/亩、633.50 kg/亩、633.41 kg/亩、624.24 kg/亩、621.90 kg/亩。其中，中麦 578、丰德存麦 5 号为强筋小麦品种，推广潜力较大。品质较好的新麦 26、师栾 02-1 在本次试验中，产量分别为 576.33 kg/亩、492.80 kg/亩，产量排序相对靠后（表6-22）。

表6-22　小麦品种筛选试验（Ⅲ）：产量构成要素与产量

品种	亩穗数（万）	穗粒数（粒）	千粒重（g）	理论产量（kg/亩）	实收产量（kg/亩）
郑麦 7698	42.6	31.7	52.0	596.89	621.90（5）
中麦 578	46.0	27.8	54.7	594.58	633.50（2）
百农 AK58	42.4	29.1	50.2	526.48	611.34（8）
周麦 27 号	44.0	33.7	48.2	607.50	643.31（1）
百农 207	43.4	36.4	49.0	657.97	600.71（11）
西农 979	47.6	27.0	47.5	518.90	548.93（18）
中麦 895	48.6	28.5	53.3	627.52	554.72（17）
郑麦 379	41.0	32.5	52.7	596.89	633.41（3）
郑麦 136	47.2	30.8	48.1	594.37	603.11（10）
郑麦 583	42.8	30.1	47.2	516.86	584.48（13）
伟隆 169	48.8	36.0	43.3	646.59	503.67（19）
师栾 02-1	55.8	26.0	35.2	434.08	492.80（20）
丰德存麦 5 号	46.8	30.7	54.5	665.58	624.24（4）
百农 4199	49.9	29.9	47.7	604.94	581.57（14）
众麦 7 号	43.7	34.8	52.1	673.46	608.91（9）
百农 418	47.2	26.9	50.7	547.17	587.24（12）
新麦 26	48.0	31.2	46.6	593.20	576.33（16）
中植 0914	46.7	37.3	50.7	750.68	616.52（7）

品种	亩穗数 （万）	穗粒数 （粒）	千粒重 （g）	理论产量 （kg/亩）	实收产量 （kg/亩）
科林201	47.9	30.9	49.5	622.76	579.96（15）
新植9号	45.5	31.9	53.3	657.58	620.44（6）

注：实收产量括号内的数字为排序。

5　综合评价

周麦27号：耐寒性好。春季发育中等，分蘖成穗率中等。灌浆期植株青枯程度一般，叶片持绿性较好，穗下节萎蔫程度轻。抗倒伏能力好。株高稍高，成熟期较早。实收产量居本试验第1位，亩产643.31 kg。

中麦578：苗期耐寒性较好。春季发育中等，耐寒性中等。分蘖成穗率高。灌浆期植株青枯程度轻，叶片持绿性较好，穗下节萎蔫程度轻。株高偏高，成熟期较早。实收产量居本试验第2位，亩产633.50 kg。

郑麦379：苗期耐寒性中等。春季发育中等，耐寒性较好。分蘖成穗率低。灌浆期植株青枯程度中等，叶片持绿性一般，穗下节萎蔫程度中等。株高偏高，成熟期中等。实收产量居本试验第3位，亩产633.41 kg。

丰德存麦5号：耐寒性一般。春季发育早，分蘖成穗率高，株高中等，成熟期中等。实收产量居本试验第4位，亩产624.24 kg。

郑麦7698：苗期耐寒性中等。春季发育中等，耐寒性较好。分蘖成穗率中等。灌浆期植株青枯程度中等，叶片持绿性较好，穗下节萎蔫程度中等。抗倒伏能力好。株高稍高，成熟期中等。实收产量居本试验第5位，亩产621.90 kg。

第四节　小麦茬口衔接优化试验（Ⅰ）

1　试验目的

根据麦玉品种筛选和抗性评价的结果，结合不同区域自然资源条件，选择抗逆、丰产综合性理想的麦玉品种进行组合，周年迎茬方式为玉米-小麦（小麦接茬玉米），冬小麦播种期梯度，通过生育期进程、个体/群体发育动态、产量等调查与分析，为合理科学麦玉接茬和品种布局，突破两熟休闲期光热水资源利用瓶颈，最大程度实现周年避灾减灾，最大限度利用周年自然资源提供依据。

2　试验设计

根据往年试验结果，选取抗逆、丰产性好的百农207为试验材料。以当地传统播期为对照，设置4个播期。播期：2018年10月12日、10月19日、10月26日、11月2日；3个播量：10.0 kg/亩、12.5 kg/亩、15.0 kg/亩。小区面积49.4 m²（宽3.8 m×长13 m），

3 次重复。田间肥水、病虫草害等管理按当地生产常规管理模式进行。

试验地基本信息见表 6-23。

表 6-23　小麦茬口衔接优化试验（Ⅰ）：基本信息

项目	具体信息
试验地点	中国农业科学院新乡基地
土壤质地	砂壤土
播种日期	2018 年 10 月 13 日
收获日期	2019 年 6 月 1—4 日
试验异常信息（重大病虫害、异常气象灾害等）	无

3　田间管理

2018 年 10 月 11 日，旋耕 3 遍，底肥：磷酸二铵 50 kg/亩，尿素 10 kg/亩。12 月 18 日浇越冬水，施尿素 10 kg/亩。2019 年 3 月 4 日浇返青水，施入尿素 7.5 kg/亩。3 月 9 日，25%双氟磺草胺水分散粒剂 1 g/亩+80%唑嘧磺草胺水分散粒剂 2 g/亩化学除草。4 月 20 日，喷施 40%氧乐果乳油 50 g/亩+7.5%氯氟·吡虫啉悬浮剂 10 mL/亩。5 月 6 日，喷施 7.5%氯氟·吡虫啉悬浮剂 10 mL/亩+20%噻虫·高氯氟悬浮剂 10 mL/亩。

4　数据分析

由调查结果（表6-24）可知，同一播期下，亩穗数随着播量的增加而增加，穗粒数、千粒重随着播量的增加而减少。同一播量下，亩穗数随着播期的推迟呈先升后降的趋势，穗粒数、千粒重呈下降趋势。10 月 12 日播种、播量 10.0 kg/亩的处理产量最高（551.9 kg/亩）；11 月 2 日播种、播量为 10.0 kg/亩的处理产量最低（427.4 kg/亩）。10 月 19 日播种、播量分别为 12.5 kg/亩和 15.0 kg/亩的处理，与 10 月 12 日播种、播量为 12.5 kg/亩的处理，产量接近。10 月 26 日播种、播量为 15.0 kg/亩的处理，产量突破了 500 kg/亩（514.7 kg/亩）。

表 6-24　小麦茬口衔接优化试验（Ⅰ）：数据调查

播期	播量 （kg/亩）	亩基本苗 （万）	亩群体 （万）	亩穗数 （万）	穗粒数 （粒）	千粒重 （g）	理论产量 （kg/亩）
	10.0	18.9	66.0	37.8	37.1	46.3	551.9
10 月 12 日	12.5	23.5	77.7	38.0	37.0	45.8	547.4
	15.0	28.1	80.6	38.1	36.0	45.6	531.6
	10.0	18.1	85.7	34.6	35.7	45.7	479.8
10 月 19 日	12.5	23.1	90.8	40.9	34.5	45.2	542.1
	15.0	28.6	91.9	42.9	34.2	44.0	548.7

（续表）

播期	播量 （kg/亩）	亩基本苗 （万）	亩群体 （万）	亩穗数 （万）	穗粒数 （粒）	千粒重 （g）	理论产量 （kg/亩）
	10.0	18.3	93.0	33.3	37.3	43.3	457.2
10月26日	12.5	23.4	102.0	36.0	36.1	43.0	475.0
	15.0	28.9	89.4	39.3	36.0	42.8	514.7
	10.0	19.8	86.3	32.5	37.1	41.7	427.4
11月2日	12.5	23.8	87.6	35.4	36.0	41.3	447.4
	15.0	28.0	93.4	38.7	35.9	41.0	484.2

5　小结

本年度试验条件下，10月12日播种，播量为10.0 kg/亩、12.5 kg/亩及10月19日播种，播量为12.5 kg/亩、15.0 kg/亩的处理产量较高，为该品种适宜播期及播量。

第五节　小麦茬口衔接优化试验（Ⅱ）

1　试验目的

根据麦玉品种筛选和抗性评价的结果，结合不同区域自然资源条件，选择抗逆、丰产综合性理想的麦玉品种进行组合，周年迎茬方式为玉米–小麦（小麦接茬玉米），冬小麦播种期梯度，通过生育期进程、个体/群体发育动态、产量等调查与分析，为合理科学麦玉接茬和品种布局，突破两熟休闲期光热水资源利用瓶颈，最大程度实现周年避灾减灾，最大限度利用周年自然资源提供依据。

2　试验设计

根据往年试验结果，选取抗逆、丰产性好的百农207为试验材料。以当地传统播期为对照，设置3个播期。播期：2019年10月16日、10月23日、10月30日；3个播量：10.0 kg/亩、12.5 kg/亩、15.0 kg/亩。小区面积49.4 m²（宽3.8 m×长13 m），3次重复。田间肥水、病虫草害等管理按当地生产常规管理模式进行。

试验地基本信息见表6-25。

表6-25　小麦茬口衔接优化试验（Ⅱ）：基本信息

项目	具体信息
试验地点	中国农业科学院新乡基地
土壤质地	砂壤土
播种日期	2019年10月16日
收获日期	2020年5月31日至6月1日
试验异常信息（重大病虫害、异常气象灾害等）	无

3 田间管理

2019 年 10 月 15 日旋耕，耕深 25 cm，耕后用机耙 3 遍。底肥：尿素 10 kg/亩+磷酸二铵（N–P = 16–46）50 kg/亩。2020 年 2 月 18 日喷施美护磷钾（N–P–K = 0–45–45）50 g/亩，3 月 18 日施尿素（N 46%）6 kg/亩。

浇水时间与方法：2019 年 12 月 26 日人工冬灌，2020 年 3 月 18 日浇小麦孕穗水，4 月 28 日浇小麦灌浆水。

主要病虫草害发生与防治：2020 年 2 月 18 日，用 60% 苯醚甲环唑 20 g/亩，防治纹枯病；4 月 18 日，用 5% 阿维菌素 20 mL/亩+7.5% 氯氟·吡虫啉悬浮剂 10 mL/亩复配，防治小麦红蜘蛛和蚜虫；5 月 8 日，50% 醚菌脂 10 g/亩+氟环唑 30% 复配，防治小麦白粉病、小麦条锈和叶锈病。

4 数据分析

由调查结果（表6–26）可知，同一播期下，亩穗数随着播量的增加而增加，穗粒数、千粒重随着播量的增加而减少。同一播量下，随着播期的推迟，亩穗数、穗粒数、千粒重呈下降趋势。10 月 16 日播种、播量 12.5 kg/亩的处理产量最高（648.0 kg/亩）；10 月 30 日播种、播量为 10.0 kg/亩的处理产量最低（533.1 kg/亩）。10 月 23 日播种的 3 个播量，最终产量比较接近，说明在此播期和天气条件下，播量对产量的影响不大。

表 6–26 小麦茬口衔接优化试验（Ⅱ）：数据调查

播期	亩播量（kg）	亩基本苗（万）	亩穗数（万）	穗粒数（粒）	千粒重（g）	理论产量（kg/亩）
10 月 16 日	10.0	18.6	41.1	38.1	48.2	641.6
	12.5	24.5	42.8	37.5	47.5	648.0
	15.0	28.8	43.9	36.8	47.1	646.8
10 月 23 日	10.0	19.1	40.5	36.9	46.4	589.4
	12.5	24.6	41.8	35.6	45.8	579.3
	15.0	28.9	42.9	35.3	45.1	580.5
10 月 30 日	10.0	19.2	40.2	34.9	44.7	533.1
	12.5	24.8	42.2	34.5	44.1	545.7
	15.0	29.5	43.9	33.8	43.5	548.6

5 小结

（1）本年度试验最佳播期为 10 月 16 日，最佳播量为 12.5 kg/亩。

（2）在晚播的情况下，产量随着播量的增加呈上升趋势，说明增加播量可以弥补播期推迟带来的产量损失，但是 15.0 kg/亩的播量是否达到产量极限需要进一步研究。

第七章 小麦测墒补灌节水栽培
技术试验研究

小麦测墒补灌节水栽培技术是根据小麦关键生育时期的需水特点，设定关键生育时期的目标土壤相对含水量，根据目标土壤相对含水量和实测的土壤含水量，计算需要补充的灌水量。试验设5个处理：全生育期不浇水处理，当地传统灌溉处理（对照），其余3个处理为仪器法测墒补灌处理。

试验测定了耕作前0~200 cm土壤容重和田间持水量、播种期补灌前0~200 cm土壤质量含水量、拔节期灌水前土壤含水量、开花期补灌前土壤含水量、成熟期各处理0~200 cm各土层土壤质量含水量，调查了各处理不同生育时期亩群体、补灌量及产量构成要素、小区产量等数据，计算出了总灌水量、土壤贮水消耗量、小麦生育期降水量、麦田耗水量，从而得出水分利用效率。

试验于2016年麦播开始，至2019年麦收结束，连续开展3年。试验结果表明，从产量上看，传统灌溉亩产最高。但是，从水分利用效率分析，补灌80%最高，生态效益较高。连续3年的试验结论一致，但生产上操作较为复杂，对于成果的推广有一定难度，应用方法需要进一步改进。

相关计算方法如下。

$$小麦全生育期土壤贮水消耗量（mm）=10 \times r \times h \times (\theta_1-\theta_2) \qquad (7-1)$$

式中，10为换算系数，r为土壤容重，h为土层深度，θ_1为时段初土壤质量含水量，θ_2为时段末土壤质量含水量。

小麦全生育期0~200 cm土层土壤贮水消耗量（mm）= 0~200 cm土层土壤平均容重×200×（播种期灌水前0~200 cm土层平均质量含水量–成熟期0~200 cm土层平均质量含水量）

$$\qquad (7-2)$$

土壤质量含水量按前述烘干法测定。

麦田耗水量（mm）= 小麦全生育期总灌水量（mm）+小麦全生育期有效降水量（mm）+小麦全生育期土壤贮水消耗量（mm）

$$\qquad (7-3)$$

水分利用效率指麦田每消耗1 mm水生产的小麦籽粒产量，表示水分利用程度。

$$水分利用效率 [kg/（亩 \cdot mm）] = 籽粒产量(kg/亩) \div 麦田耗水量(mm) \qquad (7-4)$$

第一节 小麦测墒补灌节水栽培技术试验（Ⅰ）

1 基本情况

试验地点位于获嘉县照镜镇照镜村，土壤质地为壤土，基础地力中等以上，小麦常年产量水平 500 kg/亩以上。供试小麦品种为百农 207，旋耕整地。2016 年 10 月 5 日播种，亩基本苗 20.7 万。

2 试验设计

共设 5 个处理，每个处理 3 次重复。W_0 为小麦全生育期不浇水处理，$W_{对照}$ 为当地传统灌溉处理，W_{70}、W_{75} 和 W_{80} 为仪器法测墒补灌处理。各处理的补灌方法、补灌时期及补灌的目标相对含水量如表 7-1 所示。

表 7-1 小麦测墒补灌节水栽培试验（Ⅰ）：补灌方法、补灌时期和目标相对含水量 单位：%

处理	补灌方法	补灌时期		
		播种期	拔节期	开花期
W_0	—	不灌水	不灌水	不灌水
$W_{对照}$	传统灌溉	当地传统灌溉	当地传统灌溉	当地传统灌溉
W_{70}	测墒补灌	70	70	70
W_{75}	测墒补灌	70	75	75
W_{80}	测墒补灌	70	80	80

每个试验小区面积 30 m² 左右，每个处理的 3 个重复随机排列。小区之间留 1~2 m 的隔离区，种植与试验小区相同品种的小麦，隔离区不浇水，其他管理与试验小区相同。小区在田间的排列如图 7-1 所示。

3 数据分析

3.1 耕作前 0~200 cm 土壤容重和田间持水量调查

麦田耕作前土壤容重和田间持水量于 2016 年 10 月 1 日测定，结果见表 7-2。

表 7-2 小麦测墒补灌节水栽培试验（Ⅰ）：耕作前土壤容重和田间持水量

项目		0~20 cm	20~40 cm	40~60 cm	60~80 cm	80~100 cm	100~120 cm	120~140 cm	140~160 cm	160~180 cm	180~200 cm	0~200 cm 平均
土壤容重（g/cm³）	重复 1	1.46	1.63	1.6	1.56	1.46	1.43	1.51	1.51	1.51	1.51	1.52
	重复 2	1.58	1.72	1.52	1.56	1.51	1.45	1.50	1.50	1.50	1.50	1.53
	重复 3	1.49	1.59	1.48	1.49	1.45	1.48	1.49	1.49	1.49	1.49	1.49
	平均值	1.51	1.65	1.53	1.54	1.47	1.45	1.50	1.50	1.50	1.50	1.51

（续表）

项目		0~ 20 cm	20~ 40 cm	40~ 60 cm	60~ 80 cm	80~ 100 cm	100~ 120 cm	120~ 140 cm	140~ 160 cm	160~ 180 cm	180~ 200 cm	0~ 200 cm 平均
田间 持水量 （%）	重复 1	29.51	21.88	24.83	25.22	27.59	31.58	28.07	28.07	28.07	28.07	27.29
	重复 2	25.28	20.58	25.43	25.11	26.64	29.56	29.09	29.09	29.09	29.09	26.90
	重复 3	29.47	24.50	27.17	28.34	29.60	29.16	28.48	28.48	28.48	28.48	28.22
	平均值	28.09	22.32	25.81	26.22	27.94	30.10	28.55	28.55	28.55	28.55	27.47

注：140~160 cm、160~180 cm 和 180~200 cm 土层的土壤容重和田间持水量与 120~140 cm 土层土壤的相同；0~200 cm 土层的土壤容重和田间持水量是 0~200 cm 10 个土层的平均值。

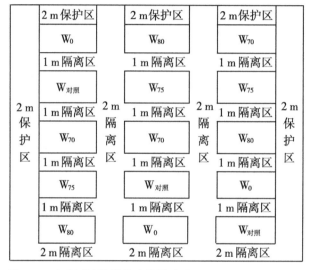

图 7-1　小麦测墒补灌节水栽培试验（Ⅰ）：小区田间排列

3.2　播种期补灌前 0~200 cm 土壤质量含水量

播种期补灌前于 2016 年 10 月 6 日用烘干法测定 0~200 cm 土层土壤含水量（表 7-3），用仪器法测定 0~40 cm 土层土壤含水量（表 7-4）。如 0~40 cm 土层土壤相对含水量高于 70%，不需补灌；如低于 70%，需补灌至 70%。

表 7-3　小麦测墒补灌节水栽培试验（Ⅰ）：烘干法测定播前土壤质量含水量　　单位：%

项目	0~ 20 cm	20~ 40 cm	40~ 60 cm	60~ 80 cm	80~ 100 cm	100~ 120 cm	120~ 140 cm	140~ 160 cm	160~ 180 cm	180~ 200 cm	0~ 40 cm 平均	0~ 200 cm 平均
重复 1	18.3	17.0	18.2	20.8	18.9	24.8	23.6	27.9	29.4	29.2	17.7	22.8
重复 2	16.5	15.7	19.9	22.8	21.6	25.5	25.0	27.8	30.4	31.5	16.1	23.7
重复 3	14.9	14.9	17.1	20.0	23.0	25.7	25.1	29.0	29.8	30.6	14.9	23.0
平均值	16.6	15.9	18.4	21.2	21.2	25.3	24.6	28.2	29.9	30.4	16.2	23.2

表 7-4　小麦测墒补灌节水栽培试验（Ⅰ）：仪器法测定播种期补灌前土壤含水量　单位：%

土层	项目	仪器法测定		
		体积含水量	质量含水量	相对含水量
0~10 cm	重复 1	14.32	9.48	37.60
	重复 2	15.30	10.13	40.20
	重复 3	14.65	9.70	38.50
	平均值	14.76	9.77	38.80
10~20 cm	重复 1	17.98	11.91	47.20
	重复 2	19.89	13.17	52.20
	重复 3	21.80	14.44	57.30
	平均值	19.89	13.17	52.20
20~30 cm	重复 1	22.61	14.97	59.40
	重复 2	20.38	13.50	53.60
	重复 3	24.19	16.02	63.50
	平均值	22.39	14.83	58.80
30~40 cm	重复 1	19.89	13.17	52.20
	重复 2	21.35	14.14	56.10
	重复 3	20.03	13.26	52.60
	平均值	20.42	13.53	53.70
0~40 cm	平均值	19.37	12.83	50.90

3.3　拔节期灌水前土壤含水量

拔节期补灌前土壤含水量于 2017 年 3 月 21 日测定，结果见表 7-5。

表 7-5　小麦测墒补灌节水栽培试验（Ⅰ）：仪器法测定拔节期灌水前土壤含水量（W_{70}、W_{75}、W_{80}）

单位：%

土层	项目	测墒补灌处理		
		体积含水量	质量含水量	相对含水量
0~10 cm	重复 1	10.51	6.96	27.61
	重复 2	14.65	9.70	38.48
	重复 3	14.97	9.91	39.31
	平均值	13.38	8.86	35.14

（续表）

土层	项目	测墒补灌处理		
		体积含水量	质量含水量	相对含水量
10~20 cm	重复 1	17.69	11.72	46.49
	重复 2	17.69	11.72	46.49
	重复 3	18.08	11.97	47.48
	平均值	17.82	11.80	46.81
20~30 cm	重复 1	21.64	14.33	56.84
	重复 2	27.20	18.01	71.44
	重复 3	24.19	16.02	63.55
	平均值	24.34	16.12	63.94
30~40 cm	重复 1	17.69	11.72	46.49
	重复 2	21.51	14.25	56.53
	重复 3	25.94	17.18	68.15
	平均值	21.71	14.38	57.04
0~40 cm	平均值	19.31	12.79	50.73

3.4 开花期补灌前土壤含水量

开花期补灌前土壤含水量于 2017 年 5 月 4 日测定，结果见表 7-6。

表 7-6 小麦测墒补灌节水栽培试验（Ⅰ）：仪器法测定开花期补灌前土壤含水量 单位：%

土层	项目	W_{70}			W_{75}			W_{80}		
		体积含水量	质量含水量	相对含水量	体积含水量	质量含水量	相对含水量	体积含水量	质量含水量	相对含水量
0~10 cm	重复 1	31.51	20.87	82.78	32.93	21.81	86.51	29.28	19.39	76.91
	重复 2	27.37	18.13	71.92	29.92	19.81	78.58	32.48	21.51	85.32
	重复 3	25.94	17.18	68.15	26.91	17.82	70.69	34.39	22.77	90.32
	平均值	28.27	18.72	74.28	29.92	19.81	78.58	32.05	21.23	84.21
10~20 cm	重复 1	16.88	11.18	44.35	17.69	11.72	46.49	17.98	11.91	47.24
	重复 2	21.96	14.54	57.68	24.03	15.91	63.11	23.71	15.70	62.28
	重复 3	21.51	14.25	56.53	24.84	16.45	65.25	33.58	22.24	88.22
	平均值	20.11	13.32	52.85	22.19	14.69	58.27	25.09	16.62	65.93

（续表）

土层	项目	W₇₀ 体积含水量	W₇₀ 质量含水量	W₇₀ 相对含水量	W₇₅ 体积含水量	W₇₅ 质量含水量	W₇₅ 相对含水量	W₈₀ 体积含水量	W₈₀ 质量含水量	W₈₀ 相对含水量
20~30 cm	重复 1	12.25	8.11	32.17	12.74	8.44	33.48	21.96	14.54	57.68
	重复 2	30.57	20.25	80.33	20.70	13.71	54.38	26.75	17.72	70.29
	重复 3	18.14	12.01	47.64	23.39	15.49	61.44	30.57	20.25	80.33
	平均值	20.32	13.46	53.38	18.94	12.55	49.78	26.43	17.50	69.42
30~40 cm	重复 1	9.57	6.34	25.15	15.46	10.24	40.62	21.80	14.44	57.28
	重复 2	24.52	16.24	64.42	28.66	18.98	75.29	31.51	20.87	82.78
	重复 3	23.87	15.81	62.71	28.66	18.98	75.29	29.60	19.60	77.75
	平均值	19.32	12.79	50.76	24.26	16.07	63.74	27.64	18.30	72.59
0~40 cm	平均值	22.01	14.58	57.83	23.83	15.78	62.59	27.80	18.41	73.03

3.5　亩群体调查

越冬期亩群体于 2016 年 12 月 7 日调查，返青期亩群体于 2017 年 2 月 14 日调查，拔节期亩群体于 2017 年 3 月 15 日调查，调查结果见表 7-7。从播种到返青期降雨充足，土壤墒情较好，返青期亩群体差别不大；在拔节期调查，不同处理长势均衡，亩群体总体相当；开花期调查，不灌水的处理亩群体最小，其次为补灌 70% 的处理，传统灌溉和补灌 80% 的处理亩群体较大。

表 7-7　小麦测墒补灌节水栽培试验（Ⅰ）：亩群体调查　　　　单位：万

处理	越冬期	返青期	拔节期	开花期
W₀	74.4	116.3	116.9	59.4
W对照	75.9	121.4	123.7	67.6
W₇₀	—	—	119.2	61.5
W₇₅	74.6	120.8	122.1	65.8
W₈₀	—	—	124.9	67.8

3.6　补灌量调查

播种期补灌于 2016 年 10 月 10 日进行，拔节期补灌于 2017 年 3 月 23 日进行，开花期补灌于 2017 年 5 月 5 日进行，调查结果见表 7-8。

表 7-8　小麦测墒补灌节水栽培试验（Ⅰ）：补灌量调查

生育时期	处理	补灌量（m³/亩）（mm）
播种期	传统灌溉（W对照）	40.00（60.0）
	测墒补灌	20.30（30.4）

（续表）

生育时期	处理	补灌量（m³/亩）（mm）
拔节期	不灌水（W₀）	0.00（0.0）
	传统灌溉（W对照）	44.45（66.7）
	W₇₀	20.45（30.7）
	W₇₅	25.76（38.6）
	W₈₀	31.07（46.6）
开花期	不灌水（W₀）	0.00（0.0）
	传统灌溉（W对照）	35.00（52.5）
	W₇₀	12.92（19.4）
	W₇₅	13.18（19.8）
	W₈₀	7.41（11.1）

注：补灌量括号内数字为对应的毫米数。

3.7 产量构成要素与产量调查

成熟期小区实收测产于 2017 年 6 月 1 日进行，结果见表 7-9。传统灌溉实收产量最高（614.8 kg/亩），其次为补灌 80% 的处理（600.0 kg/亩），不灌水的处理产量最低（502.8 kg/亩）。

表 7-9　小麦测墒补灌节水栽培试验（Ⅰ）：产量构成要素与产量

处理		亩穗数（万）	穗粒数（粒）	千粒重（g）	理论产量（kg/亩）	实收产量	
						小区产量（kg/2 m²）	折亩产（kg）
W₀	重复1	46.8	30.1	42.1	504.1	1.509	503.3
	重复2	46.1	32.7	42.8	548.4	1.496	498.9
	重复3	34.5	32.8	42.9	412.6	1.518	506.3
	平均值	42.5	31.9	42.6	490.9	1.508	502.8
W对照	重复1	56.3	33.9	38.2	619.7	1.773	591.3
	重复2	48.8	36.2	39.6	594.6	1.885	628.6
	重复3	50.3	35.4	38.5	582.7	1.873	624.6
	平均值	51.8	35.2	38.8	601.3	1.844	614.8
W₇₀	重复1	50.2	31.6	37.7	508.3	1.566	522.3
	重复2	48.5	33.6	39.6	548.5	1.653	551.3
	重复3	49.7	32.5	39.8	546.4	1.667	555.9
	平均值	49.5	32.6	39.0	534.9	1.629	543.2

（续表）

处理		亩穗数（万）	穗粒数（粒）	千粒重（g）	理论产量（kg/亩）	实收产量	
						小区产量（kg/2 m²）	折亩产（kg）
W$_{75}$	重复1	54.9	32.6	38.2	581.1	1.687	562.6
	重复2	43.8	35.8	41.3	550.5	1.732	577.6
	重复3	50.3	33.4	39.5	564.1	1.865	622.0
	平均值	49.7	33.9	39.7	568.5	1.761	587.4
W$_{80}$	重复1	56.4	33.4	39.2	627.7	1.712	571.0
	重复2	44.2	34.3	41.4	533.5	1.796	599.0
	重复3	56.3	32.8	38.9	610.6	1.889	630.0
	平均值	52.3	33.5	39.8	592.7	1.799	600.0

3.8　成熟期测定土壤质量含水量

小麦成熟期用烘干法测定 W$_0$、W$_{对照}$、W$_{70}$、W$_{75}$、W$_{80}$处理 0~200 cm 土层土壤质量含水量，每个处理测 3 次重复，用于计算耗水量。测定结果见表 7-10。

表 7-10　小麦测墒补灌节水栽培试验（Ⅰ）：烘干法测定成熟期土壤质量含水量　单位：%

处理		0~20 cm	20~40 cm	40~60 cm	60~80 cm	80~100 cm	100~120 cm	120~140 cm	140~160 cm	160~180 cm	180~200 cm	0~200 cm 平均
W$_0$	重复1	11.37	10.72	12.34	11.43	10.40	13.54	21.32	18.75	20.28	25.49	15.56
	重复2	12.05	10.55	13.07	13.40	10.41	13.73	18.20	14.03	19.18	25.78	15.04
	重复3	12.20	11.60	11.95	12.27	9.67	13.58	16.11	17.75	20.78	25.75	15.17
	平均值	11.87	10.96	12.45	12.37	10.16	13.62	18.54	16.84	20.08	25.67	15.26
W$_{对照}$	重复1	14.22	11.96	14.16	14.0	11.26	16.65	20.75	17.45	20.57	28.96	17.00
	重复2	12.77	12.09	13.68	15.64	11.83	17.54	22.00	20.11	20.04	27.89	17.36
	重复3	14.13	13.02	14.82	14.9	13.13	18.88	23.21	18.13	23.70	28.40	18.23
	平均值	13.71	12.36	14.22	14.85	12.07	17.69	21.99	18.56	21.44	28.42	17.53
W$_{70}$	重复1	11.62	11.75	12.68	14.38	10.85	14.04	18.60	16.64	21.20	26.57	15.83
	重复2	13.19	11.56	13.14	11.22	8.75	14.96	20.75	17.48	20.82	24.64	15.65
	重复3	14.51	12.84	13.67	13.10	11.51	14.57	16.99	17.16	20.58	29.60	16.46
	平均值	13.11	12.05	13.16	12.90	10.37	14.52	18.78	17.10	20.87	26.94	15.98
W$_{75}$	重复1	12.49	11.81	12.83	13.54	10.86	15.07	18.43	17.14	20.22	25.45	15.78
	重复2	12.28	11.91	13.11	13.40	9.59	14.84	22.13	21.07	21.13	29.18	16.86
	重复3	14.56	13.13	14.98	14.42	10.75	14.99	15.95	15.57	21.55	26.82	16.27
	平均值	13.11	12.28	13.64	13.79	10.40	14.97	18.84	17.93	20.97	27.15	16.31

（续表）

处理		0~20 cm	20~40 cm	40~60 cm	60~80 cm	80~100 cm	100~120 cm	120~140 cm	140~160 cm	160~180 cm	180~200 cm	0~200 cm 平均
W_{80}	重复1	12.82	12.46	13.47	12.47	12.52	19.33	21.64	17.61	22.50	27.29	17.21
	重复2	13.52	12.65	13.23	13.03	9.31	12.09	24.25	21.11	20.78	28.17	15.71
	重复3	13.57	12.12	14.28	17.79	10.62	13.62	19.53	16.82	20.70	26.93	16.60
	平均值	13.30	12.41	13.66	14.43	10.82	15.01	21.81	18.51	21.33	27.46	16.51

4 水分利用效率计算

由各生育时期灌水量（表7-11），各处理土壤贮水消耗量（表7-12），小麦生育期内降水量（表7-13）及麦田耗水量、实收产量和水分利用效率（表7-14）可知，传统灌溉麦田耗水量最高（540.3 mm）；补灌80%的处理麦田耗水量最低（480.1 mm）。从水分利用效率分析，补灌80%的处理最高［1.25 kg/（亩·mm）］，不灌水的处理效率最低［1.03 kg/（亩·mm）］。

表7-11 小麦测墒补灌节水栽培试验（Ⅰ）：灌水量　　　　单位：mm

处理	生育时期				总灌水量
	播种期	越冬期	拔节期	开花期	
不灌水（W_0）	60	0	0	0	60.0
传统灌溉（$W_{对照}$）	60	0	66.7	52.5	179.2
W_{70}	30.4	0	30.7	19.4	80.5
W_{75}	30.4	0	38.6	19.8	88.8
W_{80}	30.4	0	46.6	11.1	88.1

表7-12 小麦测墒补灌节水栽培试验（Ⅰ）：土壤贮水消耗量　　　　单位：mm

处理	重复1	重复2	重复3	平均值
不灌水（W_0）	230.6	246.4	242.6	239.9
传统灌溉（$W_{对照}$）	187.3	176.4	150.0	171.2
W_{70}	222.5	228.0	203.7	218.1
W_{75}	224.0	191.3	209.2	208.2
W_{80}	180.9	226.1	199.4	202.1

表7-13 小麦测墒补灌节水栽培试验（Ⅰ）：小麦生育期内降水量　　　　单位：mm

日期	降水量	日期	降水量
10月14—15日	6.1	10月20—28日	42.4

（续表）

日期	降水量	日期	降水量
11 月 6—7 日	11.6	4 月 4 日	5.5
11 月 20—22 日	7.6	4 月 8—10 日	7.5
12 月 20 日	7.5	4 月 16 日	20.4
12 月 25—26 日	6.7	5 月 3—4 日	13.1
1 月 4—7 日	14.4	5 月 15 日	1.2
2 月 8 日	4.2	5 月 22—23 日	29.4
2 月 21—22 日	4.6	5 月 31 日	0.4
3 月 30—31 日	3.2	总降水量	189.9

表 7-14 小麦测墒补灌节水栽培试验（Ⅰ）：麦田耗水量、实收产量和水分利用效率

处理		麦田耗水量 （mm）	实收产量 （kg/亩）	水分利用效率 ［kg/（亩·mm）］
W_0	重复 1	480.5	503.3	1.05
	重复 2	496.3	498.9	1.01
	重复 3	492.5	506.3	1.03
	平均值	489.8	502.8	1.03
$W_{对照}$	重复 1	556.4	591.3	1.06
	重复 2	545.5	628.6	1.15
	重复 3	519.1	624.6	1.20
	平均值	540.3	614.8	1.14
W_{70}	重复 1	492.9	522.3	1.06
	重复 2	498.4	551.3	1.11
	重复 3	474.1	555.9	1.17
	平均值	488.5	543.2	1.11
W_{75}	重复 1	502.7	562.6	1.12
	重复 2	470.0	577.6	1.23
	重复 3	487.9	622.0	1.27
	平均值	486.9	587.4	1.21
W_{80}	重复 1	458.9	571.0	1.24
	重复 2	504.1	599.0	1.19
	重复 3	477.4	630.0	1.32
	平均值	480.1	600.0	1.25

5 小结

在 5 个处理中，虽然传统灌溉产量最高，但水分利用效率偏低，不及测墒补灌 75% 和 80% 的处理。从产量和效率综合分析，补灌 80% 的处理在生产上有较大推广应用价值。

第二节 小麦测墒补灌节水栽培技术试验 （Ⅱ）

1 基本情况

试验地点位于获嘉县照镜镇照镜村，土壤质地为壤土，基础地力中等以上，小麦常年产量水平 550 kg/亩以上。供试小麦品种为众麦 2 号，旋耕整地。2017 年 10 月 7 日播种，亩基本苗 14.9 万。

2 试验设计

共设 5 个处理，每个处理 3 次重复。W_0 为小麦全生育期不浇水处理，$W_{对照}$ 为当地传统灌溉处理，W_{70}、W_{75} 和 W_{80} 为仪器法测墒补灌处理。各处理的补灌方法、补灌时期及补灌的目标相对含水量，如表 7-15 所示。

表 7-15　小麦测墒补灌节水栽培试验 （Ⅱ）：补灌方法、补灌时期和目标相对含水量　单位：%

处理	补灌方法	补灌时期		
		播种期	拔节期	开花期
W_0	—	不灌水	不灌水	不灌水
$W_{对照}$	传统灌溉	当地传统灌溉	当地传统灌溉	当地传统灌溉
W_{70}	测墒补灌	70	70	70
W_{75}	测墒补灌	70	75	75
W_{80}	测墒补灌	70	80	80

每个试验小区面积 30 m² 左右，每个处理 3 个重复，随机排列。小区之间留 1~2 m 的隔离区，种植与试验小区相同品种的小麦，隔离区不浇水，其他管理与试验小区相同。小区在田间的排列同小麦测墒补灌节水栽培技术试验 （Ⅰ）（图 7-1）。

3 数据分析

3.1 耕作前 0~200 cm 土壤容重和田间持水量

麦田耕作前土壤容重和田间持水量于 2017 年 9 月 30 日测定，结果见表 7-16。

表7-16　小麦测墒补灌节水栽培试验（Ⅱ）：播前土壤容重和土壤田间持水量

项目		0~20 cm	20~40 cm	40~60 cm	60~80 cm	80~100 cm	100~120 cm	120~140 cm	140~160 cm	160~180 cm	180~200 cm	0~200 cm 平均
土壤容重（g/cm³）	重复1	1.46	1.63	1.60	1.56	1.46	1.43	1.51	1.51	1.51	1.51	1.52
	重复2	1.58	1.72	1.52	1.56	1.51	1.45	1.50	1.50	1.50	1.50	1.53
	重复3	1.49	1.59	1.48	1.49	1.45	1.48	1.49	1.49	1.49	1.49	1.49
	平均值	1.51	1.65	1.53	1.54	1.47	1.45	1.50	1.50	1.50	1.50	1.51
田间持水量（%）	重复1	29.51	21.88	24.83	25.22	27.59	31.58	28.07	28.07	28.07	28.07	27.29
	重复2	25.28	20.58	25.43	25.11	26.64	29.56	29.09	29.09	29.09	29.09	26.90
	重复3	29.47	24.50	27.17	28.34	29.60	29.16	28.48	28.48	28.48	28.48	28.22
	平均值	28.09	22.32	25.81	26.22	27.94	30.1	28.55	28.55	28.55	28.55	27.47

注：140~160 cm、160~180 cm 和 180~200 cm 土层的土壤容重和田间持水量与 120~140 cm 土层土壤的相同；0~200 cm 土层土壤容重和田间持水量是 0~200 cm 的 10 个土层的平均值。

3.2　播种期补灌前 0~200 cm 土壤质量含水量

播种期补灌前于 2017 年 10 月 8 日用烘干法测定 0~200 cm 土层土壤含水量，结果见表 7-17。用仪器法测定 0~40 cm 土层土壤含水量，结果见表 7-18。如 0~40 cm 土层土壤相对含水量高于 70%，不需补灌；如低于 70%，需补灌至 70%。

表7-17　小麦测墒补灌节水栽培试验（Ⅱ）：烘干法测定播前土壤质量含水量　单位：%

项目	0~20 cm	20~40 cm	40~60 cm	60~80 cm	80~100 cm	100~120 cm	120~140 cm	140~160 cm	160~180 cm	180~200 cm	0~40 cm 平均	0~200 cm 平均
重复1	21.80	20.50	22.90	24.20	25.10	26.90	24.30	28.50	29.60	29.90	21.15	25.37
重复2	20.90	20.10	22.10	23.80	25.00	26.80	25.90	28.70	29.40	29.50	20.50	25.22
重复3	21.10	20.60	22.50	24.10	25.40	26.90	25.50	28.60	29.70	29.80	20.85	25.42
平均值	21.27	20.40	22.50	24.03	25.17	26.87	25.23	28.60	29.57	29.73	20.83	25.34

表7-18　小麦测墒补灌节水栽培试验（Ⅱ）：仪器法测定播种期补灌前土壤含水量　单位：%

土层	重复及均值	体积含水量	质量含水量	相对含水量
0~10 cm	重复1	47.59	30.12	119.48
	重复2	40.57	25.68	101.85
	重复3	38.98	24.67	97.86
	平均值	42.38	26.82	106.40

（续表）

土层	重复及均值	体积含水量	质量含水量	相对含水量
10~20 cm	重复1	42.32	26.78	106.25
	重复2	41.70	26.39	104.69
	重复3	43.45	27.50	109.08
	平均值	42.49	26.89	106.67
20~30 cm	重复1	44.06	27.89	110.62
	重复2	42.15	26.68	105.82
	重复3	42.96	27.19	107.85
	平均值	43.06	27.25	108.10
30~40 cm	重复1	44.06	27.89	110.62
	重复2	43.29	27.40	108.68
	重复3	44.39	28.09	111.44
	平均值	43.91	27.79	110.24
0~40 cm	平均值	42.96	27.19	107.85

3.3 拔节期灌水前土壤含水量

拔节期补灌前土壤含水量于 2018 年 3 月 25 日测定，结果见表 7-19。

表 7-19 小麦测墒补灌节水栽培试验（Ⅱ）：仪器法测定拔节期灌水前土壤含水量（W_{70}、W_{75}、W_{80}）

单位：%

土层	重复及均值	体积含水量	质量含水量	相对含水量
0~10 cm	重复1	11.52	7.29	28.92
	重复2	15.12	9.57	37.96
	重复3	14.97	9.47	37.58
	平均值	13.87	8.78	34.82
10~20 cm	重复1	27.53	17.42	69.12
	重复2	24.62	15.58	61.81
	重复3	25.19	15.94	63.24
	平均值	25.78	16.32	64.72
20~30 cm	重复1	26.55	16.80	66.66
	重复2	31.83	20.15	79.91
	重复3	28.56	18.08	71.70
	平均值	28.98	18.34	72.76

（续表）

土层	重复及均值	体积含水量	质量含水量	相对含水量
30~40 cm	重复1	26.89	17.02	67.51
	重复2	33.26	21.05	83.50
	重复3	29.13	18.44	73.13
	平均值	29.76	18.84	74.71
0~40 cm	平均值	24.60	15.57	61.76

3.4 开花期补灌前土壤含水量

开花期补灌前土壤含水量于 2018 年 4 月 28 日测定，结果见表 7-20。

表 7-20 小麦测墒补灌节水栽培试验（Ⅱ）：仪器法测定开花期补灌前土壤含水量 单位：%

土层	重复及均值	W₇₀			W₇₅			W₈₀		
		体积含水量	质量含水量	相对含水量	体积含水量	质量含水量	相对含水量	体积含水量	质量含水量	相对含水量
0~10 cm	重复1	22.45	14.21	56.36	24.21	15.32	60.78	26.15	16.55	65.65
	重复2	21.02	13.30	52.77	23.71	15.01	59.53	25.44	16.10	63.87
	重复3	20.68	13.09	51.92	19.28	12.20	48.40	19.11	12.09	47.98
	平均值	21.38	13.53	53.68	22.40	14.18	56.24	23.57	14.92	59.17
10~20 cm	重复1	33.58	21.25	84.30	35.49	22.46	89.10	36.14	22.87	90.73
	重复2	34.23	21.66	85.94	35.01	22.16	87.89	38.87	24.60	97.59
	重复3	35.33	22.36	88.70	37.07	23.46	93.07	39.47	24.98	99.09
	平均值	34.38	21.76	86.31	35.86	22.70	90.03	38.16	24.15	95.80
20~30 cm	重复1	31.51	19.94	79.11	34.55	21.87	86.74	34.84	22.05	87.47
	重复2	31.83	20.15	79.91	36.75	23.26	92.26	39.14	24.77	98.26
	重复3	36.3	22.97	91.13	38.41	24.31	96.43	38.37	24.28	96.33
	平均值	33.21	21.02	83.38	36.57	23.15	91.81	37.45	23.70	94.02
30~40 cm	重复1	31.02	19.63	77.88	32.93	20.84	82.67	33.82	21.41	84.91
	重复2	30.89	19.55	77.55	31.94	20.22	80.19	34.68	21.95	87.07
	重复3	30.25	19.15	75.94	31.02	19.63	77.88	32.23	20.40	80.92
	平均值	30.72	19.44	77.12	31.96	20.23	80.24	33.58	21.25	84.30
0~40 cm	平均值	29.92	18.94	75.12	31.7	20.06	79.58	33.19	21.01	83.33

3.5 亩群体调查

越冬期亩群体于 2017 年 12 月 5 日调查，返青期亩群体于 2018 年 2 月 26 日调查，拔节期亩群体于 2018 年 3 月 24 日调查，开花期亩群体于 2018 年 4 月 27 日调查，结果见表 7-21。数据表明，返青期亩群体差别不大；在拔节期，不同处理长势均衡，亩群体总体相当；开花期，不灌水的处理亩群体最小，其次为补灌 70% 的处理，传统灌溉和补灌 80% 的处理亩群体较大。

表 7-21　小麦测墒补灌节水栽培试验（Ⅱ）：亩群体调查 　　　　单位：万

处理	越冬期	返青期	拔节期	开花期
W_0	91.9	131.9	149.9	51.3
$W_{对照}$	94.4	135.5	154.6	56.1
W_{70}	—	—	151.1	54.1
W_{75}	98.3	135.7	153.5	55.3
W_{80}	—	—	153.8	55.7

3.6　补灌量调查

播种期、开花期未补灌，拔节期补灌于 2018 年 3 月 26 日进行，补灌量见表 7-22。

表 7-22　小麦测墒补灌节水栽培试验（Ⅱ）：补灌量调查

生育时期	处理	补灌量（m^3/亩）（mm）
播种期	传统灌溉（W 对照）	0（0）
	测墒补灌	0（0）
拔节期	不灌水（W_0）	0（0）
	传统灌溉（W 对照）	40（60）
	W_{70}	8.75（13.13）
	W_{75}	14.06（21.09）
	W_{80}	19.37（29.06）
开花期	不灌水（W_0）	0（0）
	传统灌溉（W 对照）	0（0）
	W_{70}	0（0）
	W_{75}	0（0）
	W_{80}	0（0）

注：补灌量括号内数字为对应的毫米数。

3.7　产量构成要素与产量调查

成熟期小区实收测产于 2018 年 5 月 30 日进行，调查结果见表 7-23。结果表明，传统灌溉实收产量最高（496.9 kg/亩），其次为补灌 80% 的处理（490.2 kg/亩），不灌水的处理产量最低（446.9 kg/亩）。

表 7-23 小麦测墒补灌节水栽培试验（Ⅱ）：产量构成要素与产量

处理		亩穗数（万）	穗粒数（粒）	千粒重（g）	理论产量（kg/亩）	实收产量	
						小区产量（kg/2 m²）	折亩产（kg）
W_0	重复1	43.7	32.1	36.6	436.4	1.29	430.2
	重复2	44.5	31.0	38.5	451.4	1.36	453.6
	重复3	40.4	34.4	39.9	471.3	1.37	456.9
	平均值	42.9	32.5	38.3	453.9	1.34	446.9
$W_{对照}$	重复1	47.3	33.1	35.1	467.1	1.35	450.2
	重复2	46.3	33.2	36.4	475.6	1.58	526.9
	重复3	44.2	34.1	37.1	475.3	1.54	513.6
	平均值	45.9	33.5	36.2	473.1	1.49	496.9
W_{70}	重复1	45.6	31.1	35.8	431.5	1.28	426.9
	重复2	45.8	30.8	38.7	464.0	1.44	480.2
	重复3	42.9	34.4	39.1	490.5	1.48	493.6
	平均值	44.8	32.1	37.9	463.3	1.40	466.9
W_{75}	重复1	46.5	31.1	35.7	438.8	1.31	436.9
	重复2	46.1	32.2	37.7	475.7	1.45	483.6
	重复3	43.5	34.8	38.6	496.7	1.50	500.3
	平均值	45.4	32.7	37.3	470.7	1.42	473.6
W_{80}	重复1	46.6	33.3	35.4	466.9	1.40	466.9
	重复2	46.2	33.5	36.8	484.1	1.55	516.9
	重复3	43.9	34.5	37.4	481.5	1.46	486.9
	平均值	45.6	33.8	36.5	478.2	1.47	490.2

3.8 成熟期测定土壤质量含水量

小麦成熟期用烘干法测定 W_0、$W_{对照}$、W_{70}、W_{75}、W_{80} 处理 0~200 cm 土层土壤质量含水量，每个处理测 3 次重复，用于计算耗水量，结果见表 7-24。

表 7-24 小麦测墒补灌节水栽培试验（Ⅱ）：烘干法测定成熟期土壤质量含水量 单位：%

处理		0~20 cm	20~40 cm	40~60 cm	60~80 cm	80~100 cm	100~120 cm	120~140 cm	140~160 cm	160~180 cm	180~200 cm	0~200 cm平均
W_0	重复1	18.84	14.16	12.19	13.23	15.23	17.89	20.25	21.17	26.14	27.31	18.64
	重复2	19.98	14.59	14.40	17.02	13.39	19.38	21.77	22.49	24.29	27.53	19.48
	重复3	19.33	13.28	12.42	16.38	14.80	16.60	21.15	21.08	25.78	26.68	18.75
	平均值	19.38	14.01	13.00	15.54	14.47	17.96	21.06	21.58	25.40	27.17	18.96

（续表）

处理		0~20 cm	20~40 cm	40~60 cm	60~80 cm	80~100 cm	100~120 cm	120~140 cm	140~160 cm	160~180 cm	180~200 cm	0~200 cm 平均
W对照	重复1	20.04	16.32	15.45	17.37	18.33	23.81	25.27	25.91	27.33	29.17	21.90
	重复2	21.10	18.22	16.99	18.46	15.17	22.50	25.12	26.69	28.83	29.24	22.23
	重复3	21.05	14.87	16.84	18.67	19.53	23.05	24.33	26.29	29.55	29.41	22.36
	平均值	20.73	16.47	16.43	18.17	17.68	23.12	24.91	26.3	28.57	29.27	22.16
W70	重复1	18.94	14.35	13.79	15.45	17.13	20.13	22.85	22.75	26.25	28.37	20.00
	重复2	20.18	14.71	14.57	17.13	14.56	20.72	22.25	24.01	25.94	28.76	20.28
	重复3	20.37	14.26	14.02	16.93	15.90	20.68	21.69	24.09	26.27	27.31	20.15
	平均值	19.83	14.44	14.13	16.50	15.86	20.51	22.26	23.62	26.15	28.15	20.14
W75	重复1	19.24	14.45	14.85	16.24	17.21	21.69	23.49	22.39	26.42	28.31	20.43
	重复2	20.23	14.83	14.62	17.55	14.94	21.17	24.19	25.03	26.46	28.94	20.80
	重复3	20.73	14.43	14.60	18.19	18.14	22.28	21.92	25.21	27.07	27.69	21.03
	平均值	20.07	14.57	14.69	17.33	16.76	21.71	23.20	24.21	26.65	28.31	20.75
W80	重复1	19.99	15.19	15.12	17.01	18.06	22.54	24.27	24.08	27.14	28.74	21.21
	重复2	21.34	15.22	16.88	17.55	15.07	22.46	24.63	25.66	28.14	29.11	21.61
	重复3	20.57	14.77	16.11	18.57	18.54	22.87	23.54	25.96	28.33	27.97	21.72
	平均值	20.63	15.06	16.04	17.71	17.22	22.62	24.15	25.23	27.87	28.61	21.51

4 水分利用效率计算

由各生育时期灌水量（表7-25）、各处理土壤贮水消耗量（表7-26）、小麦生育期内降水量（表7-27）和麦田耗水量、实收产量和水分利用效率（表7-28）可知，传统灌溉麦田耗水量最高（344.3 mm），补灌80%的处理麦田耗水量最低（296.06 mm）。从水分利用效率分析，补灌80%的处理最高 [1.66 kg/（亩·mm）]，不灌水的处理效率最低 [1.30 kg/（亩·mm）]。

表7-25 小麦测墒补灌节水栽培试验（Ⅱ）：灌水量   单位：mm

处理	生育时期				总灌水量
	播种期	越冬期	拔节期	开花期	
W0	0	0	0	0	0
W对照	0	0	60	0	60.00
W70	0	0	13.13	0	13.13
W75	0	0	21.09	0	21.09
W80	0	0	29.06	0	29.06

表7-26　小麦测墒补灌节水栽培试验（Ⅱ）：土壤贮水消耗量　　　单位：mm

处理	重复1	重复2	重复3	平均值
W_0	203.3	173.4	201.4	192.7
$W_{对照}$	104.8	90.3	92.4	95.8
W_{70}	162.2	149.2	159.2	156.9
W_{75}	149.2	133.5	132.6	138.4
W_{80}	125.6	109.0	111.7	115.4

表7-27　小麦测墒补灌节水栽培试验（Ⅱ）：小麦生育期内降水量　　　单位：mm

日期	降水量	日期	降水量
10月1—4日	19.6	4月5日	3.9
10月8—12日	6.1	4月12—14日	33.3
10月15—18日	1.8	4月21—22日	19.5
11月9—10日	3.1	5月1日	9.7
12月14日	1.1	5月11日	2.8
1月4—6日	9.7	5月15—17日	19.5
2月21日	3.4	5月19—22日	18.8
3月4—7日	2.8	5月24—25日	7.1
3月17—18日	9.0	总降水量	171.2

表7-28　小麦测墒补灌节水栽培试验（Ⅱ）：麦田耗水量、实收产量和水分利用效率

处理		麦田耗水量（mm）	实收产量（kg/亩）	水分利用效率[kg/（亩·mm）]
W_0	重复1	354.90	430.2	1.21
	重复2	325.00	453.6	1.40
	重复3	353.00	456.9	1.29
	平均值	344.30	446.9	1.30
$W_{对照}$	重复1	316.40	450.2	1.42
	重复2	301.90	526.9	1.75
	重复3	304.00	513.6	1.69
	平均值	307.40	496.9	1.62
W_{70}	重复1	326.93	426.9	1.31
	重复2	313.93	480.2	1.53
	重复3	323.93	493.6	1.52
	平均值	321.63	466.9	1.45

（续表）

处理		麦田耗水量 （mm）	实收产量 （kg/亩）	水分利用效率 [kg/（亩·mm）]
W$_{75}$	重复 1	321.89	436.9	1.36
	重复 2	306.19	483.6	1.58
	重复 3	305.29	500.3	1.64
	平均值	311.09	473.6	1.52
W$_{80}$	重复 1	306.26	466.9	1.52
	重复 2	289.66	516.9	1.78
	重复 3	292.36	486.9	1.67
	平均值	296.06	490.2	1.66

5 小结

在 5 个处理中，虽然传统灌溉产量第 1，但水分利用效率偏低，不及测墒补灌 80% 的处理。从产量和效率综合分析，补灌 80% 的处理有利于节约水资源，生态效益较高。

第三节 "测墒计算灌水量+微喷带补充灌溉" 试验

1 基本情况

试验安排在新乡市获嘉县照镜镇照镜村，试验田土壤质地为壤土，小麦常年产量水平 500 kg/亩以上。供试小麦品种新麦 26。播种日期 2018 年 10 月 16 日。亩基本苗 24 万。

2 试验设计

共设 3 个处理：W$_{对照}$为当地传统灌溉处理，W$_{75}$和 W$_{80}$为仪器法测墒补灌处理。每个处理重复 2 次。各处理的补灌方法、补灌时期及补灌的目标相对含水量如表 7-29 所示。

表 7-29 "测墒计算灌水量+微喷带补充灌溉" 试验：补灌方法、补灌时期和目标相对含水量

处理	补灌方法	补灌时期		
		播种期	拔节期	开花期
W$_{对照}$	传统灌溉	当地传统灌溉	当地传统灌溉	当地传统灌溉
W$_{75}$	测墒补灌	70%	75%	75%
W$_{80}$	测墒补灌	70%	80%	80%

3　数据分析

3.1　麦田耕作前 0~200 cm 土壤容重和田间持水量

麦田耕作前土壤容重和田间持水量于 2018 年 9 月 30 日测定，结果见表 7-30。

表 7-30　"测墒计算灌水量+微喷带补充灌溉"试验：耕作前试验田各土层土壤容重和田间持水量

项目		0~20 cm	20~40 cm	40~60 cm	60~80 cm	80~100 cm	100~120 cm	120~140 cm	140~160 cm	160~180 cm	180~200 cm	0~200 cm 平均
土壤容重（g/cm³）	重复1	1.54	1.68	1.64	1.60	1.60	1.50	1.61	1.61	1.61	1.61	1.6
	重复2	1.53	1.72	1.56	1.57	1.61	1.67	1.50	1.50	1.50	1.50	1.57
	平均值	1.53	1.70	1.60	1.58	1.61	1.59	1.56	1.56	1.56	1.56	1.58
田间持水量（%）	重复1	25.29	20.83	22.79	24.52	25.48	29.23	24.88	24.88	24.88	24.88	24.77
	重复2	22.48	19.67	25.21	24.99	25.77	22.01	26.47	26.47	26.47	26.47	24.6
	平均值	23.88	20.25	24.00	24.76	25.63	25.62	25.68	25.68	25.68	25.68	24.68

注：140~160 cm、160~180 cm 和 180~200 cm 土层的土壤容重和田间持水量与 120~140 cm 土层土壤的相同；0~200 cm 土层土壤容重和田间持水量是 0~200 cm 的 10 个土层的平均值。

3.2　播种期补灌前 0~200 cm 土壤质量含水量

播种期补灌前于 2018 年 9 月 30 日用烘干法测定 0~200 cm 土层土壤含水量结果见表 7-31。用仪器法测定 0~40 cm 土层土壤含水量，结果见表 7-32。如 0~40 cm 土层土壤相对含水量高于 70%，不需补灌；如低于 70%，需补灌至 70%。

表 7-31　"测墒计算灌水量+微喷带补充灌溉"试验：烘干法测定播种期补灌前土壤质量含水量

单位：%

项目	0~20 cm	20~40 cm	40~60 cm	60~80 cm	80~100 cm	100~120 cm	120~140 cm	140~160 cm	160~180 cm	180~200 cm	0~40 cm 平均	0~200 cm 平均
重复1	19.46	18.21	16.19	13.38	20.83	20.28	18.34	26.38	26.86	27.67	18.84	20.76
重复2	18.51	16.83	16.10	14.35	16.72	18.95	19.33	19.18	19.12	22.68	17.67	18.18
平均值	18.99	17.52	16.15	13.86	18.77	19.61	18.83	22.78	22.99	25.17	18.26	19.47

表 7-32　"测墒计算灌水量+微喷带补充灌溉"试验：仪器法测定播种期补灌前土壤含水量

单位：%

土层	重复及均值	体积含水量	质量含水量	相对含水量
0~10 cm	重复1	17.69	10.92	49.48
	重复2	18.09	11.17	50.60
	平均值	17.89	11.04	50.04

（续表）

土层	重复及均值	体积含水量	质量含水量	相对含水量
	重复1	30.57	18.87	85.50
10~20 cm	重复2	27.49	16.97	76.89
	平均值	29.03	17.92	81.20
	重复1	31.78	19.62	88.89
20~30 cm	重复2	29.66	18.31	82.96
	平均值	30.72	18.96	85.92
	重复1	36.59	22.59	102.34
30~40 cm	重复2	35.75	22.07	99.99
	平均值	36.17	22.33	101.17
0~40 cm	平均值	28.45	17.56	79.57

3.3 拔节期补灌前土壤含水量

拔节期补灌前土壤含水量于 2019 年 3 月 18 日测定，结果见表 7-33。

表 7-33 "测墒计算灌水量+微喷带补充灌溉"试验：仪器法测定拔节期补灌前土壤含水量（W_{75}、W_{80}）

单位：%

土层	重复及均值	测墒补灌处理		
		体积含水量	质量含水量	相对含水量
	重复1	10.22	6.31	28.58
0~10 cm	重复2	10.05	6.20	28.11
	平均值	10.14	6.26	28.36
	重复1	15.91	9.82	44.50
10~20 cm	重复2	19.60	12.10	54.82
	平均值	17.76	10.96	49.67
	重复1	20.38	12.58	57.00
20~30 cm	重复2	18.03	11.13	50.43
	平均值	19.21	11.86	53.73
	重复1	20.86	12.88	58.34
30~40 cm	重复2	19.89	12.28	55.63
	平均值	20.38	12.58	57.00
0~40 cm	平均值	16.87	10.41	47.18

3.4 开花期补灌前土壤含水量

开花期补灌前土壤含水量于 2019 年 4 月 29 日测定，结果见表 7-34。

表 7-34　"测墒计算灌水量+微喷带补充灌溉"试验：仪器法测定开花期补灌前土壤含水量

单位：%

土层	重复及均值	W75			W80		
		体积含水量	质量含水量	相对含水量	体积含水量	质量含水量	相对含水量
0~10 cm	重复1	27.40	16.90	76.60	25.50	15.70	71.30
	重复2	28.90	17.80	80.80	26.90	16.60	75.20
	平均值	28.20	17.40	78.90	26.20	16.20	73.30
10~20 cm	重复1	30.90	19.10	86.40	34.90	21.50	97.60
	重复2	34.70	21.40	97.10	33.90	20.90	94.80
	平均值	32.80	20.20	91.70	34.40	21.20	96.20
20~30 cm	重复1	23.10	14.30	64.60	22.90	14.10	64.00
	重复2	20.40	12.60	57.10	28.20	17.40	78.90
	平均值	21.80	13.50	61.00	25.60	15.80	71.00
30~40 cm	重复1	18.80	11.60	52.60	21.40	13.20	59.90
	重复2	22.80	14.10	63.80	23.30	14.40	65.20
	平均值	20.80	12.80	58.20	22.40	13.80	62.70
0~40 cm	平均值	25.90	16.00	72.50	27.20	16.80	76.00

3.5　亩群体

越冬期亩群体于 2018 年 12 月 13 日调查，拔节期亩群体于 2019 年 3 月 19 日调查，开花期亩群体于 2019 年 4 月 29 日调查，调查结果见表 7-35。

表 7-35　"测墒计算灌水量+微喷带补充灌溉"试验：亩群体

单位：万

处理	越冬期	拔节期	开花期
W对照	99.9	146.9	50.7
W75	96.5	134.5	48.5
W80	96.5	137.6	49.4

3.6　补灌量调查

播种期未进行补灌，拔节期补灌于 2019 年 3 月 21 日进行，开花期补灌于 2019 年 5 月 6 日进行，调查结果见表 7-36。

表 7-36　"测墒计算灌水量+微喷带补充灌溉"试验：补灌量

生育时期	处理	补灌量（m³/亩）(mm)	补灌时间（h）
播种期	传统灌溉（W对照）	0 (0)	0
	测墒补灌	0 (0)	0

（续表）

生育时期	处理	补灌量 （m³/亩）（mm）	补灌时间 （h）
拔节期	传统灌溉（W对照）	48.5（72.75）	3.23
	W75	26.5（39.75）	2.55
	W80	31.3（46.95）	2.99
开花期	传统灌溉（W对照）	23.0（34.50）	1.46
	W75	2.5（3.75）	0.24
	W80	3.9（5.85）	0.37

注：补灌量括号内数字为对应的毫米数。

3.7 产量构成要素与产量调查

成熟期调查亩穗数、穗粒数和千粒重，每次重复测 2 个样点，调查结果见表 7-37。W对照亩穗数、千粒重在 3 个处理中具有明显优势，W75 在产量构成要素中处于劣势。

成熟期小区实收测产于 2019 年 6 月 4 日进行。结果表明，3 个处理的实收产量与理论产量趋势一致，W对照产量最高，其次是 W80，W75 产量最低。

表 7-37 "测墒计算灌水量+微喷带补充灌溉"试验：产量构成要素与产量

处理	重复与均值		亩穗数 （万）	穗粒数 （粒）	千粒重 （g）	实收产量	
						小区产量 （kg/2 m²）	折亩产 （kg）
W对照	重复1	样点1	41.9	32.9	42.7	1.657	552.6
		样点2	39.7	33.8	43.1	1.449	483.2
	重复2	样点1	38.8	34.1	40.9	1.584	528.3
		样点2	40.9	33.4	41.7	1.512	504.3
	平均值		40.3	33.6	42.1	1.551	517.1
W75	重复1	样点1	37.6	33.9	40.9	1.507	502.6
		样点2	40.1	32.3	39.3	1.493	497.9
	重复2	样点1	36.3	34.2	41.6	1.353	451.2
		样点2	37.9	33.3	41.0	1.280	426.9
	平均值		38.0	33.4	40.7	1.408	469.7
W80	重复1	样点1	39.1	33.5	37.7	1.531	510.6
		样点2	39.7	32.8	36.5	1.492	497.6
	重复2	样点1	37.3	34.4	35.6	1.331	443.9
		样点2	38.7	33.9	38.8	1.484	494.9
	平均值		38.7	33.7	40.8	1.460	486.8

3.8　成熟期测定土壤质量含水量

小麦成熟期用烘干法测定 $W_{对照}$、W_{75}、W_{80} 处理 0~200 cm 土层土壤质量含水量，每个处理测 3 次重复，用于计算耗水量。测定结果见表 7-38。

表 7-38　"测墒计算灌水量+微喷带补充灌溉"试验：烘干法测定成熟期土壤质量含水量

单位：%

处理	重复与均值	0~20 cm	20~40 cm	40~60 cm	60~80 cm	80~100 cm	100~120 cm	120~140 cm	140~160 cm	160~180 cm	180~200 cm	0~200 cm 平均
$W_{对照}$	重复1	13.9	8.8	7.7	10.9	15.9	13.5	21.0	22.3	24.1	27.3	16.5
	重复2	18.2	10.4	9.0	10.7	17.5	17.8	16.9	19.7	25.1	28.0	17.3
	平均值	16.1	9.6	8.4	10.8	16.7	15.7	19.0	21.0	24.6	27.7	16.9
W_{75}	重复1	11.5	9.4	7.7	8.9	15.7	15.5	17.3	21.8	24.1	23.4	15.5
	重复2	14.3	9.2	7.9	12.5	18.9	17.7	13.7	24.6	22.2	22.4	16.3
	平均值	12.9	9.3	7.8	10.7	17.3	16.6	15.5	23.2	23.15	22.9	15.9
W_{80}	重复1	14.6	8.5	8.2	11.1	15.9	16.3	10.4	23.7	22.1	26.2	15.6
	重复2	17.7	9.2	7.6	11.3	18.1	15.9	17.4	24.1	24.9	26.5	17.3
	平均值	16.2	8.9	7.9	11.2	17.0	16.1	13.9	23.7	23.5	26.4	16.5

4　水分利用效率计算

从各生育时期灌水量（表 7-39）、各处理土壤贮水消耗量（表 7-40）、小麦生育期内降水量（表 7-41）及麦田耗水量、实收产量和水分利用效率（表 7-42）分析，对照实收产量最高（517.1 kg/亩），水分利用效率为 1.77 kg/（亩·mm）；W_{80} 实收产量居第 2 位（486.8 kg/亩），水分利用效率为 1.94 kg/（亩·mm）；W_{75} 实收产量最低（469.7 kg/亩），水分利用效率为 1.91 kg/（亩·mm）。

表 7-39　"测墒计算灌水量+微喷带补充灌溉"试验：灌水量　　单位：mm

处理编号	生育时期				总灌水量
	播种期	越冬期	拔节期	开花期	
$W_{对照}$	0	0	72.75	34.50	107.25
W_{75}	0	0	39.75	3.75	43.50
W_{80}	0	0	46.95	5.85	52.80

表 7-40　"测墒计算灌水量+微喷带补充灌溉"试验：土壤贮水消耗量　　单位：mm

处理	重复1	重复2	平均值
$W_{对照}$	119.68	105.28	112.48
W_{75}	154.88	103.68	129.28
W_{80}	121.28	128.00	124.64

表7-41 "测墒计算灌水量+微喷带补充灌溉"试验：小麦生育期内降水量 单位：mm

日期	降水量	日期	降水量
11月5—8日	9.4	2月13—14日	6.7
11月11日	1.5	3月20日	1.7
11月17日	2.3	4月9日	2.6
12月2—4日	10.9	4月21日、22日、27日	33.0
1月4日	1.5	总降水量	73.1
1月30—31日	3.5		

表7-42 "测墒计算灌水量+微喷带补充灌溉"试验：麦田耗水量、实收产量和水分利用效率

处理		麦田耗水量（mm）	实收产量（kg/亩）	水分利用效率［kg/（亩·mm）］
$W_{对照}$	重复1	300.03	552.6	1.84
	重复2	285.63	483.2	1.69
	重复3	300.03	528.3	1.76
	重复4	285.63	504.3	1.77
	平均值	292.83	517.1	1.77
W_{75}	重复1	271.48	502.6	1.85
	重复2	220.28	497.9	2.26
	重复3	271.48	451.2	1.66
	重复4	220.28	426.9	1.94
	平均值	245.88	469.7	1.91
W_{80}	重复1	247.18	510.6	2.07
	重复2	253.90	497.6	1.96
	重复3	247.18	443.9	1.80
	重复4	253.90	494.9	1.95
	平均值	250.54	486.8	1.94

5 小结

（1）从产量分析，传统灌溉产量最高，补灌75%产量最低。

（2）从水分利用效率分析，补灌80%最高。从节水角度看，补灌80%比较经济，生态效益较高。

第四节 "按井口出水量和时间进行测墒补灌" 试验

1 基本情况

试验安排在新乡市获嘉县照镜镇照镜村，土壤质地为壤土，小麦常年产量水平500 kg/亩以上。供试小麦品种新麦26。播种日期2018年10月16日。亩基本苗23.5万。

2 试验设计

共设3个处理：$W_{对照}$为当地传统灌溉处理，W_{75}和W_{80}为仪器法测墒补灌处理。每个处理重复2次。各处理的补灌方法、补灌时期及补灌的目标相对含水量如表7-43所示。

表7-43 "按井口出水量和时间进行测墒补灌" 试验：补灌方法、补灌时期及目标相对含水量

处理	补灌方法	补灌时期		
		播种期	拔节期	开花期
$W_{对照}$	传统灌溉	当地传统灌溉	当地传统灌溉	当地传统灌溉
W_{75}	测墒补灌	70%	75%	75%
W_{80}	测墒补灌	70%	80%	80%

3 数据分析

3.1 麦田耕作前0~200 cm土壤容重和田间持水量

麦田耕作前土壤容重和田间持水量于2018年9月30日测定，结果见表7-44。

表7-44 "按井口出水量和时间进行测墒补灌" 试验：耕作前各土层土壤容重和田间持水量

项目		0~20 cm	20~40 cm	40~60 cm	60~80 cm	80~100 cm	100~120 cm	120~140 cm	140~160 cm	160~180 cm	180~200 cm	0~200 cm平均
土壤容重（g/cm³）	重复1	1.57	1.69	1.56	1.59	1.50	1.54	1.54	1.54	1.54	1.54	1.56
	重复2	1.55	1.66	1.60	1.51	1.62	1.56	1.61	1.61	1.61	1.61	1.6
	平均值	1.56	1.68	1.58	1.55	1.56	1.55	1.58	1.58	1.58	1.58	1.58
田间持水量（%）	重复1	23.96	20.82	23.72	24.94	28.93	26.70	29.75	29.75	29.75	29.75	26.81
	重复2	23.21	21.45	23.99	28.79	25.13	26.27	24.57	24.57	24.57	24.57	24.71
	平均值	23.59	21.13	23.86	26.86	27.03	26.48	27.16	27.16	27.16	27.16	25.76

注：140~160 cm、160~180 cm和180~200 cm土层的土壤容重和田间持水量与120~140 cm土层土壤的相同；0~200 cm土层土壤容重和田间持水量是0~200 cm的10个土层的平均值。

3.2 播种期补灌前0~200 cm土壤质量含水量

播种期补灌前于2018年10月17日用烘干法测定0~200 cm土层土壤含水量,结果见表7-45;用仪器法测定0~40 cm土层土壤含水量,结果见表7-46。如0~40 cm土层土壤相对含水量高于70%,不需补灌;如低于70%,需补灌至70%。

表7-45 "按井口出水量和时间进行测墒补灌"试验:烘干法测定播种期补灌前土壤质量含水量

单位:%

项目	0~ 20 cm	20~ 40 cm	40~ 60 cm	60~ 80 cm	80~ 100 cm	100~ 120 cm	120~ 140 cm	140~ 160 cm	160~ 180 cm	180~ 200 cm	0~ 40 cm 平均	0~ 200 cm 平均
重复1	19.52	18.54	18.32	17.85	17.65	19.10	19.99	22.73	25.90	28.16	19.03	20.78
重复2	18.28	18.39	19.91	20.74	21.30	21.75	18.17	25.11	27.88	26.82	18.34	21.83
平均值	18.90	18.47	19.12	19.29	19.47	20.42	19.08	23.92	26.89	27.49	18.68	21.31

表7-46 "按井口出水量和时间进行测墒补灌"试验:仪器法测定播种期补灌前土壤含水量

单位:%

土层	重复及均值	体积含水量	质量含水量	相对含水量
	重复1	18.01	11.12	49.72
0~10 cm	重复2	16.51	10.19	45.58
	平均值	17.26	10.65	47.65
	重复1	29.11	17.97	80.36
10~20 cm	重复2	27.13	16.75	74.90
	平均值	28.12	17.36	77.63
	重复1	35.07	21.65	96.82
20~30 cm	重复2	33.91	20.93	93.61
	平均值	34.49	21.29	95.22
	重复1	37.07	22.88	102.34
30~40 cm	重复2	35.93	22.18	99.19
	平均值	36.50	22.53	100.76
0~40 cm	平均值	29.09	17.96	80.31

3.3 拔节期补灌前土壤含水量

拔节期补灌前土壤含水量于2019年3月18日测定,结果见表7-47。

表7-47 "按井口出水量和时间进行测墒补灌"试验:仪器法测定拔节期补灌前土壤含水量(W_{75}、W_{80})

单位:%

土层	重复及均值	体积含水量	质量含水量	相对含水量
	重复1	8.31	5.13	22.94
0~10 cm	重复2	10.67	6.59	29.46
	平均值	9.49	5.86	26.20

（续表）

土层	重复及均值	体积含水量	质量含水量	相对含水量
10~20 cm	重复1	20.94	12.93	57.81
	重复2	17.69	10.92	48.84
	平均值	19.32	11.93	53.34
20~30 cm	重复1	20.76	12.81	57.31
	重复2	20.59	12.71	56.84
	平均值	20.68	12.77	57.09
30~40 cm	重复1	19.60	12.10	54.11
	重复2	21.94	13.54	60.57
	平均值	20.77	12.82	57.34
0~40 cm	平均值	16.87	10.41	47.18

3.4　开花期补灌前土壤含水量

开花期补灌前土壤含水量于 2019 年 4 月 29 日测定，结果见表 7-48。

表 7-48　"按井口出水量和时间进行测墒补灌"试验：仪器法测定开花期补灌前土壤含水量

单位：%

土层	重复及均值	W$_{75}$			W$_{80}$		
		体积含水量	质量含水量	相对含水量	体积含水量	质量含水量	相对含水量
0~10 cm	重复1	28.50	17.59	78.68	29.60	18.27	81.72
	重复2	27.90	17.22	77.02	28.40	17.53	78.40
	平均值	28.20	17.41	77.85	29.00	17.90	80.06
10~20 cm	重复1	35.70	22.04	98.56	38.20	23.58	105.46
	重复2	35.80	22.10	98.83	36.90	22.78	101.87
	平均值	35.80	22.10	98.83	37.60	23.21	103.80
20~30 cm	重复1	25.80	15.93	71.23	29.90	18.46	82.54
	重复2	30.30	18.70	83.65	30.40	18.77	83.92
	平均值	28.10	17.35	77.57	30.20	18.64	83.37
30~40 cm	重复1	21.90	13.52	60.46	21.80	13.46	60.18
	重复2	20.50	12.65	56.59	20.70	12.78	57.15
	平均值	21.20	13.09	58.53	21.30	13.15	58.80
0~40 cm	平均值	28.30	17.47	78.13	29.50	18.20	81.40

3.5　亩群体调查

越冬期亩群体于 2018 年 12 月 13 日调查，拔节期亩群体于 2019 年 3 月 19 日调查，开花期亩群体于 2019 年 4 月 29 日调查。调查结果见表 7-49。

表7-49 "按井口出水量和时间进行测墒补灌"试验：亩群体　　　　单位：万

处理	越冬期	拔节期	开花期
$W_{对照}$	106.6	167.3	53.5
W_{75}	105.1	152.4	51.8
W_{80}	105.1	165.8	53.1

3.6 补灌量调查

播种期未进行补灌，拔节期补灌于2019年3月21日进行，开花期补灌于2019年5月6日进行，补灌量见表7-50。

表7-50 "按井口出水量和时间进行测墒补灌"试验：补灌量

时期	处理	补灌量 （m³/亩）（mm）	补灌时间 （h）
播种期	传统灌溉（$W_{对照}$）	0（0）	0
	测墒补灌	0（0）	0
拔节期	传统灌溉（$W_{对照}$）	46.50（69.75）	1.35
	W_{75}	25.62（38.40）	0.74
	W_{80}	30.45（45.75）	0.88
开花期	传统灌溉（$W_{对照}$）	0（0）	0
	W_{75}	0（0）	0
	W_{80}	0（0）	0

注：补灌量括号内数字为对应的毫米数。

3.7 产量构成要素与产量调查

成熟期调查亩穗数、穗粒数和千粒重，每次重复测2个样点，调查结果见表7-51。成熟期小区实收测产于2019年6月4日进行。

表7-51 "按井口出水量和时间进行测墒补灌"试验：产量构成要素与产量

处理	重复与均值		亩穗数 （万）	穗粒数 （粒）	千粒重 （g）	实收产量	
						小区产量 （kg/2 m²）	折亩产 （kg）
$W_{对照}$	重复1	样点1	44.7	32.2	41.8	1.470	490.2
		样点2	41.3	34.3	37.9	1.409	469.9
	重复2	样点1	41.6	33.8	36.2	1.453	484.6
		样点2	42.8	32.3	38.3	1.495	498.6
	平均值		42.6	33.2	38.6	1.457	485.9
W_{75}	重复1	样点1	42.5	32.4	37.3	1.336	445.6
		样点2	40.5	33.6	38.7	1.359	453.2
	重复2	样点1	38.6	35.2	35.9	1.330	443.6
		样点2	41.5	33.4	36.1	1.428	476.2
	平均值		40.8	33.7	37.0	1.363	454.6

（续表）

处理	重复与均值		亩穗数（万）	穗粒数（粒）	千粒重（g）	实收产量	
						小区产量（kg/2 m²）	折亩产（kg）
W₈₀	重复1	样点1	41.0	34.6	38.0	1.446	482.2
		样点2	41.3	33.9	35.3	1.363	454.6
	重复2	样点1	42.5	32.9	39.8	1.427	475.9
		样点2	42.3	33.3	35.1	1.407	469.2
	平均值		41.8	33.7	37.1	1.411	470.6

3.8 成熟期测定土壤质量含水量

小麦成熟期用烘干法测定 $W_{对照}$、W_{75}、W_{80} 处理 0～200 cm 土层土壤质量含水量，每个处理测 2 次重复，用于计算耗水量，测定结果见表 7-52。

表 7-52 "按井口出水量和时间进行测墒补灌"试验：烘干法测定成熟期土壤质量含水量

单位：%

处理		0～20 cm	20～40 cm	40～60 cm	60～80 cm	80～100 cm	100～120 cm	120～140 cm	140～160 cm	160～180 cm	180～200 cm	0～200 cm 平均
W对照	重复1	19.8	10.6	9.3	10.0	13.5	17.7	13.4	13.5	24.4	25.1	15.73
	重复2	15.8	9.0	8.6	8.8	14.7	18.8	21.7	13.9	25.2	25.3	16.18
	平均值	17.8	9.8	9.0	9.4	14.1	18.3	17.6	13.7	24.8	25.2	15.96
W75	重复1	12.6	9.2	8.7	9.3	15.0	16.6	12.6	17.4	20.8	24.1	14.63
	重复2	16.2	9.7	8.9	8.8	14.5	19.7	17.4	17.0	25.7	24.4	16.23
	平均值	14.4	9.5	8.8	9.1	14.8	18.2	15.0	17.2	23.3	24.3	15.43
W80	重复1	15.2	9.7	8.4	10.0	14.3	19.4	16.5	16.8	21.9	24.6	15.68
	重复2	14.7	8.8	8.6	9.6	16.8	19.2	13.9	14.0	24.1	25.0	15.47
	平均值	15.0	9.3	8.5	9.8	15.6	19.3	15.2	15.4	23.0	24.8	15.58

4 水分利用效率计算

总灌水量计算结果见表 7-53，土壤贮水消耗量计算见表 7-54，小麦生育期内降水量见表 7-55，水分利用效率计算结果见表 7-56。结果表明，传统灌溉实收产量最高（485.9 kg/亩），水分利用效率为 1.55 kg/(亩·mm)；W_{80} 实收产量位居第 2（470.6 kg/亩），水分利用效率为 1.56 kg/(亩·mm)；W_{75} 实收产量最低（454.6 kg/亩），水分利用效率为 1.52 kg/(亩·mm)。

表 7-53　"按井口出水量和时间进行测墒补灌"试验：灌水量　　　　　单位：mm

处理	生育时期				总灌水量
	播种期	越冬期	拔节期	开花期	
W_对照	0	0	69.75	0	69.75
W_75	0	0	38.40	0	38.40
W_80	0	0	45.75	0	45.75

表 7-54　"按井口出水量和时间进行测墒补灌"试验：土壤贮水消耗量　　　单位：mm

处理	重复1	重复2	平均值
W_对照	178.56	164.16	171.20
W_75	213.76	162.56	188.16
W_80	180.16	186.88	183.36

表 7-55　"按井口出水量和时间进行测墒补灌"试验：小麦生育期内降水量　　单位：mm

日期	降水量	日期	降水量
11月5—8日	9.4	2月13—14日	6.7
11月11日	1.5	3月20日	1.7
11月17日	2.3	4月9日	2.6
12月2—4日	10.9	4月21日、22日、27日	33.0
1月4日	1.5	总降水量	73.1
1月30—31日	3.5		

表 7-56　"按井口出水量和时间进行测墒补灌"试验：麦田耗水量、实收产量和水分利用效率

处理		麦田耗水量（mm）	实收产量（kg/亩）	水分利用效率［kg/（亩·mm）］
W_对照	重复1	321.41	490.2	1.53
	重复2	307.01	469.9	1.53
	重复3	321.41	484.6	1.51
	重复4	307.01	498.6	1.62
	平均值	314.05	485.9	1.55
W_75	重复1	325.26	445.6	1.37
	重复2	274.06	453.2	1.65
	重复3	325.26	443.6	1.36
	重复4	274.06	476.2	1.74
	平均值	299.66	454.6	1.52

（续表）

处理		麦田耗水量（mm）	实收产量（kg/亩）	水分利用效率[kg/（亩·mm）]
W_{80}	重复 1	299.01	482.2	1.61
	重复 2	305.73	454.6	1.49
	重复 3	299.01	475.9	1.59
	重复 4	305.73	469.2	1.53
	平均值	302.21	470.6	1.56

5　小结

（1）从产量分析，传统灌溉产量最高，补灌75%产量最低。

（2）从水分利用效率分析，补灌80%最高。从节水角度看，补灌80%比较经济，生态效益较高。

（3）本年度试验结论与之前所做试验结论一致，但生产上操作较为复杂，该试验成果的推广有一定难度，应用方法需要进一步改进。

第八章　小麦生长发育化控技术研究

随着气候变暖，极端天气频发，干热风对小麦灌浆产生较大不利影响。为应对气候变化，探讨叶面喷施化学制剂对小麦生长发育的影响，于 2011 年麦播开始，连续多年开展小麦化控技术研究。试验选用含氨基酸水溶肥、0.136%赤·吲乙·芸苔、3%卵磷脂·维生素 E 悬乳剂、锌肥、磷酸二氢钾、3－（噻唑－2－基）－1H－吲哚、微量元素水溶肥（Cu+Mn+Zn+B≥15%）等化学制剂，在灌浆期进行叶面喷施。结果表明，①冬前 3~5 叶期、拔节期、灌浆初期（扬花后 5 d）叶面喷施含氨基酸水溶肥有助于提高小麦的穗粒重、千粒重和产量，有明显的增产效果，在小麦栽培中的应用是可行的；②灌浆初期叶面喷施 "0.136%赤·吲乙·芸苔+3%卵磷脂·维生素 E 悬乳剂" "微量元素水溶肥（Cu+Mn+Zn+B≥15%）" "3－（噻唑－2－基）－1H－吲哚" 及抽穗期—扬花前叶面喷施 "含氨基酸水溶肥+锌肥" 或 "磷酸二氢钾"，具有良好的缓解干热风危害的作用，在生产上具有很好的推广应用价值。从经济效益分析，抽穗开花前叶面喷施磷酸二氢钾成本较低，更具推广应用优势。

在开展叶面喷施化学制剂研究的同时，安排了百农 207、百农 418、百农 419、百农 AK58、新麦 23、新麦 30、新科麦 168、中麦 895、郑麦 7698、焦麦 266、温麦 28、济麦 22 共 12 个品种进行对比，筛选耐抗干热风品种。结果表明，新麦 30、郑麦 7698、新科麦 168 抗干热风能力较强，产量居参试品种前 3 位。

在获嘉县照镜镇新乡县七里营镇开展的小麦干热风缓解技术示范中，众麦 2 号、新麦 29、百农 418 中早熟、综合抗性好，集成适期播种、合理水肥运筹、浇好灌浆水等技术，分别在小麦孕穗期、灌浆期结合病虫防治喷施磷酸二氢钾，推广小麦干热风缓解技术，实现辐射区小麦冬壮、春稳、夏不衰，小麦亩群体对干热风的综合防控能力得以提高。

第一节　叶面喷施含氨基酸水溶肥对小麦产量的影响

河南省小麦生产已经进入到高产阶段，为进一步深入探索小麦高产的能力，运用化学调控等技术进行高产开发栽培技术试验示范显得日趋重要。在大田自然环境条件下，采用叶面喷施处理方式，从长势长相和产量形成的角度，研究含氨基酸水溶肥的应用效果，于2011—2012 年度开展该试验。

1　材料与方法

1.1　供试材料

含氨基酸水溶肥，由中国农业科学院作物科学研究所作物栽培生理团队提供。

1.2　试验设计

试验在获嘉县照镜镇前李村进行，试验田为壤土，地力均匀，灌排方便，试验前取土化验。试验采用随机区组设计，1 个处理，3 次重复，设清水对照。试验地地块平整，共设置 6 个小区。每个小区面积 40 m²，长 10 m、宽 4 m，小区之间设宽 0.5 m 的隔离带，试验区四周设保护行。分别在小麦冬前 3~5 叶期、拔节期和灌浆初期（扬花后 5 d）3 次叶面喷施含氨基酸水溶肥。处理方案和田间设计图分别见表 8-1 和图 8-1。

表 8-1　冬小麦系统化控试验设计

处理	冬前 3~5 叶期	拔节期	灌浆初期（扬花后 5 d）
含氨基酸水溶肥	0.9 kg 400 mg/kg 溶液	0.9 kg 400 mg/kg 溶液	0.9 kg 400 mg/kg 溶液
对照	0.9 kg 清水	0.9 kg 清水	0.9 kg 清水

注：含氨基酸水液肥 60 mL（2 袋）加水 15 kg（背负式喷雾器 1 桶），即为 400 mg/kg 溶液。

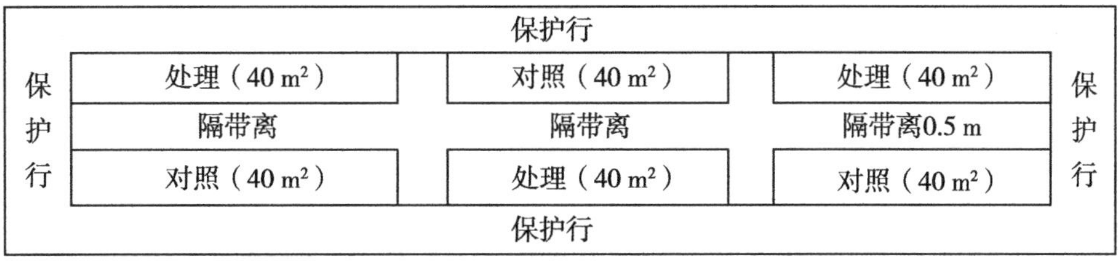

保护行		
处理（40 m²）	对照（40 m²）	处理（40 m²）
隔带离	隔带离	隔带离0.5 m
对照（40 m²）	处理（40 m²）	对照（40 m²）
保护行		

（左右两侧为"保护行"）

图 8-1　田间设计示意

1.3　田间管理

及时浇水、施肥、除草以及进行病虫害防治，对照田间管理与处理相同。2011 年 10 月 18 日采取旋耕，耕深 15 cm，耕后用旋耕耙、钉齿耙耙 2 遍；耕地前施入 40%（N-P-K=23-12-5）配方肥 50 kg/亩；10 月 19 日，按试验要求机械条播。

小麦种子播前用 50% 多菌灵悬浮剂 100 g+40% 辛硫磷乳油 100 mL，加水 300 g，拌种 50 kg。2012 年 3 月 20 日，每亩撒施尿素（含氮 46%）10 kg。3 月 17 日，亩用 10% 苄嘧磺隆可湿性粉剂 50 g，加水 20 kg 喷雾，防治麦田杂草。3 月 29 日，亩用 5% 阿维菌素悬浮剂 8 mL，加水 20 kg 喷雾，防治红蜘蛛。4 月 25 日，亩用 50% 多菌灵悬浮剂 100 g+20% 吡虫啉乳油 10 mL，加水 20 kg 喷雾，防治赤霉病、麦蚜。5 月 3 日，用 20% 吡虫啉乳油 10 mL，加水 20 kg 喷雾，防治麦蚜。6 月 1 号成熟收获，每个小区 50 m² 晒干后计算实收产量。

2　结果与分析

2.1　生育时期调查

从小麦生育时期调查结果（表 8-2）可以看出，化控剂对小麦生育期影响不明显。

表8-2 小麦生育时期调查

处理	出苗期	越冬期	返青期	起身期	拔节期	挑旗期	抽穗期	收获期
处理1	10月30日	2月14日	2月18日	3月6日	3月26日	4月22日	4月27日	6月1日
处理2（CK）	10月30日	2月14日	2月18日	3月6日	3月26日	4月22日	4月27日	6月1日

2.2 小麦产量构成要素指标影响分析

由小麦产量构成要素指标调查结果（表8-3）可以看出，喷施含氨基酸水溶肥的小麦亩穗数较对照多0.8万，增2.4%；穗粒数、千粒重较对照分别增加1.3穗、0.1 g，增幅分别为3.6%、0.02%；理论产量较对照增加25.1 kg/亩，增幅6.1%。可见喷施含氨基酸水溶肥有助于提高小麦的穗粒数、千粒重和理论产量，增产效果相对显著。同时，从表8-3中可以看出，退化小穗较对照少16.2%，而结实小穗比对照稍多，但是幅度不大，说明喷施含氨基酸水溶肥有助于提高结实率，减少小麦的无效穗粒数。

表8-3 小麦产量构成要素指标调查

项目	喷施含氨基酸水溶肥				CK（喷施清水）			
	重复Ⅰ	重复Ⅱ	重复Ⅲ	平均值	重复Ⅰ	重复Ⅱ	重复Ⅲ	平均值
亩穗数（万）	34.5	31.8	36.4	34.2	34.4	33.3	32.4	33.4
穗粒数（粒）	37.8	39.6	34.5	37.3	36.1	35.6	36.4	36.0
千粒重（g）	40.4	41.4	38.9	40.2	38.9	41.2	40.4	40.1
结实小穗（个）	18.4	19.4	18.4	18.7	19.2	18.8	17.8	18.6
退化小穗（个）	2.6	3.8	2.8	3.1	3.6	4.0	3.4	3.7
理论产量（kg/亩）	447.8	443.1	415.2	435.3	410.6	415.2	404.9	410.2

2.3 小麦形态指标和干物质积累动态分析

小麦形态和干物质积累测定结果见表8-4，结果表明，没有喷施含氨基酸水溶肥的处理，小麦绿叶数为0，而喷施的小麦植株绿叶数为0.23，表明喷施后植株更健壮，有充足的营养物质供给籽粒，促进籽粒饱满，但同时其成熟期有延长趋势。此外，喷施的处理小麦籽粒的鲜重、干重均值分别比对照增加155.9 g、7.8 g，增幅分别为27.6%、1.9%；茎叶的鲜重均值比CK增加209.8 g，增幅31.3%，干重持平，可见处理的小麦成熟期籽粒干物质积累比对照显著增加，干物质积累增加较显著。研究表明，小麦穗期干物质积累增加有利于小麦粒重增加，因此，喷施含氨基酸水溶肥可以促进籽粒、茎叶的干物质积累，茎叶的干物质积累增加，有利于制造更多光合产物，为籽粒提供更加充足的营养物质源，使得籽粒更加饱满，增加小麦产量。

表8-4 小麦形态指标和干物质积累

项目	喷施含氨基酸水溶肥				CK（喷施清水）			
	重复Ⅰ	重复Ⅱ	重复Ⅲ	平均值	重复Ⅰ	重复Ⅱ	重复Ⅲ	平均值
绿叶数（片/株）	0.20	0.26	0.23	0.23	0	0	0	0
绿叶长（cm）	2.40	3.40	2.80	2.90	0	0	0	0
绿叶宽（cm）	0.36	0.36	0.35	0.36	0	0	0	0
籽粒干重（g）	440.4	421.8	380.2	414.1	423.4	426.6	368.8	406.3
籽粒鲜重（kg/亩）	753.3	786.1	623.3	720.9	564.1	576.5	554.4	565.0
茎叶干重（kg/亩）	437.6	422.9	401.7	420.7	418.1	447.9	396.1	420.7
茎叶鲜重（kg/亩）	931.8	886.7	819.8	879.4	668.1	710.9	629.9	669.6
株高（cm）	70.8	70.6	69.9	70.4	71.5	71.5	71.1	71.4

2.4 小麦实收产量分析

由小麦实收产量调查结果（表8-5）可以看出，喷施含氨基酸水溶肥的小麦籽粒鲜重、干重比喷施清水的处理平均分别增加45.5 kg/亩、10.5 kg/亩，增幅分别为8.5%、2.6%，差异显著。喷施含氨基酸水溶肥能显著增加小麦的产量。

表8-5 小麦实收产量

项目	喷施含氨基酸水溶肥				CK（喷施清水）			
	重复Ⅰ	重复Ⅱ	重复Ⅲ	平均值	重复Ⅰ	重复Ⅱ	重复Ⅲ	平均值
籽粒鲜重（kg/亩）	637.6	599.4	555.1	597.4	562.8	508.9	530.1	533.9
籽粒干重（kg/亩）	436.8	401.5	396.9	411.7	423.1	381.3	399.3	401.2
含水量（%）	31.5	33.0	28.5	31.1	24.8	25.1	24.7	24.9

3 小结

喷施含氨基酸水溶肥对小麦生育期影响不显著，但有助于提高小麦的穗粒重、千粒重和产量，不仅可以增加籽粒、茎叶的干物质积累，而且茎叶干物质积累的增加有利于制造更多光合产物，同时为籽粒提供更加充足的营养物质源，使籽粒更加饱满，干物质积累增加较显著。此外，从实收产量来看，增产效果明显，在小麦栽培中的应用是可行的。

第二节 小麦干热风危害缓解技术试验（Ⅰ）

1 试验目的

通过本试验，筛选出适宜的叶面肥品种，为集成示范推广小麦抗（缓解）干热风灾害技术提供依据。

2 材料与方法

2.1 试验地点

新乡市获嘉县照镜镇前李村。

2.2 供试品种

选用新麦 26 为试验品种，由河南省新乡市农业科学院提供。

2.3 试验设计

试验采用随机区组设计，共设 4 个喷肥处理，3 次重复，2013 年 5 月 5 日、15 日喷施。

处理 1：抽穗期—扬花前叶面喷施 0.136% 赤·吲乙·芸苔 2 g/亩 +3% 卵磷脂·维生素 E 悬乳剂 3 mL/亩。

处理 2：抽穗期—扬花前叶面喷施含氨基酸水溶肥料 10 000 倍液（1.5 mL，加水 15 L）。

处理 3：抽穗期—扬花前叶面喷施含氨基酸水溶肥料 10 000 倍液（1.5 mL，加水 15 L）+锌肥 25 g。

处理 4：抽穗期—扬花前喷施磷酸二氢钾（200 g/亩）。

处理 5（CK）：叶面喷施清水 15 L/亩。

每个处理小区面积 40 m²；每个小区选定 1 个试验观测点，每点一米双行；成熟时每个小区收获 10 m² 晒干后计算实收产量。

2.4 试验地基本情况

试验田基本情况见表 8-6。

表 8-6　小麦干热风危害缓解技术试验（Ⅰ）：基本情况

项目	内容
地点	获嘉县城关镇前李村
土质	壤土
前茬作物	玉米，亩产 600 kg，收获时间：2012 年 9 月 28 日
整地	2012 年 10 月 10 日采取旋耕，耕深 15 cm，耕后用钉齿耙 3 遍
播种方式	机播
行距	22 cm
拌种	药剂名称：多菌灵、辛硫磷，亩用量（1 g+1 g）/0.5 kg 种子
底肥用量	粗肥：0 化肥：40%（N-P-K=23-12-5）配方肥 50 kg/亩
土壤养分 （0~20 cm）	整地施肥前取土化验结果：有机质 19.95 g/kg，全氮 1.26 g/kg，有效磷 7.8 mg/kg，速效钾 225.5 mg/kg

2.5 生产管理

田间生产管理情况见表 8-7。

表 8-7　小麦干热风危害缓解技术试验（Ⅰ）：田间管理及重要情况记录

项目	具体信息
拔节期氮肥具体追肥时间、数量（含量）、方法	2013 年 3 月 26 日每亩追施尿素 10 kg（撒施），施后浇水
浇水时间与方法	2013 年 3 月 26 日浇拔节水，5 月 11 日浇灌浆水
主要病虫草害发生与防治时间、方法、农药品名	2013 年 3 月 8 日，每亩用 10% 苯磺隆可湿性粉剂 15 g+10% 苄嘧磺隆可湿性粉剂 50 g，加水 20 kg 喷雾，化学除草。4 月 28 日，每亩用 50% 多菌灵可湿性粉剂 75 g+10% 吡虫啉可湿性粉剂 50 g，预防小麦赤霉病及小麦穗蚜
灾害性情况记录	2013 年 4 月 19 日最低气温降至 1.1 ℃，持续时间 20 min，造成小麦穗粒数减少 3~4 粒
	2013 年 5 月 10—12 日出现明显干热风，日平均气温达 28 ℃，最高气温达 37.3 ℃，致使小麦早衰。5 月 25—26 日降雨 45.6 mm，造成小麦早死

2.6　气象记录

各生育时期气象条件见附录 3 2012—2013 年度气象资料记录。

按照日最高气温≥30 ℃、14 时相对湿度≤30%、14 时风速≥2 m/s、持续 2 d 作为干热风日危害指标，本年度灌浆期出现 2 次干热风危害，分别是 5 月 10—12 日、5 月 19—21 日（见附录 3 2013—2021 年灌浆期气象资料记录）。

3　结果与分析

3.1　生育时期调查

各处理生育时期调查结果见表 8-8，结果表明，各处理各生育时期无差别。

表 8-8　小麦干热风危害缓解技术试验（Ⅰ）：生育时期调查

处理		出苗期	分蘖期	越冬期	返青期	拔节期	抽穗期	开花期	成熟期
重复Ⅰ	1	10 月 18 日	11 月 6 日	12 月 12 日	2 月 25 日	3 月 20 日	4 月 24 日	4 月 30 日	6 月 4 日
	2	10 月 18 日	11 月 6 日	12 月 12 日	2 月 25 日	3 月 20 日	4 月 24 日	4 月 30 日	6 月 4 日
	3	10 月 18 日	11 月 6 日	12 月 12 日	2 月 25 日	3 月 20 日	4 月 24 日	4 月 30 日	6 月 4 日
	4	10 月 18 日	11 月 6 日	12 月 12 日	2 月 25 日	3 月 20 日	4 月 24 日	4 月 30 日	6 月 4 日
	5	10 月 18 日	11 月 6 日	12 月 12 日	2 月 25 日	3 月 20 日	4 月 24 日	4 月 30 日	6 月 4 日
重复Ⅱ	1	10 月 18 日	11 月 6 日	12 月 12 日	2 月 25 日	3 月 20 日	4 月 24 日	4 月 30 日	6 月 4 日
	2	10 月 18 日	11 月 6 日	12 月 12 日	2 月 25 日	3 月 20 日	4 月 24 日	4 月 30 日	6 月 4 日
	3	10 月 18 日	11 月 6 日	12 月 12 日	2 月 25 日	3 月 20 日	4 月 24 日	4 月 30 日	6 月 4 日
	4	10 月 18 日	11 月 6 日	12 月 12 日	2 月 25 日	3 月 20 日	4 月 24 日	4 月 30 日	6 月 4 日
	5	10 月 18 日	11 月 6 日	12 月 12 日	2 月 25 日	3 月 20 日	4 月 24 日	4 月 30 日	6 月 4 日
重复Ⅲ	1	10 月 18 日	11 月 6 日	12 月 12 日	2 月 25 日	3 月 20 日	4 月 24 日	4 月 30 日	6 月 4 日
	2	10 月 18 日	11 月 6 日	12 月 12 日	2 月 25 日	3 月 20 日	4 月 24 日	4 月 30 日	6 月 4 日
	3	10 月 18 日	11 月 6 日	12 月 12 日	2 月 25 日	3 月 20 日	4 月 24 日	4 月 30 日	6 月 4 日
	4	10 月 18 日	11 月 6 日	12 月 12 日	2 月 25 日	3 月 20 日	4 月 24 日	4 月 30 日	6 月 4 日
	5	10 月 18 日	11 月 6 日	12 月 12 日	2 月 25 日	3 月 20 日	4 月 24 日	4 月 30 日	6 月 4 日

3.2 对千粒重的影响

各处理千粒重调查结果见表8-9，不同处理千粒重方差分析见表8-10。$F_{0.05} = 3.84 < F = 5.10 < F_{0.01} = 7.01$，说明不同处理对小麦千粒重影响存在显著差异，但没有达到极显著水平。处理1、处理3千粒重较高，对照千粒重最低。

表8-9 小麦干热风危害缓解技术试验（Ⅰ）：千粒重

处理	重复Ⅰ (g)	重复Ⅱ (g)	重复Ⅲ (g)	平均值 (g)
处理1	40.8	38.9	39.1	39.6（1）
处理2	36.9	37.3	37.7	37.3（3）
处理3	35.4	39.9	39.5	38.3（2）
处理4	35.9	37.2	36.5	36.5（4）
处理5（CK）	34.9	35.4	35.3	35.2（5）

注：平均值括号内数据为千粒重排序。

表8-10 小麦干热风危害缓解技术试验（Ⅰ）：不同处理千粒重方差分析

变异来源	df	SS	MS	F	$F_{0.05}$	$F_{0.01}$
处理	4	33.57	8.39	5.10	3.84	7.01
误差	8	13.16	1.64			
总变异	14	49.46				

3.3 对产量的影响

产量调查于2013年6月4日进行，结果见表8-11。理论产量和实际产量排序一致。

不同处理实际产量方差分析见表8-12，$F = 9.31 > F_{0.01} = 7.01$，说明不同处理小麦产量的差异达到极显著水平。各处理之间的多重比较见表8-11、表8-13，在0.01极显著水平下，处理1与对照达到极显著差异，较对照增产42.3 kg/亩，增幅10.9%。与其他处理相比未达到极显著差异；处理3与对照相比，达到极显著差异，较对照增产40.2 kg/亩，增幅10.4%。因此，处理1和处理3在生产中具有较好的推广应用价值。

表8-11 小麦干热风危害缓解技术试验（Ⅰ）：产量构成要素与产量

	处理	亩穗数 (万)	穗粒数 (粒)	千粒重 (g)	理论产量 (kg/亩)	实收产量 (kg/亩)
重复Ⅰ	处理1	38.3	33.4	40.8	443.6	437.5（1）
	处理2	36.5	34.9	36.9	399.5	425.7（2）
	处理3	38.7	33.1	35.4	385.4	418.8（3）
	处理4	37.9	33.1	35.9	382.8	412.5（4）
	处理5（CK）	38.1	32.8	34.9	370.7	387.5（5）

（续表）

处理		亩穗数（万）	穗粒数（粒）	千粒重（g）	理论产量（kg/亩）	实收产量（kg/亩）
重复Ⅱ	处理1	38.2	34.4	38.9	434.5	437.5 (2)
	处理2	38.4	32.0	37.3	389.6	406.3 (3)
	处理3	39.1	33.6	39.9	445.6	443.8 (1)
	处理4	37.8	34.1	37.2	407.6	393.8 (4)
	处理5（CK）	37.5	35.6	35.4	401.5	387.5 (5)
重复Ⅲ	处理1	37.6	34.0	39.1	424.9	412.5 (2)
	处理2	37.3	35.1	37.7	419.5	401.1 (3)
	处理3	38.1	33.9	39.5	433.7	418.8 (1)
	处理4	37.1	36.2	36.5	416.7	391.3 (4)
	处理5（CK）	36.8	37.1	35.3	409.7	385.8 (5)
平均值	处理1	—	—	—	434.3 (1)	429.2 (1)aA
	处理2	—	—	—	402.9 (3)	411.0 (3)abAB
	处理3	—	—	—	421.6 (2)	427.1 (2)aA
	处理4	—	—	—	402.4 (4)	399.2 (4)bcAB
	处理5（CK）	—	—	—	394.0 (5)	386.9 (5)CB

注：实收产量括号内数据为产量排序。不同小写字母表示在 0.05 水平差异显著，不同大写字母表示在 0.01 水平差异显著。

表 8-12　小麦干热风危害缓解技术试验（Ⅰ）：不同处理对产量影响的方差分析

变异来源	df	SS	MS	F	$F_{0.05}$	$F_{0.01}$
处理	4	3 924.86	981.22	9.31	3.84	7.01
误差	8	842.83	105.35			
总变异	14	5 346.77				

表 8-13　小麦干热风危害缓解技术试验（Ⅰ）：新复极差检验 LSR 值

指标	2	3	4	5
$LSR_{0.05}$	21.823	22.862	23.347	23.763
$LSR_{0.01}$	31.037	32.769	33.809	34.363

4　小结

（1）不同处理对小麦千粒重影响显著，但没有达到极显著水平。抽穗期—扬花前叶面喷施 0.136% 赤·吲乙·芸苔+3% 卵磷脂·维生素 E 悬乳剂和含氨基酸水溶肥料+锌肥 2 个处理千粒重较高，对照喷施清水处理最低。

（2）不同处理各重复之间的理论产量和实际产量排序一致。

（3）扬花前叶面喷施 0.136% 赤·吲乙·芸苔+3% 卵磷脂·维生素 E 悬乳剂和含氨基酸水溶肥料+锌肥 2 个处理分别较对照喷施清水亩增产 42.3 kg、40.2 kg，增幅分别为

10.9%、10.4%，均达到极显著水平。

（4）本试验年度灌浆期出现 2 次干热风天气，结果表明抽穗期—扬花前叶面喷施 0.136%赤·吲乙·芸苔+3%卵磷脂·维生素 E 悬乳剂和含氨基酸水溶肥料+锌肥 2 个处理在生产应用中具有较好的抵抗干热风能力，能够有效缓解干热风对小麦的危害，从而实现稳产的目的，在生产中具有较好的推广应用价值。

第三节 小麦干热风危害缓解技术试验（Ⅱ）

1 试验目的

本试验于小麦抽穗开花前喷施不同叶面肥，目的是研究不同叶面肥对小麦缓解干热风危害的影响，筛选出适宜大田生产应用的缓解干热风产品。

2 材料与方法

2.1 试验地点

获嘉县城关镇前李村。

2.2 试验处理

试验田地力均匀，地势平坦，灌排方便。以小麦品种国麦 0319 为材料，共设 5 个处理（表 8-14）。每个处理 0.3 亩，无重复。试验播种、施肥、防病虫等田间管理一致。

各种叶面肥亩用量：0.136%赤·吲乙·芸苔 3 g、3%卵磷脂·维生素 E 悬乳剂 10 mL、含氨基酸水溶肥料 6 mL、锌肥 25 g、磷酸二氢钾 200 g，亩喷液量 50 kg。试验所用磷酸二氢钾由焦作大学精细化工厂生产、锌肥（高效纯锌）由成都利生化工有限公司生产。

表 8-14 小麦干热风危害缓解技术试验（Ⅱ）：试验设计

处理	具体信息
处理 1	抽穗开花前叶面喷施 0.136%赤·吲乙·芸苔+3%卵磷脂·维生素 E 悬乳剂
处理 2	抽穗开花前叶面喷施含氨基酸水溶肥料
处理 3	抽穗开花前叶面喷施含氨基酸水溶肥料+锌肥
处理 4	抽穗开花前叶面喷施磷酸二氢钾
处理 5（CK）	抽穗开花前喷施清水

2.3 生产管理

2014 年 10 月 16 日上午整地（旋耕、压实），整地前亩撒施 40%（N-P-K=22-13-5）配方肥 50 kg。小麦品种为国麦 0319，播前用 50%多菌灵悬浮剂 100 g+40%辛硫磷乳油 100 mL，加水 300 g 拌种 50 kg，堆闷、晾干后，于 10 月 16 日下午播种，亩播量 12.5 kg。

10月27日浇水（出苗不齐），2015年3月16日亩追施尿素（N 46%）10 kg，随即浇水。3月9日，亩用20%氯氟吡氧乙酸异辛酯悬浮剂30 mL+TD助剂10 g，加水15 kg，防除麦田杂草。4月27日，亩用50%多菌灵悬浮剂100 g+40%氧乐果乳油100 mL+25%吡虫啉可湿性粉剂8 g+磷酸二氢钾200 g，加水50 kg喷施，预防小麦赤霉病和穗蚜。

3　结果与分析

3.1　对灌浆速度的影响

不同处理籽粒干重测定结果见表8-15。结果表明，5月2—7日，处理3灌浆速度较快，处理4次之，其余处理差别不明显，处理5灌浆速率最低；5月7—12日，处理3灌浆速率最大，处理1、处理2、处理4基本持平，处理5最低；5月12—17日，处理1灌浆速率最高，处理3次之，处理2、处理4和对照基本持平；5月17—22日，处理4和处理5灌浆速率较其他处理上升明显，处理3灌浆速率接近5月7—12日灌浆速率；5月22—27日，处理4灌浆速率较快，其余处理基本一致；5月27日至6月1日，处理3、处理4继续灌浆，其余处理基本停止灌浆；6月1—5日，5个处理均停止灌浆。

表8-15　小麦干热风危害缓解技术试验（Ⅱ）：籽粒干重　　　　　　单位：g/千粒

日期	处理1	处理2	处理3	处理4	处理5
5月2日	4.61	4.95	4.89	4.81	4.57
5月7日	8.94	8.96	10.04	9.64	8.03
5月12日	15.74	15.71	17.12	16.06	14.09
5月17日	28.69	27.88	29.55	27.94	26.13
5月22日	36.18	35.48	36.74	35.69	34.99
5月27日	44.95	44.66	45.41	44.88	43.86
6月1日	45.79	45.16	46.43	45.76	43.99
6月6日	46.34	45.55	46.71	46.16	44.01

3.2　对产量的影响

由不同处理产量构成要素调查（表8-16）可知，处理3产量最高（619.9 kg/亩），处理4次之（613.8 kg/亩），对照产量最低（580 kg/亩）。

表8-16　小麦干热风危害缓解技术试验（Ⅱ）：产量构成要素与产量

处理	亩穗数（万）	穗粒数（粒）	千粒重（g）	理论产量（kg/亩）	实收产量（kg/亩）	实收产量与对照相比（%）
处理1	43.6	34.4	46.3	590.3	607.1	4.7
处理2	42.7	35.2	45.5	581.3	598.6	3.2
处理3	43.1	34.8	46.7	595.4	619.9	6.9
处理4	43.4	34.6	46.2	589.7	613.8	5.8
处理5	44.1	34.5	44.0	569.0	580.0	—

4 小结

（1）从灌浆速度而言，抽穗开花前叶面喷施含氨基酸水溶肥料+锌肥能够提高灌浆速率，从而躲避干热风危害。

（2）从经济效益分析，抽穗开花前叶面喷施磷酸二氢钾成本较低，产量与叶面喷施含氨基酸水溶肥料+锌肥差距不大。但是，喷施磷酸二氢钾前期灌浆速度不及叶面喷施含氨基酸水溶肥料+锌肥，缓解干热风能力稍差。

（3）从产量看，抽穗开花前叶面喷施含氨基酸水溶肥料+锌肥和抽穗开花前叶面喷施磷酸二氢钾均能够高产，在生产上具有很好的推广应用价值。

第四节　小麦干热风危害缓解技术示范

为加强小麦干热风缓解栽培技术研究和推广，按照《主要粮食作物高温热害及干热风预警及缓解技术研究示范实施方案》总体要求，参照试验方案不同处理模式，于2012—2013年度在获嘉县照镜镇前李村建立"小麦干热风缓解栽培技术集成与示范基地"，面积80亩。通过示范，有效缓解了干热风对小麦的不利影响，较对照最高增产57.6 kg/亩，增幅15.3%，增产效果十分明显。

1 示范田基本情况

示范地点选在获嘉县城关镇前李村，具体情况见表8-17。

表8-17　示范田基本情况

项目	具体信息
地点	获嘉县城关镇前李村
土质	壤土
前茬作物	玉米，亩产600 kg，收获时间：2012年9月28日
面积	80亩
土壤养分 （0~20 cm）	整地施肥前土壤理化性质：有机质19.95 g/kg，全氮1.26 g/kg，有效磷7.8 mg/kg，速效钾225.5 mg/kg

2 集成技术措施

在小麦生育期内，集成运用秸秆还田、测土配方施肥、标准播种、科学肥水管理、综合病虫害防治、适时收获和后期喷施调控等技术，综合缓解高温热害对小麦生长的不利影响，具体措施见表8-18。

表 8-18　小麦干热风危害缓解集成技术措施

项目		具体信息
品种选择		新麦 26，由河南省新乡市农业科学院提供
规范整地		采取旋耕，耕深 15 cm，耕后用钉齿耙 3 遍
科学施底肥		40%（N–P–K=23–12–5）配方肥 50 kg/亩
标准播种	播期	2012 年 10 月 11 日
	播量	12. 5 kg/亩
	播种方式	机播
	行距	22 cm
水肥管理		2013 年 3 月 26 日浇拔节水，每亩追施尿素（N 46%）10 kg（撒施）；2013 年 5 月 11 日，浇灌浆水
病虫草防治		2013 年 3 月 8 日，亩 10%苯磺隆可湿性粉剂 15 g+10%苄嘧磺隆可湿性粉剂 50 g 喷雾除草；2013 年 4 月 28 日，亩用 50%多菌灵可湿性粉剂 75 g+10%吡虫啉可湿性粉剂 50 g 喷雾，预防小麦赤霉病及小麦穗蚜
预防干热风处理	处理 1	2013 年 5 月 5 日、15 日叶面施 0.136%赤·吲乙·芸苔 2 g/亩+3%卵磷脂·维生素 E 悬乳剂 3 mL/亩
	处理 2	2013 年 5 月 5 日、15 日，叶面喷施含氨基酸水溶肥料 10 000 倍液（1.5 mL+15 L 水）
	处理 3	2013 年 5 月 5 日、15 日，叶面喷施含氨基酸水溶肥料 10 000 倍液（1.5 mL+15 L 水）+锌肥 25 g
	处理 4	2013 年 5 月 5 日、15 日，叶面喷施磷酸二氢钾（200 g/亩）
	处理 5（CK）	2013 年 5 月 5 日、15 日，叶面喷施清水 15 L/亩
适时收获		2013 年 6 月 4 日

3　生育时期调查

各处理生育时期调查结果（表 8-19）表明，各处理各生育时期无差别。

表 8-19　小麦干热风危害缓解技术示范：生育时期调查

处理	出苗期	分蘖期	越冬期	返青期	拔节期	抽穗期	开花期	成熟期
处理 1	10 月 18 日	11 月 6 日	12 月 12 日	2 月 25 日	3 月 20 日	4 月 24 日	4 月 30 日	6 月 4 日
处理 2	10 月 18 日	11 月 6 日	12 月 12 日	2 月 25 日	3 月 20 日	4 月 24 日	4 月 30 日	6 月 4 日
处理 3	10 月 18 日	11 月 6 日	12 月 12 日	2 月 25 日	3 月 20 日	4 月 24 日	4 月 30 日	6 月 4 日
处理 4	10 月 18 日	11 月 6 日	12 月 12 日	2 月 25 日	3 月 20 日	4 月 24 日	4 月 30 日	6 月 4 日
处理 5（CK）	10 月 18 日	11 月 6 日	12 月 12 日	2 月 25 日	3 月 20 日	4 月 24 日	4 月 30 日	6 月 4 日

4　示范结果

成熟时每个小区收获 10 m^2 晒干后计算实收产量，小麦产量调查结果见表 8-20。结果表明，叶面喷施 0.136% 赤·吲乙·芸苔+3% 卵磷脂·维生素 E 悬乳剂理论产量（440.0 kg/亩）和实收产量（435.2 kg/亩）均为最高，其中实收产量较对照增加 57.6 kg/亩，增幅 15.3%。4 个处理实收产量均比对照高，说明后期叶面喷肥具有良好的缓解干热风危害的作用，在生产上具有很好的推广应用价值。

表 8-20　小麦干热风危害缓解技术示范：产量构成要素与产量　（调查时间：2013 年 6 月 4 日）

处理	亩穗数（万）	穗粒数（粒）	千粒重（g）	理论产量（kg/亩）	实收产量（kg/亩）
处理 1	38.1	33.3	40.8	440.0	435.2（1）
处理 2	36.3	34.9	36.7	395.2	413.8（2）
处理 3	38.3	33.1	35.4	381.4	408.8（3）
处理 4	37.9	33.1	35.8	381.7	401.5（4）
处理 5（CK）	37.9	32.6	34.8	365.5	377.6（5）

注：实收产量括号内数字为排序。

第五节　小麦干热风缓解技术研究与示范

根据《作物热害与干热风缓解栽培技术集成与示范 2015—2016 年实施方案》总体要求，在获嘉县试验基地开展了"抗干热风品种展示与评价试验""化学调控缓解小麦干热风危害试验" 2 项试验研究，在获嘉县和新乡县进行了小麦干热风缓解技术推广示范，示范面积 15 万亩。试验和示范结果如下。

1　抗干热风品种展示与评价试验

1.1　试验目的

通过主推品种展示与对比，对参试品种进行客观评价，筛选出抗干热风能力强、综合性状好的品种，为当地品种科学布局和合理推广提供依据，实现抗灾稳产之目的。

1.2　试验设计

以百农 207、百农 418、百农 419、百农 AK58、新麦 23、新麦 30、新科麦 168、中麦 895、郑麦 7698、焦麦 266、温麦 28、济麦 22 共 12 个品种为材料进行对比试验，每个品种种植 1 个小区，不设重复，田间随机排列。

试验设在获嘉县位庄乡大位庄村，试验田地势平坦、灌排方便，土质中壤、肥力中上等。前茬大豆于 2015 年 10 月 16 日收获，亩产 240 kg。10 月 17 日旋耕整地，10 月 18 日播种小麦，亩播种量 14 kg。播前，用 60 g/L 戊唑醇悬浮种衣剂 20 g，加水 300 g 拌种 50 kg。底肥每亩施尿素 15 kg、磷酸二铵 25 kg、氯化钾 10 kg。播种时底墒较差，待 10 月 24 日降雨后小麦种子开始萌动生长。2016 年 2 月 12 日趁雨追尿素 15 kg；3 月 13 日浇起身水；4 月 25 日，每亩喷施 80% 多菌灵可湿性粉剂 40 g+48% 唑醚·戊唑醇悬浮剂 20 mL，加水 20 kg 喷施，防治赤霉病；5 月 2 日，每亩 4.5% 联苯菊酯水乳剂 30 mL+5% 啶虫脒可湿性粉剂 30 g，加水 50 kg 喷施，防治蚜虫；5 月 10 日，浇灌浆水。

1.3　数据调查

各参试品种越冬期苗情见表 8-21，返青期苗情见表 8-22，拔节期苗情见表 8-23，生育时期调查结果见表 8-24，灌浆速率测定结果见表 8-25，产量调查结果见表 8-26。

表 8-21　抗干热风品种展示与评价试验：越冬期苗情（调查时间：2015 年 12 月 18 日）

品种	亩基本苗（万）	主茎叶龄（片）	单株分蘖（个）	单株大分蘖（个）	次生根（条）	株高（cm）	亩群体（万）
百农 207	29.8	3.3	1.3	1.0	0.2	14.8	35.8
百农 418	30.3	3.1	1.2	1.0	0.2	16.5	36.4
百农 419	31.1	3.1	1.1	1.0	0.1	17.1	34.2
百农 AK58	31.1	3.5	1.1	1.0	0.5	16.8	34.2
新麦 23	30.2	3.5	1.4	1.0	1.0	16.1	42.3
新麦 30	28.2	3.4	1.3	1.0	0.3	15.8	36.7
新科麦 168	30.8	3.3	1.3	1.0	0.2	16.7	33.9
中麦 895	24.4	3.5	1.3	1.0	0.3	16.5	31.7
郑麦 7698	32.3	3.5	1.2	1.0	0.5	15.1	38.6
焦麦 266	29.2	3.3	1.2	1.0	0.3	14.1	35.1
温麦 28	28.1	3.3	1.0	1.0	0.1	16.1	28.1
济麦 22	22.5	3.3	1.0	1.0	0.0	15.8	22.5

注：单株分蘖包括主茎。

表 8-22　抗干热风品种展示与评价试验：返青期苗情（调查时间：2016 年 2 月 24 日）

品种	主茎叶龄（片）	单株分蘖（个）	单株大分蘖（个）	次生根（条）	株高（cm）	亩群体（万）
百农 207	5.3	2.8	1.0	4.4	13.0	83.4
百农 418	5.2	2.6	1.0	3.8	13.2	78.8
百农 419	5.3	2.6	1.0	4.2	12.6	80.9
百农 AK58	5.5	3.2	1.0	3.6	12.6	99.5
新麦 23	5.5	3.4	1.0	4.2	11.8	102.7
新麦 30	5.4	3.4	1.0	4.4	14.0	95.9
新科麦 168	5.3	3.4	1.0	4.8	10.8	104.7
中麦 895	5.5	3.8	1.0	4.6	10.4	92.7
郑麦 7698	5.5	3.4	1.0	4.4	10.6	109.8
焦麦 266	5.1	2.6	1.0	3.8	13.6	75.9
温麦 28	5.1	3.4	1.0	4.2	11.2	95.9
济麦 22	5.1	3.3	1.0	3.9	10.6	74.6

表 8-23　抗干热风品种展示与评价试验：拔节期苗情（调查时间：2016 年 3 月 28 日）

品种	主茎叶龄（片）	单株分蘖（个）	单株大分蘖（个）	次生根（条）	株高（cm）	亩群体（万）
百农 207	9.0	3.4	1.4	11.1	38.6	101.1
百农 418	8.8	3.5	1.5	14.0	40.4	106.1
百农 419	8.3	3.5	1.5	13.8	33.4	108.0
百农 AK58	8.5	3.4	1.5	10.8	36.8	103.1
新麦 23	8.8	3.7	1.4	13.7	41.5	117.4
新麦 30	8.8	3.6	1.6	13.2	42.0	102.5
新科麦 168	8.5	3.5	1.4	16.2	35.2	107.3
中麦 895	8.8	4.4	1.7	11.0	34.0	107.4
郑麦 7698	8.8	3.5	1.6	14.4	33.2	113.1
焦麦 266	8.5	3.3	1.5	14.5	38.8	96.7
温麦 28	8.1	3.7	1.5	10.4	33.4	103.9
济麦 22	8.1	4.5	1.7	13.6	33.2	101.3

表 8-24　抗干热风品种展示与评价试验：生育时期调查

品种	出苗期	分蘖期	越冬期	返青期	拔节期	抽穗期	开花期	成熟期
百农 207	11 月 5 日	11 月 28 日	12 月 25 日	2 月 10 日	3 月 22 日	4 月 20 日	4 月 24 日	6 月 4 日
百农 418	11 月 5 日	11 月 28 日	12 月 27 日	2 月 10 日	3 月 19 日	4 月 19 日	4 月 23 日	6 月 3 日
百农 419	11 月 5 日	11 月 28 日	12 月 27 日	2 月 10 日	3 月 22 日	4 月 18 日	4 月 22 日	6 月 3 日
百农 AK58	11 月 5 日	11 月 28 日	12 月 27 日	2 月 10 日	3 月 20 日	4 月 19 日	4 月 22 日	6 月 3 日
新麦 23	11 月 5 日	11 月 28 日	12 月 25 日	2 月 10 日	3 月 20 日	4 月 18 日	4 月 22 日	6 月 2 日
新麦 30	11 月 5 日	11 月 28 日	12 月 25 日	2 月 10 日	3 月 22 日	4 月 19 日	4 月 23 日	6 月 3 日
新科麦 168	11 月 5 日	11 月 28 日	12 月 25 日	2 月 10 日	3 月 22 日	4 月 19 日	4 月 24 日	6 月 4 日
中麦 895	11 月 5 日	11 月 28 日	12 月 25 日	2 月 10 日	3 月 22 日	4 月 20 日	4 月 24 日	6 月 4 日
郑麦 7698	11 月 5 日	11 月 28 日	12 月 27 日	2 月 10 日	3 月 20 日	4 月 20 日	4 月 25 日	6 月 4 日
焦麦 266	11 月 5 日	11 月 28 日	12 月 27 日	2 月 10 日	3 月 22 日	4 月 19 日	4 月 24 日	6 月 4 日
温麦 28	11 月 5 日	11 月 28 日	12 月 30 日	2 月 10 日	3 月 20 日	4 月 20 日	4 月 24 日	6 月 4 日
济麦 22	11 月 5 日	11 月 28 日	12 月 30 日	2 月 10 日	3 月 20 日	4 月 21 日	4 月 26 日	6 月 4 日

表 8-25　抗干热风品种展示与评价试验：灌浆速率　　　　单位：g/（千粒·d）

品种	5 月 2 日	5 月 7 日	5 月 12 日	5 月 17 日	5 月 22 日	5 月 27 日	6 月 1 日	6 月 4 日
百农 207	0	1.12	1.21	1.08	2.47	1.56	0.14	0.01
百农 418	0	1.31	1.62	1.83	1.47	1.66	0.08	0.01
百农 419	0	1.20	1.53	1.74	1.46	1.29	0.16	0.06
百农 AK58	0	1.17	1.51	1.70	1.74	1.01	0.07	0.05
新麦 23	0	1.01	1.39	1.79	2.09	1.54	0.07	0.01

品种	5月2日	5月7日	5月12日	5月17日	5月22日	5月27日	6月1日	6月4日
新麦 30	0	1.07	1.29	1.70	2.33	1.93	0.12	0.11
新科麦 168	0	1.15	1.27	1.64	2.30	1.87	0.25	0.35
中麦 895	0	1.12	1.31	1.75	2.12	1.29	0.15	0.02
郑麦 7698	0	0.55	1.34	1.58	2.41	1.62	0.26	0.12
焦麦 266	0	0.92	1.07	1.77	1.87	1.93	0.67	0.14
温麦 28	0	1.18	1.41	1.79	1.57	1.76	0.23	0.08
济麦 22	0	1.11	1.13	1.70	1.84	1.58	0.53	0.02

表 8-26　抗干热风品种展示与评价试验：产量构成要素与产量（调查时间：2016 年 6 月 4 日）

品种	株高（cm）	亩穗数（万）	穗粒数（粒）	千粒重（g）	产量（kg/亩）	
					理论产量	实收产量
百农 207	75.5	32.9	39.8	43.26	481.5	477.3
百农 418	69.1	35.3	36.2	47.34	514.2	511.2
百农 419	66.5	36.1	35.8	44.32	486.9	487.7
百农 AK58	67.8	37.2	34.4	43.98	481.2	471.5
新麦 23	74.5	35.8	34.8	46.12	488.4	490.3
新麦 30	75.1	35.9	37.6	48.94	561.5	572.1
新科麦 168	74.4	36.5	34.4	49.78	531.1	512.8
中麦 895	72.1	33.7	35.8	46.11	472.9	453.3
郑麦 7698	73.2	36.5	36.1	44.35	496.7	514.9
焦麦 266	77.5	36.7	34.4	48.06	515.7	473.4
温麦 28	73.4	35.8	34.2	45.94	478.1	509.9
济麦 22	75.1	33.1	36.1	43.91	445.9	433.8

1.4　综合评价

新麦 30：半冬性中早熟品种。中后期病害轻、上部叶片功能期长，小穗结实性好，籽粒灌浆快，成熟早、落黄好。理论产量 561.5 kg/亩，实收产量 572.1 kg/亩，在本年度参加试验的 12 个品种中产量最高、表现最好。

郑麦 7698：半冬性多穗型中晚熟品种。后期病害较轻，旗叶干尖，穗数足、小穗结实性好，成熟落黄好。理论产量 496.7 kg/亩，排第 5 位；实收产量 514.9 kg/亩，排第 2 位。

新科麦 168：半冬性品种。后期病害轻、上部叶片功能性强，穗数足，小穗结实性好，籽粒灌浆快，成熟落黄好。理论产量 531.1 kg/亩，排第 2 位；实收产量 512.8 kg/亩，排第 3 位。

百农 418：半冬性中晚熟品种。冬前分蘖力强，春季发育快，拔节、抽穗时间早。矮秆抗倒、病害较轻，旗叶干尖，穗数足、小穗结实性好，成熟落一般。理论产量 514.2 kg/亩，实收产量 511.2 kg/亩，均排第 4 位。

温麦 28：半冬性中晚熟品种。冬前分蘖力中等，春季发育快，起身、拔节、抽穗时间中等。根病较轻、旗叶干尖重，成熟落黄一般。理论产量 478.1 kg/亩，排第 10 位；实收产量 509.9 kg/亩，排第 5 位。

新麦 23：弱春性中早熟品种。根病重、上部叶片功能性好，籽粒灌浆快，成熟落黄较差。理论产量 488.4 kg/亩，排第 7 位；实收产量 490.3 kg/亩，排第 6 位。

百农 419：半冬性中晚熟品种。矮秆抗倒、根病较重，旗叶干尖，穗数足、小穗结实性好，成熟落一般。理论产量 486.9 kg/亩，排第 8 位；实收产量 487.7 kg/亩，排第 7 位。

百农 207：半冬性中晚熟品种。根病较重，旗叶干尖重，小穗结实性好，成熟落黄一般。理论产量 481.5 kg/亩，排第 9 位；实收产量 477.3 kg/亩，排第 8 位。

焦麦 266：半冬性多穗型中熟品种。后期病害轻，穗数足，小穗结实性好，穗层整齐，成熟落黄好。理论产量 515.7 kg/亩，排第 3 位；实收产量 473.4 kg/亩，排第 9 位。

百农 AK58：半冬性中熟品种，矮秆抗倒、根病较重，旗叶干尖严重，穗数足、小穗结实性好，成熟落一般。理论产量 481.2 kg/亩，排第 9 位；实收产量 471.5 kg/亩，排第 10 位。

中麦 895：半冬性多穗型中晚熟品种。根病较轻、叶枯病重，结实性好，成熟落黄好。理论产量 472.9 kg/亩，实收产量 453.3 kg/亩，均排第 11 位。

济麦 22：半冬性多穗型中晚熟品种。根病较轻、叶枯病重，成熟落黄一般。理论产量 445.9 kg/亩，实收产量 433.8 kg/亩，均排第 12 位，在试验中表现最差。

2 化学调控缓解小麦干热风危害试验

2.1 试验目的

在小麦孕穗期、灌浆期结合病虫防治喷施微肥、生长调节剂等，缓解干热风带来的影响。

2.2 试验设计

以新麦 29 为材料，共设 6 个处理，在孕穗期、灌浆期喷施（表 8-27）。

表 8-27 化学调控缓解小麦干热风危害试验：试验设计

序号	内容
处理 1	0.136%赤·吲乙·芸苔 2 g/亩+3%卵磷脂·维生素 E 悬乳剂 3 mL/亩
处理 2	3-（噻唑-2-基）-1H-吲哚 10 mL/亩
处理 3	微量元素水溶肥（Cu+Mn+Zn+B≥15%）15 g 1 000 倍液
处理 4	磷酸二氢钾 200 g/亩
处理 5	含氨基酸水溶肥料 30 mL/亩
处理 6（CK）	叶面喷施清水 15 L/亩

每个处理小区面积 40 m²；每个小区选定 1 个试验观测点，每点一米双行；成熟时每个小区进行理论测产。

2.3 试验田情况

试验设在获嘉县城关镇前李村，试验田地势平坦、灌排方便，土质重壤、肥力中上等、肥力均匀。前茬玉米于 2015 年 10 月 11 日收获，亩产 600 kg，10 月 15 日旋耕整地，10 月 16 日播种小麦，亩播种量 13 kg。播前，种子用 50%多菌灵悬浮剂 100 g+40%辛硫磷乳油 100 mL，加水 300 g，拌种 50 kg。底肥每亩施 40%（N-P-K=25-12-3）配方肥 50 kg。播种时底墒较差，待 10 月 24 日降雨后小麦种子开始萌动生长。2016 年 3 月 10 日结合浇水，亩追尿素 15 kg，5 月 9 日浇灌浆水。4 月 20 日和 4 月 27 日，每次亩用 50%多菌灵悬浮剂 100 g+10%吡虫啉可湿性粉剂 20 g，预防小麦赤霉病、防治小麦穗蚜。小麦成熟期观察，试验田小麦均匀一致，穗层整齐，落黄较好。试验田小麦于 6 月 1 日成熟，6 月 2 日收获。

2.4 结果与分析

由不同处理对穗部发育的影响（表 8-28）、不同处理对小麦产量的影响（表 8-29）、不同处理千粒重测定结果（表 8-30）、灌浆速率测定结果（表 8-31）可知，处理 3 产量最高（523.9 kg/亩），较对照增产 8.2%；其次为处理 5（520.3 kg/亩），较对照增产7.5%；第 3 位是处理 2（518.2 kg/亩），较对照增产 7.0%；处理 4 和处理 1 产量分别居第 4、第 5 位。因此，在孕穗期、灌浆期喷施微量元素水溶肥、含氨基酸水溶肥和 3-（噻唑-2-基）-1H-吲哚效果较好，能够有效缓解干热风危害，增产作用明显，在生产中具有较好的推广应用前景。

表 8-28　化学调控缓解小麦干热风危害试验：穗部发育

处理	小穗（个）	结实小穗（个）	不孕小穗（个）	结实率（%）	穗粒数（粒）
处理 1	22.5	18.2	4.3	80.9	35.4
处理 2	22.2	18.0	4.2	81.1	34.9
处理 3	23.1	18.4	4.7	79.7	35.5
处理 4	22.7	18.2	4.5	80.2	35.2
处理 5	23.4	18.3	5.1	78.2	35.1
处理 6	23.1	17.9	5.2	77.5	35.3

表 8-29　化学调控缓解小麦干热风危害试验：产量构成要素与产量（调查时间：2016 年 6 月 2 日）

处理	株高（cm）	亩穗数（万）	穗粒数（粒）	千粒重（g）	产量（kg/亩）	增幅（%）
处理 1	75.3	32.1	35.4	52.39	506.0	4.5
处理 2	75.8	32.3	34.9	54.08	518.2	7.0
处理 3	74.3	31.5	35.5	55.12	523.9	8.2
处理 4	75.5	31.9	35.2	54.04	515.8	6.5
处理 5	74.4	31.7	35.1	55.01	520.3	7.5
处理 6	76.1	31.6	35.3	51.06	484.1	—

表8-30 化学调控缓解小麦干热风危害试验：千粒重   单位：g

日期	处理1	处理2	处理3	处理4	处理5	处理6
5月2日	7.01	7.20	7.51	6.82	7.56	6.57
5月7日	13.12	13.17	14.17	13.11	14.15	12.93
5月12日	21.71	21.87	22.36	21.05	22.98	20.47
5月17日	31.94	32.08	33.05	30.36	32.19	29.74
5月22日	40.37	41.95	42.49	40.78	42.85	38.95
5月27日	48.89	50.18	51.13	50.14	51.57	47.91
6月1日	52.37	53.98	54.97	54.01	54.87	50.82
6月2日	52.39	54.08	55.12	54.04	55.01	51.06

表8-31 化学调控缓解小麦干热风危害试验：灌浆速率   单位：g/（千粒·d）

日期	处理1	处理2	处理3	处理4	处理5	处理6
5月2日	0.00	0.00	0.00	0.00	0.00	0.00
5月7日	1.22	1.19	1.33	1.26	1.32	1.27
5月12日	1.72	1.74	1.64	1.59	1.77	1.51
5月17日	2.05	2.04	2.14	1.86	1.84	1.85
5月22日	1.69	1.97	1.89	2.08	2.13	1.84
5月27日	1.70	1.65	1.73	1.87	1.74	1.79
6月1日	0.70	0.76	0.77	0.77	0.66	0.58
6月2日	0.02	0.10	0.15	0.03	0.14	0.24

3 小麦干热风缓解技术推广

2015—2016年度分别在获嘉县照镜镇、新乡县七里营镇建立小麦干热风缓解技术示范基地15万亩。其中，获嘉县照镜镇10万亩，新乡县七里营镇5万亩。示范基地选用众麦2号、新麦29、百农418中早熟综合抗性好的品种，适期播种，合理水肥运筹，浇好灌浆水；分别在小麦孕穗期、灌浆期结合病虫防治喷施磷酸二氢钾，数据调查结果见表8-32。获嘉县项目区小麦理论产量较对照分别增加6.0%、4.9%，新乡县项目区小麦理论产量较对照增加4.0%，增产效果明显。通过试验示范基地辐射带动，推广小麦干热风缓解技术，实现辐射区小麦冬壮、春稳、夏不衰，提高小麦亩群体对干热风的综合防控能力，减轻损失。

表8-32 示范区小麦产量构成要素与产量（调查时间：2016年6月2日）

地点		品种	面积	亩穗数（万）	穗粒数（粒）	千粒重（g）	理论产量（kg/亩）	与对照相比（%）
获嘉县照镜镇	项目区	众麦2号	5万亩	44.9	37.8	39.4	568.4	6.0
	对照	众麦2号	1亩	44.5	38.1	37.2	536.1	—
	项目区	新麦29	5万亩	32.4	34.7	52.5	501.7	4.9
	对照	新麦29	1亩	32.8	34.5	49.7	478.0	—

（续表）

地点	品种	面积	亩穗数 （万）	穗粒数 （粒）	千粒重 （g）	理论产量 （kg/亩）	与对照相比 （%）
新乡县 七里营镇 项目区	百农418	5万亩	39.2	38.5	45.5	583.7	4.0
对照	百农418	1亩	39.2	38.2	44.1	561.3	—

4 干热风发生情况

按照干热风标准：温度>30 ℃、14 时相对湿度<30%和 14 时风速>3 m/s。2015—2016 年度小麦灌浆期没有发生干热风天气。

第九章 中低产麦田土壤肥力障碍消减与地力提升技术试验

目前，小麦生产已经进入高产阶段，但区域间单产水平差异较大，能够促使整体产量再上一个台阶的有效方法，就是如何使中低产田同时实现高产。本试验于2012—2013年度针对不同的土壤属性障碍因子，探讨对应的消减技术，在不同土壤类型区特别是中低产麦区进行示范推广，以解决制约小麦生产中的土壤地力问题。

1 材料与方法

1.1 试验材料与方法

试验在获嘉县照镜镇前李村进行，试验田为壤土，地力均匀，灌排方便；施底肥前取土化验；前茬玉米产量600 kg/亩，收割后旋耕，钉齿耙耙3遍，耙细耙平，按照试验要求进行秸秆还田和施入底肥（全部P、K肥和60%的N肥为底肥，剩下40%的N肥作为拔节肥），所用肥料为尿素（N 46%）、磷酸一铵（N 11%、P_2O_5 44%）、氯化钾（K_2O 60%）、45%（N-P-K=25-15-5）复合肥、风干腐熟鸡粪；试验材料为半冬性强筋品种新麦26，由河南省新乡市农业科学院提供；2012年10月11日精播耧条播，播种深度4 cm，播量为10 kg/亩，行距27 cm。

试验共设6个处理，3次重复，田间顺序排列；施肥量和施肥方式按表9-1进行，其中处理3、处理4的总化肥量均为每亩产500 kg小麦的籽粒带出量，处理5、处理6的总化肥量均为每亩产500 kg小麦的籽粒带出量的1.5倍；小区面积40 m²（4 m×10 m）。

表9-1 试验设计

处理	内容
处理1（CK）	不秸秆还田，0
处理2	秸秆还田，农民习惯施肥（复合肥50 kg，折N 12.5 kg、P 7.5 kg、K 2.5 kg）
处理3	秸秆还田，N 16.5 kg、P 7 kg、K 16.5 kg
处理4	秸秆还田，N 16.5 kg、P 7 kg、K 16.5 kg、鸡粪100 kg
处理5	秸秆还田，N 24.75 kg、P 10.5 kg、K 24.75 kg
处理6	秸秆还田，N 24.75 kg、P 10.5 kg、K 24.75 kg、鸡粪100 kg

1.2 田间管理

小区田间管理一致。2013年3月26日浇水；追肥按照试验要求进行；播前用多菌灵、辛硫磷拌种；3 月 8 日，每亩用 10%苯磺隆可湿性粉剂 15 g＋10%苄嘧磺隆可湿性粉剂 50 g，加水 20 kg 喷雾，防治杂草；4 月 28 日，每亩用 50%多菌灵可湿性粉剂 75 g＋10%吡虫啉可湿性粉剂 50 g，加水 20 kg 混合喷雾，防治蚜虫和赤霉病。根据成熟期分别收获，每个小区收获 10 m² 晒干后计算实收产量。

2　结果与分析

2.1　不同施肥方式对小麦生长发育的影响

2.1.1　对个体发育的影响

各个生育时期，不施肥的空白处理的主茎叶龄、单株茎蘖、次生根、株高均明显低于施肥的 5 个处理。施肥的 5 个处理，主茎叶龄在各生育时期无明显差异；单株茎蘖、次生根、株高均与施肥量呈正相关（表 9-2、表 9-3）。

表 9-2　越冬期—返青期个体发育动态

处理	越冬期				返青期			
	主茎叶龄（片）	单株茎蘖（个）	次生根（条）	株高（cm）	主茎叶龄（片）	单株茎蘖（个）	次生根（条）	株高（cm）
处理 1	5.3	3.1	4.1	16.4	6.5	4.2	5.2	14.6
处理 2	5.5	3.7	4.3	16.7	7.0	4.9	6.0	15.2
处理 3	5.5	3.6	4.4	17.4	7.0	5.1	6.4	15.6
处理 4	5.5	3.3	5.0	18.1	7.0	5.3	6.8	15.7
处理 5	5.5	3.9	5.7	18.8	7.0	5.5	7.1	16.5
处理 6	5.5	4.4	5.8	19.5	7.0	6.0	7.5	16.8

表 9-3　起身期—成熟期个体发育动态

处理	起身期				拔节期				抽穗期		成熟期
	主茎叶龄（片）	单株茎蘖（个）	次生根（条）	株高（cm）	主茎叶龄（片）	单株茎蘖（个）	次生根（条）	株高（cm）	主茎叶龄（片）	株高（cm）	株高（cm）
处理 1	8.5	4.2	14.4	26.6	9.1	4.3	15.2	29.4	12.0	66.5	78.2
处理 2	8.5	5.3	15.4	27.8	9.1	5.4	18.4	30.6	12.0	68.5	79.7
处理 3	8.5	5.2	15.6	27.8	9.1	5.2	18.7	30.7	12.0	68.3	80.4
处理 4	8.5	5.4	16.1	27.6	9.1	5.4	19.4	31.1	12.0	69.1	80.5
处理 5	8.5	5.6	16.2	28.4	9.1	5.6	19.8	31.5	12.0	70.7	82.5
处理 6	8.5	6.0	16.8	28.8	9.1	6.0	20.6	31.8	12.0	71.1	82.4

2.1.2　对亩群体的影响

整个生育期，不施肥的空白处理的亩群体远小于施肥的 5 个处理。施肥的 5 个处理，越冬期前各处理的亩群体与施肥量关系不明显，最终亩穗数与施肥量呈正相关。增施鸡粪的 2 个处理（处理 4、处理 6）的亩群体高于施同量化肥的 2 个处理（处理 3、处理 5）；

施籽粒带出量化肥+有机肥的处理（处理4）的亩群体在越冬期前和扬花期后低于施籽粒带出量1.5倍量化肥的处理（处理5），返青期到抽穗期则略高，但差异都不大。

起身期除农民习惯施肥的处理（处理2）外，其他处理的亩群体已基本达到高峰；起身期到拔节期的亩群体变化不大；拔节期到抽穗期各处理的亩群体消亡幅度均在56.4%~60.0%，但扬花期与抽穗期相比，不施肥的处理亩群体的消亡比例明显高于其他5个施肥处理，而扬花至成熟期不施肥的处理亩群体消亡比例则远小于其他5个施肥处理；就各处理的亩群体消亡的绝对值看，不施肥的处理小于施肥的5个处理；施肥的5个处理中，施籽粒带出量1.5倍量化肥+有机肥的处理（处理6）亩群体减少最多，为78.4万，其他4个处理的亩群体减少量差异不大（表9-4）。

表9-4 亩群体调查　　　　　　　　　　　　　　　单位：万

处理	基本苗	越冬期	返青期	起身期	拔节期	抽穗期	扬花期	成熟期
处理1	20.2	62.0	84.8	85.5	86.5	51.8	33.1	30.5
处理2	19.9	74.6	97.5	104.9	106.9	62.3	45.1	39.1
处理3	20.0	71.1	102.0	103.5	103.8	58.5	43.9	38.7
处理4	20.6	67.2	109.2	110.7	111.1	65.4	47.7	41.5
处理5	19.5	73.8	107.3	108.4	108.8	64.0	47.8	41.7
处理6	20.5	90.1	123.0	123.6	123.8	70.9	52.1	45.4

注：越冬期和返青期的亩群体均为当期的亩群体最大值。

2.1.3 对生育期的影响

不施肥的空白处理比施肥的5个处理成熟期早1 d，其他生育时期在各处理间没有差异，空白处理的全生育期也相应少1 d（表9-5）。

表9-5 生育时期调查

处理	出苗期	分蘖期	越冬期	返青期	拔节期
处理1	10月18日	11月6日	12月12日	2月25日	3月19日
处理2	10月18日	11月6日	12月12日	2月25日	3月19日
处理3	10月18日	11月6日	12月12日	2月25日	3月19日
处理4	10月18日	11月6日	12月12日	2月25日	3月19日
处理5	10月18日	11月6日	12月12日	2月25日	3月19日
处理6	10月18日	11月6日	12月12日	2月25日	3月19日

处理	孕穗期	抽穗期	开花期	成熟期	全育期（d）
处理1	4月14日	4月24日	4月30日	6月3日	236
处理2	4月15日	4月25日	4月30日	6月4日	237
处理3	4月15日	4月25日	4月30日	6月4日	237
处理4	4月15日	4月25日	4月30日	6月4日	237
处理5	4月15日	4月25日	4月30日	6月4日	237
处理6	4月15日	4月25日	4月30日	6月4日	237

2.2 不同施肥方式对成熟期性状的影响

2.2.1 对成熟期植株性状的影响

不同施肥方式的处理落黄都较好，均未发生田间倒伏（表9-6）。

各处理的株高、穗长、单株成穗与施肥量呈正相关，但增施鸡粪的处理（处理4、处理6）比不施鸡粪的对应处理（处理3、处理5）的穗长短；不孕小穗数随施肥量增加而下降，但肥量高于籽粒带出的肥量后，施肥量对不孕小穗数影响不明显；施肥的处理间总小穗数、不孕小穗数、正常小穗数差异不大；其中群众习惯施肥处理的正常小穗数低于其他施肥的处理。

表9-6 成熟期植株性状调查

处理	落黄	倒伏比例（%）	倒伏倾斜度（°）	株高（cm）	穗长（cm）	单株成穗（个）	总小穗数（个/穗）	不孕小穗数（个/穗）	正常小穗数（个/穗）
处理1	好	0	0	78.2	14.1	1.51	17.6	3.0	14.6
处理2	好	0	0	79.7	14.8	1.96	18.2	2.6	15.6
处理3	好	0	0	80.4	14.8	1.94	18.4	2.2	16.2
处理4	好	0	0	80.5	14.7	2.01	18.6	2.4	16.2
处理5	好	0	0	82.5	15.2	2.14	18.6	2.2	16.4
处理6	好	0	0	82.4	15.0	2.21	18.5	2.3	16.2

2.2.2 对产量构成要素与产量的影响

不施肥的空白处理的穗粒数和亩穗数远低于其他施肥的处理，但千粒重最高。施肥的处理，穗粒数随着化肥施用量的增大先增后减，但相同化肥量的处理中增施鸡粪的穗粒数少于不施鸡粪的对应处理；亩穗数与施肥量呈正相关；施肥量最大的处理（施籽粒带出量1.5倍量化肥+有机肥）的千粒重最低（表9-7）。

表9-7 产量构成要素与产量

处理	亩穗数（万）	穗粒数（粒）	千粒重（g）	理论产量（kg/亩）	籽粒产量（kg/亩）					
					重复Ⅰ	重复Ⅱ	重复Ⅲ	平均	比CK增加（%）	排序
处理1	30.5	30.4	43.2	340.5	376.4	355.5	365.3	365.7	—	6
处理2	39.1	33.4	38.9	431.8	429.2	416.9	420.4	422.2	15.4	5
处理3	38.7	33.9	41.9	467.2	432.7	442.3	413.4	429.5	17.4	4
处理4	41.5	32.8	40.3	466.3	466.7	448.4	412.6	442.6	21.0	2
处理5	41.7	32.2	39.3	448.5	476.3	425.7	429.2	443.7	21.3	1
处理6	45.4	30.7	37.8	447.8	436.1	439.6	429.1	434.9	18.9	3

2.3　不同施肥方式对产量的影响

不同处理的理论产量和实际产量（籽粒产量）随施肥量增大呈现"低—高—低"的态势。施入籽粒带出量化肥的处理（处理3、处理4）理论产量高于其他4个处理，增施有机肥的2个处理（处理4、处理6）理论产量略低于同处理不施有机肥的2个处理（处理3、处理5）。施入1.5倍籽粒带出量化肥的处理（处理5）实际产量最高，为443.7 kg/亩；施肥的5个处理中，群众习惯施肥产量相对最低，为422.2 kg/亩。从方差分析结果（表9-8）看，$F = 7.89 > F_{0.01} = 5.06$，表明结果差异性极显著，试验效果明显（表9-9）。

表9-8　方差分析

处理	观测数	求和	平均	方差
处理1	3	1 097.2	365.733 3	109.343 3
处理2	3	1 266.5	422.166 7	40.163 3
处理3	3	1 288.4	429.466 7	216.643 3
处理4	3	1 327.7	442.566 7	757.223 3
处理5	3	1 331.2	443.733 3	798.503 3
处理6	3	1 304.8	434.933 3	28.583 3

表9-9　方差来源分析

差异源	SS	df	MS	F	P	$F_{0.05}$	$F_{0.01}$
组间	12 831.16	5	2 566.232 0	7.89	0.001 7	3.11	5.06
组内	3 900.92	12	325.076 7				
总计	16 732.08	17					

3　小结

（1）施肥对主茎叶龄影响不明显；单株茎蘖、次生根、株高均与施肥量呈正相关。不孕小穗数随施肥量增加而下降，但施肥量高于籽粒带出的肥量后，施肥量对不孕小穗数影响不明显；试验中增施有机肥使不孕小穗增多的现象，有待进一步验证。在总施肥量为籽粒带出量化肥的基础上，增加1.5倍的籽粒带出量化肥与增加100 kg鸡粪相比，鸡粪对个体发育的影响在返青期到抽穗期相对较显著，但整体上两者差异不大。

（2）施肥量对生育期影响不明显。

（3）在本试验条件下，不施肥的处理拔节后无效分蘖退化消亡快，到后期消亡速度变慢，但最终亩穗数受影响不大。拔节期一定量的追肥有利于穗粒数增加，但不一定能提高粒重。理论产量和实际产量（籽粒产量）随施肥量增大呈现"低—高—低"的态势，试验中施入籽粒带出量化肥的产量整体较高。

（4）由于本试验的扬花期至灌浆期中出现了一定程度的干热风和"送殡雨"，对正常的试验结果有一定影响。

第十章 优质小麦保优增产技术示范

为促进农业科技转化，利用试验结论，对部分小麦增产实用技术进行了示范推广。2016 年开展了优质强筋小麦保优增效技术示范，结果表明，宽幅 26 cm 实收产量最高，较对照传统栽培技术增幅 6.07%；宽幅 22 cm 实收产量低于宽幅 26 cm 实收产量，但比对照传统栽培技术仍然增产，增幅 3.53%。2017 年开展了优质强筋小麦保优增效技术示范，示范品种为丰德存麦 5 号，示范技术包括平衡施肥、深松镇压、适期播种、化学除草、氮肥后移、一喷三防。据调查，示范地块实收产量 460 kg/亩，较对照传统栽培技术增产 7.0%。同年，开展了小麦优质高产高效技术试验示范，结果表明，西农 979、丰德存麦 5号 2 个品种综合表现偏于优秀，且都属于强筋类，早熟性丰产性也好，符合农民对小麦品种的种植习惯要求，建议推广种植。2021 年麦播，开展了超声波处理小麦种子增产效果对比试验，结果表明，与未经过超声波种子处理相比，超声波处理种子后产量没有差别。同时，开展了小麦播后遇雨苗前松土增产效果示范，结果表明，小麦播种后出苗前遇雨的情况下，苗前松土有利于出苗、分蘖，增加亩群体数量，最后夺取高产。据调查，松土后小麦实收产量增加 5.1%，在生产上具有较大推广应用价值。以上示范结果，为促进夏粮丰产丰收提供了重要理论支撑。

第一节 优质小麦保优增效技术示范（Ⅰ）

1 目的和意义

利用当地优质强筋小麦品种郑麦 7698，通过集成平衡施肥、宽幅播种、氮肥后移、后期控水、化学调控等关键技术，确保实现保优增产。

2 基本情况

该试验示范地点位于获嘉县照镜镇照镜村，前茬玉米，产量水平 550 kg/亩。示范小麦品种为郑麦 7698，示范面积 100 亩。设 3 个处理，其中 2 个为宽幅匀播处理，总行距分别为 22 cm（简称宽幅 22 cm）和 26 cm（简称宽幅 26 cm），对照处理采用传统栽培技术。

3 关键技术

（1）示范品种：郑麦 7698，河南省农业科学院小麦研究所提供。

（2）平衡施肥：底肥为 50%（N-P-K=18-22-10）复合肥 40 kg/亩。

（3）适期播种：2016 年 10 月 10 日播种，因种子发芽率偏低亩播量调整为 12.5 kg。

（4）化学除草：2016 年 11 月 11 日，亩用 10%苯磺隆可湿性粉剂 15 g+20%氯氟吡氧乙酸乳油 30 mL，加水 20 kg 喷施进行化除。

（5）化学调控：2017 年 3 月 2 日，喷施 15%多效唑可湿性粉剂 55 g/亩。

（6）氮肥后移：2017 年 3 月 15 日，浇拔节水，追施尿素 15 kg/亩。

（7）一喷三防：2017 年 4 月 22 日，亩用 50%多菌灵可湿性粉剂 100 g+25%三唑酮可湿性粉剂 50 g+40%氧乐果乳油 100 mL+10%吡虫啉可湿性粉剂 15 g，加水 20 kg 喷施，防治小麦赤霉病、锈病和蚜虫。

4　产量构成要素与产量调查

根据小麦测产要求，在 6 月 1 日进行 5 点测产调查，收获前一米双行计算实际产量。调查结果见表 10-1，结果表明，宽幅 26 cm 实收产量最高（634.8 kg/亩），较对照传统栽培技术增幅 6.07%；宽幅 22 cm 实收产量（619.6 kg/亩）低于宽幅 26 cm 实收产量，但比对照传统栽培技术仍然增产，增幅 3.53%。

表 10-1　优质强筋小麦保优增效技术示范（Ⅰ）：产量构成要素与产量

处理	亩穗数（万）	穗粒数（粒）	千粒重（g）	理论产量（kg/亩）	较对照增加（%）	实收产量（kg/亩）	较对照增加（%）
宽幅 22 cm	44.5	36.9	43.5	607.1	4.40	619.6	3.53
宽幅 26 cm	42.8	38.4	44.2	617.5	6.19	634.8	6.07
对照	42.1	37.7	43.1	581.5	—	598.5	—

5　效益分析

本年度小麦生产总成本较上年稳中略升（表 10-2），上升 26 元/亩，上升幅度为 3.05%。成本上升的主要来源是机收成本，主要原因是小麦倒伏，造成机收成本较上年增加 20 元/亩，达到 65 元/亩。

本年度小麦生产亩净收益和亩生产收益较上年大幅增加，分别为 483 元和 483 元，增幅分别为 555.17%和 82.28%（表 10-3）。收益增加的主要来源是亩产量的增加和亩产值的增加，2 个因素较上年分别增加了 105 kg 和 509 元。亩产量的增加主要原因是优良品种的利用和关键技术措施的应用；亩产值增加主要是因为上年麦收遇雨，导致小麦籽粒穗发芽，商品性差，造成当年小麦价格偏低。2017 年收购价格为 2.52 元/kg，较上年增加 0.52 元/kg。

表 10-2　2016—2017 年度小麦成本调查

指标	本年	上年	本年与上年对比
总成本（元）	879	853	+26（+3.05%）
生产成本（元）	379	353	+26（+7.37%）
物质费用（元）	206	200	+6（+3.00%）
种子（元）	56	50	+6（+12.00%）

指标	本年	上年	本年与上年对比
化肥（元）	110	110	—
农药（元）	40	40	—
生产服务（元）	133	113	+20（+17.70%）
机耕（元）	40	40	—
机播（元）	13	13	—
机收（元）	65	45	+20（+44.44%）
灌排（元）	15	15	—
人工成本（元）	40	40	—
标准用工天数（天）	0.5	0.5	—
劳动日工价（元/天）	80	80	—
土地成本（元）	500	500	—

注：括号内数字为增长的百分比。

表 10-3 2016—2017 年度小麦收益调查

指标	本年	上年	本年与上年对比
亩产量（kg）	575	470	+105（+22.34%）
收购价格（元/kg）	2.52	2.00	+0.52（+26.00%）
亩产值（元）	1 449	940	+509（+54.15%）
亩总成本（元）	879	853	+26（+3.05%）
亩生产成本（元）	379	353	+26（+7.37%）
种粮补贴（单季每亩实际）（元）	0	0	—
亩净收益（扣总成本）（元）	570	87	+483（+555.17%）
亩生产收益（扣生产成本）（元）	1 070	587	+483（+82.28%）

注：括号内数字为增长的百分比。

第二节 优质小麦保优增效技术示范（Ⅱ）

1 目的和意义

利用当地优质强筋小麦品种丰德存麦 5 号，通过集成平衡施肥、宽幅播种、氮肥后移、后期控水、化学调控等关键技术，确保实现保优增产。

2 基本情况

该试验示范地点位于获嘉县位庄乡大位庄村，前茬大豆，产量水平 200 kg/亩，示范面积 100 亩。对照：传统栽培技术。

3　关键技术

（1）示范品种：丰德存麦 5 号，河南丰德康种业有限公司提供。

（2）平衡施肥：底肥亩施 40%（N-P-K=15-20-5）复合肥 60 kg（活性腐植酸30%，有机质 8%，湖北金正大肥业有限公司经销，湖北茂盛生物有限公司）。

（3）深松镇压：2017 年 10 月 14 日，整地，深松+旋耕+镇压。

（4）适期播种：10 月 15 日，播种，播量 12.5 kg/亩，行距：20.5 cm。

（5）化学除草：2018 年 3 月 3 日，用 3%双氟·唑草酮悬乳剂 50 mL/亩，加水 20 kg喷施开展化除。

（6）氮肥后移：3 月 27 日，浇水，每亩追尿素 15 kg。

（7）一喷三防：4 月 19 日，亩用 2.5%高效氯氟氰菊酯水乳剂 70 mL+430 g/L 戊唑醇33 mL+80%多菌灵可湿性粉剂 35 g+25%噻虫嗪可湿性粉剂 1.6 g，加水 20 kg 喷施，防治赤霉病、蚜虫、锈病；4 月 27 日，亩用 25%咪鲜胺乳油 50 g，加水 20 kg 喷施，防治赤霉病。

4　产量调查

根据小麦测产要求，在 6 月 1 日进行 5 点测产调查，收获 5 m² 计算实际产量。据调查，亩穗数 44.0 万，穗粒数 26.3 粒，千粒重 47.0 g，15%含水量折亩产 462.3 kg。实收产量 460 kg/亩，较对照传统栽培技术增加 7.0%。

第三节　小麦优质高产高效技术试验示范

1　试验示范目的

进一步筛选综合农艺性状好，品质达到强筋标准，适宜本地种植的强筋小麦品种（组合），集成保优增效技术措施，为新乡市强筋小麦可持续发展提供理论依据，为新乡市农业增产增效筑好基础。

2　试验示范地点

试验示范地位于辉县市占城镇和庄村，总面积 500 亩。其中，品种比较试验每个品种400 m²，共 5 个品种。

3　试验示范内容

3.1　试验地概况

试验地位于占城镇和庄村南，交通方便，便于观摩。土质为壤土，肥力中上，地力均匀，通透性好，灌排方便，地势平整。前茬为玉米。基本情况见表 10-4。

表 10-4　小麦优质高产高效技术试验示范：基本情况

项目	具体信息
地点	辉县市占城镇和庄村
土质	壤土
前茬作物	玉米，亩产 600 kg，收获时间 2017 年 9 月 25 日
整地	旋耕（深耕、旋耕）
播种情况	播期为 2017 年 10 月 14 日，播量为 10 kg/亩，行距为 20.8 cm
底墒	适宜
拌种	用 20%甲硫·三唑酮可湿性粉剂拌种，药种比为 1∶200
底肥	无有机肥，化肥为 47%（N-P-K = 19-22-6）复合肥

3.2　供试品种

品种比较试验：郑麦 366、丰德存麦 5 号、西农 979（CK）、郑品优 9 号，郑麦 101。技术示范品种为郑麦 101。

3.3　试验设计

每个品种种植 2 个小区，小区宽 2.5 m，长 80 m，每个品种 400 m²，不设重复。试验地北临路一侧设 5 m 宽保护区，品种为师栾 02-1，其余三面和大田相邻。

2017 年 10 月 12 日进行耕地，底施总含量 47%（N-P-K = 19-22-6）复合肥 50 kg/亩。10 月 14 日机播播种，亩播量 10 kg；种子用 20%甲硫·三唑酮可湿性粉剂，按药种比 1∶200 进行拌种，防治地下虫害；11 月 24 日，亩用 10%苯磺隆可湿性粉剂 20 g/亩，加水 20 kg 进行化学除草。2018 年 1 月 10 日，浇越冬水；4 月 2 日，浇孕穗水；4 月 22 日，亩喷施 25%咪鲜胺乳油 20 g+25%吡蚜酮可湿性粉剂 25 g+40%氧乐果 75 mL，加水 20 kg；6 月 2 日收获。田间管理见表 10-5。

表 10-5　小麦优质高产高效技术试验示范：田间管理及重要情况记录

项目	具体信息
中耕时间	无
浇水时间	2017 年 1 月 10 日、2018 年 4 月 2 日
杂草防治时间、方式（人工或化学除草）、农药用法与用量	2017 年 11 月 24 日，化除，10%苯磺隆可湿性粉剂 20 g/亩
主要病虫草害发生与防治时间、方法、农药用法与用量、效果	2018 年 4 月 22 日，亩喷施 25%咪鲜胺乳油 20 g+25%吡蚜酮可湿性粉剂 25 g+40%氧乐果 75 mL
灾害性情况记录（风、旱、病、虫）	2018 年 4 月 5 日大风，5 月 15 日大风

3.4　保优增效技术示范

示范品种为郑麦 101，面积约 500 亩。2017 年 10 月 7—10 日进行耕地，10 月 11 日—13 日播种，种子用 20%甲硫·三唑酮可湿性粉剂，按药种比 1∶200 进行拌种，以防治地下虫害。其他管理措施如浇水、病虫防治等随同大田一并进行。

4 结果与分析

4.1 生育时期调查

参试品种生育时期调查结果见表 10-6。从出苗期到拔节期，所有参试品种各生育时期无差别；郑麦 366 抽穗、开花最早，丰德存麦 5 号、郑品优 9 号次之，郑麦 101 抽穗、开花最晚；各参试品种成熟期相差 3 d，西农 979 成熟最早，郑麦 101 次之，其余品种成熟期相同。

表 10-6　小麦优质高产高效技术试验示范：生育时期调查

品种	出苗期	越冬期	返青期	拔节期	抽穗期	开花期	成熟期
郑麦 366	10 月 22 日	12 月上旬	2 月 25 日	3 月 10 日	4 月 16 日	4 月 19 日	6 月 1 日
丰德存麦 5 号	10 月 22 日	12 月上旬	2 月 25 日	3 月 10 日	4 月 17 日	4 月 20 日	6 月 1 日
西农 979（CK）	10 月 22 日	12 月上旬	2 月 25 日	3 月 10 日	4 月 18 日	4 月 21 日	5 月 30 日
郑品优 9 号	10 月 22 日	12 月上旬	2 月 25 日	3 月 10 日	4 月 17 日	4 月 20 日	6 月 1 日
郑麦 101	10 月 22 日	12 月上旬	2 月 25 日	3 月 10 日	4 月 20 日	4 月 23 日	5 月 31 日

4.2 苗情调查

2018 年 1 月 14 日开展越冬期苗情调查（表 10-7），参试品种亩基本苗 17.59 万～18.85 万，品种之间差距不大。主茎叶龄 6.6～7.5 片，单株茎蘖 3.6～4.5 个，亩群体 67.3 万～84.8 万，均为丰德存麦 5 号最大，郑麦 101 最小。

表 10-7　小麦优质高产高效技术试验示范：越冬期苗情

品种	亩基本苗（万）	主茎叶（片）	单株茎蘖（个）	亩群体（万）
郑麦 366	18.49	7.0	4.0	74.0
丰德存麦 5 号	18.85	7.5	4.5	84.8
西农 979（CK）	17.59	7.0	4.0	70.4
郑品优 9 号	17.77	7.2	4.2	74.6
郑麦 101	18.69	6.6	3.6	67.3

2018 年 2 月 28 日进行返青期苗情调查（表 10-8），参试品种主茎叶龄 7.8～8.5 片，单株茎蘖 4.0～4.7 个，亩群体 70.4 万～88.6 万，丰德存麦 5 号 3 项指标始终处于最大值，郑麦 101 主茎叶龄最小，西农 979 单株茎蘖、亩群体最小。

表 10-8　小麦优质高产高效技术试验示范：返青期苗情

品种	主茎叶龄（片）	单株茎蘖（个）	亩群体（万）
郑麦 366	8.0	4.2	77.7
丰德存麦 5 号	8.5	4.7	88.6
西农 979（CK）	8.2	4.0	70.4

（续表）

品种	主茎叶龄 （片）	单株茎蘖 （个）	亩群体 （万）
郑品优 9 号	8.0	4.5	79.9
郑麦 101	7.8	4.1	76.6

2018 年 3 月 15 日开展拔节期苗情调查（表 10-9），参试品种主茎叶龄 8.8~9.6 片，单株茎蘖 4.0~4.7 个，亩群体 70.6 万~88.8 万，丰德存麦 5 号 3 项指标始终处于最大值，郑麦 101 主茎叶龄最小，西农 979 单株茎蘖、亩群体最小，与拔节期苗情表现一致。

表 10-9　小麦优质高产高效技术试验示范：拔节期苗情

品种	主茎叶龄 （片）	单株茎蘖 （个）	亩群体 （万）
郑麦 366	9.0	4.2	77.8
丰德存麦 5 号	9.6	4.7	88.8
西农 979（CK）	9.3	4.0	70.6
郑品优 9 号	8.9	4.6	79.9
郑麦 101	8.8	4.1	77.7

4.3　抗逆性调查

2018 年 4 月 5 日发生早春冻害，4 月 21 日进行冻害调查。抗逆性调查结果见表 10-10。结果表明，丰德存麦 5 号春季冻害较重，郑品优 5 号、郑麦 366 次之，西农 979、郑麦 101 稍轻；郑品优 9 号、郑麦 101 纹枯病偏重发生；郑品优 9 号根腐病偏重发生，郑麦 366、郑麦 101 未感；郑麦 366、郑品优 9 号、郑麦 101 轻感赤霉病；郑麦 101 感锈病，倒伏偏重；丰德存麦 5 号、西农 979 落黄较好，其他品种落黄中等。

表 10-10　小麦优质高产高效技术试验示范：抗逆性调查

品种	冻害		纹枯病	根腐病	赤霉病	锈病	倒伏	干热风	落黄
	冬季	春季							
郑麦 366	0	3	1	0	1	2	0	无	中
丰德存麦 5 号	0	5	1	1	0.5	1	0	无	好
西农 979（CK）	0	1	0.5	1	0.5	2	3	无	好
郑品优 9 号	0	4	2	2	1	2	0	无	中
郑麦 101	0	1	2	0	1	3	5	无	中

4.4　产量构成要素与产量调查

成熟期产量构成要素与产量调查结果见表 10-11，结果表明，西农 979、郑麦 101 株高分别为 81 cm、80 cm，株高最低的品种为郑品优 9 号（71 cm）；西农 979 亩穗数最大，郑品优 9 号、郑麦 366 次之，郑麦 101 最低（37.10 万）；丰德存麦 5 号穗粒数最高（25.35 粒），郑品优 5 号最低（20.68 粒）；千粒重丰德存麦 5 号最高（47.34 g），郑麦 101 最低（31.10 g）；理论产量丰德存麦 5 号最高（433.32 kg/亩），较对照增加 8.14%。郑麦 101 最低（271.37 kg/亩），较对照减少 32.28%。

表 10-11　小麦优质高产高效技术试验示范：产量构成要素与产量（调查时间：2018 年 5 月 26 日）

品种	株高（cm）	亩穗数（万）	穗粒数（粒）	千粒重（g）	理论产量（kg/亩）	与 CK 比较（%）
郑麦 366	75	47.39	24.52	41.22	407.13	+1.60
丰德存麦 5 号	76	42.48	25.35	47.34	433.32	+8.14
西农 979（CK）	81	58.76	24.02	33.40	400.70	—
郑品优 9 号	71	49.06	20.68	41.24	355.64	-11.25
郑麦 101	80	37.10	27.67	31.10	271.37	-32.28

5　综合评价

丰德存麦 5 号：理论产量 433.32 kg/亩，居试验第 1 位，比对照西农 979 增产 8.14%。该品种株高 76 cm，长相清秀，落黄好，抗病力较强，籽粒光泽较好，饱满度高。不足之处是抗倒春寒能力差。

郑麦 366：理论产量 403.17 kg/亩，居第 2 位，比对照西农 979 增产 1.60%。该品种株高 75 cm，落黄一般，综合抗病能力一般，对锈病抵抗力偏差，抗倒春寒能力偏弱，表现冻害严重。

西农 979：株高 81 cm，属中高类型，长相好，落黄好，外观清秀，早熟性好，籽粒硬长粒，综合性状优良。缺点是抗倒性偏差。

郑品优 9 号：理论产量 355.64 kg/亩，比对照西农 979 减产 11.25%。综合抗病力偏差，落黄一般，抗冻性差。籽粒外观较好。因冻害造成穗粒数减少明显。

郑麦 101：理论产量 271.37 kg/亩，比对照西农 979 减产 32.28%。该品种综合抗病力一般，叶锈表现较重，落黄一般。因大风引起较早倒伏，且严重（倒伏率接近 100%）致使千粒重严重下降，只有 31.1 g，而造成严重减产。示范区的郑麦 101 种植面积较大，或许由于地力或者管理方面的差别，基本上只是点片轻微倒伏，减产不重。但毕竟该品种有着倒伏隐患，建议谨慎种植。

总体来讲，西农 979、丰德存麦 5 号 2 个品种综合表现偏于优秀，且都属于强筋类，早熟性丰产性也好，符合农民对小麦品种的种植习惯要求，建议推广种植。

第四节 超声波处理小麦种子增产效果试验

1 试验目的

试验于 2021—2022 年度进行，验证经过辐射处理的小麦种子，对出苗、苗质和产量的影响，为生产应用提供科学依据。

2 试验设计

大区试验，设 2 个处理：处理 1 为种子经辐射处理（超声波处理）；处理 2 为种子不经辐射处理（对照）。每个处理播种 2 个小区，顺序排列。试验田整地、播种及田间管理等要求一致。试验田小麦出齐苗后，每小区固定一米双行，调查苗情。小麦成熟后实打实收，每小区随机选择 3 个点，每个点收获 10 m^2 折算产量。

3 基本情况

试验设在获嘉县位庄乡大位庄村，试验田地力均匀，地势平坦，灌排方便。在深松晾墒的基础上，于 2021 年 11 月 9 日旋耕、压实。11 月 10 日采用宽幅精播耧播种，品种为伟隆 169，亩播量 11 kg，播后镇压，确保一播全苗。

4 田间管理

（1）播前拌种：用 27%苯醚·咯·噻虫悬浮种衣剂 70 g，加水 150 g 拌 25 kg 小麦种子。

（2）底肥：整地前每亩底施 46%（N-P-K＝21-20-5）腐植酸复合肥 50 kg，通过耕地与土壤充分混合。

（3）追肥：2022 年 2 月 24 日亩追尿素 10 kg；4 月 9 日亩追尿素 4 kg。

（4）浇水：分别于 2022 年 2 月 24 日、4 月 9 日，结合追肥进行浇水。

（5）防治病虫害：2022 年 3 月 2 日，亩用 24 g/L 噻呋酰胺悬浮剂 25 mL+25%吡唑醚菌酯悬浮剂 15 mL+海藻液体肥 40 g+磷酸二氢钾 50 g，加水 30 kg 喷施，防治纹枯病、白粉病等。3 月 29 日，亩用 24 g/L 噻呋酰胺悬浮剂 20 mL+25%吡唑醚菌酯悬浮剂 20 mL+430 g/L 戊唑醇悬浮剂 20 mL+50 g/L 氯氟氰菊酯乳油 40 mL+70%吡虫啉可湿性粉剂 5 g+海藻液体肥 80 g+磷酸二氢钾 50 g，加水 30 kg 喷施，防治纹枯病、白粉病、蚜虫等。4 月 25 日，亩用 40%咪铜·氟环唑悬浮剂 35 g+25%吡唑醚菌酯悬浮剂 20 mL+50%醚菌酯水分散粒剂 10 g+2.5%高效氯氟氰菊酯乳油 50 mL+25%噻虫嗪可湿性粉剂 15 g+0.01%芸苔素内酯可溶液剂 10 g+氨基酸液肥 40 g+磷钾肥 40 g，加水 30 kg 喷施，防治赤霉病、白粉病、蚜虫等。

（6）一喷三防：2022 年 5 月 11 日亩喷 2.5%高效氯氟氰菊酯乳油 50 mL+70%吡虫啉可湿性粉剂 5 g+40%丙硫菌唑·戊唑醇悬浮剂 40 mL+ 50%醚菌酯水分散粒剂 10 g，加水 20 kg；5 月 14 日，亩用磷酸二氢钾 130 g+氨基酸水溶肥 40 g，加水 20 kg 叶面喷雾；5 月

27 日，亩用磷酸二氢钾 100 g+1%吲丁·诱抗素可湿性粉剂 3 000 倍液叶面喷雾，预防小麦白粉病、蚜虫、干热风等。

5 结果与分析

5.1 生育时期调查

不同处理生育时期见表 10-12，结果表明，超声波处理种子各生育时期与对照没有差别。

表 10-12 超声波处理小麦种子增产效果试验：生育时期调查

处理	出苗期	越冬期	返青期	拔节期	抽穗期	开花期	成熟期
超声波处理	11 月 19 日	12 月 25 日	2 月 13 日	3 月 22 日	3 月 20 日	4 月 25 日	6 月 4 日
对照	11 月 19 日	12 月 25 日	2 月 13 日	3 月 22 日	3 月 20 日	4 月 25 日	6 月 4 日

5.2 苗情调查

不同处理、不同生育期苗情见表 10-13，结果表明，超声波处理与对照在越冬期、返青期、拔节期的主茎叶龄没有差别，返青期、拔节期超声波处理种子后的单株茎蘖及亩群体略高于对照。

表 10-13 超声波处理小麦种子增产效果试验：苗情调查
（调查时间：2021 年 12 月 10 日）

生育时期	亩基本苗（万）		主茎叶龄（片）		单株茎蘖（个）		亩群体（万）	
	超声波处理	对照	超声波处理	对照	超声波处理	对照	超声波处理	对照
越冬期	18.7	19.1	2.1	2.1	1.0	1.0	18.7	19.1
返青期	—	—	5.0	5.0	3.2	3.1	59.1	59.7
拔节期	—	—	8.0	8.0	5.9	5.5	111.1	105.1

5.3 产量构成要素与产量调查

理论产量调查结果见表 10-14，实收产量见表 10-15，结果表明，超声波处理亩穗数较对照减少，穗粒数、千粒重较对照增加，最终理论产量和实收产量接近。

表 10-14 超声波处理小麦种子增产效果试验：产量构成要素与产量
（调查时间：2022 年 6 月 8 日）

处理	亩穗数（万）	穗粒数（粒）	千粒重（g）	理论产量（kg/亩）	与对照相比
超声波处理	45.3	38.8	45.2	675.3	+0.03%
对照	46.9	37.8	44.8	675.1	—

表 10-15 超声波处理小麦种子增产效果试验：实收产量

处理	取样产量（kg/4 m²）				折亩产（kg）	与对照相比
	重复 1	重复 2	重复 3	平均值		
超声波处理	3.89	4.15	4.59	4.21	701.7	−0.5%
对照	4.24	4.25	4.21	4.23	705.0	—

6 小结

与未经过超声波种子处理相比，超声波处理种子后产量没有差别。

第五节 小麦播后遇雨苗前松土增产效果示范

2021 年小麦播后苗前遇雨，容易造成土壤板结，影响小麦正常出苗。通过浅中耕松土，可以破除板结助出苗、增温保墒促壮苗。为验证麦田松土的壮苗、增产效果，科学指导大田生产，特安排本示范项目。

1 示范设计

示范设 2 个处理，每个处理 50 亩。处理 1：小麦播后遇雨，待地表出现花斑（土壤能散开）时，人工松土破除板结；处理 2：不松土（对照）。示范田整地、播种及田间管理等要求一致。示范田小麦出齐苗后，每小区固定一米双行，调查苗情。小麦成熟后实打实收，每小区随机选择 3 个点，每个点收获 10 m² 折算产量。

2 基本情况

示范设在获嘉县位庄乡大位庄村，示范田地力均匀，地势平坦，灌排方便。在深松晾墒的基础上，于 2021 年 11 月 3 日旋耕、压实。整地前每亩底施 46%（N−P−K＝21−20−5）腐植酸复合肥 50 kg，通过耕地与土壤充分混合。11 月 4 日采用圆盘精播耧播种，品种为伟隆 169，亩播量 15 kg，播后镇压，确保一播全苗。播前用 27%苯醚·噻虫·咯菌腈 70 g，加水 150 kg 拌 25 kg 小麦种子。

2022 年 2 月 24 日亩追尿素 10 kg，4 月 9 日亩追尿素 4 kg，结合追肥进行浇水。

2022 年 3 月 2 日，亩用 24 g/L 噻呋酰胺悬浮剂 25 mL+25%吡唑醚菌酯悬浮剂 15 g+海藻液体肥 40 g+磷酸二氢钾 50 g，加水 30 kg 喷施，防治纹枯病、白粉病等。3 月 29 日，亩用 24 g/L 噻呋酰胺悬浮剂 20 mL+25%吡唑醚菌酯悬浮剂 20 mL+430 g/L 戊唑醇悬浮剂 20 mL+50 g/L 高效氯氟氰菊酯乳油 40 mL+70%吡虫啉可湿性粉剂 5 g+海藻液体肥 80 g+磷酸二氢钾 50 g，加水 30 kg 喷施，防治纹枯病、白粉病、蚜虫等。4 月 25 日，亩用 40%咪铜·氟环唑悬浮剂 35 g+25%吡唑醚菌酯悬浮剂 20 mL+50%醚菌酯水分散粒剂 10 g+2.5%高效氯氟氰菊酯 50 mL+25%噻虫嗪可湿性粉剂 15 g+0.01%芸苔素内酯可溶液剂 10 g+氨基酸液肥 40 g+磷钾肥 40 g，加水 30 kg 喷施，防治赤霉病、白粉病、蚜虫等。5 月 11 日，亩喷 2.5%高效氯氟氰菊酯乳油 50 g+70%吡虫啉可湿性粉剂 5 g+40%丙硫菌唑·戊唑醇悬浮剂 40 g+ 50%醚菌酯水分散粒剂 10 g。5 月 14 日，亩用磷酸二氢钾 130 g+氨基酸水溶肥 40 g，加水 30 kg 叶面喷雾；5 月 27 日，亩用磷酸二氢钾 100 g+1%吲丁·诱抗素可湿性粉剂 3 000 倍液，加水 30 kg 叶面喷雾，预防小麦白粉病、蚜虫、干热风等。

3 结果与分析

3.1 生育时期调查

由生育时期调查结果（表 10-16）可知，小麦播种雨后松土与不松土对各生育时期无影响。

表 10-16 小麦播后遇雨苗前松土增产效果示范：生育时期调查

处理	出苗期	越冬期	返青期	拔节期	抽穗期	开花期	成熟期
松土	11 月 14 日	12 月 25 日	2 月 13 日	3 月 20 日	3 月 19 日	4 月 24 日	6 月 4 日
对照	11 月 14 日	12 月 25 日	2 月 13 日	3 月 20 日	3 月 19 日	4 月 24 日	6 月 4 日

3.2 苗情调查

由不同生育时期苗情调查结果（表 10-17）可知，雨后松土亩基本苗较对照增加 1.3 万，越冬期单株茎蘖较对照增加 0.1 个，亩群体较对照增加 5.1 万；返青期松土处理单株茎蘖较对照增加 0.8 个，亩群体较对照增加 30.3 万；拔节期松土处理单株茎蘖较对照增加 0.3 个，亩群体较对照增加 16.6 万。但是，2 个处理的主茎叶龄没有差异。

表 10-17 小麦播后遇雨苗前松土增产效果示范越冬期苗情（调查时间：2021 年 12 月 10 日）

生育时期	亩基本苗（万）		主茎叶龄（片）		单株茎蘖（个）		亩群体（万）	
	松土	对照	松土	对照	松土	对照	松土	对照
越冬期	30.2	28.9	3.1	3.1	1.7	1.6	51.3	46.2
返青期	—	—	6.0	6.0	5.0	4.2	151.6	121.3
拔节期	—	—	8.5	8.5	6.1	5.8	184.2	167.6

3.3 产量构成要素与产量调查

产量构成要素与产量见表 10-18，实收产量见表 10-19。结果表明，小麦播种雨后松土与不松土相比，亩穗数增加 1.5 万，穗粒数减少 0.2 粒，千粒重增加 0.7 g，理论产量每亩增加 30 kg，增幅 4.3%。由表 10-19 可知，松土后实收产量较不松土每亩增加 36 kg，增幅 5.1%。

表 10-18 小麦播后遇雨苗前松土增产效果示范：产量构成要素与产量
（调查时间：2022 年 6 月 7 日）

处理	亩穗数（万）	穗粒数（粒）	千粒重（g）	理论产量（kg/亩）	与对照相比（%）
松土	47.8	38.5	46.8	732.1	+4.3
对照	46.3	38.7	46.1	702.1	—

表 10-19　小麦播后遇雨苗前松土增产效果示范：实收产量

处理	取样产量（kg/10 m²）				折亩产（kg）	与对照相比（%）
	重复 1	重复 2	重复 3	平均值		
松土	10.99	11.13	11.34	11.15	743.4	+5.1
对照	10.65	11.31	9.86	10.61	707.4	—

4　小结

（1）小麦播种后出苗前遇雨的情况下，苗前松土有利于出苗、分蘖，增加亩群体，最后夺取高产。

（2）松土与不松土相比，各生育时期一致，对主茎叶龄没有影响。

（3）松土后产量较不松土产量增产，理论产量增加 4.3%，实收产量增加 5.1%，在生产上具有较大推广应用价值。

第十一章　小麦绿色高质高效栽培集成技术

第一节　小麦播种技术

1　品种选用

强筋小麦以新麦 45、新麦 26 为主，中强筋小麦以伟隆 169、郑麦 7698 为主，中筋小麦以百农 207、百农 AK58、周麦 22 号为主。晚茬推荐选用众麦 2 号、兰考 198、新麦 29 等弱春性品种。丘陵旱薄地推荐选用洛旱 7 号。

2　适当深耕

多年多点试验和生产实践表明，深耕可以改善土壤结构，涵养水分，增产效果明显。因此，黏土可坚持 3 年深耕 1 次，其余年份可采用旋耕模式，既满足小麦生长要求，又适度降低整地成本。首次深耕地块深度以略见生土层为宜，再次深耕时，耕深达到 30 cm 左右。不论深耕还是旋耕，耙实非常重要。如果只耕不耙或耙而不实，会因冬季冷风灌根造成苗黄、苗死，严重减产。山区、丘陵旱作麦区，可采用免耕或少耕的方式，减少水分散失。

3　配方施肥

在玉米秸秆全量还田的基础上，亩施农家肥 4 m³ 以上，一次底施，犁前撒施。根据土壤养分测定结果和产量目标，科学确定氮、磷、钾肥的配比和用量，撒犁沟深施。产量水平 500~600 kg/亩的高产地块，推荐亩施氮、磷、钾总含量为 40%（N-P-K=20-15-5）的复合肥 50 kg，拔节末期亩追施氮肥（纯 N）7~8 kg；产量水平 450~550 kg/亩的中高产地块，亩施氮、磷、钾总含量为 45%（N-P-K=20-17-8）的复合肥 50 kg，拔节末期亩追施氮肥（纯 N）7~8 kg。在传统施肥的基础上，加强螯合肥、缓控释肥、水溶肥等新型肥料的试验示范和推广利用，减少化肥用量，降低生产成本。

4　种子包衣

种子包衣是防治地下害虫、全蚀病、纹枯病、根腐病等病虫害的关键措施，可以起到事半功倍的作用。要依据病虫害近年发生情况，采用经过国家登记并符合要求的专用种衣剂进行种子包衣或拌种。小麦全蚀病发生区，可选用 12% 硅噻菌胺种子处理悬浮剂、25 g/L 灭菌唑种子处理悬浮剂、3% 苯醚甲环唑悬浮种衣剂等进行包衣；纹枯病、黑穗病发生区，用 2%戊唑醇悬浮种衣剂或 3%苯醚甲环唑悬浮种衣剂等拌种或包衣，晾干后播种；防治蝼蛄、蛴螬和金针虫等地下害虫及吸浆虫，用 3%辛硫磷颗粒剂 3 kg/亩混拌20 kg 细土，耕地时均匀撒施。

5　规范播种

一要足墒播种。播种要视墒情而定，如果天气干旱要及时造墒，力争足墒下种。二要适期播种。半冬性品种最适播期为 10 月 10—20 日；稻茬撒播麦田要在收稻前 7~10 d 排水后，及时撒播。三要适量播种。适播期内，半冬性品种亩播量 10 kg 左右；同时，要考虑种子发芽率、秸秆还田质量、整地质量、播期推迟等因素，适当增加播量，确保一播全苗，但也要杜绝过大播量，确保苗齐苗壮。四要保证播种质量。采用小麦精播机播种，严格掌握行进速度和播种深度，播深 3~5 cm，做到播量精确、下种均匀、深浅一致，不漏播不重播。推广宽幅窄行播种方式，争取小麦出苗均匀。

稻茬撒播麦田，亩播量 15 kg 左右为宜，撒播时做到 2 次撒播，第一次撒种子量的70%，第二次撒种子量的 30%；撒播时田间地表处于水分饱和状态，使小麦种子半粒入泥，避免积水造成浆籽烂苗，或地表墒情差造成出苗率降低。

6　苗后管理

出苗后，要及时管理，培育全苗壮苗。一是查苗补种，出苗后对缺苗断垄的地方，用该品种的种子浸种露白后及早补种，或在小麦三叶期至四叶期补苗，疏稠补稀。二是及时中耕，浇过蒙头水的麦田，在小麦齐苗后，及时划搂松土，促进全苗和分蘖。

第二节　小麦冬季管理技术

小麦冬季管理要针对生产实际，在苗全、苗齐、苗匀基础上，采取有效措施，保苗安全越冬。重点抓好以下关键技术措施。

1　杂草防控

11 月中下旬至 12 月上旬，小麦开始分蘖后，选择日均温 10 ℃以上无风晴天进行。以双子叶杂草为主的麦田，每亩用 58 g/L 双氟·唑嘧胺悬浮剂 10~15 mL 或 20%双氟·氟氯酯水分散粒剂 5 g，加水 30~40 kg 喷雾。以单子叶杂草为主的麦田，每亩用 15%炔草酯微乳剂 25~35 mL 或 6.9%精噁唑禾草灵水乳剂 50~70 mL，加水 30~40 kg 喷雾。防治节节麦、雀麦，每亩用 30 g/L 甲基二磺隆可分散油悬浮剂 25~35 mL，加水 30~40 kg 喷雾。

2　科学冬灌

对缺墒、秸秆还田和旋耕播种、土壤悬空不实的麦田，在 11 月底至 12 月上旬，日平均气温稳定在 3 ℃左右时进行冬灌，每亩灌水量 40 m³ 左右。播种较早、播量偏大、墒情适宜的麦田，适当推迟冬灌时间；对于亩群体不足、苗情较差的麦田，结合浇水每亩追施尿素 8~10 kg 或碳酸氢铵 20~25 kg。

3　促弱控旺

对晚播麦田，可浅锄松土，增温保墒，促苗早发快长；对播种偏早、有旺长趋势的麦田，要及时进行深中耕断根或镇压，也可用化控剂抑制其生长，控旺转壮。对于耕作粗放、坷垃较多、没有耙实且没有冬灌条件的麦田，封冻前进行镇压，压碎坷垃，弥补裂缝，增温保墒。压麦宜在中午以后进行，以免早晨有霜冻镇压伤苗。

4　做好小麦冻害预案

豫北地区小麦生产遭遇冻害频率较高、威胁较大，播种偏早、播量偏大、出现旺长趋势的麦田遇到强降温天气容易发生冻害。要密切关注天气变化，做好小麦冻害预案，一旦冻害发生，要根据实际情况及时采取有效应对措施，把损失降到最低。

5　防治畜禽啃青

畜禽啃青会严重损伤麦苗，营养物质制造和积累受阻，抗寒抗冻能力大大降低，分蘖幼穗分化开始时间晚，导致穗粒数减少，造成茎秆纤弱，易倒伏，对产量影响较大。畜禽啃青严重者可连根拔出，造成缺苗断垄，减产严重。因此，要采取有效措施，严禁畜禽啃青。对已经发生的畜禽啃青麦田，早春要及时采取浇水、追肥等措施，促进早返青、早发育、早生长。

第三节　小麦春季管理技术

"立春"节气过后，小麦即将返青、起身、拔节，正是构建合理亩群体和产量形成的关键时期，也是小麦一生中通过田间管理促进苗情转化升级、搭好丰产架子、培育壮秆大穗的重要时期。小麦春季管理重点要突出防灾减灾，强化分类管理，科学运筹肥水，构建合理亩群体，搭好丰产架子，夯实夏粮丰收基础。重点抓好以下关键技术措施。

1　因墒补灌

对缺墒的麦田，要在土壤化冻后，及时进行小水浇灌，浇后及时破除板结，提温保墒，促苗稳健生长。对无灌溉条件的旱地麦田，土壤化冻后及时镇压，促土壤下层水分向上移动，提墒保墒、抗旱防冻，同时可趁雨（雪）亩追施尿素 10 kg 左右，并配施适量磷酸二铵，保冬前分蘖成穗，促春生分蘖早发快长，争取穗数保产量。

2　分类管理

对于播种基础扎实、生长正常、亩群体充足、墒情适宜的一类苗麦田，肥水管理后移至拔节末期（3月中下旬）进行，结合浇水亩追尿素 10~15 kg。对于分蘖较少、亩群体不足的二、三类苗麦田，包括丘陵、沙地、晚播麦田、稻茬撒播麦田、冻害严重的麦田等，要以"促"为主。返青后，根据墒情及早浇水、追肥，亩施尿素 8~10 kg 和适量的磷酸二铵，促春蘖、稳冬蘖，促进苗情转化升级；拔节末期进行第二次追肥，亩施尿素 5~7 kg，提高分蘖成穗率。

3　化学除草

对于冬前没有进行化学除草的麦田，要在小麦返青期—起身期及早进行化学除草。在春季日均温稳定通过 6 ℃以后，选择晴好天气 10：00—16：00，常年在 2 月下旬至 3 月上旬进行，根据田间杂草种类选择对路除草剂，严格按照使用浓度、适宜时期和技术操作规程及时进行化除，不漏喷、不重喷。拔节后禁止喷施除草剂。

4　病虫防治

以条锈病、纹枯病、茎基腐病、赤霉病、麦蜘蛛、麦穗蚜等为重点，实行精准防控。条锈病的防控要全面落实"带药侦查、打点保面"防控策略，采取"发现一点、防治一片"的防控措施，及时控制发病中心，延缓病害扩展蔓延。对小麦纹枯病、茎基腐病等病害进行早期控制，加大喷药加水量，确保良好防效。预防赤霉病要坚持"主动出击、见花打药"不动摇，在小麦齐穗至扬花初期进行全面喷药预防，施药后 6 h 内遇雨，雨后应及时补治。第一次防治结束后，需隔 5~7 d 再防治 1 次。

5　预防冻害

要密切关注天气变化，在小麦拔节期，特别是预报寒流来临之前，对缺墒地块应及时进行灌水，以改善土壤墒情，调节近地面层小气候，减小地面温度变幅，预防冻害发生。一旦发生冻害，要及时采取追肥、浇水、喷施叶面肥、植物生长调节剂等补救措施，让受冻麦苗尽快恢复生长，促进小分蘖成穗，减轻灾害损失。

6　杜绝啃青

采取有效措施，杜绝畜禽啃青。

第四节　小麦中后期管理技术

1　病虫害防控

以条锈病、赤霉病、麦穗蚜为重点，加大小麦重大病虫害统防统治力度。赤霉病防治要坚持"见花打药，主动预防"。小麦生产后期往往多种病虫重叠发生，交替危害，要合理选用和科学混配防控药剂，兼顾白粉病、吸浆虫、麦穗蚜等其他病虫，同时注重防病治虫和控旺防衰相结合，药肥混用、一喷多效。

2　浇好灌浆水

灌浆有墒，籽饱穗方。小麦开花至成熟期适宜的水分供应，不仅能够防止叶片早衰、保持根系活力，促进籽粒灌浆，而且能够平抑地温，预防干热风和高温热害影响。对墒情不足的麦田在扬花后7~10 d内，酌情浇好灌浆水，以水调肥，以肥养根，以根护叶，促进灌浆，提高粒重。浇水要密切注意天气变化，选择无风天气进行浇水，无风快浇、有风停浇。浇水切忌大水漫灌，防止地面积水。

3　强筋小麦管理

抽穗扬花期要重点抓好赤霉病、叶枯病、吸浆虫等防控。生育后期一般不再灌水，后期进行叶面喷氮，提高品质。在蜡熟末期收获，收获前进行田间去杂，收获时严格按品种单收、单打、单储，防止混杂降低优质小麦商品等级。

4　科学减灾防灾

小麦生长中后期气候不确定因素较多，风险较大，要密切关注天气变化，积极应对干热风、高温、强降雨、大风等极端天气，落实好防灾抗灾减灾措施，减轻灾害损失。

5　适时收获

小麦成熟收获时间短，极易发生不可预测的灾害性天气，要在蜡熟末期及时收获。对于过于干燥的麦田，要在空气湿度较大的时间收获；对于秸秆量较大的麦田，要降低收割机行进速度，做到科学减损、颗粒归仓。

第五节　小麦绿色高质高效生产技术模式

为推进农业供给侧结构性改革，助力乡村振兴，针对小麦生产中旋耕面积较大、播量偏大、施肥量偏大、病虫草害防治不及时和小麦籽粒品质不稳定等问题，以节种、节水、节肥、节药、高质、高效为目标，以选用优良品种和深耕（深松）镇压为核心，集成高质高效、资源节约、生态环保的小麦绿色高质高效技术模式，促进农机农艺融合，为小麦生产向高质量发展提供技术支撑。

1. 配方施肥

玉米秸秆全量还田，底肥亩施农家肥 3m³。小麦单产水平 450~550 kg，采用 45%（N-P-K=20-15-10）复合肥，施用量 50 kg/亩；小麦单产水平 500~600 kg，采用 45%（N-P-K=20-18-7）复合肥，施用量 50 kg/亩；稻茬麦区在水稻收获前每亩撒施尿素 10~20 kg 或 50%（N-P-K=20-20-10）复合肥 20~30 kg。冬季趁雨、雪、灌水每亩补施 50%（N-P-K=20-20-10）复合肥 30~50 kg，同时进行粪草覆盖。

2　深耕（深松）镇压

3 年深耕 1 次，其余年份可采用旋耕模式。首次深耕地块深度以略见生土层为宜，再次深耕时，耕深达到 30 cm 左右，之后镇压耙实。深松深度 35~40 cm，之后旋耕、镇压耙实。

3 选用良种

强筋、中强筋小麦品种选用新麦 26、伟隆 169、师栾 02-1、西农 979，搭配丰德存麦 5 号、郑麦 366 等；中筋小麦品种以百农 207、百农 4199、百农 AK58 为主，示范种植中植 0914、联邦 2 号等。

4 种子包衣

一般小麦病虫害防治采用适乐时+吡虫啉进行种子包衣。小麦全蚀病发生区，可选用 12%硅噻菌胺种子处理悬浮剂、25 g/L 灭菌唑种子处理悬浮剂、3%苯醚甲环唑悬浮种衣剂等进行包衣；纹枯病、黑穗病发生区，用 2%戊唑醇悬浮种衣剂或 3%苯醚甲环唑悬浮种衣剂等拌种或包衣，晾干后播种；防治蝼蛄、蛴螬和金针虫等地下害虫及吸浆虫，用 3%辛硫磷颗粒剂 3 kg/亩混拌 20 kg 细土，耕地时均匀撒施。

5 足墒、适期、适量播种

一是足墒下种。立足抗旱抗涝，适时种好小麦。如遇天气干旱要及时造墒，若遇阴雨内涝，要及时排水晾墒，力争足墒适墒播种。二是适期播种。半冬性品种最适播期为 10 月 8—15 日。三是适量播种。适播期内，半冬性品种亩播量 10 kg 左右。同时，要考虑种子发芽率、秸秆还田质量、整地质量、播期早晚等因素，适当增减播量。播深 3~5 cm，做到播量精确、下种均匀、深浅一致。

6 化学除草

根据草情、草相选准对路药剂，采用适宜剂量，大力推广冬前化学除草。以野燕麦、看麦娘为主的麦田，选用 15%炔草酸可湿性粉剂、6.9%精噁唑禾草灵水乳剂等除草剂进行防除；以节节麦、碱茅、硬草等为主的麦田，选用 30 g/L 甲基二磺隆可分散油悬浮剂进行防除；双子叶杂草可选用 20%氯氟吡氧乙酸乳油、10%唑草酮可湿性粉剂、75%苯磺隆水分散粒剂和 10%双氟磺草胺可湿性粉剂等或其他剂型进行防除。除草剂使用宜在主要杂草基本出齐苗后，小麦 3~5 叶、杂草 2~4 叶期，日均温度 6 ℃以上的晴天。冬前没有进行化学除草的，小麦返青后至拔节前，选择晴好天气于 10:00—14:00 进行化学除草。

7 适时冬灌

越冬前，要对土壤悬空不实和缺墒的麦田应进行冬灌。播种较早、播量偏大、墒情较足的麦田，可适当推迟冬灌时间；冬灌的时间一般在日平均气温 3 ℃左右时进行，水量以当天渗完为宜，日平均气温下降到 0 ℃以下要停止冬灌。

8 春季分类管理

对于播种基础扎实、生长正常、亩群体充足、墒情较好的一类苗麦田，坚持以控为主，肥水后移。高秆小麦在起身期喷施壮丰安等调节剂，缩短基部节间，防止生育后期倒伏。拔节末期（3 月中下旬）追肥浇水，亩追尿素 15 kg。对于分蘖较少、亩群体不足的二类、三类苗地块，以促为主，早春土壤解冻后，根据墒情浇水、追肥，亩施 8~10 kg 尿素和适量的磷酸二铵，促春蘖、稳冬蘖；在拔节期进行第二次追肥，亩施尿素 5~7 kg，提高分蘖成穗率。

9 预防春季晚霜冻害

春季气温回升快、起伏大，极易发生"倒春寒"，要密切关注天气变化，气温下降至 2 ℃以下时，在降温之前及时灌水或叶面喷肥，减小地面温度变幅，防御早春冻害。一旦发生早春冻害，根据受害麦田具体情况，酌情追施速效氮肥和灌水，促苗早发，提高小分蘖成穗率。

10 一喷三防

以防治锈病、吸浆虫为主的麦田，每亩用15%三唑酮可湿性粉剂75 g+2.5%高效氯氟氰菊酯水乳剂 20~25 mL+98%磷酸二氢钾 100 g 或液体叶面肥 50 mL，加水 30~40 kg 喷雾。以防治赤霉病、麦穗蚜为主的麦田，每亩用50%多菌灵可湿性粉剂75 g 或70%甲基硫菌灵可湿性粉剂100 g+3%啶虫脒微乳剂40~80 mL 或10%吡虫啉可湿性粉剂20~40 g+磷酸二氢钾100 g，加水 30~40 kg 喷雾。以防治叶枯病、穗蚜为主的麦田，每亩用70%甲基硫菌灵可湿性粉剂100 g+10%吡虫啉可湿性粉剂20~40 g+磷酸二氢钾100 g，加水 30~40 kg 喷雾。

附录 1 小麦标准化生产技术规程

强筋小麦新麦 26 生产技术规程[①]

本技术规程适用于河南省优质强筋小麦生态类型区新麦 26 的生产。

1 基本要求

1.1 产地条件

1.1.1 环境质量

产地环境空气质量符合 GB 3095 的要求，土壤环境符合 GB 15618 的要求，农田灌溉水质符合 GB 5084 的规定。

1.1.2 土壤养分

耕层土壤有机质含量≥15 g/kg，全氮含量≥0.8 g/kg，有效磷含量≥15 mg/kg，速效钾含量≥100 mg/kg。

1.2 种子质量

种子质量符合 GB 4404.1 要求。

1.3 肥料

肥料使用应符合 GB/T 23349、NY/T 496 要求。

1.4 农药

农药使用应符合 GB/T 8321 要求。

1.5 亩群体与产量构成要素指标

目标产量≥500 kg/亩：每亩基本苗 16 万~20 万，越冬期亩群体 70 万~80 万，春季最高亩群体 80 万~90 万。每亩穗数 40 万~45 万，穗粒数 32~35 粒，千粒重 40~48 g。

2 播前准备

2.1 区域化种植

在适宜生态区内实行单品种规模化连片种植。

---

① 摘编自《强筋小麦新麦 26 生产技术规程》（DB41/T 1909—2019）。

2.2 底墒

耕层（0~20 cm）土壤适宜含水量：轻壤土 16%~18%，两合土 18%~20%，黏土 20%~22%。墒情不足时应先浇水补墒。

2.3 秸秆还田

前茬作物收获后及早粉碎秸秆，耕翻入土，秸秆粉碎长度≤5 cm。

2.4 底肥

推广测土配方施肥。单产水平 500~600 kg：每亩底施氮肥（纯 N）8~10 kg，磷肥（P_2O_5）7~9 kg，钾肥（K_2O）3~5 kg。单产水平 400~500 kg：每亩底施氮肥（纯 N）7~9 kg，磷肥（P_2O_5）6~8 kg，钾肥（K_2O）3~5 kg。宜增施农家肥，每亩 3~5 m^3。

2.5 整地

宜 2~3 年深耕 1 次，耕深达到 25 cm 以上，耕后机耙 2 遍，耙透耙实，无明暗坷垃，上虚下实，地表平整。

2.6 种子处理

根据当地病虫害发生情况，采用经过登记并符合质量要求的小麦专用种子处理剂进行种子包衣或药剂拌种。

防治小麦全蚀病、根腐病、茎基腐和纹枯病：用 3%苯醚甲环唑悬浮种衣剂 30 mL+2.5%咯菌腈种子处理悬浮种衣剂 20 mL，加水 100 mL，或选用 12%硅噻菌胺种子处理悬浮剂 25 g，加水 100 mL，拌麦种 10 kg，闷种 2~3 h 晾干后播种。

防治小麦黑穗病：选用 50%多菌灵可湿性粉剂 30 g，加水 150 mL 拌麦种 10 kg，或用 2.5%咯菌腈悬浮种衣剂 10~20 mL，加水 100 mL 拌麦种 10 kg。

防治地下虫害：用 600 g/L 吡虫啉悬浮种衣剂 50 mL/10 kg 种子，或用 70%噻虫嗪种子处理可分散粉剂 15 g/10 kg 种子，与上述杀菌剂混合进行种子处理，拌种后及时摊开晾干待播。

2.7 土壤处理

地下虫害发生较重的地块，每亩用 3%辛硫磷颗粒剂 3 kg 混拌 20 kg 细土，耕耙前均匀撒施地表。

3 播种

3.1 播期

豫北地区适宜播期为 10 月 8—15 日，豫中东地区适宜播期为 10 月 12—18 日。

3.2 播量

在适宜播期范围内，每亩播量 8~10 kg。晚播可适当增加播种量，每晚播 3 d，每亩播量增加 0.5 kg，但每亩播量最多不能超过 15 kg。

3.3 播种方法

采用机条播，下种均匀，深浅一致，播种深度以 3~5 cm 为宜，播后及时镇压。

4　田间管理

4.1　冬前管理

4.1.1　查苗补种

出苗后对缺苗断垄的地方，用该品种的种子浸种至露白后及早补种。

4.1.2　化学除草

冬前化学除草宜在11月中下旬至12月上旬，日均温10 ℃以上晴天进行。以双子叶杂草为主的麦田，每亩用58 g/L双氟·唑嘧胺悬浮剂10~15 mL或25%双氟磺草胺水分散粒剂1.2 g，加水30~40 kg喷雾。以单子叶杂草为主的麦田，每亩用15%炔草酯微乳剂25~35 mL或6.9%精噁唑禾草灵水乳剂50~70 mL，加水30~40 kg喷雾。防治节节麦、雀麦，每亩用30 g/L甲基二磺隆可分散油悬浮剂25~35 mL，加水30~40 kg均匀喷雾。

4.1.3　冬灌

对缺墒、秸秆还田和旋耕播种、土壤悬空不实的麦田，应在11月底至12月上旬，日平均气温稳定在3 ℃左右时进行冬灌，每亩灌水量30~40 m³。

4.2　春季管理

4.2.1　化控防倒

在春季进行麦田镇压的同时，于小麦起身期前每亩用15%多效唑可湿性粉剂55 g，加水30~40 kg喷雾。

4.2.2　肥水管理

一类苗：拔节中后期结合浇水亩施尿素10 kg左右。二类苗：拔节期结合浇水每亩追施尿素10~12 kg。三类苗：起身期结合浇水每亩追施尿素12~15 kg。

4.2.3　预防晚霜冻害

根据天气预报，强降温天气来临之前及时进行浇水。寒流过后，及时检查受冻情况，发现茎蘖受冻死亡的麦田应结合浇水，每亩追施尿素5~10 kg，促其尽快恢复生长。

4.2.4　病虫草害防治

根腐病、茎基腐病、纹枯病：拔节期麦田病株率达到15%时，每亩用80%戊唑醇可湿性粉剂10 g或15%三唑酮可湿性粉剂70~80 g或24 g/L噻呋酰胺悬浮剂18~23 mL，加水30~40 kg喷雾。注意加大水量，将药液均匀喷施在麦株茎基部，以提高防效。

蚜虫、麦蜘蛛：当麦田点片有麦圆蜘蛛200头/33 cm或麦长腿蜘蛛100头/33 cm时，每亩可用5%阿维菌素悬浮剂8 mL，加水30~40 kg喷雾。蚜虫达到200头/百株时，每亩可用25%噻虫嗪水分散粒剂8~10 g，或70%吡虫啉水分散粒剂2~4 g，加水30~40 kg喷雾。

吸浆虫防治：小麦抽穗70%时用杀虫剂喷雾进行穗期保护。

对于冬前未化学除草的麦田，宜在返青期—起身期日平均气温6 ℃以上时进行化除，施药方法同4.1.2。拔节后禁止化学除草。

4.3　后期管理

4.3.1　赤霉病防治

小麦齐穗期至扬花初期，每亩用25%氰烯菌酯悬乳剂100~200 mL或25%戊唑醇可湿性粉剂 28~30 g 或 30%肟菌·戊唑醇悬浮剂 30~35 mL 或 50%多菌灵可湿性粉剂 120 ~ 150 g，加水 30~40 kg 均匀喷施小麦穗部。间隔 7 d 第二次喷药。如施药后 3~6 h 遇雨，雨后应及时补喷。提倡使用喷杆喷雾机、电动喷雾器施药，加大喷液量。

4.3.2 灌溉

抽穗开花期墒情不足时，选择无风天气进行小水浇灌，此后不再灌水。

4.3.3 一喷三防

在小麦灌浆期，根据病虫害发生情况选用适宜杀菌剂、杀虫剂，每亩加入磷酸二氢钾 200 g，加水 30~40 kg 喷雾。

5 收获和贮藏

在小麦蜡熟末期及时收获，单收、单晒、单储。

强筋小麦生产技术规程①

1 范围

本技术规程规定了强筋小麦生产的术语和定义、基本要求、播前准备、播种、田间管理、收获和贮藏，适用于新乡市强筋小麦的生产。

本技术规程中的强筋小麦指的是品质指标符合 GB/T 17892—1999 要求的小麦。

2 基本要求

2.1 产地条件

2.1.1 环境质量

产地环境空气质量符合 GB 3095 的要求，土壤环境符合 GB 15618 的要求，农田灌溉水质符合 GB 5084 的规定。

2.1.2 土壤养分

耕层土壤有机质含量 ≥ 15 g/kg，全氮（N）含量 ≥ 0.8 g/kg，有效磷（P）含量 ≥ 15 mg/kg，速效钾（K）含量 ≥ 100 mg/kg。

2.2 种子质量

选用通过国家或河南省农作物品种审定委员会审定（引种备案），抗逆性好、稳产高产品种。品质符合 GB/T 17892—1999 的规定。种子质量符合 GB 4404.1—2008 的规定。

2.3 肥料

肥料使用应符合 GB/T 23349、NY/T 496 要求。

2.4 农药

农药使用应符合 GB/T 8321、GB 4285 要求。

---

① 摘编自《强筋小麦生产技术规程》（DB4107/T 454—2020）。

2.5　亩群体与产量构成要素指标

目标产量≥500 kg/亩：亩基本苗 16 万~20 万，越冬期亩群体 70 万~80 万，春季最高亩群体 80 万~90 万。亩穗数 40 万~45 万，穗粒数 32~35 粒，千粒重 40~48 g。

3　播前准备

3.1　区域化种植

在适宜生态区内实行单品种规模化连片种植。

3.2　底墒

播种时耕层土壤相对含水量应达到 70%~80%，土壤墒情不足时应浇灌底墒水。

3.3　秸秆还田

前茬作物收获后及早粉碎秸秆，耕翻入土，秸秆粉碎长度≤5 cm。

3.4　底肥

推广测土配方施肥。

单产水平 500~600 kg：每亩底施氮肥（纯 N）8~10 kg，磷肥（P_2O_5）7~9 kg，钾肥（K_2O）3~5 kg。

单产水平 400~500 kg：每亩底施氮肥（纯 N）7~9 kg，磷肥（P_2O_5）6~8 kg，钾肥（K_2O）3~5 kg。

宜增施农家肥，每亩 3~5 m^3。

3.5　整地

宜 2~3 年深耕 1 次，耕深达到 25 cm 以上，耕后机耙 2 遍，耙透耙实，无明暗坷垃，上虚下实，地表平整。

3.6　种子处理

根据当地病虫害发生情况，采用经过登记并符合质量要求的小麦专用种子处理剂进行种子包衣或药剂拌种。

防治小麦全蚀病、根腐病、茎基腐和纹枯病：用 3% 苯醚甲环唑悬浮种衣剂 20~30 mL+ 25 g/L 咯菌腈悬浮种衣剂 10~20 mL，加水 100 mL，或选用 12% 硅噻菌胺种子处理悬浮剂 25~30 g，加水 100 mL，拌麦种 10 kg，闷种 2~3 h 晾干后播种。

防治小麦黑穗病：选用 50% 多菌灵可湿性粉剂 30 g，加水 150 mL 拌麦种 10 kg，或用 2.5% 咯菌腈悬浮种衣剂 10~20 mL，加水 100 mL 拌麦种 10 kg。

防治地下虫害：用 600 g/L 吡虫啉 20 mL/10 kg 种子，或用 70% 噻虫嗪种子处理可分散粉剂 15 g/10 kg 种子，与上述杀菌剂混合进行种子处理，拌种后及时摊开晾干待播。

3.7　土壤处理

地下虫害发生较重的地块，每亩用 3% 辛硫磷颗粒剂 3~4 kg 混拌 20 kg 细土，耕耙前均匀撒施地表。

4 播种

4.1 播期

宜选用半冬性强筋小麦品种，适宜播期为 10 月 8—15 日。弱春性强筋小麦品种适宜播期为 10 月 15—25 日。

4.2 播量

在适宜播期范围内，每亩播量 8~10 kg。整地质量较差或晚播麦田，应适当增加播量。超出适播期后，每晚播 3 d 每亩播量增加 0.5 kg，但每亩播量最多不能超过 15 kg。

4.3 播种方法

采用机条播，下种均匀，深浅一致，播种深度以 3~5 cm 为宜，播后镇压。

5 田间管理

5.1 冬前管理

5.1.1 查苗补种

出苗后对缺苗断垄的地方，用该品种的种子浸种至露白后及早补种。

5.1.2 化学除草

冬前化学除草宜在 11 月中下旬至 12 月上旬，日均温 10 ℃ 以上晴天进行。以双子叶杂草为主的麦田，每亩用 58 g/L 双氟·唑嘧胺悬浮剂 10~15 mL 或 25% 双氟磺草胺水分散粒剂 1.2 g，加水 30~40 kg 喷雾。以单子叶杂草为主的麦田，每亩用 15% 炔草酯微乳剂 25~35 mL 或 6.9% 精噁唑禾草灵水乳剂 50~70 mL，加水 30~40 kg 喷雾。防治节节麦、雀麦，每亩用 30 g/L 甲基二磺隆可分散油悬浮剂 25~35 mL 或 5% 甲基碘磺隆钠盐水分散粒剂 15~20 g，加水 30~40 kg 均匀喷雾。

5.1.3 冬灌

对缺墒、秸秆还田和旋耕播种、土壤悬空不实的麦田，应在 11 月底至 12 月上旬，日平均气温稳定在 3 ℃ 左右时进行冬灌，每亩灌水量 30~40 m³。

5.2 春季管理

5.2.1 控旺防倒

旺长麦田在春季进行镇压的同时，于小麦起身期前每亩用 15% 多效唑可湿性粉剂 55 g，加水 30~40 kg 喷雾。

5.2.2 肥水管理

一类苗：拔节中后期结合浇水亩施尿素 10 kg 左右。二类苗：拔节期结合浇水每亩追施尿素 10~12 kg。三类苗：起身期结合浇水每亩追施尿素 12~15 kg。

5.2.3 预防晚霜冻害

小麦拔节后，若预报出现日最低气温降至 3 ℃ 及以下的寒流天气，且日降温幅度较大时，应及时灌水预防冻害发生。寒流过后，及时检查受冻情况，发现茎蘖受冻死亡的麦田应结合浇水，每亩追施尿素 5~10 kg。

5.2.4 病虫草害防治

根腐病、茎基腐病、纹枯病：拔节期麦田病株率达到 15% 时，每亩用 80% 戊唑醇可湿性粉剂 10 g，或 15%三唑酮可湿性粉剂 70～80 g，或 24 g/L 噻呋酰胺悬浮 18～23 mL，加水 30～40 kg 喷雾。注意加大水量，将药液均匀喷施在麦株茎基部，以提高防效。

蚜虫、麦蜘蛛：当麦田点片有麦圆蜘蛛 200 头/33 cm 或麦长腿蜘蛛 100 头/33 cm 时，每亩可用 5%阿维菌素悬浮剂 8 mL，加水 30～40 kg 喷雾。蚜虫达到 200 头/百株时，每亩可用 25%噻虫嗪水分散粒剂 8～10 g，或 70%吡虫啉水分散粒剂 2～4 g，加水 30～40 kg 喷雾。

吸浆虫防治：小麦抽穗 70%时用杀虫剂喷雾进行穗期保护。

对于冬前未化学除草的麦田，宜在返青期—起身期日平均气温 6 ℃以上时进行化除，施药方法同 5.1.2。拔节后禁止化学除草。

5.3　后期管理

5.3.1　赤霉病防治

小麦齐穗期至扬花初期，每亩用 25%氰烯菌酯悬乳剂 100～200 mL、25%戊唑醇可湿性粉剂 28～30 g、30%肟菌·戊唑醇悬浮剂 30～35 mL 或 50%多菌灵可湿性粉剂 120～150 g，加水 30～40 kg 均匀喷施小麦穗部。间隔 7 d 第二次喷药。如施药后 3～6 h 遇雨，雨后应及时补喷。提倡使用喷杆喷雾机、电动喷雾器施药，加大喷液量。

5.3.2　灌溉

抽穗开花期墒情不足时，选择无风天气进行小水浇灌，扬花 10 d 后不再灌水。

5.3.3　一喷三防

在小麦灌浆期，根据病虫害发生情况和农药安全间隔期，选用适宜杀菌剂、杀虫剂，每亩加入磷酸二氢钾 200 g，加水 30～40 kg 喷雾。

6　收获和贮藏

在小麦蜡熟末期及时收获，单收、单晒，籽粒水分含量降至 12.5%时入库单储。

小麦百农 207 生产技术规程[①]

1　范围

本技术规程规定了小麦百农 207 生产技术规程的基本要求、播前准备、播种、田间管理、收获和贮藏，适用于适宜种植冬小麦百农 207 的生产区域。

本技术规程中的百农 207 小麦是以周麦 16 为母本、百农 64 为父本杂交选育而成的半冬性中晚熟中筋品种，2013 年通过国家农作物品种审定委员会审定。

2　基本要求

2.1　产地条件

土壤环境应符合 GB 15618、农田灌溉水质应符合 GB 5084 的规定。

---

① 摘编自《小麦百农 207 生产技术规程》（DB41/T 2031—2020）。

2.2 种子质量

种子质量应符合 GB 4404.1 的规定。

2.3 肥料

肥料使用应符合 NY/T 496 的规定。

2.4 农药

农药使用应符合 GB/T 8321（所有部分）的规定。

2.5 亩群体与产量构成要素指标

目标产量≥400 kg/亩：亩基本苗 16 万~20 万，越冬期亩群体 50 万~80 万，拔节期亩群体 85 万~100 万，抽穗期亩群体 45 万~60 万。平均亩穗数 40 万~45 万，穗粒数 33~36 粒，千粒重 40~45 g。

3 播前准备

3.1 底墒

耕层（0~20 cm）土壤适宜含水量应在相对含水量的 70%~80%，低于 70% 时应先浇水造墒。

3.2 秸秆还田

前茬作物收获后及早粉碎秸秆，均匀撒于地表，耕翻入土，秸秆粉碎长度≤5 cm。

3.3 底肥

依据当地测土配方施肥方案，使用配方肥料或相近配方的复合肥料。

一般情况下，亩产水平 500~600 kg：每亩底施氮肥（纯 N）8~10 kg，磷肥（P_2O_5）7~9 kg，钾肥（K_2O）3~5 kg；亩产水平 400~500 kg：每亩底施氮肥（纯 N）7~9 kg，磷肥（P_2O_5）6~8 kg，钾肥（K_2O）3~5 kg。锌肥参照当地测土指标，缺时使用，一般每亩 1.5~2 kg。底肥犁前撒施。

3.4 整地

深耕麦田，机械耕深 25 cm 以上，耕翻后及时耙磨、镇压；深松麦田，机械深松 30 cm 以上，深松后及时旋耕镇压 2 遍。

3.5 种子处理

根据当地病虫害发生情况，重点防治茎基腐和纹枯病，并注意防治根腐病、全蚀病和地下虫害。长期自留麦种的山地丘陵地区，注意防治黑穗病。要采用经过登记并符合质量要求的小麦专用种子处理剂进行种子包衣或药剂拌种。

防治茎基腐、纹枯病、根腐病：用 3% 苯醚甲环唑悬浮种衣剂 30 mL+2.5% 咯菌腈种子处理悬浮种衣剂 20 mL，拌麦种 10 kg。

防治小麦全蚀病：选用 12% 硅噻菌胺种子处理悬浮剂 25 g，拌麦种 10 kg，闷种 2~3 h 晾干后播种。

防治地下害虫：用 600 g/L 吡虫啉悬浮种衣剂 50 mL，或用 70% 噻虫嗪种子处理可分散粉剂 15 g，拌麦种 10 kg，可与上述杀菌剂混合进行种子处理。

采用拌种器械进行种子包衣，每 100 kg 种子，加水 1 kg，拌匀后堆闷 2~3 h，并及时摊开晾干待播。用含有吡虫啉、噻虫嗪等新烟碱类杀虫剂拌种时不应闷种，以防产生药害。

4　播种

4.1　播期

适宜播期：豫北地区 10 月 5—20 日，豫中东地区 10 月 12—20 日，豫南 10 月 15—25 日。

4.2　播量

在适宜播期范围内，每亩播量 8~12 kg，可根据整地质量、墒情适当增减播量。晚播麦田可适当增加播种量。

4.3　播种方式

因地制宜，采用宽窄行、宽幅、等行距机械条播。确保下种均匀，深浅一致，播种深度以 3~5 cm 为宜，播后及时镇压。

5　田间管理

5.1　冬前管理

5.1.1　冬灌

对缺墒的麦田，应在 11 月底至 12 月上中旬，日平均气温降至 3 ℃ 左右时进行冬灌，亩灌水量 30~40 m³。

5.1.2　化学除草

化学除草宜在 11 月中下旬至 12 月上旬，小麦已开始分蘖，日均温 10 ℃ 以上晴天进行。以双子叶杂草为主的麦田，每亩用 58 g/L 双氟·唑嘧胺悬浮剂 10~15 mL 或 25% 双氟磺草胺水分散粒剂 1.2 g，加水 30~40 kg 喷雾。以单子叶杂草为主的麦田，每亩用 15% 炔草酯微乳剂 25~35 mL 或 6.9% 精噁唑禾草灵水乳剂 50~70 mL，加水 30~40 kg 喷雾。防治节节麦、雀麦，每亩用 30 g/L 甲基二磺隆可分散油悬浮剂 25~35 mL 或 5% 甲基碘磺隆钠盐水分散粒剂 15~20 g，加水 30~40 kg 均匀喷雾。两类杂草混合发生的麦田，各取各用药量，现混现用。播种偏晚、苗龄较小的麦田，不宜在冬前进行化学除草。

5.2　春季管理

5.2.1　肥水管理

生长正常的麦田，拔节中后期结合浇水，亩施尿素 10 kg 左右。生长偏弱的麦田，起身期至拔节期结合浇水，每亩追施尿素 10~15 kg。

5.2.2　控旺

旺长麦田，在小麦起身期选择无风晴天，每亩用 15% 多效唑可湿性粉剂 55 g，加水 30~40 kg 均匀喷雾，做到不重喷、不漏喷。

5.2.3　预防晚霜冻害

根据天气预报，强降温天气来临之前及时进行浇水。

5.2.4　病虫害防治

茎基腐病、纹枯病、根腐病：返青拔节期麦田病株率达到 15% 时，每亩用 80% 戊唑醇可湿性粉剂 10 g，或 15%三唑酮可湿性粉剂 70~80 g，或 24%噻呋酰胺悬浮剂 18~23 mL，加水 40~50 kg 喷雾，将药液均匀喷施在麦株茎基部，以提高防效。

小麦白粉病：拔节后，当病株率达 10%时，用 50%醚菌酯水分散粒剂 10~20 g/亩或 20%三唑酮乳油 40 mL/亩，加水 30~40 kg 喷雾。重发生年份，抽穗灌浆期再防治 1~2 次。

小麦锈病：返青、拔节期，当条锈病病株率达 1%、叶锈病病株率达 5%或发现发病中心时开展药剂防治，用 30%氟环唑悬浮剂 20 mL/亩，加水 30~40 kg 喷雾。严重发生年份，抽穗灌浆期再防治 1~2 次。

麦蜘蛛：返青拔节期，麦田点片有麦圆蜘蛛 200 头/33 cm 或麦长腿蜘蛛 100 头/33 cm 时，每亩用 5%阿维菌素悬浮剂 8 mL，加水 30~40 kg 喷雾。

蚜虫：返青拔节期，蚜虫达到 200 头/百株时，每亩可用 25%噻虫嗪水分散粒剂 8~10 g，或 70%吡虫啉水分散粒剂 2~4 g，加水 30~40 kg 喷雾。小麦生长中后期，再防治 1~2 次。

对于冬前未化学除草的麦田，宜在返青期—起身期日平均气温 6 ℃以上时进行化除，施药方法同冬前管理 5.1.2。小麦拔节后禁止化学除草。

5.3 后期管理

5.3.1 灌溉

孕穗至抽穗期，墒情不足的麦田，选择无风天气进行小水浇灌。

5.3.2 病虫害防治

小麦赤霉病：小麦齐穗期至扬花初期，每亩用 25%氰烯菌酯悬乳剂 100~200 mL、25%戊唑醇可湿性粉剂 28~30 g、30%肟菌·戊唑醇悬浮剂 30~35 mL 或 50%多菌灵可湿性粉剂 100 g，加水 30~40 kg，均匀喷施小麦穗部。间隔 7 d 再喷 1 次。如施药后 6 h 内遇雨，雨后应及时补喷。提倡使用喷杆喷雾机、电动喷雾器施药，加大喷液量。

吸浆虫：发生严重地块，小麦抽穗 70%时，每亩用 50%氰戊·辛硫磷乳油 12 g，加水 30~40 kg 喷雾。

小麦生长后期，主要防治小麦赤霉病、蚜虫，兼治白粉病、条锈病、叶枯病。白粉病、条锈病、蚜虫防治方法同春季管理。

5.3.3 喷施叶面肥

在小麦扬花后 7 d，结合病虫害防治，每亩加入磷酸二氢钾 200 g，加水 30~40 kg 喷雾。

6 收获和贮藏

在小麦蜡熟末期及时机械收获、晾晒、储藏。

小麦百农 AK58 生产技术规程①

1 范围

本技术规程规定了小麦百农 AK58 的术语和定义、产地环境要求、生产过程投入品质

_____

① 摘编自《小麦百农 AK58（矮抗 58）无公害生产技术规程》（DB4107/T 142—2009）。

量要求、田间栽培技术、收获与贮藏。

本技术规程适用于新乡市及其相似生态类型麦区小麦品种百农 AK58 的生产。百农 AK58 小麦是指产地环境、生产过程和产品质量符合国家有关标准和规范要求的小麦。

2　基本要求

2.1　产地

选择地势平坦，土层深厚肥沃，保水保肥性好，沟渠配套，灌排方便的地块。

2.1.1　环境质量

产地环境空气质量符合 GB 3095 的要求，土壤环境符合 GB 15618 的要求，农田灌溉水质符合 GB 5084 的规定。

2.1.2　土壤养分

耕层（0~20 cm）土壤有机质含量≥10 g/kg，全氮（N）含量≥0.8 g/kg，有效磷（P_2O_5）含量≥10 mg/kg，速效钾（K_2O）含量≥100 mg/kg。

2.2　种子质量

种子质量应符合国标要求。原种纯度≥99.9%，净度≥99.0%，发芽率≥85.0%，水分≤13.0%；大田用种纯度≥99.0%，净度≥99.0%，发芽率≥85.0%，水分≤13.0%。

2.3　肥料

肥料使用应符合国家有关标准。

禁止使用未经国家有关部门登记的化学肥料、生物肥料；禁止直接使用城镇生活垃圾；禁止使用工业垃圾、废水。

禁止使用重金属含量超标的肥料。

2.4　农药

农药应使用符合规定要求的安全、高效、低毒、低残留农药。

2.5　越冬期苗情、墒情、亩群体动态与产量构成要素指标

百农 AK58 越冬期苗情、墒情、亩群体动态与产量构成要素指标见附表 1-1、附表 1-2、附表 1-3 和附表 1-4。

附表 1-1　越冬期苗情指标

目标产量 （kg/亩）	亩基本苗 （万）	主茎叶龄 （片）	单株分蘖 （个）	次生根 （条）	亩群体 （万）
500~600	12~16	6~7	5~6	8~14	60~80
400~500	14~20	5~6	4~5	5~10	60~90

附表 1-2　土壤墒情（土壤含水量）指标　　　　　　　　　　　单位：%

土壤质地	播种期	分蘖期	越冬期	起身期	拔节期	灌浆期
壤土	17~20	18~20	18~20	16~18	18~20	16~18
黏土	18~22	20~22	18~20	17~20	20~22	18~20

附表 1-3　亩群体动态指标

目标产量 （kg/亩）	基本苗 （万）	越冬期 （万）	起身期 （万）	拔节期 （万）	孕穗期 （万）	灌浆期 （万）
500~600	12~16	60~80	70~85	70~90	45~50	45~50
400~500	14~20	60~90	75~95	65~85	40~50	40~45

附表 1-4　产量构成要素指标

目标产量 （kg/亩）	亩穗数 （万）	穗粒数 （粒）	千粒重 （g）
500~600	45~50	33~35	42~45
400~500	40~45	33~35	40~42

3　栽培技术

3.1　播前准备

3.1.1　区域化种植

百农 AK58 小麦生产，实行单品种区域化连片种植，连片种植面积不低于 67 hm^2。

3.1.2　底墒

耕层土壤适宜含水量：轻壤土 16%~18%；两合土 18%~20%；黏土地 20%~22%。墒情不足时，采取浇灌生茬水、塌墒水造墒。黏重土壤地块，可采取浇灌蒙头水。

3.1.3　底肥

秸秆还田：在玉米收获后及早粉碎秸秆，耕翻入土，秸秆粉碎长度≤10 cm。

配方施肥：推广测土配方施肥，提倡使用配方肥料。底施肥料量参照附表 1-5；使用复合肥时，根据肥料的元素含量，计算氮、磷、钾的配比和用量。

附表 1-5　不同产量水平底肥用量标准

产量水平 （kg/亩）	农家肥 （m^3/亩）	氮肥（纯 N） （kg/亩）	磷肥（P_2O_5） （kg/亩）	钾肥（K_2O） （kg/亩）	锌肥（$ZnSO_4$） （kg/亩）
500~600	3~5	8~10	7~9	5~8	2.0
400~500	3~5	7~9	6~8	5~8	1.5

底肥施用方法：农家肥在犁地前撒施；氮肥、钾肥顺犁沟均匀撒施；磷肥撒垡头、分层底施；锌肥拌细土在犁地前撒施。

3.1.4　整地

耕深达到 23~25 cm，耕后机耙两遍，粉碎坷垃，捡净根茬，使之上虚下实，地表平整。根据播种机播幅宽度，起垄待播。麦畦适宜长度 30~50 m、宽度 2~3 m。

3.2　播种

3.2.1　播期

适宜播期范围 10 月 1—20 日，最佳播期 10 月 3—10 日。

稻田撒播麦田要在收稻前 7~10 d 撒播。

3.2.2 播量

在最佳播期范围内，墒情适宜、整地质量较好的情况下，高肥力、早茬地播量 7~9 kg/亩；中肥力、中晚茬地播量 8~10 kg/亩；稻茬撒播麦播量 12.5 kg/亩。个别秸秆还田质量差、整地粗糙、土壤墒情不好及播期推迟的地块，适当增加播量，但不宜超过 15 kg。

3.2.3 播种方法

播种：采用播种机统一播种，播种时播种机匀速行进，做到下种均匀，深浅一致，播深 4~5 cm。

稻田撒播麦田要在收稻前 7~10 d 排水后，及时撒播。撒播时做到两遍撒播，第一遍撒种子量的 70%，第二遍撒种子量的 30%；撒播时田间地表处于水分饱和状态，使小麦种子半粒入泥，避免积水浆籽烂苗。

行距配置：高产田块采用 20 cm 等行距，或者 20 cm/20 cm/27 cm 宽窄行种植；中产田采用 18~20 cm 等行距种植。

3.3 田间管理

3.3.1 前期管理（播种—返青）

查苗补种，疏稠补稀：出苗后对缺苗断垄（10 cm 以上无苗为"缺苗"，17 cm 以上无苗为"断垄"）的地方，用该品种的种子浸种至露白后及早补种，或在小麦三叶期至四叶期补苗，疏稠补稀。

冬灌：当日平均气温下降到 3~5 ℃时（新乡市常年在 12 月上旬），对 0~20 cm 土壤（壤土）含水量低于 20% 的麦田进行冬灌。禁止大水漫灌，以当天渗完为宜，灌水量 30~40 m³/亩（灌水量标准后同）。

中耕：浇过蒙头水的麦田，在小麦齐苗后，及时划搂松土；一般麦田在 11 月中下旬进行浅中耕，破除板结，提高地温，消灭杂草。

追肥：底肥不足的田块，结合冬灌，补施纯氮 4~6 kg/亩。

稻茬撒播麦田趁雨、雪或灌水及早按附表 1-5 标准撒施肥料，同时进行粪草覆盖。

3.3.2 中期管理（返青—抽穗）

中耕：早春浅中耕，松土保墒，提高地温，消灭杂草。

灌溉：拔节末期（基部第一节间固定、第二节伸长 1 cm 以上；常年在 3 月 20 日前后）进行灌溉。

追肥：结合灌溉，沟施或穴施纯氮 5~7 kg/亩。

预防霜冻：拔节以后若遇寒流天气（日最低气温 0 ℃以下），在寒流前立即浇水预防霜冻。

3.3.3 后期管理（抽穗—成熟）

灌溉：后期干旱时，应在扬花后 10~13 d 小水浇灌。不浇麦黄水。

叶面喷肥：灌浆中期，用尿素 0.5~1 kg/亩或磷酸二氢钾 0.2 kg/亩，加水 30~40 kg 进行叶面喷施。

4 病虫草害控制

4.1 采用包衣种子

提倡使用包衣种子。采用经过国家登记并符合要求的专用种衣剂。

4.2 主要病害防治

4.2.1 小麦全蚀病、根腐病

用3%苯醚甲环唑悬浮种衣剂30 mL+2.5%咯菌腈种子处理悬浮种衣剂20 mL，加水100 mL，或选用12%硅噻菌胺种子处理悬浮剂25 g，加水100 mL，拌种10 kg，闷种2~3 h后播种。

4.2.2 小麦黑胚病

用2.5%咯菌腈种子处理悬浮种衣剂10 mL，加水100 g拌麦种10 kg。抽穗灌浆期用12.5%烯唑醇可湿性粉剂30~50 g/亩，加水30~40 kg喷雾。

4.2.3 小麦白粉病

返青、拔节期当病株率达10%时，用20%三唑酮乳油40 mL/亩或12.5%烯唑醇可湿性粉剂50 g/亩，加水30~40 kg喷雾。

4.2.4 小麦锈病

返青、拔节期，当病株率达2%或发现发病中心时开展药剂防治，用药同6.2.3。

4.2.5 小麦赤霉病

扬花初期，气象预报连续有雨或者在10 d内有5 d以上降雨天气，选用40%多菌灵悬浮剂100 g/亩，加水30~40 kg喷雾。

4.2.6 小麦叶枯病

抽穗、灌浆期，当病叶率达10%时，用12.5%烯唑醇可湿性粉剂50 g/亩，加水30~40 kg喷雾。

4.3 主要虫害防治

4.3.1 地下害虫

蝼蛄、蛴螬和金针虫达到防治指标（蛴螬1 000头/亩，蝼蛄100头/亩，金针虫1 000头/亩）时，用40%辛硫磷乳油100 mL拌种10 kg，或用3%辛硫磷颗粒剂3~4 kg/亩混拌20 kg细土，耕地时均匀撒施。

4.3.2 蚜虫

33 cm单行苗蚜达200头时，用50%抗蚜威可湿性粉剂15~20 g/亩，加水30~40 kg喷雾。当百穗蚜量达500头时，用10%吡虫啉可湿性粉剂30~40 g/亩，或3%啶虫脒微乳剂40~80 mL/亩+4.5%高效氯氰菊酯乳油20~40 mL/亩，加水30~40 kg喷雾。

4.3.3 吸浆虫

麦播时，当虫口密度达防治指标2头/小方（10 cm×10 cm×20 cm）时，进行土壤药剂处理，用药同6.3.1。

4月上中旬，用3%辛硫磷颗粒剂2~2.5 kg/亩，或用50%氰戊·辛硫磷乳油12 g/亩、80%敌敌畏乳油150~250 mL/亩，加水2 kg配成母液，均匀拌细土25~30 kg制成毒土，均匀撒施麦垄间。

发生严重地块，4月下旬至5月上旬，用50%氰戊·辛硫磷乳油12 g/亩或80%敌敌畏乳油150~200 mL/亩，加水30~40 kg喷雾。

4.3.4 黏虫、麦叶蜂

抽穗、灌浆期，当虫口密度达15头/m² 时，每亩用4.5%高效氯氰菊酯乳油20~

40 mL，加水 30~40 kg 喷雾。

4.3.5　麦蜘蛛

33 cm 单行麦圆蜘蛛 200 头或麦长腿蜘蛛 100 头以上时，每亩用 5% 阿维菌素悬浮剂 8 mL，加水 30~40 kg 喷雾。

4.4　化学除草

分蘖期化学除草，常年在 11 月中下旬进行。以猪殃殃、播娘蒿等双子叶杂草为主的麦田，用 75% 苯磺隆水分散粒剂 1 g/亩，加水 30~40 kg 喷雾。以野燕麦、看麦娘等单子叶杂草为主的麦田，用 6.9% 精噁唑禾草灵水乳剂 50~70 mL/亩，加水 30~40 kg 喷雾。返青期化学除草，常年在 2 月上中旬进行，施药方法相同。

5　收获和贮藏

5.1　收获

5.1.1　田间去杂

收获前 10~20 d 进行田间去杂，拔除杂草和异作物、异品种植株。

5.1.2　收获期

蜡熟末期（麦叶、麦穗全部变黄，茎秆还有一定弹性，大部分籽粒变硬）及时进行机械化收获。

5.1.3　单品种收获

联合收割机收获时，按种连续作业；换品种时清净机器，防止机械混杂。收获机械、器具应保持洁净、无污染。

5.2　晾晒

收获后单品种晾晒；禁止在公路上及粉尘污染的地方晾晒；晾晒时要经常翻动，使其晾晒均匀。

5.3　贮藏

去净杂质，单品种单仓贮藏。在避光、常温、干燥、通风的条件下，于清洁、无虫害和鼠害、有防潮设施的地方贮藏。严禁与有毒、有害、有腐蚀性、发潮、有异味的物品混存。

小麦新麦 30 生产技术规程[①]

1　范围

本技术规程规定了小麦新麦 30 的定义、产地环境要求、生产过程投入品质量要求、田间栽培技术、收获与贮藏要求。

---

① 摘编自《无公害食品　小麦新麦 30 生产技术规程》（DB4107/T 343—2017）。

本技术规程适用于新乡市及其相似生态类型麦区小麦品种新麦30的生产。

2 基本要求

2.1 产地

选择地势平坦，土层深厚肥沃，保水保肥性好，沟渠配套，灌排方便的地块。

2.2 环境质量

产地环境空气质量符合GB 3095的要求，土壤环境符合GB 15618的要求，农田灌溉水质符合GB 5084的规定。

2.3 土壤养分

耕层（0~20 cm）土壤有机质含量≥10 g/kg，全氮（N）含量≥0.8 g/kg，有效磷（P_2O_5）含量≥10 mg/kg，速效钾（K_2O）含量≥100 mg/kg。

2.4 种子质量

种子质量应符合国标要求。原种纯度≥99.9%，净度≥99.0%，发芽率≥85.0%，水分≤13.0%；大田用种纯度≥99.0%，净度≥99.0%，发芽率≥85.0%，水分≤13.0%。

2.5 肥料

肥料使用应符合国家有关标准。

禁止使用未经国家有关部门登记的化学肥料、生物肥料；禁止直接使用城镇生活垃圾；禁止使用工业垃圾、废水。

禁止使用重金属含量超标的肥料。

2.6 农药

农药应使用符合规定要求的安全、高效、低毒、低残留农药。

2.7 越冬期苗情、墒情、亩群体动态与产量构成要素指标

新麦30越冬期苗情、墒情、亩群体动态与产量构成要素指标见附表1-6、附表1-7、附表1-8和附表1-9。

附表1-6 越冬期苗情指标

目标产量 （kg/亩）	主茎叶龄 （片）	单株分蘖 （个）	次生根 （条）	亩群体 （万）
500~600	6~7	4~5	6~8	60~80
400~500	5~6	3~4	5~8	50~70

附表1-7 土壤墒情（土壤含水量）指标　　　　　　　　单位：%

土壤类型	播种期	分蘖期	越冬期	起身期	拔节期	灌浆期
壤土	17~20	18~20	18~20	16~18	18~20	16~18
黏土	18~22	20~22	18~20	17~20	20~22	18~20

附表 1-8 亩群体动态指标

目标产量 （kg/亩）	亩基本苗 （万）	越冬期 （万）	起身期 （万）	拔节期 （万）	灌浆期 （万）
500~600	16~18	60~80	75~90	90~100	40~43
400~500	18~20	50~70	75~85	85~100	38~40

附表 1-9 产量构成要素指标

目标产量 （kg/亩）	亩穗数 （万）	穗粒数 （粒）	千粒重 （g）
500~600	40~43	33~35	45~48
400~500	38~40	30~34	43~46

3 栽培技术

3.1 播前准备

3.1.1 区域化种植

新麦 30 小麦生产，实行单品种区域化连片种植，连片种植面积不低于 67 hm²。

3.1.2 底墒

耕层（0~20 cm）土壤适宜含水量：轻壤土 16%~18%；两合土 18%~20%；黏土地 20%~22%。

底墒不足应先灌水后整地。壤土可浇灌生茬水、塌墒水造墒，黏重土壤地块可采取浇灌蒙头水。前茬作物收获较晚，整地时间仓促时，可在播种后浇蒙头水，此时应适当浅播并增加播量。

田间积水或土壤湿度过大时，要及时开沟排水、晾墒。

3.2 底肥

3.2.1 秸秆还田

在玉米收获后及早粉碎秸秆，耕翻入土，秸秆粉碎长度≤8 cm。

3.2.2 配方施肥

推广测土配方施肥，提倡使用配方肥料。

底施肥料量参照附表 1-10；使用复合肥时，根据肥料的元素含量，计算氮、磷、钾的配比和用量。

附表 1-10 不同产量水平底肥用量标准

产量水平 （kg/亩）	农家肥 （m³/亩）	氮肥（纯 N） （kg/亩）	磷肥（P₂O₅） （kg/亩）	钾肥（K₂O） （kg/亩）	锌肥（ZnSO₄） （kg/亩）
500~600	3~5	8~10	7~9	5~8	2
400~500	3~5	7~9	6~8	5~8	1.5

底肥施用方法：所有肥料均在犁地前撒施地表，随耕耙施入耕层。

3.3　土壤处理

蝼蛄、蛴螬、吸浆虫和金针虫达到防治指标［蝼蛄100头/亩，蛴螬1 000头/亩，吸浆虫2头/小方（10 cm×10 cm×20 cm），金针虫1 000头/亩］时，用40%辛硫磷乳油100 mL拌种50 kg，或用3%辛硫磷颗粒剂3~4 kg/亩混拌20 kg细土，耕耙前均匀撒施地表。

3.4　整地

耕深达到23~25 cm，耕后机耙2遍，粉碎坷垃，使之上虚下实，地表平整。坚持3年深耕1次，其余2年可采用旋耕整地方式，耕深15 cm以上，旋耕后要镇压充分。麦畦适宜长度30~50 m，宽度3 m左右。

3.5　药剂拌种

提倡使用包衣种子。依据病虫害近年发生情况，采用经过国家登记并符合要求的专用种衣剂进行种子包衣或拌种。

防治小麦全蚀病、根腐病：用3%苯醚甲环唑悬浮种衣剂30 mL+2.5%咯菌腈种子处理悬浮种衣剂20 mL，加水100~125 mL，或选用12%硅噻菌胺种子处理悬浮剂25 g，加水100 mL，拌种10 kg，闷种2~3 h后播种。

防治小麦黑胚病：用2.5%咯菌腈悬浮种衣剂10 g或2.5%灭菌唑种子处理悬浮剂10~20 mL，加水100 mL拌麦种10 kg。

对于没有进行土壤处理的田块，可用吡虫啉等杀虫剂拌种。药剂拌种时要按规定药量使用，不能随意加大用量，防止产生药害。

3.6　播种

3.6.1　播期

适宜播期范围10月5—15日，最佳播期10月8—13日。

稻田撒播麦田要在收稻前7~10 d撒播。

3.6.2　播量

在最佳播期范围内，墒情适宜、整地质量较好的情况下，高肥力、早茬地播量10.0 kg/亩；中肥力、中晚茬地播量10.0~12.5 kg/亩；稻茬撒播麦播量12.5 kg/亩。10月15日以后播种的适当增加播量，一般每晚播3 d亩播量增加0.5 kg。秸秆还田质量差、整地粗糙、土壤墒情不好及播期推迟的地块，要增加播量，但亩播量一般不宜超过15.0 kg。

3.6.3　播种方法

采用播种机统一播种，播种时播种机匀速行进，做到下种均匀，深浅一致，播深3~5 cm，播后镇压。

稻田撒播麦田要在收稻前7~10 d排水后，及时撒播。撒播时做到2遍撒播，第一遍撒种子量的70%，第二遍撒种子量的30%；撒播时田间地表处于水分饱和状态，使小麦种子半粒入泥，避免积水浆籽烂苗。

高产田块采用20~22 cm等行距种植，中产田采用18~20 cm等行距种植；或用宽幅播种机播种，行距24 cm（含播种行宽度）。

3.7 田间管理

3.7.1 前期管理（播种—返青）

查苗补种，疏稠补稀：出苗后对缺苗断垄（10 cm以上无苗为"缺苗"，17 cm以上无苗为"断垄"）的地方，用该品种的种子浸种至露白后及早补种，或在小麦三叶期至四叶期补苗，疏稠补稀。

化学除草：分蘖期化学除草，常年在11月中下旬进行。以猪殃殃、播娘蒿等双子叶杂草为主的麦田，用58 g/L双氟·唑嘧胺悬浮剂10~15 mL/亩，加水30~40 kg喷雾。以野燕麦、看麦娘等单子叶杂草为主的麦田，用6.9%精噁唑禾草灵水乳剂50~70 mL/亩，加水30~40 kg喷雾。节节麦用30 g/L甲基二磺隆可分散油悬浮剂25~35 mL/亩，加水30~40 kg喷雾。

中耕：浇过蒙头水的麦田，在小麦齐苗后，及时划搂松土；一般麦田在11月中下旬进行浅中耕，破除板结，提高地温，消灭杂草。

冬灌：当日平均气温下降到3 ℃时（新乡市常年在12月中旬），对0~20 cm土壤（壤土）含水量低于20%的麦田及整地质量粗糙的麦田进行冬灌。当日平均气温下降到0 ℃时，停止灌溉作业。禁止大水漫灌，以当天渗完为宜，灌水量30~40 m³/亩（灌水量标准后同）。底墒充足的情况下不进行冬灌。

补肥：底肥不足的三类苗田块，结合冬灌，补施纯氮4~6 kg/亩。

稻茬撒播麦田趁雨、雪或灌水及早按附表1-10标准撒施肥料，同时进行粪草覆盖。

3.7.2 中期管理（返青—抽穗）

中耕：早春浅中耕，松土保墒，提高地温，消灭杂草。

控旺防倒：返青期亩群体90万以上，叶色浓绿，有旺长趋势的麦田，在起身期前每亩使用15%多效唑可湿性粉剂50~70 g，加水30 kg均匀喷雾。

病虫草害防治：返青期化学除草，常年在2月上中旬进行，施药方法同冬前除草。

一是麦蜘蛛防治。33 cm单行麦圆蜘蛛200头或麦长腿蜘蛛100头以上时，用5%阿维菌素悬浮剂8 mL/亩，加水30~40 kg喷雾。

二是蚜虫防治。当百穗蚜量达500头时，用50%氟啶虫胺腈水分散粒剂2~3 g/亩，加水30~40 kg喷雾；或用10%吡虫啉可湿性粉剂40 g/亩或5%啶虫脒可湿性粉剂20~40 g/亩+4.5%高效氯氰菊酯乳油20~40 mL/亩，加水30~40 kg喷雾。

三是纹枯病、全蚀病防治。返青期或刚开始拔节时，一般在3月10日以前，每亩用30%苯甲·丙环唑乳油15~20 g，加水40~50 kg，用拧掉旋水片的喷雾器顺垄喷浇小麦根部。重病田隔7~10 d再用药防治1次。

四是小麦白粉病防治。返青期、拔节期当病株率达10%时，用20%三唑酮乳油50 g/亩或12.5%烯唑醇可湿性粉剂50 g/亩，加水30~40 kg喷雾。

五是吸浆虫防治。4月上中旬，用3%辛硫磷颗粒剂3 kg/亩或用80%敌敌畏乳油150~250 mL/亩，加水2 kg配成母液，均匀拌细土25~30 kg制成毒土，均匀撒施麦垄间。

肥水管理：拔节末期（基部第一间固定、第二节伸长1 cm以上；常年在3月20日前后）进行灌溉。亩群体70万左右，麦苗青绿，叶色正常，根系和分蘖生长良好的壮苗麦田，结合浇水亩施尿素10~12 kg；亩群体在60万以下、叶色较淡的麦田，起身初期结合浇水每亩追施尿素12~15 kg，促弱转壮；亩群体80万以上，叶色浓绿，有旺长趋势的麦田，肥水管理推迟到 3 月底或 4 月初，结合浇水亩施尿素 7.5~10.0 kg。

预防霜冻：小麦拔节后遇最低气温低于 2 ℃ 的寒流天气，要及时浇水，预防冻害发生。寒流过后，及时检查幼穗受冻情况，发现茎蘖受冻死亡的麦田要及时追肥浇水，一般每亩追施尿素 5~10 kg，促其尽快恢复生长。

3.7.3 后期管理（抽穗—成熟）

病虫害防治：包括赤霉病、蚜虫、麦蜘蛛等防治。

一是赤霉病防治。在刚抽齐穗至扬花初期，选用 50% 多菌灵可湿性粉剂 120~150 g/亩，加水 30~40 kg 喷雾，间隔 7 d 后进行第二次防治。

二是蚜虫、麦蜘蛛防治。同 3.7.2 蚜虫、麦蜘蛛防治方法。

三是吸浆虫成虫防治。对于上年度发生严重地块，4 月下旬至 5 月上旬，80% 敌敌畏乳油 150~250 mL/亩，加水 30~40 kg 喷雾。

四是小麦黑胚病防治。抽穗、灌浆期用 12.5% 烯唑醇可湿性粉剂 20 g/亩，加水 30~40 kg 喷雾。

五是小麦叶枯病防治。抽穗、灌浆期，当病叶率达 10% 时，用 12.5% 烯唑醇可湿性粉剂 50 g/亩，加水 30~40 kg 喷雾。

六是黏虫、麦叶蜂防治。抽穗、灌浆期，当虫口密度达 15 头/m² 时，用 4.5% 高效氯氰菊酯乳油 20~40 mL/亩，加水 30~40 kg 喷雾。

叶面喷肥：灌浆中期，用磷酸二氢钾 200 g/亩，加水 30~40 kg，随病虫害防治同时进行。

灌溉：后期干旱时，应在扬花后 5~10 d 小水量浇灌。不浇麦黄水。

4 收获和贮藏

4.1 收获

4.1.1 田间去杂

收获前 10~15 d 进行田间去杂，拔除杂草和异作物、异品种植株。

4.1.2 收获期

蜡熟末期（麦叶、麦穗全部变黄，茎秆还有一定弹性，大部分籽粒变硬）及时进行机械化收获。

4.1.3 单品种收获

联合收割机收获时，按品种连续作业；换品种时清净机器，防止机械混杂。收获机械、器具应保持洁净、无污染。

4.2 晾晒

收获后单品种晾晒；禁止在公路上及粉尘污染的地方晾晒；晾晒时要经常翻动，使其晾晒均匀。

4.3 贮藏

去净杂质，单品种单仓贮藏。在避光、常温、干燥、通风的条件下，于清洁、无虫害和鼠害、有防潮设施的地方贮藏。严禁与有毒、有害、有腐蚀性、发潮、有异味的物品混存。

5　档案管理

小麦新麦 30 生产全过程应详细记录。

小麦苗情监测规范[①]

1　范围

本规范规定了小麦苗情监测的术语和定义、调查时期、监测样点选择、监测内容与方法，适用于新乡市小麦苗情的监测与分析。

2　术语和定义

2.1　苗情监测

小麦出苗后，选择有代表性田块进行定点调查。在越冬期、返青期、拔节期等关键生育时期，在同一地点对主茎叶龄、单株分蘖、单株次生根和总茎蘖数进行调查。

2.2　生育时期

在小麦生长发育进程中，根据气温变化、植株器官形成顺序等，将小麦全生育期划分成若干个生育时期。一般包括播种期、出苗期、分蘖期、越冬期、返青期、起身期、拔节期、孕穗期（挑旗）、抽穗期、开花期、灌浆期、成熟期 12 个时期。

2.3　播种期

小麦田间播种的时期。

2.4　出苗期

小麦的第一片真叶露出地表 2~3 cm 时为出苗，田间有 50%以上麦苗达到出苗标准的时期。

2.5　分蘖期

田间有 50%以上的植株第一分蘖露出叶鞘 2 cm 左右的时期。

2.6　越冬期

冬前平均气温稳定降至 0 ℃以下，麦苗基本停止生长的时期。

2.7　返青期

翌年春季气温回升时，麦苗叶片由暗绿色转为鲜绿色，部分心叶露头 1~2 cm 的时期。

2.8　起身期

返青后全田 50%以上的小麦植株由匍匐转为直立生长，主茎第一叶叶鞘拉长并和年

---

① 摘编自《小麦苗情监测规范》（DB4107/T 438—2018）。

前最后叶叶耳距相差 1.5 cm 左右，茎部第一节间开始伸长但尚未伸出地面的时期。

2.9 拔节期

全田 50%以上主茎的第一节间露出地面 1.5~2.0 cm 的时期。

2.10 孕穗期（挑旗）

全田 50%茎蘖旗叶叶片全部抽出叶鞘，旗叶叶鞘包着的幼穗明显膨大的时期。

2.11 抽穗期

全田 50%以上麦穗（不包括芒）由叶鞘中露出穗长的 1/2 的时期。

2.12 开花期

全田 50%以上麦穗中上部小花的内外颖张开、花丝伸长、花药外露时的时期。

2.13 灌浆期

籽粒刚开始沉积淀粉粒（即灌浆），时间在开花后 10 d 左右的时期。

2.14 成熟期

小麦的茎、叶、穗发黄，穗下茎轴略弯曲，胚乳呈蜡质状，籽粒开始变硬，基本达到原品种固有色泽的时期。

2.15 基本苗

小麦分蘖以前，每亩的麦苗总株数，是小麦种植密度的重要指标。

2.16 主茎叶龄

小麦主茎上已展开的叶片的数值，未出全的心叶用其露出部分的长度占上一叶片的比值表示。

2.17 分蘖

小麦植株上的分枝。

2.18 总茎蘖数

一定土地面积上小麦主茎和分蘖的总和。

2.19 次生根

又称为节根或次生不定根，小麦在分蘖时，在适宜的条件下茎节上发生的根。

3 调查时期

在小麦出苗至分蘖前、越冬期、返青期、拔节期调查小麦苗情。

4 监测样点选择

4.1 选择方法

全面了解本地区小麦生态、生产条件，按照高、中、低不同生产水平、不同生产类型确定代表性田块。根据代表性田块的面积确定调查点数。选点要能基本代表全田的小麦生长情况。

对长势均匀的单一田块调查时，先确定田块两条对角线的交点作为中心抽样点，再在两条对角线双向等距各选择 1 个样点（每个样点距田边 1 m 以上）取样，组成 5 个样本，选择方法见附图 1-1。定点调查样点较多时也可采用 3 点取样法，选择方法见附图 1-2。对长势不均匀田块调查时，目测选取能代表总体大多数水平的样点进行调查，取点要避开缺苗断垄或生长特殊地段。

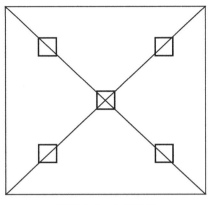

附图 1-1　5 点取样

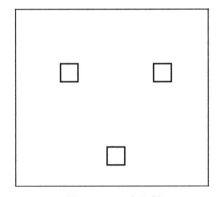

附图 1-2　3 点取样

4.2　监测要求

定点监测从调查基本苗开始，样点做标记，固定不变，每次调查应在此样点内进行，调查时应不要损伤样点内和周围小麦，尽量保持自然状态。

进行小麦苗情监测应按照要求填写原始数据记载表（附表 A.1），条播栽培方式小麦苗情田间调查原始记载表见附表 A.2、附表 A.3，撒播栽培方式小麦苗情田间调查原始记载表见附表 A.4、附表 A.5。小麦苗情分类应按照附表 A.6 执行。

5　监测内容与方法

5.1　监测点基本情况

小麦播种后，对采样点地块所属农户进行调查，包括农户姓名、种植面积、土壤质地、前茬作物、种植品种、播期、播量、整地方式、秸秆处理方式、底肥使用及田间管理等项目进行调查记载，作为苗情调查与分析的依据，监测点基本情况调查内容见附表 1-11。

附表 1-11　监测点基本情况调查

县(市、区)	乡、村	农户姓名	种植面积	土壤质地	前茬作物	种植品种	播期(月日)	播量(kg/亩)	整地方式			播种方式		底肥使用情况(kg/亩)			
									旋耕	深耕	免耕	条播	撒播	商品有机肥	纯N	P₂O₅	K₂O

5.2　固定调查点

小麦出齐苗后，在所选代表田块固定 3~5 个调查点，每个点选择均匀一致麦苗固定 2 行（1 m 长），为调查基本苗和茎蘖所用。固定点距田边地头最近距离不能小于 2 m，面积大的地段应更远些，以避免边际影响。

5.3　确定取样区

在固定点附近，选择麦苗均匀一致的区域确定为取样区，为调查植株取样所用。调查时在取样区连续取 10 株麦苗，逐株观察，测量主茎叶龄、分蘖、次生根、株高等项目。

5.4　生育时期

从播种到收获，按照不同生育时期特征记载出现时间。小麦生育时期记载见附表 1-12。

附表 1-12　小麦生育时期记载

监测点	品种	播种期	出苗期	分蘖期	越冬期	返青期	起身期	拔节期	孕穗期	抽穗期	开花期	灌浆期	成熟期	全生育期(d)

5.5　基本苗

5.5.1　条播田

于小麦全苗后分蘖前，对小麦基本苗进行调查。按照监测样点选择方法选取有代表性的样点。每点测量 $N+1$ 行（$N = 20$）之间的总长 L（m），由此计算平均行距 D（m）= L/N；每样点选择一米双行，查基本苗总数，求得每亩基本苗数，见式（附 1-1）。

亩基本苗（万）= 3.33×一米双行苗数/平均行距（cm）　　　　　（附 1-1）

5.5.2　撒播田

用 1 m² 圆形铁丝框（半径 0.565 m）或正方形铁丝框（边长 1 m），按照监测样点选择方法选取有代表性的样点，在取样点垂直向下随机套取，数出样点总基本苗数，计算每亩基本苗数，见式（附 1-2）。

亩基本苗（万）= 667（m²）×每平方米苗数×10⁻⁴　　　　　（附 1-2）

5.6　总茎蘖数

5.6.1　条播田

按照 5.5.1 测定行距。每样点选取一米双行，查茎蘖总数，求得每亩总茎蘖数，见式（附 1-3）。

$$总茎蘖数（万/亩）= 一米双行茎蘖数/行距（m）\qquad（附 1-3）$$

5.6.2　撒播田

按照 5.5.2 选择样点，数出样点茎蘖总数，求得每亩总茎蘖数，见式（附 1-4）。

$$总茎蘖数（万/亩）= 667（m^2）\times 每平方米茎蘖数 \times 10^{-4}\qquad（附 1-4）$$

5.7　主茎叶龄

在所选调查亩茎蘖数的样点附近，选择长势长相与样点相近麦田，连续选取 10 株，数单株主茎叶龄，求主茎叶龄平均数。

5.8　单株茎蘖数

在已挖取的 10 株小麦植株上数单株茎蘖数，求出单株茎蘖平均数。

5.9　单株次生根

在已挖取的 10 株小麦植株上数单株次生根数，求出单株次生根平均数。

6　苗情评定

小麦苗情生产上通常分为一类苗、二类苗、三类苗和旺长苗 4 种类型，根据新乡市小麦苗情分类表综合评定小麦苗情类别（附表 A.6）。

小麦苗情判定主要指标权重：主茎叶龄 40%，亩群体 40%，单株分蘖 10%，单株次生根 10%。

附表 A.1　＿＿＿＿＿年＿＿＿＿＿县（市、区）小麦＿＿＿（越冬、返青、拔节）期苗情调查汇总

调查日期：　　　　调查人：　　　　联系方式：

麦播总面积（万亩）		
一类苗	面积（万亩）	
	比例（%）	
	亩基本苗（万）	
	总茎蘖数（万/亩）	
	单株茎蘖（个）	
	单株次生根（条）	
	主茎叶龄（片）	

麦播总面积（万亩）		
二类苗	面积（万亩）	
	比例（%）	
	亩基本苗（万）	
	总茎蘖数（万/亩）	
	单株茎蘖（个）	
	单株次生根（条）	
	主茎叶龄（片）	
三类苗	面积（万亩）	
	比例（%）	
	亩基本苗（万）	
	总茎蘖数（万/亩）	
	单株茎蘖（个）	
	单株次生根（条）	
	主茎叶龄（片）	
旺长苗	面积（万亩）	
	比例（%）	
	亩基本苗（万）	
	总茎蘖数（万/亩）	
	单株茎蘖（个）	
	单株次生根（条）	
	主茎叶龄（片）	

附表 A.2　条播小麦主茎叶龄、单株次生根、单株茎蘖原始调查

样点：　　　　品种：　　　　调查日期：　　　　调查人：

序号	主茎叶龄（片）	单株次生根（条）	单株茎蘖（个）
1			
2			
3			
4			
5			
6			
7			
8			

（续表）

序号	主茎叶龄（片）	单株次生根（条）	单株茎蘖（个）
9			
10			
平均			

附表 A.3　条播小麦总茎蘖数原始调查

样点：　　　　品种：　　　调查日期：　　　调查人：

序号	21 行行长（m）	平均行距（m）	一米双行茎蘖（个）	总茎蘖数（万/亩）
1				
2				
3				
4				
5				
平均总茎蘖数（万/亩）				

附表 A.4　撒播小麦主茎叶龄、单株次生根、单株茎蘖原始调查

样点：　　　　品种：　　　调查日期：　　　调查人：

序号	主茎叶龄（片）	单株次生根（条）	单株茎蘖（个）
1			
2			
3			
4			
5			
6			
7			
8			
9			
10			
平均			

附表 A.5　撒播小麦总茎蘖数原始调查

样点：　　　　品种：　　　调查日期：　　　调查人：

序号	1 m² 茎蘖（个）	总茎蘖数（万/亩）
1		
2		

(续表)

序号	1 m² 茎蘖 (个)	总茎蘖数 (万/亩)
3		
4		
5		
平均总茎蘖数 (万/亩)		

附表 A.6　新乡市小麦苗情分类

生育时期	项目	一类苗 半冬性	一类苗 弱春性	二类苗 半冬性	二类苗 弱春性	三类苗 半冬性	三类苗 弱春性	旺苗 半冬性	旺苗 弱春性
越冬期	主茎叶龄 (片)	6~7	5~6	5~6	4~5	<5	<4	>7	>6
	单株茎蘖 (个)	4~6	3~5	3~5	2~4	<3	<2	—	—
	单株次生根 (条)	7~9	5~7	5~7	3~5	<5	<3	—	—
	总茎蘖数 (万/亩)	60~80	50~70	50~70	40~55	<50	<40	>80	>70
	长势长相	主茎叶片与分蘖出现相一致		主茎叶片与分蘖出现基本一致		分蘖出现晚,分蘖缺位多		分蘖出现速度快、长势强	
返青期	主茎叶龄 (片)	7~8	6~7	6~7	5~6	<6	<5	>8	>7
	单株茎蘖 (个)	5~7	4~6	4~6	3~5	<3	<3	—	—
	单株次生根 (条)	8~10	6~8	6~8	5~7	<6	<5	—	—
	总茎蘖数 (万/亩)	70~90	60~80	60~80	50~70	<60	<50	>90	>80
	长势长相	叶色青绿、春生分蘖较少、根系发达		叶片绿、春生分蘖少、根系发育较好		返青后叶色发黄、空心蘖出现早		叶色黑绿、春生分蘖多、长势旺	
拔节期	主茎叶龄 (片)	9~10	8~9	8~10	6~8	<8	<8	—	—
	单株茎蘖 (个)	5~7	4~6	4~6	3~5	<4	<3	—	—
	单株次生根 (条)	13~18	12~14	10~12	9~11	<10	<9	—	—
	总茎蘖数 (万/亩)	90~110	80~100	70~90	60~80	<70	<60	>110	>100
	长势长相	叶色青绿、叶片宽厚而不披、两极分化明显、底节稳健伸长		叶片长而不披,叶色绿、两极分化较好		叶片窄短、叶色黄绿、两极分化早		叶片长而下披、叶色黑绿、两极分化不明显、底节伸长过快	

注：总茎蘖数和主茎叶龄为主要指标，单株茎蘖和单株次生根为参考指标。

附录2　参试小麦品种审定资料^①

新麦26

【审定编号】国审麦2010007

【品种名称】新麦26

【选育单位】河南省新乡市农业科学院、河南敦煌种业新科种子有限公司

【品种来源】新麦9408/济南17

【特征特性】半冬性，中熟，成熟期比对照新麦18晚熟1 d，与周麦18相当。幼苗半直立，叶长卷，叶色浓绿，分蘖力较强，成穗率一般。冬季抗寒性较好。春季起身拔节早，两极分化快，抗倒春寒能力较弱。株高80 cm左右，株型较紧凑，旗叶短宽、平展、深绿色。抗倒性中等。熟相一般。穗层整齐。穗纺锤形，长芒，白壳，白粒，籽粒角质、卵圆形、均匀、饱满度一般。2008年、2009年区域试验平均亩穗数分别为40.7万、43.5万，穗粒数分别为32.3粒、33.3粒，千粒重分别为43.9 g、39.3 g，属多穗型品种。接种抗病性鉴定：高感白粉病和赤霉病，中感条锈病，慢叶锈病，中抗纹枯病。区域试验田间试验部分试点高感叶锈病、叶枯病。2008年、2009年分别测定混合样：籽粒容重分别为784 g/L、788 g/L，硬度指数分别为64.0、67.5，蛋白质含量分别为15.46%、16.04%；面粉湿面筋含量分别为31.3%、32.3%，沉降值分别为63.0 mL、70.9 mL，吸水率分别为63.2%、65.6%，稳定时间分别为16.1 min、38.4 min，最大抗延阻力分别为628 E.U.、898 E.U.，延伸性分别为189 mm、164 mm，拉伸面积分别为158 cm^2、194 cm^2。品质达到强筋品种审定标准。

【产量表现】2007—2008年度参加黄淮冬麦区南片冬水组品种区域试验，平均亩产534.6 kg，比对照新麦18减产2%；2008—2009年度续试，平均亩产531.4 kg，比对照新麦18增产5.9%。2009—2010年度生产试验，平均亩产486.8 kg，比对照周麦18增产1.7%。

【栽培技术要点】适宜播种期10月8—15日，每亩适宜基本苗18万~22万。注意防治白粉病、赤霉病。

【审定意见】该品种符合国家小麦品种审定标准，通过审定。适宜在黄淮冬麦区南片的河南（信阳、南阳除外）、安徽北部、江苏北部、陕西关中地区高中水肥地块早中茬种植。在江苏北部、安徽北部和河南东部倒春寒频发地区种植应采取调整播期等措施，注意

---

① 本附录节选自国家级省品种审定公告，术语及单位等没做大的修改，保持原内容。

预防倒春寒。

新麦 23

【审定编号】国审麦 2013016

【品种名称】新麦 23

【选育单位】河南省新乡市农业科学院

【品种来源】偃展 4110/周麦 16

【特征特性】弱春性中早熟品种，全生育期 218 d，与对照偃展 4110 熟期相当。幼苗直立，长势壮，叶宽长，叶深绿色，冬季抗寒性一般。分蘖力中等，分蘖成穗率高。春季起身拔节早，两极分化快，抽穗早，对春季低温较敏感。根系活力一般，耐高温能力一般，灌浆慢，熟相一般。株高 71 cm，株型松紧适中，抗倒性较好。穗层厚，旗叶宽长、平展，下层郁闭，穗、茎、叶蜡质厚。穗纺锤形，穗大码稀，长芒，白壳，白粒，籽粒粉质、饱满度好。平均亩穗数 43.2 万，穗粒数 30.7 粒，千粒重 43.3 g。抗病性接种鉴定，高感赤霉病、白粉病、纹枯病，中感叶锈病，中抗条锈病。品质混合样测定，籽粒容重 797 g/L，蛋白质含量 14.35%，硬度指数 46.4，面粉湿面筋含量 31.0%，沉降值 20.1 mL，吸水率 54.6%，面团稳定时间 1.3 min，最大拉伸阻力 107 E.U.，延伸性 144 mm，拉伸面积 21 cm^2。

【产量表现】2010—2011 年度参加黄淮冬麦区南片春水组品种区域试验，平均亩产 560.2 kg，比对照偃展 4110 增产 2.6%；2011—2012 年度续试，平均亩产 471.1 kg，比偃展 4110 增产 5.3%。2012—2013 年度生产试验，平均亩产 473.0 kg，比偃展 4110 增产 6.8%。

【栽培技术要点】10 月中下旬播种，亩基本苗 18 万~24 万。注意防治条锈病、白粉病、赤霉病和纹枯病等病虫害。

【审定意见】该品种符合国家小麦品种审定标准，通过审定。适宜黄淮冬麦区南片的河南（南部稻茬麦区除外）、安徽北部、江苏北部、陕西关中地区高中水肥地块中晚茬种植。倒春寒频发地区注意防冻害。

新麦 29

【审定编号】国审麦 20170012

【品种名称】新麦 29

【申 请 者】河南九圣禾新科种业有限公司

【育 种 者】河南九圣禾新科种业有限公司

【品种来源】偃展 4110/周麦 16

【特征特性】弱春性，全生育期 217 d，比对照品种偃展 4110 晚熟 1 d。幼苗直立，叶片宽长，叶色深绿，分蘖力较强，耐倒春寒能力一般。株高 81.5 cm，株型稍松散，秆质弹性一般，抗倒性中等。蜡质层厚，旗叶宽长、下弯，穗层厚，熟相较好。穗纺锤形、白壳、长芒、白粒，籽粒粉质，饱满度较好。亩穗数 41.9 万，穗粒数 31.2 粒，千粒重 50.4 g。抗病性鉴定，高抗条锈病，中感纹枯病，高感叶锈病、白粉病、赤霉病。品质检测，籽粒容重 811 g/L，蛋白质含量 13.59%，湿面筋含量 27.4%，稳定时间 1.8 min。

【产量表现】2013—2014 年度参加黄淮冬麦区南片春水组品种区域试验，平均亩产 579.9 kg，比对照偃展 4110 增产 10.5%；2014—2015 年度续试，平均亩产 538.1 kg，比偃展 4110 增产 10.1%。2015—2016 年度生产试验，平均亩产 541.3 kg，比偃展 4110 增产 9.2%。

【栽培技术要点】适宜播种期 10 月中下旬，每亩适宜基本苗 16 万~24 万。注意防治蚜虫、纹枯病、赤霉病、叶锈病和白粉病等病虫害。

【审定意见】该品种符合国家小麦品种审定标准，通过审定。适宜黄淮冬麦区南片的河南省除信阳市和南阳市南部部分地区以外的平原灌区，陕西省西安、渭南、咸阳、铜川和宝鸡市灌区，江苏和安徽两省淮河以北地区高中水肥地块中晚茬种植。

新科麦 168

【审定编号】国审麦 20200075
【品种名称】新科麦 168
【申 请 者】河南省新乡市农业科学院、河南九圣禾新科种业有限公司
【育 种 者】河南省新乡市农业科学院、河南九圣禾新科种业有限公司
【品种来源】百农 AK58/周麦 16//洛麦 21
【特征特性】半冬性、全生育期 227.5 d，比对照周麦 18 稍早。幼苗半直立，叶片宽长，叶色黄绿，分蘖力中等，株高 76 cm，株型较松散，抗倒性一般。整齐度较好，穗层较整齐，熟相好。穗形纺锤形，长芒，白粒，籽粒半角质，饱满度好。亩穗数 42.3 万，穗粒数 34.3 粒，千粒重 46.7 g。抗病性鉴定：高感纹枯病，高感赤霉病，高感白粉病，慢条锈病，高感叶锈病。品质检测结果：籽粒容重分别为 795 g/L、809 g/L，蛋白质含量分别为 14.26%、15.4%，湿面筋含量分别为 30.3%、34.6%。

【产量表现】2016—2017 年度参加洛阳农林科学院科企联合体黄淮冬麦区南片水地组区域试验，平均亩产 541.5 kg，比对照周麦 18 增产 3.7%；2017—2018 年续试，平均亩产 473.7 kg，比对照周麦 18 增产 2.5%。2018—2019 年生产试验，平均亩产 608.0 kg，比对照周麦 18 增产 5.8%。

【栽培技术要点】1. 适宜播期 10 月 5—15 日，16 万~18 万基本苗。2. 要求精细整地，足墒下种，浅播匀播。使用包衣种子或药剂拌种，确保苗匀苗全。3. 纯氮 12~16 kg/亩，磷（P_2O_5）7 kg/亩，钾（K_2O）7 kg/亩，锌肥 2 kg/亩。4. 在小麦抽穗扬花期若天气预报有 3 d 以上的连阴雨天气，应在雨前或雨后及时使用 50% 多菌灵可湿性粉剂 100 g/亩，加水 50 kg 喷雾防治赤霉病。

【审定意见】该品种符合国家小麦品种审定标准，通过审定。适宜在黄淮冬麦区南片的河南省除信阳市和南阳市南部部分地区以外的平原灌区，陕西省西安、渭南、咸阳、铜

川和宝鸡市灌区，江苏和安徽两省淮河以北地区高中水肥地块早中茬种植。

新麦 30

【审定编号】豫审麦 2014026

【品种名称】新麦 30

【申 请 者】河南省新乡市农业科学院

【育 种 者】蒋志凯、马华平、董昀、赵宗武、刘朝辉等

【品种来源】新麦 11/周麦 16

【特征特性】属半冬性中早熟品种，全生育期 224.3～232.5 d。幼苗半直立，苗叶宽短，叶色绿色，冬季抗寒性较好；春季起身早，两极分化快，分蘖力中等，成穗率一般；株型较松散，旗叶较长，株高 72～74 cm，茎秆弹性一般，抗倒性中等；纺锤形大穗，穗层较厚，长芒，白壳，白粒，角质，饱满度较好；耐热性中等，成熟期略早，落黄较好。产量构成要素：亩穗数 38.6 万～42.0 万，穗粒数 36.1～38.7 粒，千粒重 37.3～42.9 g。

【抗病鉴定】2011—2013 年河南省农业科学院植物保护研究所接种鉴定：中感条锈病、叶锈病、白粉病和纹枯病，高感赤霉病。

【品质分析】2011 年农业部农产品质量监督检验测试中心（郑州）检测：蛋白质含量 15.03%，籽粒容重 811 g/L，湿面筋含量 34.0%，降落数值 434 s，沉淀指数 52.8 mL，吸水量 60.5 mL/100 g，形成时间 3.3 min，稳定时间 3.5 min，弱化度 119 F.U.，硬度 65 HI，出粉率 72.8%。2012 年农业部农产品质量监督检验测试中心（郑州）检测：蛋白质含量 15.08%，籽粒容重 801 g/L，湿面筋含量 33.4%，降落数值 449 s，沉淀指数 60 mL，吸水量 61.1 mL/100 g，形成时间 3.3 min，稳定时间 3.2 min，弱化度 113 F.U.，硬度 64 HI，白度 74.6%，出粉率 72.3%。

【产量表现】2010—2011 年度河南省冬水Ⅲ组区域试验，12 点汇总，9 点增产，3 点减产，增产点率 75%，平均亩产 554.5 kg，比对照品种周麦 18 增产 0.9%，不显著；2011—2012 年度河南省冬水Ⅲ组区域试验，7 点汇总，3 点增产，4 点减产，增产点率 42.9%，平均亩产 462.7 kg，比对照品种周麦 18 增产 0.1%，不显著；2012—2013 年度河南省冬水 B 组生产试验，13 点汇总，10 点增产，3 点减产，平均亩产 480.5 kg，比对照品种周麦 18 增产 2.5%；2013—2014 年度河南省冬水 B 组生产试验，16 点汇总，16 点增产，平均亩产 571.9 kg，比对照品种周麦 18 增产 6.4%。

【栽培技术要点】

播期和播量：10 月 5—15 日播种，最佳播期 10 月 8 日左右；高肥力地块亩播量 9～10 kg，中低肥力 10～12 kg，如延期播种，以每推迟 3 d 增加 0.5 kg 播量为宜。田间管理：每亩施农家肥 3 000 kg、纯氮 15 kg、磷（P_2O_5）8 kg、钾（K_2O）5 kg、硫酸锌 1 kg。磷、钾肥和微肥一次性底施，其中氮肥的底肥与追肥的比例为 5：5；播前药剂拌种，用 6%立克秀悬浮种衣剂 3～4 g（有效成分）拌种 100 kg，或用种子重量 0.2%的 33%多·酮可湿性粉剂拌种防治纹枯病，分蘖末期每亩用 12.5%烯唑醇可湿性粉剂 32～64 g 或 40%多菌灵胶悬剂 50～100 g，加水 50 kg 喷雾，防治纹枯病，孕穗期至抽穗期亩用 15%三唑酮

可湿性粉剂 8~10 g（有效成分）防治白粉病，用吡虫啉 40 g/亩防治蚜虫。

【审定意见】该品种符合河南省小麦品种审定标准，通过审定。适宜河南省（南部稻茬麦区除外）早中茬中高肥力地种植。

新麦 36

【审定编号】国审麦 20180041

【品种名称】新麦 36

【申 请 者】河南省新乡市农业科学院

【育 种 者】河南省新乡市农业科学院

【品种来源】周麦 22/中育 12

【特征特性】半冬性，全生育期 231 d，比对照品种周麦 18 熟期略早。幼苗半匍匐，叶片窄长，叶色黄绿，分蘖力中等，耐倒春寒能力中等。平均株高 80.6 cm，株型松紧适中，茎秆蜡质层较厚，茎秆弹性较好，抗倒性较好。旗叶细小、上冲，穗层厚，熟相一般。穗纺锤形、短芒、白壳、白粒，籽粒半角质，饱满度较好。亩穗数 37.6 万，穗粒数 35.8 粒，千粒重 44.5 g。抗病性鉴定，高感叶锈病、白粉病、纹枯病、赤霉病，中抗条锈病。品质检测：籽粒容重分别为 781 g/L、784 g/L，蛋白质含量分别为 13.41%、13.80%，湿面筋含量分别为 30.6%、32.2%，稳定时间分别为 6.3 min、4.4 min。

【产量表现】2015—2016 年度参加黄淮冬麦区南片早播组品种区域试验，平均亩产 535.2 kg，比对照周麦 18 增产 5.8%；2016—2017 年度续试，平均亩产 574.0 kg，比周麦 18 增产 3.6%。2016—2017 年度生产试验，平均亩产 578.1 kg，比对照增产 6.0%。

【栽培技术要点】适宜播种期 10 月上中旬，每亩适宜基本苗 12 万~20 万，注意防治蚜虫、叶锈病、白粉病、纹枯病、赤霉病等病虫害。

【审定意见】该品种完成试验程序，符合国家小麦品种审定标准，通过审定。适宜黄淮冬麦区南片的河南除信阳和南阳南部部分地区以外的平原灌区，陕西西安、渭南、咸阳、铜川和宝鸡市灌区，江苏和安徽两省淮河以北地区高中水肥地块中茬种植。

新麦 38

【审定编号】国审麦 20210042

【品种名称】新麦 38

【申 请 者】河南省新乡市农业科学院

【育 种 者】河南省新乡市农业科学院

【品种来源】周麦 32/新麦 28

【特征特性】半冬性，全生育期 226.9 d，比对照周麦 18 早 1.1 d。幼苗半直立，叶片细长，叶色黄绿，分蘖力较强。株高 80.5 cm，株型较紧凑，抗倒性较好。整齐度好，穗层较整齐，熟相好。穗纺锤形、长芒、白粒，籽粒角质，饱满度好。亩穗数 42.5 万，穗粒数

33.8 粒，千粒重 42.5 g。抗病性鉴定：中感条锈病，高感叶锈病、白粉病、纹枯病、赤霉病。品质检测：籽粒容重分别为 793 g/L、828 g/L，蛋白质含量分别为 15.2%、14.9%，湿面筋含量分别为 31.8%、32.4%，稳定时间分别为 27.5 min、19.2 min，吸水率分别为 60%、60%，最大拉伸阻力分别为 542 Rm.E.U.、516 Rm.E.U.，拉伸面积分别为 104 cm²、101 cm²，品质指标达到强筋小麦标准。

【产量表现】2018—2019 年度参加黄淮冬麦区南片水地晚播组区域试验，平均亩产 576.6 kg，比对照周麦 18 增产 5.3%；2019—2020 年度续试，平均亩产 555.2 kg，比对照周麦 18 增产 2.4%。2019—2020 年度生产试验，平均亩产 581.3 kg，比对照周麦 18 增产 4.1%。

【栽培技术要点】适宜播期 10 月上中旬，适宜基本苗 15 万~20 万。注意防治蚜虫、叶锈病、赤霉病等病虫害。

【审定意见】该品种符合国家小麦品种审定标准，通过审定。适宜在黄淮冬麦区南片的河南除信阳（淮河以南稻茬麦区）和南阳南部部分地区以外的平原灌区，陕西西安、渭南、咸阳、铜川和宝鸡市灌区，江苏淮河、苏北灌溉总渠以北地区，安徽沿淮及淮河以北地区高中水肥地块早中茬种植。

新麦 45

【审定编号】国审麦 20210017
【品种名称】新麦 45
【申 请 者】河南省新乡市农业科学院
【育 种 者】河南省新乡市农业科学院
【品种来源】新麦 26/济麦 20
【特征特性】半冬性，全生育期 228.6 d，与对照品种周麦 18 熟期相当。幼苗半匍匐，苗势壮，叶片窄卷，叶色浓绿，冬季抗寒性较好。分蘖力较强，亩穗数较多。春季起身拔节较慢，抗倒春寒能力中等。平均株高 72.6 cm，抗倒伏能力中等。株型松紧适中，旗叶宽短、斜上冲，穗层整齐，熟相较好。穗纺锤形，长芒，白壳，白粒，粒角质，籽粒亮，黑胚率低，饱满度好。平均亩穗数 43 万，穗粒数 32.7 粒，千粒重 43.6 g。抗病性鉴定：中感叶锈病，高感条锈病、白粉病、纹枯病和赤霉病。品质检测：籽粒容重分别为 791 g/L、800 g/L，蛋白质含量分别为 16.8%、16.3%，湿面筋含量分别为 32.9%、34.1%，吸水率分别为 63%、63%，稳定时间分别为 16.7 min、23 min，最大拉伸阻力分别为 682 Rm.E.U.、568 Rm.E.U.，拉伸面积分别为 177 cm²、129 cm²，品质指标达到强筋小麦品种标准。

【产量表现】2017—2018 年度参加国家黄淮南片早播组区域试验，平均亩产 480.2 kg，比对照周麦 18 增产 4.4%；2018—2019 年度区域试验，平均亩产 590.9 kg，比对照周麦 18 增产 4.9%。2019—2020 年度生产试验，平均亩产 583.4 kg，比对照周麦 18 号增产 5.0%。

【栽培技术要点】适宜播期 10 月上中旬，亩基本苗 14 万~22 万。注意防治蚜虫、条锈病、白粉病、纹枯病、赤霉病等病虫害。

【审定意见】该品种符合国家小麦品种审定标准，通过审定。适宜在黄淮冬麦区南片的河南除信阳（淮河以南稻茬麦区）和南阳南部部分地区以外的平原灌区，陕西西安、渭南、咸阳、铜川和宝鸡市灌区，江苏淮河、苏北灌溉总渠以北地区，安徽沿淮及淮河以北地区高中水肥地块早中茬种植。

百农 207

【审定编号】国审麦 2013010

【品种名称】百农 207

【选育单位】河南百农种业有限公司、河南华冠种业有限公司

【品种来源】周 16/百农 64

【特征特性】半冬性中晚熟品种，全生育期 231 d，比对照周麦 18 晚熟 1 d。幼苗半匍匐，长势旺，叶宽大，叶深绿色。冬季抗寒性中等。分蘖力较强，分蘖成穗率中等。早春发育较快，起身拔节早，两极分化快，抽穗迟，耐倒春寒能力中等。中后期耐高温能力较好，熟相好。株高 76 cm，株型松紧适中，茎秆粗壮，抗倒性较好。穗层较整齐，旗叶宽长、上冲。穗纺锤形，短芒，白壳，白粒，籽粒半角质，饱满度一般。平均亩穗数 40.2 万，穗粒数 35.6 粒，千粒重 41.7 g。抗病性接种鉴定，高感叶锈病、赤霉病、白粉病和纹枯病，中抗条锈病。品质混合样测定，籽粒容重 810 g/L，蛋白质含量 14.52%，硬度指数 64.0，面粉湿面筋含量 34.1%，沉降值 36.1 mL，吸水率 58.1%，面团稳定时间 5.0 min，最大拉伸阻力 311 E.U.，延伸性 186 mm，拉伸面积 81 cm^2。

【产量表现】2010—2011 年度参加黄淮冬麦区南片冬水组品种区域试验，平均亩产 584.1 kg，比对照周麦 18 增产 3.9%；2011—2012 年度续试，平均亩产 510.3 kg，比周麦 18 增产 5.3%。2012—2013 年度生产试验，平均亩产 502.8 kg，比周麦 18 增产 7.0%。

【栽培技术要点】10 月 8—20 日播种，亩基本苗 12 万~20 万。注意防治纹枯病、白粉病和赤霉病等病虫害。

【审定意见】该品种符合国家小麦品种审定标准，通过审定。适宜黄淮冬麦区南片的河南中北部、安徽北部、江苏北部、陕西关中地区高中水肥地块早中茬种植。

百农 201

【审定编号】豫审麦 2017019

【品种名称】百农 201

【申 请 者】河南科技学院

【育 种 者】欧行奇、鲁茂龙、刘小勔、乔红、欧阳娟等

【品种来源】04 中 36/华育 198

【特征特性】属弱春性中熟品种，全生育期 224~225.7 d。幼苗半匍匐，叶片较长，

冬季抗寒性弱；分蘖力高，成穗率一般，春季起身早，两极分化较快，抽穗较早，抗倒春寒能力一般；株型松散，旗叶短宽，上冲，株高74.6~82.0 cm，茎秆粗壮，抗倒伏能力较强。纺锤形穗，长芒、白壳、白粒，籽粒半角质；耐后期高温，熟相较好。产量构成要素：亩穗数36.1万~40.6万，穗粒数35.2~36粒，千粒重44.2~45.2 g。

【抗病鉴定】2014—2015年河南省农业科学院植物保护研究所接种鉴定：中感条锈病、叶锈病、纹枯病，中抗白粉病，高感赤霉病。

【品质分析】2014年农业部农产品质量监督检验测试中心（郑州）检测：蛋白质含量14.66%，容重783 g/L，湿面筋含量26.9%，降落数值302 s，沉淀指数59 mL，吸水量58.7 mL/100 g，形成时间2.8 min，稳定时间2.5 min，弱化度166F.U，硬度50 HI，白度75.6%，出粉率68.6%。2015年检测：蛋白质含量13.13%，籽粒容重826 g/L，湿面筋含量26.6%，降落数值422 s，沉淀指数58 mL，吸水量58.6 mL/100 g，形成时间2.4 min，稳定时间1.8 min，弱化度131 F.U.，硬度52 HI，白度79.6%，出粉率66.8%。

【产量表现】2013—2014年度河南省水地春水B组区域试验，13点汇总，12点增产，增产点率92.3%，平均亩产545.2 kg，比对照品种偃展4110增产7.32%，差异极显著；2014—2015年度河南省春水B组区域试验，11点汇总，11点增产，增产点率100%，平均亩产521.1 kg，比对照品种偃展4110增产9.02%，差异极显著。2015—2016年度河南省春水组生产试验，14点汇总，11点增产，增产点率78.57%，平均亩产489.5 kg，比对照品种偃展4110增产5.4%。

【栽培技术要点】

（1）播期和播量：播期10月15号以后播种为宜，亩播量10~13 kg。

（2）田间管理：平衡施肥，有机肥与无机肥相结合，氮磷肥与微肥相结合。拔节前进行化学除草。抽穗扬花期用多菌灵或甲基硫菌灵可湿性粉剂等杀菌剂防治赤霉病；灌浆期喷施磷酸二氢钾，结合天气情况及时防治病虫害，切实搞好一喷三防（防虫、防病、防干热风）工作。适时收获。

【审定意见】该品种符合河南省小麦品种审定标准，通过审定，适宜河南省（南部长江中下游麦区除外）中晚茬地种植。注意防治赤霉病。

百农 418

【审定编号】国审麦20210121

【品种名称】百农418

【申 请 者】河南科技学院、河南金蕾种苗有限公司

【育 种 者】河南科技学院、河南金蕾种苗有限公司

【品种来源】周麦18/百农AK58//百农AK58

【特征特性】半冬性，全生育期229.9 d，与对照周麦18熟期相当。幼苗半匍匐，叶片窄，叶色深绿，分蘖力中等。株高76 cm，株型较紧凑，抗倒性较好。整齐度较好，穗层较整齐，熟相较好。穗纺锤形，长芒，白粒，籽粒角质，饱满度较好。亩穗数39.8万，穗粒数35.2粒，千粒重45.5 g。抗病性鉴定：高感纹枯病、赤霉病、白粉病、叶锈病，

慢条锈病。品质检测：籽粒容重分别为 804 g/L、812 g/L，蛋白质含量分别为 13.8%、13.9%，湿面筋含量分别为 32.5%、30.6%，稳定时间分别为 10.0 min、8.8 min，吸水率分别为 58.6%、59.0%，最大拉伸阻力分别为 302 Rm. E. U.、270 Rm. E. U.，拉伸面积分别为 57 cm^2、53 cm^2。

【产量表现】2016—2017 年度参加黄淮冬麦区南片水地组中种黄淮麦区南片小麦试验联合体区域试验，平均亩产 546.0 kg，比对照周麦 18 增产 2.0%；2018—2019 年度续试，平均亩产 573.4 kg，比对照周麦 18 增产 5.2%；2019—2020 年度生产试验，平均亩产 555.3 kg，比对照周麦 18 增产 4.2%。

【栽培技术要点】适宜播期 10 月中上旬，亩基本苗 12 万~20 万。注意防治白粉病、叶锈病和赤霉病。

【审定意见】该品种符合国家小麦品种审定标准，通过审定。适宜在黄淮冬麦区南片的河南除信阳（淮河以南稻茬麦区）和南阳南部部分地区以外的平原灌区，陕西西安、渭南、咸阳、铜川和宝鸡市灌区，江苏淮河、苏北灌溉总渠以北地区，安徽沿淮及淮河以北地区高中水肥地块早中茬种植。

百农 4199

【审定编号】国审麦 20210049
【品种名称】百农 4199
【申 请 者】河南科技学院、河南大学
【育 种 者】河南科技学院、河南大学
【品种来源】百农高光 3709F2/百农 AK58
【特征特性】半冬性，全生育期 226.5 d，比对照周麦 18 熟期稍早。幼苗半匍匐，叶片细长，叶色深绿，分蘖力一般。株高 71.5 cm，株型较紧凑，抗倒性较好。整齐度好，穗层厚，熟相一般。穗纺锤形，长芒，白粒，籽粒半角质，饱满度较好。亩穗数 42.4 万，穗粒数 32 粒，千粒重 44.1 g。抗病性鉴定：慢条锈病，高感叶锈病、白粉病、赤霉病，中感纹枯病。品质检测：籽粒容重分别为 799 g/L、787 g/L，蛋白质含量分别为 14.7%、13.5%，湿面筋含量分别为 33.6%、28.7%，稳定时间分别为 6.1 min、8.7 min，吸水率分别为 58%、56%，最大拉伸阻力为 437 Rm. E. U.。

【产量表现】2017—2018 年度参加黄淮冬麦区南片水地组区域试验，平均亩产 482.5 kg，比对照周麦 18 增产 4.9%；2018—2019 年度续试，平均亩产 597.1 kg，比对照周麦 18 增产 6.2%。2019—2020 年度生产试验，平均亩产 602.8 kg，比对照周麦 18 增产 7.3%。

【栽培技术要点】适宜播期 10 月上中旬，亩基本苗 14 万~22 万，注意防治蚜虫、叶锈病、白粉病、赤霉病。

【审定意见】该品种符合国家小麦品种审定标准，通过审定。适宜在黄淮冬麦区南片的河南除信阳（淮河以南稻茬麦区）和南阳南部部分地区以外的平原灌区，陕西西安、渭南、咸阳、铜川和宝鸡市灌区，江苏淮河、苏北灌溉总渠以北地区，安徽沿淮及淮河以北地区高中水肥地块早中茬种植。

百农 AK58

【审定编号】国审麦 2005008

【作物种类】小麦

【品种名称】百农 AK58（区域试验代号：矮抗 58）

【审定年份】2005

【审定单位】农业部

【申请单位】河南科技学院

【品种来源】周麦 11//温麦 6 号/郑州 8960

【是否转基因】否

【特征特性】半冬性，中熟，成熟期比对照豫麦 49 号晚 1 d。幼苗半匍匐，叶色淡绿，叶短上冲，分蘖力强。株高 70 cm 左右，株型紧凑，穗层整齐，旗叶宽大、上冲。穗纺锤形，长芒，白壳，白粒，籽粒短卵形，角质，黑胚率中等。平均亩穗数 40.5 万，穗粒数 32.4 粒，千粒重 43.9 g；苗期长势壮，抗寒性好，抗倒伏强，后期叶功能好，成熟期耐湿害和高温危害，抗干热风，成熟落黄好。接种抗病性鉴定：高抗条锈病、白粉病和秆锈病，中感纹枯病，高感叶锈病和赤霉病。田间自然鉴定，中抗叶枯病。2004 年、2005 年测定混合样：籽粒容重分别为 811 g/L、804 g/L，蛋白质含量分别为 14.48%、14.06%，湿面筋含量分别为 30.7%、30.4%，沉降值分别为 29.9 mL、33.7 mL，吸水率分别为 60.8%、60.5%，面团形成时间分别为 3.3 min、3.7 min，稳定时间分别为 4.0 min、4.1 min，最大抗延阻力分别为 212 E.U.、176 E.U.，拉伸面积分别为 40 cm^2、34 cm^2。

【产量表现】2003—2004 年度参加黄淮冬麦区南片冬水组区域试验，平均亩产 574.0 kg，比对照豫麦 49 号增产 5.4%（极显著）；2004—2005 年度续试，平均亩产 532.7 kg，比对照豫麦 49 号增产 7.7%（极显著）。2004—2005 年度参加生产试验，平均亩产 507.6 kg，比对照豫麦 49 号增产 10.1%。

【适宜种植区域】适宜在黄淮冬麦区南片的河南中北部、安徽北部、江苏北部、陕西关中地区、山东菏泽中高产水肥地早中茬种植。

【试验情况】适播期 10 月上中旬，每亩适宜基本苗 12 万~16 万，注意防治叶锈病和赤霉病。

郑麦 7698

【审定编号】国审麦 2012009

【品种名称】郑麦 7698

【选育单位】河南省农业科学院小麦研究中心

【品种来源】郑麦 9405/4B269//周麦 16

【特征特性】半冬性多穗型中晚熟品种，成熟期比对照周麦 18 晚 0.3 d。幼苗半匍匐，苗势较壮，叶窄短，叶色深绿，分蘖力较强，成穗率低，冬季抗寒性较好。春季起身拔节迟，春生分蘖略多，两极分化快，抽穗晚。抗倒春寒能力一般，穗部虚尖、缺粒现象较明显。平均株高 77 cm，茎秆弹性一般，抗倒性中等。株型较紧凑，旗叶宽长上冲，蜡质重。穗层厚，穗多穗匀。后期根系活力较强，熟相较好，穗长方形，籽粒角质，均匀，饱满度一般。2010 年、2011 年区域试验平均亩穗数分别为 38.0 万、41.5 万，穗粒数分别为 34.3 粒、35.5 粒，千粒重分别为 44.4 g、43.6 g。前中期对肥水较敏感，肥力偏低的地块亩穗数少。抗病性鉴定：慢条锈病，高感叶锈病、白粉病、纹枯病和赤霉病。混合样测定：籽粒容重分别为 810 g/L、818 g/L，蛋白质含量分别为 14.79%、14.25%，籽粒硬度指数 69.7（2011 年），面粉湿面筋含量分别为 31.4%、30.4%，沉降值分别为 40.0 mL、33.1 mL，吸水率分别为 61.1%、60.8%，面团稳定时间分别为 9.7 min、7.4 min，最大拉伸阻力分别为 574 E.U.、362 E.U.，延伸性分别为 148 mm、133 mm，拉伸面积分别为 108 cm^2、66 cm^2。

【产量表现】2009—2010 年度参加黄淮冬麦区南片区域试验，平均亩产 513.3 kg，比对照周麦 18 增产 3.0%；2010—2011 年度续试，平均亩产 581.4 kg，比周麦 18 增产 3.4%。2011—2012 年度生产试验，平均亩产 499.7 kg，比周麦 18 增产 2.6%。

【栽培技术要点】10 月上中旬播种，亩基本苗 12 万~20 万；注意防治白粉病、纹枯病和赤霉病等病虫害。

【审定意见】该品种符合国家小麦品种审定标准，通过审定。适宜在黄淮冬麦区南片的河南中北部、安徽北部、江苏北部、陕西关中地区高中水肥地块早中茬种植。

郑麦 366

【审定编号】国审麦 2005003

【品种名称】郑麦 366

【选育单位】河南省农业科学院小麦研究所

【品种来源】豫麦 47/PH82~2~2

【特征特性】半冬性，早中熟，成熟期比对照豫麦 49 号早 1~2 d。幼苗半匍匐，叶色黄绿。株高 70 cm 左右，株型较紧凑，穗层整齐，穗黄绿色，旗叶上冲。穗纺锤形，长芒，白壳，白粒，籽粒角质，较饱满，黑胚率中等。平均亩穗数 39.6 万，穗粒数 37 粒，千粒重 37.4 g。越冬抗寒性好，抗倒春寒能力偏弱，抗倒伏能力强，不耐干热风，后期熟相一般。接种抗病性鉴定：高抗条锈病和秆锈病，中抗白粉病，中感赤霉病，高感叶锈病和纹枯病。田间自然鉴定，高感叶枯病。2004 年、2005 年测定混合样：籽粒容重分别为 795 g/L、794 g/L，蛋白质含量分别为 15.09%、15.29%，湿面筋含量分别为 32.0%、33.2%，沉降值分别为 42.4 mL、47.4 mL，吸水率分别为 63.1%、63.1%，面团形成时间分别为 6.4 min、9.2 min，稳定时间分别为 7.1 min、13.9 min，最大抗延阻力分别为 462 E.U.、470 E.U.，拉伸面积分别为 110 cm^2、104 cm^2。属强筋品种。

【**产量表现**】2003—2004 年度参加黄淮冬麦区南片冬水组区域试验，平均亩产 544.9 kg，比高产对照豫麦 49 号增产 0.7%（不显著），比优质对照藁 8901 增产 7.2%（极显著）；2004—2005 年度续试，平均亩产 482.9 kg，比高产对照豫麦 49 号减产 0.3%（不显著）；比优质对照藁麦 8901 增产 6.5%（极显著）。2004—2005 年度参加生产试验，平均亩产 460 kg，比对照豫麦 49 号增产 0.3%。

【**栽培技术要点**】适播期 10 月 10—25 日，每亩适宜基本苗 12 万~16 万，注意防治叶枯病、纹枯病和赤霉病。

【**审定意见**】该品种符合国家小麦品种审定标准，通过审定。适宜在黄淮冬麦区南片的河南中北部、安徽北部、陕西关中地区、山东菏泽中高产水肥地早中茬种植。

郑麦 0943

【**审定编号**】国审麦 20190056
【**品种名称**】郑麦 0943
【**申 请 者**】河南省农业科学院小麦研究所
【**育 种 者**】河南省农业科学院小麦研究所
【**品种来源**】郑 97199/济麦 19
【**特征特性**】半冬性，全生育期 217 d，比对照品种周麦 18 早熟近 1 d。幼苗半匍匐，叶片细长，叶色浅绿，分蘖力较强。株高 70 cm，株型松散，抗倒性中等。旗叶上举，整齐度好，穗层整齐，熟相好。穗纺锤形，长芒、白壳、白粒，籽粒半角质，饱满度好。亩穗数 41.5 万，穗粒数 33.0 粒，千粒重 43.6 g。抗病性鉴定，中抗条锈病，感纹枯病，中感赤霉病、白粉病和叶锈病。区域两年品质检测结果：籽粒容重分别为 799.2 g/L、783.7 g/L，蛋白质含量分别为 13.3%、14.2%，湿面筋含量分别为 24.8%、27.7%，稳定时间分别为 8.2 min、7.3 min，吸水率分别为 63.3%、62.9%，最大拉伸阻力分别为 497 E.U.、514 E.U.，拉伸面积分别为 71.6 cm^2、82.0 cm^2。

【**产量表现**】2016—2017 年度参加良种攻关黄淮冬麦区南片水地早播组区域试验，平均亩产 539.9 kg，比对照周麦 18 增产 3.5%；2017—2018 年度续试，平均亩产 440.9 kg，比对照增产 2.6%。2017—2018 年度生产试验，平均亩产 452.6 kg，比对照增产 4.6%。

【**栽培技术要点**】适宜播种期 10 月上中旬，每亩适宜基本苗 16 万~18 万，注意防治蚜虫、纹枯病、白粉病、叶锈病和赤霉病等病虫害。

【**审定意见**】该品种符合审定标准，通过审定。适宜黄淮冬麦区南片的河南除信阳和南阳南部部分地区以外的平原灌区，陕西西安、渭南、咸阳、铜川和宝鸡市灌区，江苏和安徽两省淮河以北地区高中水肥地块中茬种植。

郑麦 101

【**审定编号**】国审麦 2013014

【品种名称】 郑麦 101

【选育单位】 河南省农业科学院小麦研究所

【品种来源】 Ta1648/郑麦 9023

【特征特性】 弱春性中早熟品种，全生育期 216 d，与对照偃展 4110 熟期相当。幼苗半匍匐，长势一般，叶片细长直立，叶浓绿色。冬前分蘖力强，分蘖成穗率中等，冬季抗寒性较好。春季起身拔节迟，两极分化较快，抽穗早，对春季低温较敏感。根系活力较强，耐热性较好，成熟落黄快，熟相较好。株高 80 cm，株型略松散，茎秆弹性好，抗倒性较好。穗层厚、旗叶窄、外卷、上冲。穗近长方形、较大码稀，长芒，白壳，白粒，籽粒角质、饱满度较好。平均亩穗数 41.6 万，穗粒数 33.5 粒，千粒重 41.4 g。抗病性接种鉴定，中抗条锈病，高感叶锈病、赤霉病、白粉病、纹枯病。品质混合样测定：籽粒容重 784 g/L，蛋白质含量 15.58%，硬度指数 62.5，面粉湿面筋含量 34.6%，沉降值 40.8 mL，吸水率 55.9%，面团稳定时间 7.1 min，最大拉伸阻力 305 E.U.，延伸性 180 mm，拉伸面积 76 cm²。品质达到强筋小麦品种标准。

【产量表现】 2011—2012 年度参加黄淮冬麦区南片春水组品种区域试验，平均亩产 466.2 kg，比对照偃展 4110 增产 4.2%；2012—2013 年度续试，平均亩产 461.5 kg，比偃展 4110 增产 3.5%。2012—2013 年度生产试验，平均亩产 465.6 kg，比偃展 4110 增产 5.2%。

【栽培技术要点】 10 月中下旬播种，亩基本苗 18 万~24 万。施足底肥，拔节期结合浇水可亩追施尿素 8~10 kg。注意防治白粉病、赤霉病和纹枯病等病虫害。

【审定意见】 该品种符合国家小麦品种审定标准，通过审定。适宜黄淮冬麦区南片的河南（南部稻茬麦区除外）、安徽北部、江苏北部、陕西关中地区高中水肥地块中晚茬种植。倒春寒频发地区注意防冻害。

郑麦 158

【审定编号】 豫审麦 20190058

【品种名称】 郑麦 158

【申 请 者】 河南省农业科学院小麦研究所

【育 种 者】 河南省农业科学院小麦研究所

【品种来源】 （Bigeaz~250/96）/周麦 16//SP 郑麦 366

【特征特性】 半冬性品种，全生育期 220.9~229.5 d，平均熟期比对照品种周麦 18 晚熟 0.1 d。幼苗半直立，叶色浓绿，苗势壮，分蘖力一般，成穗率较高。春季起身拔节早，两极分化快，抽穗早，耐倒春寒能力一般。株高 75.0~81.8 cm，株型紧凑，抗倒性一般。旗叶宽短，穗层整齐，熟相好。穗纺锤形，长芒，白壳，红粒，籽粒角质，饱满度较好。亩穗数 37.6 万~41.9 万，穗粒数 27.8~34.0 粒，千粒重 39.3~45.0 g。

【抗病鉴定】 中感条锈病和白粉病，高感叶锈病、纹枯病和赤霉病。

品质结果：2017 年、2018 年检测，蛋白质含量分别为 14.6%、15.1%，容重分别为 822 g/L、811 g/L，湿面筋含量分别为 29.6%、32.2%，吸水量分别为 61.2 mL/100 g、

58.7 mL/100 g，稳定时间分别为 15.8 min、10.2 min，拉伸面积分别为 98 cm²、126 cm²，最大拉伸阻力分别为 478 E. U.、496 E. U.。2017 年、2018 年品质指标达到中强筋小麦标准。

【产量表现】 2016—2017 年度河南省强筋组区域试验，10 点汇总，达标点率 80.0%，平均亩产 511.0 kg，比对照品种周麦 18 增产 1.1%；2017—2018 年度续试，11 点汇总，达标点率 63.6%，平均亩产 383.8 kg，比对照品种周麦 18 减产 1.9%。2017—2018 年度生产试验，11 点汇总，达标点率 72.7%，平均亩产 411.6 kg，比对照品种周麦 18 减产 0.5%。

【栽培技术要点】 适宜播种期 10 月上中旬，每亩适宜基本苗 12 万~15 万。注意防治蚜虫、叶锈病、纹枯病、赤霉病、条锈病和白粉病等病虫害，注意预防倒春寒。

【审定意见】 该品种符合河南省小麦品种审定标准，通过审定。适宜河南省（南部长江中下游麦区除外）早中茬地种植。

郑麦 379

【审定编号】 国审麦 2016013

【品种名称】 郑麦 379

【申 请 者】 河南省农业科学院小麦研究所

【育 种 者】 河南省农业科学院小麦研究所

【品种来源】 周 13/D9054~6

【特征特性】 半冬性，全生育期 227 d，比对照品种周麦 18 晚熟 1 d。幼苗半匍匐，苗势壮，叶片窄长，叶色浓绿，冬季抗寒性较好。分蘖力较强，成穗率较低。春季起身拔节迟，两极分化较快，耐倒春寒能力一般。耐后期高温能力中等，熟相中等。株高 81.8 cm，茎秆弹性较好，抗倒性较好。株型稍松散，旗叶窄长、上冲，穗层厚。穗纺锤形，小穗较稀，长芒，白壳，白粒，籽粒角质、饱满。亩穗数 40.5 万，穗粒数 31.1 粒，千粒重 47.2 g。抗病性鉴定，慢条锈病，高感叶锈病、白粉病、赤霉病、纹枯病。品质检测：籽粒容重 815 g/L，蛋白质含量 14.52%，湿面筋含量 30.9%，沉降值 29.6 mL，吸水率 59.9%，稳定时间 5.5 min，最大拉伸阻力 314 E. U.，延伸性 139 mm，拉伸面积 60 cm²。

【产量表现】 2012—2013 年度参加黄淮冬麦区南片冬水组品种区域试验，平均亩产 476.9 kg，比对照品种周麦 18 增产 2.9%；2013—2014 年度续试，平均亩产 585.7 kg，比周麦 18 增产 4.7%。2014—2015 年度生产试验，平均亩产 546.2 kg，比周麦 18 增产 3.5%。

【栽培技术要点】 适宜播种期 10 月上中旬，每亩适宜基本苗 15 万~20 万。注意防治叶锈病、白粉病、纹枯病和赤霉病等病虫害。

【审定意见】 该品种符合国家小麦品种审定标准，通过审定。适宜黄淮冬麦区南片的河南驻马店及以北地区、安徽淮北地区、江苏淮北地区、陕西关中地区高中水肥地块早中茬种植。

郑麦 1860

【审定编号】国审麦 20190027

【品种名称】郑麦 1860

【申 请 者】河南省农业科学院小麦研究所

【育 种 者】河南省农业科学院小麦研究所

【品种来源】周麦 22/郑麦 1410//郑麦 0856

【特征特性】半冬性，全生育期 232 d，与对照品种周麦 18 熟期相当。幼苗半匍匐，叶片窄，叶色浅绿，分蘖力强。株高 80 cm，株型稍松散，抗倒性较好。旗叶上举，整齐度好，穗层整齐，熟相较好。穗椭圆形，短芒、白壳、白粒，籽粒角质，饱满度好。亩穗数 37.9 万，穗粒数 34.9 粒，千粒重 48.5 g。抗病性鉴定，高抗叶锈病，中抗条锈病，高感纹枯病、赤霉病和白粉病。区试两年品质检测结果：籽粒容重分别为 816 g/L、838 g/L，蛋白质含量分别为 13.92%、13.80%，湿面筋含量分别为 28.8%、31.2%，稳定时间分别为 8.1 min、5.8 min，吸水率均为 57%。

【产量表现】2015—2016 年度参加黄淮冬麦区南片水地早播组区域试验，平均亩产 539.4 kg，比对照周麦 18 增产 5.6%；2016—2017 年度续试，平均亩产 588.1 kg，比对照增产 4.8%。2017—2018 年度生产试验，平均亩产 490.4 kg，比对照增产 5.2%。

【栽培技术要点】适宜播种期 10 月上中旬，每亩适宜基本苗 16 万~18 万。注意防治蚜虫、纹枯病、白粉病、赤霉病等病虫害。

【审定意见】该品种符合审定标准，通过审定。适宜黄淮冬麦区南片的河南除信阳和南阳南部部分地区以外的平原灌区，陕西西安、渭南、咸阳、铜川和宝鸡市灌区，江苏和安徽两省淮河以北地区高中水肥地块早中茬种植。

郑麦 369

【审定编号】国审麦 20180030

【品种名称】郑麦 369

【申 请 者】河南省农业科学院小麦研究所

【育 种 者】河南省农业科学院小麦研究所

【品种来源】郑麦 366/良星 99

【特征特性】半冬性，生育期 229 d，比对照品种周麦 18 早熟 1 d。幼苗半直立，叶片窄长，叶色浓绿，分蘖力中等，耐倒春寒能力一般。株高 83.1 cm，株型稍松散，茎秆弹性好，抗倒性较好。旗叶细小、上冲，穗层较厚，熟相好。穗纺锤形，短芒、白壳、白粒，籽粒角质，饱满度较好。亩穗数 42.3 万，穗粒数 30.3 粒，千粒重 46.6 g。抗病性鉴定，高感叶锈病、白粉病、赤霉病，中感纹枯病，中抗条锈病。品质检测：籽粒容重分别为 816 g/L、814 g/L，蛋白质含量分别为 14.71%、13.85%，湿面筋含量分别为 30.9%、

31.4%，稳定时间分别为 4.8 min、6.9 min。

【产量表现】2014—2015 年度参加黄淮冬麦区南片冬水组品种区域试验，平均亩产 533.0 kg，比对照周麦 18 增产 3.4%；2015—2016 年度续试，平均亩产 541.5 kg，比周麦 18 增产 5.5%。2016—2017 年度生产试验，平均亩产 568.3 kg，比对照增产 4.6%。

【栽培技术要点】适宜播种期 10 月上中旬，每亩适宜基本苗 12 万~20 万，注意防治蚜虫、叶锈病、白粉病、赤霉病、纹枯病等病虫害。

【审定意见】该品种完成试验程序，符合国家小麦品种审定标准，通过审定。适宜黄淮冬麦区南片的河南除信阳和南阳南部部分地区以外的平原灌区，陕西西安、渭南、咸阳、铜川和宝鸡灌区，江苏和安徽两省淮河以北地区高中水肥地块中茬种植。

郑麦 583

【审定编号】豫审麦 2012003

【品种名称】郑麦 583

【选育单位】河南省农业科学院小麦研究中心

【品种来源】百农 AK58 系统选育

【特征特性】属半冬性中晚熟品种，生育期 224.2 d，比对照品种周麦 18 号早熟 0.3 d。幼苗半匍匐，叶色深绿，长势壮，冬季抗寒性较好，分蘖力较强；春季返青晚，起身慢，抗倒春寒能力强，成穗率一般，穗层整齐；成株期株型偏紧凑，穗下节偏短，旗叶偏长半披，株高 79 cm，茎秆弹性较好，抗倒伏能力一般。中短芒，穗偏大、均匀，结实性好；籽粒角质，饱满度好。根系活力强，落黄好。2010—2011 年度产量构成要素为：亩穗数 44.6 万，穗粒数 31.9 粒，千粒重 45.5 g。2011—2012 年度产量构成要素：平均亩穗数 40.1 万，穗粒数 33.3 粒，千粒重 44.0 g。

【抗病鉴定】2011 年经河南省农业科学院植物保护研究所接种鉴定：中抗叶枯病，中感白粉病、条锈病、叶锈病和纹枯病，高感赤霉病。

品质结果：2009 年区域试验混合样品质分析结果：蛋白质 15.52%，容重 779 g/L，湿面筋 33.8%，降落数值 408 s，吸水量 57.9 mL/100 g，形成时间 4.2 min，稳定时间 7.2 min，弱化度 49F.U.，沉淀值 72.0 mL，硬度 63 HI，出粉率 66.7%。2011 年区域试验混合样品质分析结果（郑州）：蛋白质 16.03%，容重 810 g/L，湿面筋 36.6%，降落数值 444 s，吸水量 61.1 mL/100 g，形成时间 4.2 min，稳定时间 8 min，弱化度 49 F.U.，沉淀值 75 mL，硬度 67 HI，出粉率 72.4%。

产量结果：2008—2009 年度河南省冬水Ⅰ组区域试验，12 点汇总，4 点增产，8 点减产，平均亩产 487.5 kg，比对照品种周麦 18 减产 3.17%，不显著，居 13 个参试品种的第 8 位；因品质测试结果滞后，2009—2010 年缺试；2010—2011 年度河南省冬水Ⅰ组区域试验，13 点汇总，4 点增产，8 点减产，平均亩产 558.4 kg，比对照品种周麦 18 减产 1.59%，不显著，居 15 个参试品种的第 11 位。

2011—2012 年度河南省冬水Ⅰ组生产试验，11 点汇总，10 点增产，1 点减产，平均亩产 518.0 kg，比对照品种周麦 18 增产 3.8%，居 7 个参试品种的第 5 位。

【栽培技术要点】

（1）播期和播量：适宜早中茬地块种植，适宜播期为 10 月上中旬。适宜播期内，基本苗以每亩 12 万~16 万为宜，晚播可适当增加播量。

（2）田间管理：一般亩施农家肥 3~4 m³，N、P、K 科学搭配，以 1∶1∶0.8 为宜。尿素 12~15 kg、磷酸二铵 20 kg、氯化钾 10 kg（也可施相当量的碳酸氢铵、磷肥和钾肥）。浇好底墒水，做到足墒下种，一播全苗；春季管理应推迟，适当控制亩群体，防治亩穗数过多而发生倒伏。抽穗至灌浆期结合"一喷三防"正常防治即可，复配药包括三唑酮和杀虫剂。注意防治蚜虫，特别是穗蚜要及时防治。

适应范围：河南（南部稻茬麦区除外）早中茬中高肥力地种植。

郑麦 136

【审定编号】 国审麦 20190026

【品种名称】 郑麦 136

【申 请 者】 河南省农业科学院小麦研究所

【育 种 者】 河南省农业科学院小麦研究所

【品种来源】 百农 AK58/济麦 22

【特征特性】 半冬性，全生育期 225 d，比对照品种周麦 18 天熟期略早。幼苗半匍匐，叶片窄短，叶色黄绿，分蘖力中等。株高 76 cm，株型较紧凑，抗倒性较好。旗叶上举，整齐度好，穗层厚，熟相好。穗纺锤形，长芒、白壳、白粒，籽粒半角质，饱满度较好。亩穗数 41.0 万，穗粒数 31.6 粒，千粒重 45.1 g。抗病性鉴定，慢条锈病，中感纹枯病，高感赤霉病、白粉病和叶锈病。区试两年品质检测结果：籽粒容重分别为 844 g/L、822 g/L，蛋白质含量分别为 13.44%、13.51%，湿面筋含量分别为 30.7%、34.3%，稳定时间分别为 7.2 min、1.9 min，吸水率分别为 57%、62%，最大拉伸阻力 299 E.U.，拉伸面积 47 cm²。

【产量表现】 2016—2017 年度参加黄淮冬麦区南片水地早播组区域试验，平均亩产 589.8 kg，比对照周麦 18 增产 5.1%；2017—2018 年度续试，平均亩产 483.2 kg，比对照增产 5.6%。2017—2018 年度生产试验，平均亩产 492.7 kg，比对照增产 5.0%。

【栽培技术要点】 适宜播种期 10 月上中旬，每亩适宜基本苗 14 万~22 万，注意防治蚜虫、叶锈病、条锈病、赤霉病、白粉病和纹枯病等病虫害。

【审定意见】 该品种符合审定标准，通过审定。适宜黄淮冬麦区南片的河南除信阳和南阳南部部分地区以外的平原灌区，陕西西安、渭南、咸阳、铜川和宝鸡灌区，江苏和安徽两省淮河以北地区高中水肥地块早中茬种植。

中麦 895

【审定编号】 国审麦 2012010

【品种名称】中麦 895

【选育单位】中国农业科学院作物科学研究所、中国农业科学院棉花研究所

【品种来源】周麦 16/荔垦 4 号

【特征特性】半冬性多穗型中晚熟品种，成熟期与对照周麦 18 同期。幼苗半匍匐，长势壮，叶宽直挺，叶色黄绿，分蘖力强，成穗率中等，亩穗数较多，冬季抗寒性中等。起身拔节早，两极分化快，抽穗迟，抗倒春寒能力中等。株高 73 cm，株型紧凑，长相清秀，株行间透光性好，旗叶较宽，上冲。茎秆弹性中等，抗倒性中等。叶功能期长，耐后期高温能力好，灌浆速度快，成熟落黄好。前中期对肥水较敏感，肥力偏低的试点亩穗数少。穗层较整齐，结实性一般。穗纺锤形，长芒，白壳，白粒，半角质，饱满度好，黑胚率高。2011 年、2012 年区域试验：平均亩穗数 45.2 万、43.4 万，穗粒数 29.8 粒、29.7 粒，千粒重 47.1 g、45.8 g。抗病性鉴定：中感叶锈病，高感条锈病、白粉病、纹枯病和赤霉病。混合样测定：籽粒容重分别为 814 g/L、814 g/L，蛋白质含量分别为 14.27%、14.93%，硬度指数分别为 65.7、62.0。面粉湿面筋含量分别为 31.7%、33.8%，沉降值分别为 30.3 mL、31.7 mL，吸水率分别为 60.5%、58.8%，面团稳定时间分别为 4.2 min、4.0 min，最大拉伸阻力分别为 146 E.U.、195 E.U.，延伸性分别为 158 mm、165 mm，拉伸面积分别为 35 cm²、47 cm²。

【产量表现】2010—2011 年度参加黄淮冬麦区南片冬水组区域试验，平均亩产 587.8 kg，比对照周麦 18 增产 5.1%；2011—2012 年度续试，平均亩产 506.2 kg，比周麦 18 增产 4.4%。2011—2012 年度生产试验，平均亩产 510.9 kg，比周麦 18 增产 4.3%。

【栽培技术要点】10 月上中旬播种，亩基本苗 12~18 万；重施基肥，以农家肥为主，耕地前施入深翻；入冬时浇好越冬水，返青至拔节期适当控水控肥；注意防治蚜虫、条锈病、白粉病、纹枯病、赤霉病等病虫害。

【审定意见】该品种符合国家小麦品种审定标准，通过审定。适宜在黄淮冬麦区南片的河南中北部、安徽北部、江苏北部、陕西关中地区高中水肥地块早中茬种植。

中麦 578

【审定编号】国审麦 20200016

【品种名称】中麦 578

【申 请 者】中国农业科学院作物科学研究所

【育 种 者】中国农业科学院作物科学研究所、中国农业科学院棉花研究所

【品种来源】中麦 255/济麦 22

【特征特性】半冬性、全生育期 226.2 d，比对照周麦 18 d 早熟 2.3 d。幼苗半直立，叶片细长，叶色深绿，分蘖力中等。株高 80 cm，株型较松散，抗倒性较好。整齐度好，穗层厚，熟相好。穗纺锤形，长芒，白粒，籽粒角质，饱满度较好。亩穗数 42.1 万，穗粒数 28.6 粒，千粒重 50.1 g。抗病性鉴定：中感纹枯病，高感赤霉病，高感白粉病，高感条锈病，高感叶锈病。品质检测：籽粒容重分别为 812 g/L、805 g/L，蛋白质含量分别为 15.1%、14.8%，湿面筋含量分别为 31.8%、32.5%，稳定时间分别为 11.3 min、

22.7 min，吸水率分别为 60%、61%，最大拉伸阻力分别为 471 Rm.E.U.、588 Rm.E.U.，拉伸面积分别为 121 cm²、125 cm²。2017—2019 年度参加黄淮冬麦区南片水地早播组区域试验，品质指标均达到强筋小麦标准。

【产量表现】2017—2018 年度参加黄淮冬麦区南片水地早播组区域试验，平均亩产 485.6 kg，比对照周麦 18 增产 5.59%；2018—2019 年续试，平均亩产 582.9 kg，比对照周麦 18 增产 3.45%。2018—2019 年度生产试验，平均亩产 590.6 kg，比对照周麦 18 增产 4.27%。

【栽培技术要点】适宜播种期 10 月中下旬，每亩适宜基本苗 18 万左右，晚播应适当加大播量。种子包衣和返青至拔节初期药剂喷施重点防治纹枯病和茎基腐病。追肥宜在拔节中后期基部节间定长时进行。注意防治条锈病、叶锈病、白粉病、赤霉病、纹枯病和蚜虫等病虫害。

【审定意见】该品种符合国家小麦品种审定标准，通过审定。适宜在黄淮冬麦区南片的河南除信阳（淮河以南稻茬麦区）和南阳南部部分地区以外的平原灌区，陕西西安、渭南、咸阳、铜川和宝鸡灌区，江苏淮河、苏北灌溉总渠以北地区，安徽沿淮及淮河以北地区高中水肥地块早中茬种植。

丰德存麦 5 号

【审定编号】国审麦 2014003
【品种名称】丰德存麦 5 号
【申　请　者】河南丰德康种业有限公司
【育　种　者】河南丰德康种业有限公司
【品种来源】周麦 16/郑麦 366
【特征特性】半冬性中晚熟品种，全生育期 228 d，与对照周麦 18 熟期相当。幼苗半匍匐，苗势较壮，叶片窄长直立，叶色浓绿，冬季抗寒性较好。冬前分蘖力较强，分蘖成穗率一般。春季起身拔节较快，两极分化快，抽穗较早，耐倒春寒能力一般。后期耐高温能力中等，熟相较好。株高 76 cm，茎秆弹性一般，抗倒性中等。株型稍松散，旗叶宽短，外卷，上冲，穗层整齐，穗下节短。穗纺锤形，长芒，白壳，白粒，籽粒椭圆形，角质，饱满度较好，黑胚率中等。亩穗数 38.1 万，穗粒数 32 粒，千粒重 42.3 g；抗病性鉴定，慢条锈病，中感叶锈病、白粉病，高感赤霉病、纹枯病；品质混合样测定：籽粒容重 794 g/L，蛋白质含量 16.01%，硬度指数 62.5，面粉湿面筋含量 34.5%，沉降值 49.5 mL，吸水率 57.8%，面团稳定时间 15.1 min，最大抗延阻力 754 E.U.，延伸性 177 mm，拉伸面积 171 cm²。品质达到强筋品种审定标准。

【产量表现】2011—2012 年度参加黄淮冬麦区南片冬水组品种区域试验，平均亩产 482.9 kg，比对照周麦 18 减产 0.4%；2012—2013 年度续试，平均亩产 454.0 kg，比周麦 18 减产 2.4%。2013—2014 年度生产试验，平均亩产 574.6 kg，比周麦 18 增产 2.4%。

【栽培技术要点】适宜播种期 10 月中旬，亩基本苗 12 万~18 万，注意防治赤霉病和纹枯病，高水肥地注意防倒伏。

【审定意见】该品种符合国家小麦品种审定标准，通过审定。适宜黄淮冬麦区南片的河南驻马店及以北地区、安徽淮北地区、江苏淮北地区、陕西关中地区高中水肥地块中茬种植。倒春寒易发地区慎用。

丰德存麦 21

【审定编号】国审麦 20210051

【品种名称】丰德存麦 21

【申　请　者】河南丰德康种业股份有限公司

【育　种　者】河南丰德康种业股份有限公司

【品种来源】丰德存麦 5 号/周麦 21

【特征特性】半冬性，全生育期 223.7 d，比对照周麦 18 d 早熟 1.3 d。幼苗近直立，叶片细长，叶色深绿，分蘖力较强。株高 74.9 cm，株型较紧凑，抗倒性较好。整齐度好，穗层整齐，熟相较好。穗纺锤形，长芒，白粒，籽粒角质，饱满度较好。亩穗数 39.1 万，穗粒数 34.1 粒，千粒重 43.3 g。抗病性鉴定：高感条锈病、赤霉病、白粉病、叶锈病，中感纹枯病。品质检测：籽粒容重分别为 809 g/L、797 g/L，蛋白质含量分别为 16.7%、14.7%，湿面筋含量分别为 37.9%、33.4%，稳定时间分别为 14.2 min、13.5 min，吸水率分别为 59%、59%，最大拉伸阻力分别为 510 Rm.E.U.、420 Rm.E.U.，拉伸面积分别为 124 cm²、99 cm²，品质指标达到中强筋小麦标准。

【产量表现】2017—2018 年度参加黄淮冬麦区南片水地组区域试验，平均亩产 447.6 kg，比对照周麦 18 减产 1.3%；2018—2019 年度续试，平均亩产 568.9 kg，比对照周麦 18 增产 3.9%。2019—2020 年度生产试验，平均亩产 584.1 kg，比对照周麦 18 增产 4.1%。

【栽培技术要点】10 月中旬播种。基本苗 18 万左右。亩底施复合肥 50 kg 左右。防治小麦蚜虫、白粉病和赤霉病。

【审定意见】该品种符合国家小麦品种审定标准，通过审定。适宜在黄淮冬麦区南片的河南除信阳（淮河以南稻茬麦区）和南阳南部部分地区以外的平原灌区，陕西西安、渭南、咸阳、铜川和宝鸡灌区，江苏淮河、苏北灌溉总渠以北地区，安徽沿淮及淮河以北地区高中水肥地块早中茬种植。

众麦 7 号

【审定编号】国审麦 20180045

【品种名称】众麦 7 号

【申　请　者】河南顺鑫大众种业有限公司

【育　种　者】河南顺鑫大众种业有限公司、申彦昌

【品种来源】偃展一号选系/烟 159~9 选系//烟 1666

【特征特性】弱春性，全生育期 221 d，比对照品种偃展 4110 熟期略早。幼苗近直立，分蘖力中等，耐倒春寒能力一般。株高 82.3 cm，株型紧凑，茎秆弹性中等，抗倒性一般。旗叶细长、上冲，穗下节长，穗层厚，熟相好。穗纺锤形，长芒、白壳、白粒，籽粒半角质，饱满度较好。亩穗数 43.6 万，穗粒数 29.6 粒，千粒重 44.6 g。抗病性鉴定，高感条锈病、赤霉病、纹枯病、白粉病，高抗叶锈病。品质检测：籽粒容重分别为 831 g/L、812 g/L，蛋白质含量分别为 14.05%、13.04%，湿面筋含量分别为 28.2%、27.2%，稳定时间分别为 8.0 min、9.2 min。

【产量表现】2014—2015 年度参加黄淮冬麦区南片春水组品种区域试验，平均亩产 505.6 kg，比对照偃展 4110 增产 3.5%；2015—2016 年度续试，平均亩产 522.8 kg，比偃展 4110 增产 8.4%。2016—2017 年度生产试验，平均亩产 543.8 kg，比对照增产 5.5%。

【栽培技术要点】适宜播种期 10 月中下旬，每亩适宜基本苗 18 万～20 万，注意防治蚜虫、条锈病、赤霉病、纹枯病、白粉病等病虫害。高水肥地块注意防止倒伏。

【审定意见】该品种完成试验程序，符合国家小麦品种审定标准，通过审定。适宜黄淮冬麦区南片的河南除信阳和南阳南部部分地区以外的平原灌区，陕西西安、渭南、咸阳、铜川和宝鸡市灌区，江苏和安徽两省淮河以北地区高中水肥地块中晚茬种植。

周麦 27 号

【审定编号】国审麦 2011003
【品种名称】周麦 27 号
【选育单位】周口市农业科学院
【品种来源】周麦 16/百农 AK58
【特征特性】半冬性中熟品种，成熟期平均比对照周麦 18 早熟 1 d 左右。幼苗半匍匐，叶窄长，分蘖力一般，成穗率中等。冬季抗寒性较好。春季起身拔节早，两极分化快，抗倒春寒能力一般。株高 74 cm，株型偏松散，旗叶长卷上冲。茎秆弹性中等，抗倒性中等。耐旱性一般，灌浆快，熟相一般。穗层整齐，穗较大，小穗排列较稀，结实性好。穗纺锤形，长芒，白壳，白粒，籽粒半角质，饱满度较好。亩穗数 40.2 万、穗粒数 37.3 粒、千粒重 42.6 g。抗病性鉴定：高感条锈病、白粉病、赤霉病、纹枯病，中感叶锈病。2010 年、2011 年品质测定：籽粒容重分别为 794 g/L、790 g/L，硬度指数 68.6（2011 年），蛋白质含量分别为 13.21%、12.71%；面粉湿面筋含量分别为 28.9%、27.3%，沉降值分别为 30.0 mL、27.2 mL，吸水率分别为 60.1%、58.2%，稳定时间分别为 4.1 min、5.2 min，最大抗延阻力分别为 256 E.U.、240 E.U.，延伸性分别为 130 mm、123 mm，拉伸面积分别为 47 cm^2、43 cm^2。

【产量表现】2009—2010 年度参加黄淮冬麦区南片冬水组品种区域试验，平均亩产 550.5 kg，比对照周麦 18 增产 9.9%。2010—2011 年度续试，平均亩产 589.6 kg，比对照周麦 18 增产 5.4%。2010—2011 年度生产试验，平均亩产 559.8 kg，比对照周麦 18 增产 5.4%。

【栽培技术要点】适宜播种期 10 月 10—25 日，每亩适宜基本苗 15 万～20 万；注意防治条锈病、白粉病、纹枯病、赤霉病。

【审定意见】该品种符合国家小麦品种审定标准，通过审定。适宜在黄淮冬麦区南片的河南（南阳、信阳除外）、安徽北部、江苏北部、陕西关中地区高中水肥地块早中茬种植。

周麦 22 号

【审定编号】国审麦 2007007
【品种名称】周麦 22 号
【选育单位】河南省周口市农业科学院
【品种来源】周麦 12/温麦 6 号//周麦 13 号
【特征特性】半冬性，中熟，比对照豫麦 49 号晚熟 1 d。幼苗半匍匐，叶长卷、叶色深绿，分蘖力中等，成穗率中等。株高 80 cm 左右，株型较紧凑，穗层较整齐，旗叶短小上举，植株蜡质厚，株行间透光较好，长相清秀，灌浆较快。穗近长方形，穗较大，均匀，结实性较好，长芒，白壳，白粒，籽粒半角质，饱满度较好，黑胚率中等。平均亩穗数 36.5 万，穗粒数 36.0 粒，千粒重 45.4 g。苗期长势壮，冬季抗寒性较好，抗倒春寒能力中等。春季起身拔节迟，两极分化快，抽穗迟。耐后期高温，耐旱性较好，熟相较好。茎秆弹性好，抗倒伏能力强。抗病性鉴定：高抗条锈病，抗叶锈病，中感白粉病、纹枯病，高感赤霉病、秆锈病。区域试验田间表现：轻感叶枯病，旗叶略干尖。2006 年、2007 年混合样测定：籽粒容重分别为 777 g/L、798 g/L，蛋白质含量分别为 15.02%、14.26%，湿面筋含量分别为 34.3%、32.3%，沉降值分别为 29.6 mL、29.6 mL，吸水率分别为 57%、66.0%，稳定时间分别为 2.6 min、3.1 min，最大抗延阻力分别为 149 E.U.、198 E.U.，延伸性分别为 16.5 cm、16.4 cm，拉伸面积分别为 37 cm^2、46 cm^2。

【产量表现】2005—2006 年度参加黄淮冬麦区南片冬水组品种区域试验，平均亩产 543.3 kg，比对照 1 新麦 18 增产 4.4%，比对照 2 豫麦 49 号增产 4.92%；2006—2007 年度续试，平均亩产 549.2 kg，比对照新麦 18 增产 5.7%。2006—2007 年度生产试验，平均亩产 546.8 kg，比对照新麦 18 增产 10%。

【栽培技术要点】适宜播期 10 月上中旬，每亩适宜基本苗 10 万~14 万。注意防治赤霉病。

【审定意见】该品种符合国家小麦品种审定标准，通过审定。适宜在黄淮冬麦区南片的河南中北部、安徽北部、江苏北部、陕西关中地区、山东菏泽地区高中水肥地块早中茬种植。

藁优 2018

【品种名称】藁优 2018

【引种证号】豫引麦 2011005 号

【审定情况】2008 年通过河北省审定，审定证号冀审麦 2008007 号

【选育单位】藁城市农业科学研究所

【引种单位】河南丰源农业科技有限公司

【品种来源】9411/98172

【特征特性】属半冬性多穗型中熟强筋品种，平均全生育期 229.6 d，比对照周麦 18 早熟 0.4 d。幼苗半匍匐，苗势壮，叶片窄短，青绿色；冬前分蘖力较强，冬季抗寒性一般；春季起身拔节快，两极分化快，苗脚利索，株型较紧凑，蜡质层厚，叶片窄长，内卷，上冲，2010—2011 两年平均株高 74.1~76 cm，茎秆弹性好，较抗倒；长方形穗、短芒，码稀，籽粒灌浆慢，成熟落黄一般，受倒春寒影响有缺粒现象；籽粒角质、饱满，黑胚率低，容重高。田间自然发病较轻，中抗条锈病及白粉病。平均亩穗数 48.0 万，穗粒数 29.3 粒，千粒重 42.7 g。2010 年经农业部农产品质量监督检验测试中心（郑州）测定：籽粒容重 832 g/L，粗蛋白质含量 15.2%，湿面筋含量 33.2%，降落数值 428 s，沉淀值 81.2 mL，吸水量 57.6%，形成时间 7.2 min，稳定时间 21.4 min，烘焙品质评分值 86.7，出粉率 71.9%。主要品质指标达强筋粉标准。

产量结果：2009—2010 年度参加省冬Ⅰ组引种试验，10 点汇总，4 点增产，6 点减产，平均亩产 474.7 kg，比对照周麦 18 减产 1.6%；2010—2011 年度参加省冬Ⅱ组引种试验，11 点汇总，8 点增产，3 点减产，平均亩产 539.1 kg，比对照周麦 18 增产 0.8%。

适宜区域：河南省（南部稻茬麦区除外）中高肥力地早中茬种植，利用时注意防治赤霉病。

【栽培技术要点】

（1）播期与播量：播期应掌握在 10 月 5—20 日，建议适期晚播，要合理密植，亩播量一般掌握在 10 kg 左右，晚播可适当增加播量。

（2）田间管理：①底肥施有机肥 200 kg、尿素 15 kg、磷酸二铵 20 kg、氯化钾 15 kg、硫酸锌 1 kg 或 45%小麦三元复合肥 50 kg。②浇足底墒水，粉碎秸秆杂草，整地质量符合要求。以 15 cm 等行距或 4∶4∶7 三密一稀播种，缩小行距增加密度；③春季管理。早春中耕、化控、不浇返青水，化控时间以 3 月上中旬为佳，亩用多效唑 50~60 g 加水 30 kg 叶面喷施，预防倒伏、抵御气候影响；3 月中下旬结合浇拔节水亩施尿素 20 kg，用 5%井冈霉素 150 mL，加水 30 kg 叶面喷施，预防纹枯病等病害发生。④中后期管理。4 月底 5 月初结合浇二次水亩施尿素 7~8 kg，注意中后期病虫害防治，亩用 5%井冈霉素 100 mL+三唑酮防治纹枯病和白粉病，用吡虫啉防治小麦蚜虫，每隔 10 d 左右防治 1 次。中后期喷施叶面肥，抗干热风，增加千粒重。

伟隆 169

【审定编号】国审麦 20200064

【品种名称】伟隆 169

【申　请　者】陕西杨凌伟隆农业科技有限公司、新乡市金苑邦达富农业科技有限公

司、安徽华皖种业有限公司

【育　种　者】 陕西杨凌伟隆农业科技有限公司、新乡市金苑邦达富农业科技有限公司、安徽华皖种业有限公司

【品种来源】 陕麦94/西农822

【特征特性】 半冬性，全生育期216 d，比对照周麦18稍早。幼苗半匍匐，叶片窄，叶色黄绿，分蘖力中等。株高74.2 cm，株型较紧凑，抗倒性较好。整齐度好，穗层整齐，熟相较好。穗形近长方形，长芒，白粒，籽粒角质，饱满度好。亩穗数40.0万，穗粒数34.8粒，千粒重40.6 g。抗病性鉴定：高感纹枯病，高感赤霉病，高感白粉病，慢条锈病，中感叶锈病。品质检测：籽粒容重分别为809 g/L、796 g/L，蛋白质含量分别为12.64%、14.41%，湿面筋含量分别为27.4%、30.5%，稳定时间分别为13.2 min、10.9 min，吸水率分别为56.6%、57.8%，最大拉伸阻力分别为594 Rm. E. U.、717 Rm. E. U.，拉伸面积分别为115 cm²、162 cm²。

【产量表现】 2016—2017年度参加黄淮冬麦区南片水地早播组西北农大黄淮南片小麦品种试验联合体试验，平均亩产560.1 kg，比对照周麦18增产1.92%。2017—2018年续试，平均亩产464.1 kg，比对照周麦18增产3.62%。2018—2019年生产试验，平均亩产585.5 kg，比对照周麦18增产4.83%。

【栽培技术要点】 适宜播期10月中下旬，适宜亩基本苗16万~24万，注意防治赤霉病、白粉病、纹枯病。

【审定意见】 该品种符合国家小麦品种审定标准，通过审定。适宜在黄淮冬麦区南片的河南除信阳和南阳南部部分地区以外的平原灌区，陕西西安、渭南、咸阳、铜川和宝鸡灌区，江苏淮河、苏北灌溉总渠以北地区，安徽沿淮及淮河以北地区高中水肥地块中晚茬种植。

郑品优9号

【审定编号】 国审麦20200080

【品种名称】 郑品优9号

【申　请　者】 河南金苑种业股份有限公司

【育　种　者】 河南省科学院同位素研究所有限责任公司、新乡市金苑邦达富农业科技有限公司、河南金苑种业股份有限公司、河南大学生命科学学院

【品种来源】 （郑麦366/豫麦34）F0辐射诱变

【特征特性】 半冬性、全生育期220.3 d，比对照周麦18早熟2.1 d。幼苗半匍匐，叶片窄，叶色深绿，分蘖力较强。株高70.3~76.5 cm，株型较紧凑，抗倒性较好。整齐度好，穗层厚，熟相好。穗纺锤形，长芒，白粒，籽粒角质，饱满度较好。亩穗数39.7万~42.5万，穗粒数31.9~36.2粒，千粒重39.1~44.9 g。抗病性鉴定：高感纹枯病、赤霉病和白粉病，慢条锈病，中感叶锈病。品质检测：籽粒容重分别为814 g/L、801 g/L，蛋白质含量分别为14.66%、15.62%，湿面筋含量分别为31.2%、33.7%，稳定时间分别为11.6 min、12.4 min，吸水率分别为62.0%、62.2%，最大拉伸阻力分别为

544 Rm. E. U. 、416 Rm. E. U. ，拉伸面积分别为 110 cm²、105 cm²。2016—2017 年参加黄淮冬麦区南片水地组区域试验，品质指标达到强筋小麦标准。

【产量表现】2016—2017 年度参加金满仓黄淮南片试验联合体区域试验，平均亩产 540. 32 kg，比对照周麦 18 增产 3.05%；2017—2018 年度续试，平均亩产 452. 48 kg，比对照周麦 18 增产 0.2%。2018—2019 年度生产试验，平均亩产 601. 44 kg，比对照周麦 18 增产 4.03%。

【栽培技术要点】适宜播种期 10 月中上旬，适宜亩基本苗 16 万~20 万；注意防治赤霉病、纹枯病、白粉病。

【审定意见】该品种符合国家小麦品种审定标准，通过审定。适宜在黄淮冬麦区南片的河南除信阳和南阳南部部分地区以外的平原灌区，陕西西安、渭南、咸阳、铜川和宝鸡市灌区，江苏和安徽两省淮河以北地区高中水肥地块早中茬种植。

金诚麦 19 号

【审定编号】国审麦 20220118
【品种名称】金诚麦 19 号
【申 请 者】河南金苑种业股份有限公司
【育 种 者】河南金苑种业股份有限公司、新乡市金苑邦达富农业科技有限公司
【品种来源】淮麦 18/周麦 26
【特征特性】半冬性。全生育期 226. 4 d，与对照周麦 18 熟期相当。幼苗半匍匐，叶片窄，叶色深绿，分蘖力较强。株高 74. 6 cm，株型较紧凑，抗倒性较好，整齐度好，穗层较整齐，熟相好。穗纺锤形，长芒，白粒，籽粒硬质、较饱满。亩穗数 41. 5 万，穗粒数 35. 4 粒，千粒重 42. 0 g。抗病性鉴定：高感赤霉病、纹枯病、白粉病，中感叶锈病，慢条锈病。品质检测：籽粒容重分别为 815 g/L、817 g/L，蛋白质含量分别为 16. 1%、14. 7%，湿面筋含量分别为 37. 1%、29. 0%，稳定时间分别为 16. 5 min、33. 8 min，吸水率分别为 61%、64%，最大拉伸阻力分别为 512 Rm. E. U. 、777 Rm. E. U. ，拉伸面积分别为 110 cm²、168 cm²。2018—2019 年度参加黄淮冬麦区南片水地组区域试验，品质指标达到强筋小麦标准；2019—2020 年度参加黄淮冬麦区南片水地组区域试验，品质指标达到中强筋小麦标准。

【产量表现】2018—2019 年度参加金满仓联合体黄淮冬麦区南片水地组区域试验，平均亩产 562. 7 kg，比对照周麦 18 减产 0.4%；2019—2020 年度续试，平均亩产 564. 3 kg，比对照周麦 18 增产 4.6%。2020—2021 年度生产试验，平均亩产 560. 1 kg，比对照周麦 18 增产 3.4%。

【栽培技术要点】适宜播种期 10 月上中旬，亩基本苗 14 万~22 万；注意防治蚜虫、白粉病、纹枯病、赤霉病等病虫害。

【审定意见】该品种符合国家小麦品种审定标准，通过审定。适宜在黄淮冬麦区南片的河南除信阳（淮河以南稻茬麦区）和南阳南部部分地区以外的平原灌区，陕西西安、渭南、咸阳、铜川和宝鸡灌区，江苏淮河、苏北灌溉总渠以北地区，安徽沿淮及淮河以北

地区高中水肥地块早中茬种植。

焦麦 266

【审定编号】豫审麦 2012006

【品种名称】焦麦 266

【选育单位】河南怀川种业有限责任公司

【品种来源】临汾 881/温麦 8 号//周麦 13 号

【特征特性】属半冬性多穗型中熟品种，平均生育期 223.7 d，比对照品种周麦 18 号早熟 0.8 d。幼苗直立，苗期叶色发黄，长势弱，冬季抗寒性一般，分蘖力中等；春季返青早，起身快，抗倒春寒能力差，成穗率较高，穗层整齐；成株期旗叶偏小，上举，穗部有蜡质，株型松散，穗下节长，株行间通风透光性好，平均株高 77.7 cm，茎秆有弹性，抗倒伏能力较强。穗纺锤形，码稀；粒大椭圆形，大小均匀，半角质，黑胚少，饱满度较好。根系活力好，叶功能期长，耐后期高温，成熟落黄好。2010—2011 年度平均亩穗数 42.2 万，穗粒数 35.6 粒，千粒重 44.9 g；2011—2012 年度平均亩穗数 38.8 万，穗粒数 35.3 粒，千粒重 45.4 g。

【抗病鉴定】2011 年经河南省农业科学院植物保护研究所接种鉴定：中抗叶锈病、纹枯病和叶枯病，中感白粉病和条锈病，高感赤霉病。

【品质结果】2010 年区域试验混合样品质分析结果（郑州）：蛋白质含量 15.51%，容重 819 g/L，湿面筋 34.3%，降落数值 366 s，吸水量 60.9 mL/100 g，形成时间 3.0 min，稳定时间 2.3 min，弱化度 151 F.U.，沉淀值 59.8 mL，硬度 60 HI，出粉率 68.1%。2011 年区域试验混合样品质分析结果（郑州）：蛋白质含量 14.99%，籽粒容重 819 g/L，湿面筋含量 33.2%，降落数值 410 s，吸水量 61.2 mL/100 g，形成时间 3.7 min，稳定时间 2.7 min，弱化度 105 F.U.，沉淀值 56.8 mL，硬度 66 HI，出粉率 69.1%。

【产量结果】2009—2010 年度河南省冬水Ⅰ组区域试验，10 点汇总，8 点增产，2 点减产，平均亩产 525.4 kg，比对照品种周麦 18 增产 1.98%，不显著，居 15 个参试品种的第 4 位。2010—2011 年度河南省冬水Ⅰ组区域试验，12 点汇总，9 点增产，3 点减产，平均亩产 577.7 kg，比对照品种周麦 18 增产 1.81%，不显著，居 15 个参试品种的第四位。

2011—2012 年度河南省冬水Ⅰ组生产试验，11 点汇总，11 点增产，平均亩产 523.2 kg，比对照品种周麦 18 增产 4.8%，居 7 个参试品种的第 3 位。

【栽培技术要点】

（1）播期和播量：10 月 5—20 日播种，最佳播期 10 月 10 日左右；高肥力地块亩播量 6~8 kg，中低肥力地块亩播量 8~10 kg，如延期播种，以每推迟 3 d 亩增加 0.5 kg 播量为宜。

（2）田间管理：底肥一般亩施尿素 20 kg、磷酸二铵 25 kg、硫酸钾 15 kg 或三元素复合肥（N∶P∶K=15∶15∶15）50 kg，春节前后每亩追施尿素 7~10 kg。拔节前进行化学除草，并适当化控，以降低株高。灌浆期喷施磷酸二氢钾，结合天气情况及时防治白粉病和小麦穗蚜。

【**适宜地区**】河南（南部稻茬麦区除外）早中茬中高肥力地种植。

温麦 28

【**审定编号**】豫审麦 2014021

【**品种名称**】温麦 28

【**申请单位**】河南温农丰华种业有限公司

【**育 种 者**】刘兢文、薛世跃、王海华、魏占彬、程明凯

【**品种来源**】周麦 16/新麦 18

【**特征特性**】属半冬性中晚熟品种，全生育期 225.3~235.0 d。幼苗半直立，叶片较窄，叶色浓绿，冬季耐寒性较好；分蘖力较强，成穗率一般，春季两极分化快，苗脚利索，抗倒春寒能力一般；株型较紧凑，旗叶宽短，上举，穗下节短，穗层较厚，株高 72~76 cm，抗倒性好；纺锤形穗，短芒，白壳，白粒，半角质，饱满度好；后期耐热性好，落黄较好。产量构成要素：亩穗数 39.6 万~39.9 万，穗粒数 29.8~35.5 粒，千粒重 44.4~48.0 g。

【**抗病鉴定**】2011—2013 年河南省农业科学院植物保护研究所接种鉴定：中抗条锈病，中感叶锈病、白粉病和纹枯病，高感赤霉病。

【**品质分析**】2012 年农业部农产品质量监督检验测试中心（郑州）检测：蛋白质含量 15.14%，籽粒容重 816 g/L，湿面筋含量 30.9%，降落数值 381 s，沉淀指数 48 mL，吸水量 61.0 mL/100 g，形成时间 2.9 min，稳定时间 1.6 min，弱化度 190 F.U.，硬度 63 HI，白度 72.8%，出粉率 69.9%；2013 年农业部农产品质量监督检验测试中心（郑州）检测，蛋白质含量 15.08%，籽粒容重 798 g/L，湿面筋含量 31.1%，降落数值 268 s，沉淀指数 45 mL，吸水量 59.6 mL/100 g，形成时间 2.7 min，稳定时间 1.4 min，弱化度 204 F.U.，硬度 62 HI，白度 72.3%，出粉率 71.3%。

【**产量表现**】2011—2012 年度河南省冬水 Ⅱ 组区域试验，14 点汇总，13 点增产，1 点减产，增产点率 92.9%，平均亩产 472.8 kg，比对照品种周麦 18 增产 2.4%，不显著；2012—2013 年度河南省冬水 A 组区域试验，13 点汇总，10 点增产，3 点减产，增产点率 76.9%，平均亩产 505.3 kg，比对照品种周麦 18 增产 2.2%，不显著。2013—2014 年度河南省冬水 A 组生产试验，16 点汇总，15 点增产，1 点减产，平均亩产 562.9 kg，比对照品种周麦 18 增产 6.0%。

【**栽培技术要点**】

（1）播期和播量：播期为 10 月 5—20 日播种，最佳播期 10 月 10 日左右；高肥力地块亩适宜播量 8~10 kg，中低肥力地块适当加大播量，如延期播种，每推迟 3 d 亩播量增加 0.5 kg 为宜。

（2）田间管理：一般亩施纯氮 14~16 kg、磷（P_2O_5）6~9 kg、钾（K_2O）6~8 kg、硫酸锌 1 kg。磷、钾肥和微肥一次性底施，其中氮肥的底肥与追肥的比例为 6:4，拔节期追肥；返青期—拔节期前及时进行化除；适时浇好底墒水、越冬水、拔节水、灌浆

水，以提高亩穗数、穗粒数和千粒重；根据病虫害发生情况，在返青拔节期每亩喷施20%三唑酮乳油 100 mL 加水 30 kg 防治纹枯病，可用吡虫啉 40 g/亩防治蚜虫；中后期搞好"一喷三防"，灌浆期及时喷施磷酸二氢钾、尿素溶液，促进籽大粒饱。

【审定意见】该品种符合河南小麦品种审定标准，通过审定。适宜河南（南部稻茬麦区除外）早中茬中高肥力地种植。

济麦 22

【引种证号】豫引麦 2011006 号
【品种名称】济麦 22
【审定情况】2006 年通过山东省审定，审定证号鲁农审 2006050 号
【选育单位】山东省农业科学院作物研究所
【引种单位】河南泉星创世纪种业有限公司
【品种来源】935024/935106 系统选育
【特征特性】属半冬性多穗型中晚熟品种，平均全生育期 231.4 d，比对照周麦 18 晚熟 0.4 d。幼苗半匍匐，苗势较壮，叶色深绿，冬前分蘖力强，冬季抗寒性较强；春季起身拔节快，两极分化快，苗脚利索；株型半紧凑，蜡质层厚，叶片宽短、上冲，2010 年、2011 年两年平均株高 66.8~82.0 cm，茎秆弹性较好，抗倒性好；长方形穗、穗较大，码密，结实性好，落黄好，受倒春寒影响小，灌浆速度慢；籽粒角质、饱满度好，黑胚率低，容重高，籽粒商品外观好。白粉病免疫，中感条锈病，高感赤霉病。亩穗数 43.3 万，穗粒数 34.3 粒，千粒重 43.2 g。2010 年经农业部农产品质量监督检验测试中心（郑州）测试：籽粒容重 828 g/L，粗蛋白含量 14.6%，湿面筋含量 33.4%，降落数值 366 s，沉淀值 73.0 mL，吸水量 62.5%，形成时间 3.2 min，稳定时间 2.7 min，烘焙品质评分值 63.2，出粉率 69.7%。

【产量结果】2009—2010 年度参加省冬Ⅱ组引种试验，11 点汇总，11 点增产，平均亩产 475.3 kg，比对照周麦 18 增产 4.5%；2010—2011 年度参加省冬Ⅱ组引种试验，11 点汇总，10 点增产，1 点减产，平均亩产 549.2 kg，比对照周麦 18 增产 3.0%。

【适宜区域】河南省中高肥力地早中茬种植（南阳、信阳、驻马店、周口麦区除外），利用时注意防治赤霉病。

【栽培技术要点】

（1）播期与播量：适宜播种期 10 月 5—20 日，播种量每亩 6~10 kg。亩基本苗 8 万~12 万，播深 3~4 cm。

（2）田间管理：①浇水。对土壤含水量在 50% 以下且亩群体不足的麦田，开春后都应及早浇水。②追肥。可在返青期结合浇水早追肥，可追施尿素 12~15 kg/亩；冬前生长偏旺、亩群体偏大的麦田要推迟到拔节期追施尿素 7~10 kg/亩。③防治病虫草害。第一次防治应在 2 月底前进行，第二次间隔 10 d 后再进行。麦蚜可用 10% 吡虫啉 40 g/亩，加水 30 kg 喷雾，麦红蜘蛛可用 0.9% 阿维菌素 20 mL/亩，加水 30 kg 喷雾，麦田杂草可选用 75% 苯磺隆干悬浮剂 1 g+6.9% 精噁唑禾草灵水乳剂 50 mL/亩，加水 30 kg 均匀喷雾，

全蚀病可用 15% 三唑酮可湿性粉剂 150~200 g/亩，加水 60 kg 对准茎基部喷雾进行防治。④中后期管理。在 4 月中旬至 5 月上旬防治白粉病、锈病可用 20% 三唑酮浮油 100 mL/亩，防治蚜虫用吡虫啉 40 g/亩，提高粒重可用磷酸二氢钾 150~200 g/亩，以上 3 种类型药剂可以混用，减少用工、降低成本。

新植 9 号

【审定编号】国审麦 20210131
【品种名称】新植 9 号
【申 请 者】河南科林种业有限公司、新乡市新植农业科技有限公司
【育 种 者】河南科林种业有限公司、新乡市新植农业科技有限公司
【品种来源】周 27/百农 AK58
【特征特性】半冬性，全生育期 224.7 d，与对照周麦 18 熟期相当。幼苗半匍匐，叶片细长，叶色黄绿，分蘖力中等。株高 75.1 cm，株型较松散，抗倒性较好。整齐度较好，穗层较整齐，熟相一般。穗长方形，短芒，白粒，籽粒半角质，饱满度较好。亩穗数 40.2 万，穗粒数 33.7 粒，千粒重 46.4 g。抗病性鉴定：慢条锈病，中感叶锈病，高感白粉病、赤霉病、纹枯病。品质检测：籽粒容重分别为 795 g/L、805 g/L，蛋白质含量分别为 14.20%、13.78%，湿面筋含量分别为 32.8%、29.3%，稳定时间分别为 5.5 min、9.0 min，吸水率分别为 58.5%、59.0%，最大拉伸阻力 232 Rm.E.U.，拉伸面积 46 cm²。

【产量表现】2017—2018 年度参加黄淮冬麦区南片水地组河南泽熙农作物联合体区域试验，平均亩产 470.0 kg，比对照周麦 18 增产 4.7%；2018—2019 年度续试，平均亩产 623.0 kg，比对照周麦 18 增产 4.6%。2019—2020 年度生产试验，平均亩产 551.7 kg，比对照周麦 18 增产 4.0%。

【栽培技术要点】适宜播期 10 月上中旬，亩基本苗 16 万~22 万；注意防治病害蚜虫、赤霉病、白粉病、纹枯病等病虫害。

【审定意见】该品种符合国家小麦品种审定标准，通过审定。适宜在黄淮冬麦区南片的河南除信阳（淮河以南稻茬麦区）和南阳南部部分地区以外的平原灌区，陕西西安、渭南、咸阳、铜川和宝鸡灌区，江苏淮河、苏北灌溉总渠以北地区，安徽沿淮及淮河以北地区高中水肥地块早中茬种植。

科林 201

【审定编号】豫审麦 20200008
【品种名称】科林 201
【申 请 者】河南科林种业有限公司、中国农业科学院植物保护研究所
【育 种 者】河南科林种业有限公司、中国农业科学院植物保护研究所
【品种来源】许科 316/中植 0914//周麦 22

【特征特性】半冬性品种，全生育期 216.2~230.3 d，平均熟期比对照品种周麦 18 早熟 1.1 d。幼苗半直立，叶色浅绿，苗势壮，分蘖力偏弱。春季起身拔节早，两极分化快，抽穗早，耐倒春寒能力较弱。株高 77.8~80.8 cm，株型松紧适中，抗倒性中等。旗叶宽短，穗下节长，穗层较整齐，熟相好。穗纺锤形，长芒，白壳，白粒，籽粒半角质，饱满度一般。亩穗数 37.9 万~42.2 万，穗粒数 31.6~35.4 粒，千粒重 43.9~48.5 g。中抗条锈病，中感叶锈病，高感白粉病、纹枯病和赤霉病。品质检测：蛋白质含量 14.9%、14.8%，容重 748 g/L、787 g/L，湿面筋含量 31.6%、30.0%，吸水量 55.9 mL/100 g、57.1 mL/100 g，稳定时间 2.9 min、2.1 min，拉伸面积 56 cm²、34 cm²，最大拉伸阻力 208 E.U.、153 E.U.。

【产量表现】2017—2018 年度河南省冬水组区域试验，15 点汇总，增产点率 100.0%，平均亩产 447.2 kg，比对照品种周麦 18 增产 6.3%；2018—2019 年度续试，14 点汇总，增产点率 92.9%，平均亩产 613.5 kg，比对照品种周麦 18 增产 6.4%。2018—2019 年度生产试验，16 点汇总，增产点率 100.0%，平均亩产 589.0 kg，比对照品种周麦 18 增产 5.0%。

【栽培技术要点】适宜播种期 10 月上中旬，每亩适宜基本苗 16 万~20 万；注意防治蚜虫、白粉病、纹枯病、赤霉病和叶锈病等病虫害，注意预防倒春寒。

【审定意见】该品种符合河南省小麦品种审定标准，通过审定。适宜河南（南部长江中下游麦区除外）早中茬地种植。

中植 0914

【审定编号】豫审麦 20220035
【品种名称】中植 0914
【申 请 者】河南科林种业有限公司
【育 种 者】河南科林种业有限公司
【品种来源】中植 88~15/百农 AK58
【特征特性】半冬性品种，全生育期 209.4~211.6 d，平均熟期比对照品种百农 207 早熟 1.5 d。幼苗半直立，叶色深绿，分蘖力强，成穗率中等。春季起身拔节迟，抽穗较晚。株高 82.3~83.4 cm，株型松紧适中，抗倒性中等。穗层整齐，熟相好。穗纺锤形，长芒，白壳，白粒，籽粒角质，饱满度好。亩穗数 35.2 万~37.5 万，穗粒数 30.8~32.9 粒，千粒重 42.9~48.3 g。中抗白粉病，中感条锈病和叶锈病、高感纹枯病和赤霉病。2020 年、2021 年品质检测：蛋白质含量分别为 13.6%、12.8%，籽粒容重分别为 793 g/L、778 g/L，湿面筋含量分别为 29.6%、31.7%，吸水量分别为 58.5 mL/100 g、59.2 mL/100 g，稳定时间分别为 3.4 min、2.3 min，拉伸面积分别为 41 cm²、29 cm²，最大拉伸阻力分别为 191 E.U.、111 E.U.。

【产量表现】2019—2020 年度河南省南部及弱筋组区域试验，增产点率 100.0%，平均亩产 429.1 kg，比对照品种百农 207 增产 9.0%；2020—2021 年度续试，增产点率 100.0%，平均亩产 392.4 kg，比对照品种百农 207 增产 8.7%。2020—2021 年度生产试验，增产点率 80.0%，平均亩产 414.4 kg，比对照品种百农 207 增产 6.5%。

【栽培技术要点】适宜播种期 10 月中下旬，每亩适宜基本苗 16 万~20 万。注意防治蚜虫、赤霉病、叶锈病、纹枯病和条锈病等病虫害，预防倒春寒，高水肥地块种植注意防止倒伏。

【审定意见】该品种符合河南省小麦品种审定标准，通过审定。适宜河南南部长江中下游麦区种植。

科林 618

【审定编号】国审麦 20220123

【品种名称】科林 618

【申 请 者】中国农业科学院植物保护研究所、新乡市新植农业科技有限公司

【育 种 者】新乡市新植农业科技有限公司、中国农业科学院植物保护研究所

【品种来源】新 05~8/04 中 38//百农 AK58

【特征特性】半冬性。全生育期 227.9 d，与对照周麦 18 熟期相当。幼苗半匍匐，叶片窄长，叶色绿，分蘖力强。株高 73 cm，株型半紧凑，抗倒性较好，整齐度好，穗层整齐，熟相好。穗纺锤形，长芒，白粒，籽粒半角质、较饱满。亩穗数 42.4 万，穗粒数 35.7 粒，千粒重 45.5 g。抗病性鉴定：高感赤霉病，高感白粉病，中感条锈病，中感纹枯病，中感叶锈病。品质检测：籽粒容重分别为 824 g/L、845 g/L，蛋白质含量分别为 12.6%、13.6%，湿面筋含量分别为 27.4%、33.4%，稳定时间分别为 3.1 min、2.0 min，吸水率分别为 60%、62%。

【产量表现】2018—2019 年度参加河南泽熙农作物联合体黄淮冬麦区南片水地组区域试验，平均亩产 619.7 kg，比对照周麦 18 增产 2.7%；2019—2020 年度续试，平均亩产 581.3 kg，比对照周麦 18 增产 4.7%。2020—2021 年度生产试验，平均亩产 551.6 kg，比对照周麦 18 增产 5.1%。

【栽培技术要点】适宜播种期 10 月上中旬，亩基本苗 16 万~22 万。拔节前进行化学除草；结合天气情况注意防治蚜虫、锈病和赤霉病。

【审定意见】该品种符合国家小麦品种审定标准，通过审定。适宜在黄淮冬麦区南片的河南除信阳（淮河以南稻茬麦区）和南阳南部部分地区以外的平原灌区，陕西西安、渭南、咸阳、铜川和宝鸡灌区，江苏淮河、苏北灌溉总渠以北地区，安徽沿淮及淮河以北地区高中水肥地块早中茬种植。

联邦 2 号

【审定编号】豫审麦 20200045

【品种名称】联邦 2 号

【申 请 者】新乡市天宝农作物新品种研究所、河南联邦种业有限公司

【育　种　者】新乡市天宝农作物新品种研究所、河南联邦种业有限公司

【品种来源】新原 958/联邦 1 号

【特征特性】半冬性品种，全生育期 212.9~234.4 d，平均熟期比对照品种周麦 18 晚熟 0.4 d。幼苗半匍匐，苗势壮，叶色深绿，分蘖力较强，冬季抗寒性较好。春季起身拔节较快，两极分化快，抽穗偏晚，耐倒春寒能力一般。株高 70.0~73.1 cm，株型稍松散，抗倒性较好。旗叶上冲，穗层较厚，熟相一般。穗纺锤形，短芒，白壳，白粒，半角质，饱满度好，亩穗数 36.4 万~39.5 万，穗粒数 33.7~37.4 粒，千粒重 44.5~45.3 g。中抗条锈病，中感叶锈病、白粉病和纹枯病，高感赤霉病。2018 年、2019 年品质检测：蛋白质含量分别为 14.4%、13.5%，籽粒容重分别为 796 g/L、785 g/L，湿面筋含量分别为 29.0%、27.8%，吸水率分别为 55.9%、56.9%，稳定时间分别为 2.3 min、2.5 min，拉伸面积分别为 20 cm²、29 cm²，最大拉伸阻力分别为 102 E. U. 、147 E. U. 。

【产量表现】2017—2018 年度河南炎黄小麦新品种测试联合体冬水组区域试验，11 点汇总，增产点率 72.7%，平均亩产 459.5 kg，比对照品种周麦 18 增产 5.7%；2018—2019 年度续试，14 点汇总，增产点率 64.3%，平均亩产 560.0 kg，比对照品种周麦 18 增产 1.5%。2018—2019 年度生产试验，11 点汇总，增产点率 63.6%，平均亩产 553.9 kg，比对照品种周麦 18 增产 3.0%。

【栽培技术要点】适宜播种期 10 月上中旬，每亩适宜基本苗 18 万~22 万；注意防治蚜虫、赤霉病、叶锈病、白粉病和纹枯病等病虫害，注意预防倒春寒。

【审定意见】该品种符合河南省小麦品种审定标准，通过审定。适宜河南（南部长江中下游麦区除外）早中茬地种植。

西农 979

【审定编号】国审麦 2005005

【品种名称】西农 979

【选育单位】西北农林科技大学

【品种来源】西农 2611/（918/95 选 1）F₁

省级审定情况：2005 年陕西省农作物品种审定委员会审定

【特征特性】半冬性，早熟，成熟期比豫麦 49 号早 2~3 d。幼苗匍匐，叶片较窄，分蘖力强，成穗率较高。株高 75 cm 左右，茎秆弹性好，株型略松散，穗层整齐，旗叶窄长、上冲。穗纺锤形，长芒，白壳，白粒，籽粒角质，较饱满，色泽光亮，黑胚率低。平均亩穗数 42.7 万，穗粒数 32 粒，千粒重 40.3 g。苗期长势一般，越冬抗寒性好，抗倒春寒能力稍弱；抗倒伏能力强；不耐后期高温，有早衰现象，熟相一般。接种抗病性鉴定：中抗至高抗条锈病，慢秆锈病，中感赤霉病和纹枯病，高感叶锈病和白粉病。田间自然鉴定，高感叶枯病。2004 年、2005 年品质测定：籽粒容重分别为 804 g/L、784 g/L，蛋白质含量分别为 13.96%、15.39%，湿面筋含量分别为 29.4%、32.3%，沉降值分别为 41.7 mL、49.7 mL，吸水率分别为 64.8%、62.4%，面团形成时间分别为 4.5 min、6.1 min，稳定时间分别为 8.7 min、17.9 min，最大抗延阻力分别为 440 E. U. 、564 E. U. ，

拉伸面积分别为 94 cm²、121 cm²。属强筋品种。

【产量表现】2003—2004 年度参加黄淮冬麦区南片冬水组区域试验，平均亩产536.8 kg，比高产对照豫麦 49 号减产 1.5%（不显著），比优质对照藁麦 8901 增产 5.6%；2004—2005 年度续试，平均亩产 482.2 kg，比高产对照豫麦 49 号减产 0.6%（不显著），比优质对照藁麦 8901 增产 6.4%（极显著）。2004—2005 年度参加生产试验，平均亩产457.6 kg，比对照豫麦 49 号减产 0.2%。

【栽培技术要点】适播期 10 月上中旬，每亩适宜基本苗 12 万~15 万；注意防治白粉病、叶枯病和叶锈病。

【审定意见】该品种符合国家小麦品种审定标准，通过审定。适宜在黄淮冬麦区南片的河南中北部、安徽北部、江苏北部、陕西关中地区、山东菏泽中高产水肥地早中茬种植。

师栾 02-1

【审定编号】国审麦 2007016
【品种名称】师栾 02-1
【选育单位】河北师范大学、栾城县原种场
【品种来源】9411/9430
省级审定情况： 2004 年河北省农作物品种审定委员会审定
【特征特性】半冬性，中熟，成熟期比对照石 4185 晚 1 d 左右。幼苗匍匐，分蘖力强，成穗率高。株高 72 cm 左右，株型紧凑，叶色浅绿，叶小上举，穗层整齐。穗纺锤形，护颖有短绒毛，长芒，白壳，白粒，籽粒饱满，角质。平均亩穗数 45.0 万，穗粒数33.0 粒，千粒重 35.2 g。春季抗寒性一般，旗叶干尖重，后期早衰。茎秆有蜡质，弹性好，抗倒伏。抗寒性鉴定：抗寒性中等。中抗纹枯病，中感赤霉病，高感条锈病、叶锈病、白粉病、秆锈病。2005 年、2006 年品质测定：籽粒容重分别为 803 g/L、786 g/L，蛋白质含量分别为 16.30%、16.88%，湿面筋含量分别为 32.3%、33.3%，沉降值分别为51.7 mL、61.3 mL，吸水率分别为 59.2%、59.4%，稳定时间分别为 14.8 min、15.2 min，最大抗延阻力分别为 654 E.U.、700 E.U.，拉伸面积分别为 163 cm²、180 cm²，面包体积分别为 760 cm²、828 cm²，面包评分分别为 85 分、92 分。

【产量表现】2004—2005 年度参加黄淮冬麦区北片水地组品种区域试验，平均亩产491.7 kg，比对照石 4185 增产 0.14%；2005—2006 年度续试，平均亩产 491.5 kg，比对照石 4185 减产 1.21%。2006—2007 年度生产试验，平均亩产 560.9 kg，比对照石 4185 增产 1.74%。

【栽培技术要点】适宜播期 10 月上中旬，每亩适宜基本苗 10 万~15 万，后期注意防治条锈病、叶锈病、白粉病等。

【审定意见】该品种符合国家小麦品种审定标准，通过审定。适宜在黄淮冬麦区北片的山东中部和北部、河北中南部、山西南部中高水肥地种植。

秦鑫 271

【审定编号】陕审麦 2017008 号

【品种名称】秦鑫 271

【引种备案号】（豫）引种〔2018〕麦 036

【选育单位】西安鑫丰农业科技有限公司

【引 种 者】河南圣源种业有限公司

【品种来源】西农 889/徐麦 5 号

【特征特性】属半冬性中熟品种，全生育期 216 d 左右。幼苗半匍匐，叶色深绿，叶片上挺；株型半紧凑，株高 66.4 cm 左右；穗长方形，长芒、白壳、白粒，角质。平均亩穗数 38.3 万，穗粒数 33.9 粒，千粒重 43.7 g。2018 年引种鉴定试验，对条锈病高抗，叶锈病高感，白粉病中感，赤霉病中感，纹枯病中感。

【产量表现】引种试验平均亩产 453.6 kg，比对照周麦 18 增产 4.0%。

【栽培技术要点】①适宜播期 10 月 10—15 日，播种量 10~12.5 kg/亩，播期延迟或肥力较差时，应增加播量；②田间管理：氮、磷、钾配合，重施基肥，提倡氮肥后移，分段追施；③返青期追肥浇水；④扬花期做好"一喷三防"，防治蚜虫、叶锈病及白粉病等病虫害。风险提示：该品种高感叶锈病，注意及时防治。

【审定意见】适宜在河南（信阳和南阳南部麦区除外）早中茬地种植。

太紫 6336

【审定编号】晋审麦 20190018

【品种名称】太紫 6336

【申 请 者】山西省农业科学院作物科学研究所

【育 种 者】山西省农业科学院作物科学研究所

【品种来源】济麦 20/中农大 3~2

【特征特性】冬性，全生育期 251 d，比对照冬黑 10 号晚熟 2 d。幼苗半直立，叶片宽短，叶色绿色，分蘖力较强。株高 74 cm，株型较紧凑，茎秆弹性较好。茎秆紫色，旗叶半直立，穗层整齐，熟相好。穗纺锤形，穗长 7.1 cm，长芒，白壳。护颖卵形，颖肩斜肩，颖嘴中弯，小穗密度中。粒卵圆形，粒紫色，粒角质。亩穗数 35.6 万，穗粒数 35.0 粒，千粒重 37.9 g。2017—2018 年度、2018—2019 年度山西农业科学院植物保护研究所抗病性鉴定，中感条锈病、叶锈病、白粉病。2017 年农业部谷物及制品质量监督检验测试中心（哈尔滨）品质检测：籽粒容重 802 g/L，粗蛋白质含量 15.98%，湿面筋含量 35.0%，稳定时间 3.3 min。

【产量表现】2017—2018 年度参加山西省中部晚熟冬麦区水地特殊类型品种区域试验，平均亩产 446.27 kg，比对照冬黑 10 号增产 11.6%；2018—2019 年度续试，平均亩产 437.4 kg，比对照冬黑 10 号增产 8.1%。2 年区域试验平均亩产 441.8 kg，比对照增产 9.8%。2018—2019 年度参加生产试验，平均亩产 423.3 kg，比对照冬黑 10 号增产 9.0%。

【栽培技术要点】适宜播期 9 月下旬至 10 月上旬；亩基本苗 20 万~25 万；施足基肥；浇好越冬、返青、拔节和灌浆水，在返青期至拔节期随水亩施尿素 10~15 kg；蜡熟期适时收获。

【审定意见】该品种符合山西小麦品种审定标准，通过审定。适宜在山西中部晚熟冬麦区水地种植。

爱民蓝麦 1 号

【审定编号】鲁审麦 20206036

【育　种　者】淄博爱民种业有限公司

【品种来源】常规品种，系"蓝矮败"轮选群中分离出的蓝育株系选育。

【特征特性】半冬性，幼苗半直立，株型紧凑，叶色较深，抗倒伏，熟相正常。两年区域试验结果平均：全生育期 233 d，比对照山农紫麦 1 号晚熟 1 d；株高 71.4 cm，亩最大分蘖数 95.0 万，亩有效穗数 39.1 万，分蘖成穗率 44.2%；穗长方形，穗粒数 41.4 粒，千粒重 45.2 g，籽粒容重 775.0 g/L；长芒、白壳、蓝粒，籽粒角质。2019 年河北省农林科学院植物保护研究所接种鉴定结果：中抗白粉病，中感叶锈病，高感条锈病、纹枯病和赤霉病。越冬抗寒性中等。2019 年经农业农村部谷物及制品质量监督检验测试中心（泰安）测试结果：籽粒蛋白质含量 15.1%，湿面筋含量 36.7%，沉淀值 39.0 mL，吸水率 56.3 mL/100 g，稳定时间 5.3 min，白度 79.7。

【产量表现】在 2017—2019 年山东特殊用途小麦品种自主区域试验中，2 年平均亩产 484.5 kg，比对照山农紫麦 1 号增产 6.8%。2018—2019 年生产试验，平均亩产 561.7 kg，比对照山农紫麦 1 号增产 5.3%。

【栽培技术要点】适宜播期 10 月 8—15 日，每亩基本苗 15 万~20 万。注意防治条锈病、纹枯病和赤霉病。其他管理措施同一般大田。

【审定意见】适宜在山东中、高产地块作为特殊用途品种种植利用。

附录3 气象条件对小麦生长发育的影响

1 2011—2012 年度

2011—2012 年度气象条件对小麦生产的影响，基本上可谓风调雨顺，利大于弊。不但巧遇了"八十三场雨"，即阴历八月播种雨、阴历十月越冬雨和阴历三月拔节雨，同时麦播以来没有出现重大气象灾害。2011 年 10 月至 2012 年 5 月合计积温 2379.2 ℃，比常年多 207.9 ℃，比上年度少 28.1 ℃；降水量 189.3 mm，比常年多 29.0 mm，比上年度多 92.3 mm；日照时数 1 065.7 h，比常年少 362.8 h，比上年度少 395.0 h。气象资料记录见附表 3-1。

附表 3-1 2011—2012 年度小麦生育期内气象资料记录

项目		具体信息
播种—越冬期 （10 月 10 日—12 月 15 日）	日均温	7.7 ℃
	降水时期和降水量	10 月：22—26 日，34.0 mm 11 月：3—8 日，31.2 mm；16—18 日，35.3 mm；22 日，1.5 mm；28—29 日，14.6 mm 12 月：4—7 日，2.4 mm
越冬期—返青期 （12 月 16 日—2 月 20 日）	日均温	-0.14 ℃
	降水时期和降水量	1 月：16 日 1.5 mm，18 日 0.4 mm
返青期—拔节期 （2 月 21 日—3 月 27 日）	日均温	6.4 ℃
	降水时期和降水量	3 月：1—2 日 3.8 mm，15—16 日 3.1 mm，21—23 日 24.3 mm
拔节期—开花期 （3 月 28 日—4 月 27 日）	日均温	16.9 ℃
	降水时期和降水量	4 月：2 日 2.5 mm，24—25 日 36.4 mm
开花期—成熟期 （4 月 28 日—6 月 1 日）	日均温	22.7 ℃
	降水时期和降水量	5 月：12 日 2.3 mm
小麦发生冻害 时期、持续时间、危害程度和特点		无
小麦生育后期干热风 发生日期、程度和持续天数		无

1.1 秋播前后降水充足，大面积足墒播种，一播全苗

2011 年 9 月降水量 183.2 mm，是常年同期的 3.3 倍；10 月、11 月的降水量合计 129.2 mm，是常年同期的 2.6 倍。10—12 月的积温合计 804.0 ℃，比常年增加 60.9 ℃，

增幅 8.2%；3 个月日照时数合计 316.1 h，比常年减少 181.3 h，减幅 36.4%。由于墒情好，基本苗足，越冬期一类、二类苗占 90% 以上，其中一类苗占 60%，为近年来越冬苗情较好的年份。但持续的阴雨寡照，造成土壤通气不良，影响了小麦分蘖和次生根的发生，新乡市大部分麦田的第一分蘖缺位、次生根减少，抗逆能力下降。其中一类苗单株分蘖 3.6 个，比上年度同期少 0.9 个；次生根 5.6 条，比上年度同期少 1.3 条。播期偏晚地块麦苗生长量小、分蘖少。原阳、获嘉部分稻茬麦区由于排水不畅，播种过晚，冬前未出苗，甚至有近 3 000 亩稻茬田春节前没种上小麦。

1.2　早春升温慢，气温偏低，小麦生育时期推迟

1—2 月降水量 1.7 mm，比常年同期减少 9.2 mm；0 ℃ 以上积温 82.0 ℃，与常年的 79.8 ℃ 基本持平；平均气温 0.74 ℃，比常年的 1.12 ℃ 低 0.38 ℃，降幅 33.9%；日照时数 163.6 h，比常年减少 45%。3 月上中旬降水量 4.6 mm，比常年同期减少 6.5 mm；积温 127.8 ℃，比常年的 145 ℃ 减少 17.2 ℃，减幅 11.9%；平均气温 6.39 ℃，比常年的 7.25 ℃ 低 0.86 ℃，降幅 11.9%；日照时数 71.4 h，比常年减少 41.0 h，减幅 36.5%。长时间低温寡照导致小麦生育时期推迟。2012 年小麦返青期在 2 月 20 日前后，比常年推迟 10 d 左右，与 2010 年、2011 年返青期较接近；拔节期在 3 月 24—25 日，比常年推迟 15 d，比 2011 年推迟 7 d 左右。

1.3　晚春、初夏气温偏高，降水充足，后期生育进程加快

3 月下旬至 4 月下旬累计降水量 50.1 mm，比常年同期增加 14.4 mm，增幅 40.3%；积温 670 ℃，比常年同期的 572.7 ℃ 增加 97.3 ℃，增幅 17.0%；平均气温 16.3 ℃，比常年的 14.0 ℃ 高 2.3 ℃；日照时数 282.8 h，比常年的 275 h 增加 7.8 h，增幅 2.8%。温度高、墒情好、日照充足加速了小麦的生长发育。4 月 22—23 日进入抽穗期，比上年早 3~5 d。4 月底至 5 月初，气温偏高，墒情适宜，对小麦扬花较为有利。

1.4　生长后期温度高，降水少，对灌浆有一定不利影响

5 月积温 733.1 ℃，比常年同期增加 88.4 ℃，增幅 13.7%，比上年度同期增加 78.4 ℃，增幅 12.0%；平均气温 23.6 ℃，比常年高 2.8 ℃，比上年高 2.5 ℃；日照时数 231.8 h，比常年同期减少 14.2 h，减幅 5.8%，比上年同期增加 23.3 h，增幅 11.2%；降水量 1.9 mm，比常年同期减少 42.2 mm，减幅 95.7%，比上年同期减少 54.4 mm，减幅 96.6%。小麦籽粒形成和灌浆的最适温度为 20~22 ℃，5 月平均气温较高，对提高灌浆强度有利，但促使茎叶早衰，加之病虫害严重发生，灌浆持续时间缩短。干旱对没有及时浇灌浆水的地块也有一定不利影响。小麦收获高峰期在 6 月 5 日前后，接近常年，比上年度早近 1 周。灌浆期气象资料见附表 3-2。

附表 3-2　2012 年小麦灌浆期气象资料记录

日期	气温（℃）			降水量（mm）	14:00 相对湿度（%）	14:00 风速（m/s）
	平均	最高	最低			
5 月 1 日	21.8	27.0	15.9	0.0	51	0.9
5 月 2 日	22.3	28.2	15.5	0.4	42	1.8

日期	气温（℃）			降水量	14:00 相对湿度	14:00 风速
	平均	最高	最低	（mm）	（%）	（m/s）
5 月 3 日	22.3	28.7	15.9	0.0	38	1.9
5 月 4 日	23.7	30.6	16.5	0.0	34	2.8
5 月 5 日	23.4	30.5	19.3	0.0	47	1.9
5 月 6 日	24.1	31.6	15.3	0.0	44	3.8
5 月 7 日	22.5	27.1	19.4	0.0	61	3.1
5 月 8 日	23.2	29.2	18.5	0.0	48	3.0
5 月 9 日	23.8	29.2	18.9	0.0	51	2.0
5 月 10 日	24.6	30.7	19.5	0.0	51	2.5
5 月 11 日	22.9	27.8	18.9	0.0	55	2.1
5 月 12 日	20.8	24.2	19.4	2.3	79	1.3
5 月 13 日	20.5	26.2	12.9	0.0	34	2.6
5 月 14 日	23.2	29.1	17.6	0.0	34	4.0
5 月 15 日	22.0	30.6	14.4	0.0	27	3.0
5 月 16 日	21.2	29.2	13.4	0.0	27	2.6
5 月 17 日	22.7	31.1	13.2	0.0	15	2.7
5 月 18 日	24.7	30.4	18.1	0.0	35	3.3
5 月 19 日	25.0	31.0	17.3	0.0	36	2.7
5 月 20 日	23.8	28.9	18.4	0.0	44	2.3
5 月 21 日	21.6	25.6	17.3	0.0	49	1.0
5 月 22 日	21.0	22.9	19.6	0.2	67	1.2
5 月 23 日	21.5	26.5	17.1	0.0	58	3.1
5 月 24 日	22.7	28.0	18.9	0.0	52	1.6
5 月 25 日	23.4	29.1	17.0	0.0	33	2.7
5 月 26 日	23.1	31.5	17.1	0.0	33	2.5
5 月 27 日	25.0	32.7	17.0	0.0	31	3.0
5 月 28 日	25.3	31.5	18.8	0.0	34	2.2
5 月 29 日	21.2	26.0	20.0	0.5	57	2.0
5 月 30 日	22.8	29.2	15.5	0.0	33	5.1
5 月 31 日	22.8	28.4	16.0	0.0	43	2.1
6 月 1 日	24.1	29.6	19.5	0.0	41	2.3
6 月 2 日	24.6	31.3	17.0	0.0	33	2.2
6 月 3 日	24.7	30.3	19.5	0.0	31	4.6

2 2012—2013 年度

2.1 苗期积温比常年高

10 月积温 532.7 ℃，比常年增加 68 ℃，增幅 14.6%；11 月积温 232 ℃，比常年增加 5 ℃，增幅 2.2%；2 个月日照时数与往年持平，但降水量偏少，较适宜麦苗生长发育。

2.2 越冬期积温比常年大幅减少

12 月积温 -1.1 ℃，比常年下降 52.5 ℃，日均温降低 1.7 ℃；日照时数 92.9 h，比常年降低 56.8 ℃，降幅 37.9%。1 月积温 -41.1 ℃，比常年下降 34.9 ℃，日均温降低 1.1 ℃；日照时数 54.7 h，比常年降低 94.3 h，降幅 63.3%。12 月、1 月降水量与常年持平，2 月气温接近常年。12 月、1 月、2 月这 3 个月雾霾天气多，大风天气少，对土壤保墒有利，减小了降水量偏少的影响。

2.3 返青期至抽穗期气温变化幅度大

3 月积温 337.8 ℃，比常年增加 86.1 ℃，增幅 34.2%，其中 3 月上旬日均温 12.6 ℃，比常年增加 6.2 ℃；大部分地区没有有效降水，日照时数基本正常。4 月积温 461.3 ℃，接近常年；降水量 19.8 mm，比常年减少 7.5 mm；日照时数 203.3 h，接近常年。4 月 19 日最低气温降至 1.1 ℃，持续时间 20 min，造成小麦穗粒数减少。

2.4 生长发育后期气温偏高，降水多

5 月积温 699.8 ℃，比常年增加 55.1 ℃，增幅 8.55%，特别是 5 月中旬积温 246.4 ℃，比常年增加 42.4 ℃；5 月 11—14 日高温，最高气温 37.3 ℃，造成小麦早衰；降水量 61.4 mm，较常年增加 17.3 mm。其中，5 月下旬降水量 50.1 mm，较常年（16.6 mm）增加 33.5 mm，增幅 66.8%。5 月 25—26 日降水量 45.6 mm，致使小麦早死；日照时数 172.3 h，较常年减少 73.7 h，减幅 29.96%。

小麦生育期内气象资料见附表 3-3，灌浆期气象资料见附表 3-4。

附表 3-3 2012—2013 年度小麦生育期内气象资料记录

项　目		具体信息
播种—越冬期 （10 月 11 日—12 月 12 日）	日均温	8.8 ℃
	降水时期和降水量	10 月：16 日 6.6 mm，21 日 1.5 mm，29 日 1.2 mm 11 月：3 日 4.0 mm，10 日 1.3 mm，25 日 3.4 mm
越冬期—返青期 （12 月 13 日—2 月 25 日）	日均温	0 ℃
	降水时期和降水量	12 月：13 日 6.5 mm 1 月：20 日 3.9 mm 2 月：3 日 13.2 mm，5 日 1.3 mm
返青期—拔节期 （2 月 26 日—3 月 19 日）	日均温	10.4 ℃
	降水时期和降水量	无
拔节期—开花期 （3 月 20 日—4 月 30 日）	日均温	13.3 ℃
	降水时期和降水量	4 月：5 日 6.2 mm，19 日 7.6 mm，22 日 7.2 mm

（续表）

项　目		具体信息
开花期—成熟期 （5月1日—6月4日）	日均温	22.8 ℃
	降水时期和降水量	5月：7—8日1.8 mm，18日4.1 mm，23—29日51.5 mm
小麦发生冻害 时期、持续时间、危害程度和特点		4月19日最低气温降至1.1 ℃，持续时间20 min
小麦生育后期干热风 发生日期、程度和持续天数		5月10—12日出现明显干热风，日平均气温达28 ℃，最高气温达37.3 ℃

附表 3-4　2013 年小麦灌浆期气象资料记录

日期	气温（℃）			降水量 （mm）	14：00 相对湿度 （%）	14：00 风速 （m/s）
	平均	最高	最低			
5月5日	20.6	27.0	12.8	0.0	39	2.5
5月6日	21.4	24.6	19.1	0.0	54	1.1
5月7日	19.5	22.3	17.0	0.2	78	1.9
5月8日	18.1	21.0	16.7	1.6	83	2.0
5月9日	18.5	23.5	15.4	0.0	70	2.9
5月10日	21.3	30.5	13.5	0.0	14	3.4
5月11日	26.0	34.5	17.6	0.0	14	3.2
5月12日	27.8	37.3	20.4	0.0	16	3.7
5月13日	26.2	33.6	18.1	0.0	33	2.9
5月14日	24.5	30.0	20.7	0.0	39	7.5
5月15日	23.9	28.1	20.0	0.0	26	3.9
5月16日	22.4	28.1	16.0	0.0	29	2.3
5月17日	20.8	25.7	15.2	0.0	45	1.3
5月18日	20.6	26.3	16.5	4.1	50	1.9
5月19日	25.9	34.7	17.0	0.0	28	4.9
5月20日	24.4	30.1	16.9	0.0	15	2.7
5月21日	27.2	35.2	19.8	0.0	28	2.4
5月22日	27.0	31.0	22.4	0.0	37	6.0
5月23日	22.8	27.3	20.5	1.5	72	1.7
5月24日	24.1	29.0	20.2	0.8	57	1.8
5月25日	21.0	25.1	18.9	10.0	75	1.8
5月26日	20.3	21.5	18.9	35.6	86	2.7
5月27日	23.2	28.7	18.9	0.0	45	2.0
5月28日	20.5	23.5	19.4	2.8	79	1.8
5月29日	19.8	24.5	17.5	0.8	56	2.0

（续表）

日期	气温（℃）			降水量（mm）	14:00相对湿度（%）	14:00风速（m/s）
	平均	最高	最低			
5月30日	22.1	28.8	16.3	0.0	34	2.2
5月31日	22.0	27.4	18.0	0.0	48	1.0
6月1日	24.3	30.8	18.1	0.0	41	3.1
6月2日	26.4	33.4	19.7	0.0	35	3.0
6月3日	26.9	34.6	19.6	0.0	34	3.4
6月4日	28.2	36.9	20.2	0.0	17	2.5

3　2013—2014年度

3.1　冬前积温高、降水量少，越冬期苗情较好

2013年9月，降水量仅为17.6 mm，造成土壤干旱，给麦播带来不利影响。10—12月，积温839.3 ℃，较上年度增加75.7 ℃，较常年增加96.2 ℃；10月、12月降水量较少，降水主要集中在11月，11月降水量为31.8 mm，较上年度增加22 mm，较常年增加16.1 mm；日照时数基本持平。麦播期间，由于土壤严重缺墒，新乡市造墒面积较大，基本全部实现足墒下种，苗齐、苗匀、苗壮。由于11月、12月积温偏高，且11月降水量较多，完全可以满足小麦生长发育。但是，适宜的温度、湿度有利于病虫害的滋生。此外，由于个别地块播量偏大，导致有旺长现象。但是，总体来讲越冬苗情较好。据统计，一类、二类苗占93.3%，旺长苗较往年有所增加，达到3.7%。

3.2　返青后期气温偏高，生长发育提速

2014年2月5日（立春第二天），新乡市普降大雪，冬季以来持续的旱情得以解除，压低了地下害虫基数。返青后，气温高、降水少仍是春季天气的主流。据统计，1—3月积温560.6 ℃，较上年度增加181.9 ℃，较常年增加243.1 ℃；季度降水量20.6 mm，较上年度基本持平，较常年减少9.8 mm；日照时数比较正常。积温偏高导致小麦生长发育进程开始加速，两极分化加快，有利于穗大粒多，也避免了"倒春寒"危害。降水量偏少有利于氮肥后移技术的推广应用，但同时造成丘陵和山区小麦旱情加剧，个别地块甚至绝收。

3.3　中后期天气适宜，有利抽穗灌浆

2014年4月，积温仍然较高，但降水量增加明显。据统计，4月积温512.3 ℃，较上年度增加51 ℃，较常年增加46.3 ℃。本月日气温变化起伏不大，有利于生长发育。由于积温明显偏高，导致小麦抽穗、扬花较常年提前7~10 d。4月降水量47.1 mm，较上年度增加27.3 mm，较常年增加19.8 mm。但是，4月降雨主要集中在中旬，降水量达到35.7 mm，当时正值抽穗、扬花期，气象条件非常适宜赤霉病发生。进入5月上中旬，气象条件基本正常，日最高气温比较平稳，多集中在25~28 ℃，非常有利于灌浆。降水量27.1 mm，较上年度减少34.3 mm，较常年减少17 mm，对小麦灌浆也非常有利。但是，5

月下旬连续 8 d 气温超过 30 ℃，极端气温达到 38.2 ℃，温度、湿度、风速均达到"干热风"指标，对沙地、丘陵、山区缺墒麦田生长影响较大。

小麦生育期内气象资料见附表 3-5，灌浆期气象资料见附表 3-6。

附表 3-5　2013—2014 年度小麦生育期内气象资料记录

项目		具体信息
播种—越冬期 （10 月 11 日—12 月 12 日）	日均温	9.7 ℃
	降水时期和降水量	2013 年 10 月：14 日 4.1 mm，30—31 日 9.1 mm 11 月：7—9 日 18.3 mm，22—23 日 9.7 mm
	日照时数	431.1 h
越冬期—返青期 （12 月 13 日—2 月 25 日）	日均温	1.5 ℃
	降水时期和降水量	2014 年 2 月：4—8 日 14.7 mm
	日照时数	239.8 h
返青期—拔节期 （2 月 26 日—3 月 19 日）	日均温	7.2 ℃
	降水时期和降水量	2 月：28 日 2.2 mm
	日照时数	112.0 h
拔节期—开花期 （3 月 20 日—4 月 30 日）	日均温	15.9 ℃
	降水时期和降水量	3 月：18 日 2.1 mm 4 月：1 日 13.8 mm，14—16 日 4.9 mm，18 日 25.3 mm
	日照时数	247.8 h
开花期—成熟期 （5 月 1 日—6 月 4 日）	日均温	20.4 ℃
	降水时期和降水量	4 月：25 日 9.4 mm 5 月：10—11 日 31.5 mm，24 日 3.8 mm
	日照时数	310.7 h
小麦发生冻害 时期、持续时间、危害程度和特点		无
小麦生育后期干热风 发生日期、程度和持续天数		5 月 12 日、5 月 15 日、5 月 21 日出现干热风天气（中度）

附表 3-6　2014 年小麦灌浆期气象资料记录

日期	气温（℃）			降水量 （mm）	14:00 相对湿度 （%）	14:00 风速 （m/s）
	平均	最高	最低			
5 月 2 日	20.5	25.0	16.6	0.0	33	4.5
5 月 3 日	18.1	25.4	9.9	0.0	32	1.8
5 月 4 日	17.3	20.8	14.1	0.0	27	2.2
5 月 5 日	15.9	24.3	8.0	0.0	32	1.5
5 月 6 日	20.2	29.3	11.5	0.0	33	1.9
5 月 7 日	23.5	32.2	15.9	0.0	30	2.5
5 月 8 日	22.9	28.0	18.1	0.0	42	2.5
5 月 9 日	21.8	27.1	16.6	0.0	52	3.7

日期	气温（℃）			降水量（mm）	14:00 相对湿度（%）	14:00 风速（m/s）
	平均	最高	最低			
5月10日	17.0	22.1	13.2	16.2	80	3.8
5月11日	19.1	27.7	13.1	1.7	28	4.0
5月12日	22.4	31.1	14.6	0.0	21	3.4
5月13日	20.7	26.5	14.3	0.0	48	1.5
5月14日	20.8	25.8	15.3	0.0	42	1.7
5月15日	20.7	29.4	13.4	0.0	25	3.5
5月16日	22.4	28.4	17.1	0.0	41	1.5
5月17日	21.8	27.4	14.4	0.0	44	2.5
5月18日	22.8	30.4	15.5	0.0	34	1.7
5月19日	24.1	30.1	21.0	0.0	43	2.1
5月20日	26.5	36.1	18.9	0.0	23	2.1
5月21日	25.8	33.2	16.4	0.0	26	3.8
5月22日	26.2	32.3	19.3	0.0	38	1.2
5月23日	25.2	29.6	19.6	13.4	49	2.0
5月24日	24.0	29.6	20.4	0.4	67	1.4
5月25日	26.0	32.9	20.9	0.0	15	1.7
5月26日	26.5	34.8	17.6	0.0	15	2.7
5月27日	28.9	38.3	21.8	0.0	15	2.3
5月28日	28.3	36.6	18.7	0.0	15	2.2
5月29日	29.9	38.5	21.3	0.0	16	2.8
5月30日	28.9	36.8	20.7	0.0	18	2.9

4 2014—2015 年度

4.1 冬前积温高，降水少，越冬期苗情较好

2014 年 9 月降雨充足，墒情适宜。10—12 月，新乡市降水偏少，仅为 16.2 mm，较常年（58.5 mm）减少 42.3 mm。积温 933.9 ℃，较常年（743.1 ℃）增加 190.8 ℃。麦播期间，由于墒情适宜，新乡市基本全部实现足墒下种，苗齐、苗匀、苗壮。由于冬前积温偏高，个别地块播量偏大，导致有旺长现象。

4.2 返青期旱象重，气温高，生长发育提速

2014 年麦播至 3 月底，降水量仅为 24.0 mm，较常年同期减少 64.9 mm。2 月 1—4 日土壤墒情监测结果显示，新乡市 27 个监测网点中，13 个监测点旱情较重，尤其是砂壤土地、丘陵地、耕后未镇压地块旱情更加严重。针对这一生产形势，新乡市积极组织开展了以抗旱保苗为主的春季分类管理，消除了干旱对小麦生长发育的不利因素。在有效积温方面，1—3 月高达 582.1 ℃，较常年（317.5 ℃）增加 264.6 ℃，返青、拔节较常年提

前3~5 d。积温偏高导致小麦生长发育进程加速，两极分化加快，有利于穗大粒多，也避免了"倒春寒"危害。

4.3 中后期天气适宜，有利于抽穗灌浆

2014年4月积温497.5 ℃，较常年增加13.5 ℃，抽穗时间与常年基本一致。但是降水量增加明显。当月降水量84.4 mm，较常年（27.3 mm）增加57.1 mm，有利于小麦生长发育。但是，由于亩群体较大，田间湿度偏大，为小麦白粉病、锈病的发生提供了有利条件。5月，当月积温687.5 ℃，较常年增加42.8 ℃。当月降水量57.9 mm，较常年（44.1 mm）增加13.8 mm，有利于小麦生长发育。5月上旬最高温度27.5 ℃，中旬最高温度多集中在27~28 ℃，下旬最高温度集中在27~31 ℃，非常适宜灌浆。5月，新乡市大部分地块墒情适宜，天气晴好，未出现干热风、冰雹等自然灾害，顺利实现夏粮丰产丰收。5月灌浆期气象资料见附表3-7。

附表3-7 2015年5月小麦灌浆期气象资料记录

日期	气温（℃）			降水量（mm）	日照时数（h）
	平均	最高	最低		
5月1日	21.2	25.6	18.7	14.4	4.0
5月2日	19.7	25.0	16.3	27.3	7.5
5月3日	20.3	23.7	16.3	0.0	1.9
5月4日	20.1	23.7	17.0	0.0	9.9
5月5日	21.0	26.5	15.2	0.0	10.0
5月6日	20.0	23.1	16.9	0.0	6.9
5月7日	18.4	23.3	14.4	5.7	3.9
5月8日	20.0	26.6	15.5	3.5	12.0
5月9日	17.3	22.7	13.0	0.0	0.0
5月10日	11.9	13.0	10.8	0.6	0.0
5月11日	17.4	23.3	10.9	4.3	9.8
5月12日	21.8	28.6	13.6	0.0	12.7
5月13日	24.3	31.9	15.3	0.0	12.2
5月14日	23.6	27.5	20.1	0.0	6.9
5月15日	23.8	27.6	19.1	0.0	11.3
5月16日	22.8	28.2	15.5	0.0	8.7
5月17日	24.1	27.9	20.8	0.0	10.8
5月18日	25.5	32.3	19.6	0.0	10.6
5月19日	25.2	28.2	21.0	0.0	11.2
5月20日	23.3	27.1	20.1	0.0	11.1
5月21日	20.0	22.0	18.0	0.1	0.0
5月22日	21.8	28.1	16.6	0.0	9.2
5月23日	23.0	29.4	16.1	0.0	10.5
5月24日	25.8	31.4	17.2	0.0	11.1

日期	气温（℃）			降水量（mm）	日照时数（h）
	平均	最高	最低		
5 月 25 日	26.1	31.5	18.2	0.0	10.1
5 月 26 日	25.2	28.1	21.2	0.0	0.0
5 月 27 日	25.7	31.5	19.6	0.0	10.2
5 月 28 日	23.4	27.3	20.3	0.0	2.0
5 月 29 日	22.6	25.7	20.2	2.0	0.0
5 月 30 日	24.8	31.0	17.4	0.0	12.4
5 月 31 日	27.4	33.6	21.2	0.0	10.5

5　2015—2016 年度

5.1　播期有所推迟

2015 年 9 月积温偏低，造成玉米、大豆、水稻等秋作物晚熟，大部分作物在 9 月底收获，大豆 10 月中旬收获，腾茬时间缩短，加上底墒不足，部分地块播期较常年推迟。

5.2　播前底墒不足

2015 年 9 月降水 39.6 mm，较常年减少 16.3 mm（-29.2%），导致底墒较差。特别是中下旬降水只有 11.8 mm，较常年减少 15.6 mm（-56.9%）。10 月上中旬降水 7.6 mm，较常年减少 20 mm。备播期间，虽然大部分农户造墒播种，但有 1/3 左右的麦田是抢墒播种，墒情严重不足。

5.3　低温灾害多发

2015 年麦播以来，新乡小麦经历了 11 月 23 日（气温下降至-6 ℃）、1 月 24 日（封丘，极端低温达到-16.9 ℃）、3 月 10—11 日（极端气温-3 ℃）3 次较大降温过程，受冻面积较常年增加。11 月 23—24 日降温降雪，2 日降水量 19.1 mm，气温最低达-6 ℃。11 月下旬，积温为 0 ℃，较常年减少 51 ℃。11 月积温 192.5 ℃，较常年减少 34.5 ℃（-15.2%）。降温过早导致小麦分蘖基本停止，提前越冬，生长量小；部分播量偏大、播期偏早、耙地不实的地块受轻度冻害，主要表现为叶尖干枯，部分叶片冻伤。1 月 23—24 日，寒潮再次袭击新乡，极端气温达到-16.9 ℃（24 日封丘），耙地不实、播种过深，或弱春性品种播期偏早的地块冻害进一步加重，部分地块出现点片死亡。

5.4　越冬期苗情偏弱

11 月、12 月日照时数大幅减少，11 月日照时数 39.3 h，较常年减少 121.1 h（-75.5%），较上年减少 84.6 h（-68.3%）；12 月日照时数 120.9 h，较常年减少 28.8 h（-19.2%），较 2014 年减少 53.9（-30.8%）。加上播种迟、底墒差、降温早等多种不利因素，造成小麦越冬期苗情偏弱，生长量不足，导致返青拔节期亩群体较常年下降，亩穗数不足。据统计，越冬期一类苗减少，二类、三类苗增加。其中，一类苗占 33.9 %，较常年下降 23.8 个百分点；二类苗占 54.7 %，较常年增加 20 个百分点；三类苗占 11.4%，较常年增加3.8个百分点。返青期苗情与常年（2012—2015年平均值）相比苗情仍然偏弱。主要表现在一类苗减少，二类、三类苗增加；一类、二类、三类苗亩群体、分蘖、次生根、主茎叶龄，较常年相比均有所减少。拔节期亩群体一类苗89.1万，二类苗72.5万，三类苗68.9万，较2015年分别减少了13.9万、10.5万、1.9万，减幅分别为13.5%、12.7%、2.7%。一类苗占比67%，比2015年下降9.4个百分点；二类苗占比27.2%，比2015年增加4.7个百分点；一类、二类苗占比94.2%，比上年下降4.7个百分点。灌浆期调查，亩穗数43.1万，较上年减少1.8万。

5.5　春季发育良好

2016年3月积温358.1℃，较常年增加106.4℃（+42.27%），与上年基本持平；降水1.5 mm，较常年减少18 mm（-92.31%），较上年减少2.6 mm（-6.34%）；日照188.2 h，较常年增加12.6 h（+7.18%），较上年增加26.2 h（+16.17%）。4月积温550.3℃，较常年增加84.3℃（+18.09%），较上年增加70.8℃（+14.77%）；降水27.1 mm，与常年基本持平，较上年减少57.3 mm（-67.89%）；日照时数210 h，与常年基本持平，较上年增加11.4 h（+5.74%）。3月日照188.2 h，较常年增加12.6 h（+7.18%），较上年增加26.2 h（+16.17%）。4月日照时数210 h，较常年基本持平，较上年增加11.4 h（+5.74%）。但3月降水不足，仅1.5 mm。较常年减少18.0 mm（-92.31%），接近上年水平。3月、4月积温较常年合计增加190.7℃，促进了小麦生长发育，既弥补了冬前生长量不足，又有利于成大穗，抽穗时间较常年提前一周左右，与上年同期。

5.6　灌浆天气不利

5月积温663.5℃，较常年增加18.8℃（+2.92%），较上年减少24℃（-3.49%）。但是，灌浆期气温起伏较大，骤热骤冷，发生3次深"V"形天气，分别是9日17.1℃、14日19.1℃、27日22.2℃。超过30℃温度4 d（5日、11日、29日、30日），最高气温33℃（30日）。本月日照时数216.8 h，较常年减少29.2（-11.87%），较上年减少20.6（-8.68%）。总体来讲，灌浆期天气不是十分有利。

5.7　成熟期降雨成灾

6月4—5日新乡全区出现雷阵雨天气，并伴有雷暴、短时强降水、短时大风、局地冰雹等强对流，最强降水量出现在获嘉县城达115.4 mm，最大风力出现在原阳师寨镇达25.0 m/s。6月7日全区再现短时强降水天气过程。频繁的强对流、强降水造成新乡县、辉县、获嘉、原阳、延津等多个地区小麦受灾，出现倒伏、籽粒脱落、霉变、籽粒萌动等，严重影响小麦产量和品质。

小麦生育期内气象资料见附表3-8，灌浆期气象资料见附表3-9。

附表3-8　2015—2016年度小麦生育期内气象资料

项目		内容
播种—越冬期 （10月10日—11月28日）	降水时期和降水量	10月：24—25日31.4 mm 11月：5—8日32.5 mm，15—24日27.7 mm
	日照时数	181.3 h
	日平均气温	10.4℃

（续表）

项目		内容
越冬期—返青期 （11 月 29 日—2 月 10 日）	降水时期和降水量	0
	日照时数	180.6 h
	日平均气温	1.4 ℃
返青期—拔节期 （2 月 11 日—3 月 20 日）	降水时期和降水量	2 月：12—13 日 33.78 mm
	日照时数	237.6 h
	日平均气温	7.5 ℃
拔节期—抽穗期 （3 月 21 日—4 月 20 日）	降水时期和降水量	4 月：16 日 15.8 mm
	日照时数	228 h
	日平均气温	15.8 ℃
抽穗期—开花期 （4 月 21 日—4 月 25 日）	降水时期和降水量	4 月：23 日 2.4 mm
	日照时数	25.2 h
	日平均气温	19.0 ℃
灌浆期—成熟期 （4 月 26 日—6 月 4 日）	降水时期和降水量	5 月：8—10 日 2.0 mm，14—15 日 12.2 mm，27—31 日 13 mm 6 月：4—5 日 11.6 mm
	日照时数	231.2 h
	日平均气温	21.0 ℃

附表 3-9　2016 年小麦灌浆期气象资料记录

日期	气温（℃）			降水量 （mm）	14:00 相对湿度 （%）	14:00 风速 （m/s）
	平均	最高	最低			
5 月 1 日	25.3	30.5	19.8	0.0	47	3.7
5 月 2 日	21.7	26.0	17.6	0.0	50	2.1
5 月 3 日	20.6	28.3	11.9	0.0	15	7.4
5 月 4 日	21.9	30.4	11.9	0.0	34	2.0
5 月 5 日	24.5	30.4	19.2	0.0	57	1.8
5 月 6 日	23.0	25.7	20.7	0.0	27	2.5
5 月 7 日	19.7	24.6	16.7	0.0	26	2.8
5 月 8 日	16.2	18.2	14.0	0.1	60	2.9
5 月 9 日	14.8	16.4	13.2	1.3	83	1.5
5 月 10 日	18.3	24.6	14.0	0.6	54	1.5
5 月 11 日	21.7	30.6	13.9	0.0	54	1.8
5 月 12 日	23.2	29.1	18.4	0.0	30	2.1
5 月 13 日	16.7	21.6	10.0	0.0	30	2.1
5 月 14 日	15.1	18.2	13.6	11.2	96	0.6
5 月 15 日	19.2	26.4	13.9	1.0	19	1.1
5 月 16 日	20.4	29.6	11.5	0.0	20	4.2
5 月 17 日	20.5	28.3	11.5	0.0	40	2.1

日期	气温（℃）			降水量 （mm）	14:00 相对湿度 （%）	14:00 风速 （m/s）
	平均	最高	最低			
5 月 18 日	21.4	27.5	15.3	0.0	44	1.3
5 月 19 日	21.2	27.3	15.3	0.0	34	2.6
5 月 20 日	22.0	26.7	18.8	0.0	35	3.8
5 月 21 日	22.8	28.9	16.6	0.0	35	2.8
5 月 22 日	21.4	27.6	13.9	0.0	41	1.0
5 月 23 日	22.7	28.0	20.2	0.0	44	5.4
5 月 24 日	22.7	29.4	14.2	0.0	23	3.2
5 月 25 日	22.5	29.9	15.4	0.0	26	3.0
5 月 26 日	22.2	24.0	20.0	0.0	45	3.1
5 月 27 日	18.3	21.7	15.9	7.0	94	0.6
5 月 28 日	19.5	25.9	13.8	0.0	48	1.7
5 月 29 日	22.8	32.0	14.3	0.0	27	2.5
5 月 30 日	24.8	32.5	17.0	0.0	35	1.8
5 月 31 日	24.1	27.9	19.8	6.0	76	2.8
6 月 1 日	24.0	29.8	18.8	0.2	35	4.3
6 月 2 日	22.4	26.3	20.3	0.3	68	3.2
6 月 3 日	21.7	26.2	18.7	1.0	65	1.3

6　2016—2017 年度

　　苗期降水多，苗后光照少，对小麦生长不利。越冬前期光照少，苗情与常年相比属中等偏下水平。但 2016 年 12 月、2017 年 1 月、2 月 3 个月积温 330.7 ℃，较常年累计偏高213.5 ℃，增幅 182.2%，有利于麦苗发育，弥补了冬前生长量的不足。春季升温快，中期气温正常，光照充足，有利于小麦生长发育，拔节比常年提前 1 周左右。灌浆期间，5 月 10—13 日连续 4 d 轻度干热风，5 月 18 日、25 日、26 日、27 日偏重干热风。5 月 22日傍晚到夜里，出现中到大雨，并伴有瞬时大风，造成试验地小麦严重倒伏。小麦生育期内气象资料见附表 3-10。

附表 3-10　2016—2017 年度小麦生育期内气象资料记录

项目	内容	
播种—越冬期 （10 月 13 日—12 月 31 日）	日均温	8.5 ℃
	降水时期和降水量	10 月：14—15 日 6.1 mm，20—28 日 42.4 mm 11 月：6—7 日 11.6 mm，20—22 日 7.6 mm 12 月：20 日 7.5 mm，25—26 日 6.7 mm

（续表）

项目	内容	
越冬期—返青期 （1月1日—2月15日）	日均温	2.0 ℃
	降水时期和降水量	1月：4—7日 14.4 mm 2月：8日 4.2 mm
返青期—拔节期 （2月16日—3月10日）	日均温	7.3 ℃
	降水时期和降水量	2月：21—22日 4.6 mm
拔节期—开花期 （3月11日—4月25日）	日均温	13.6 ℃
	降水时期和降水量	3月：19—22日 4.1 mm，30—31日 3.2 mm 4月：4日 5.5 mm，8日 3.4 mm，10日 4.1 mm，16日 20.4 mm
开花期—成熟期 （4月26日—6月3日）	日均温	23.5 ℃
	降水时期和降水量	5月：3—4日 13.1 mm，15日 1.2 mm，22—23日 29.4 mm，31日 0.4 mm
小麦发生冻害时期、持续时间、危害程度和特点	无	
小麦生育后期干热风发生日期、程度和持续天数	5月10—13日连续4天轻度，5月18日、25日、26日、27日偏重	

6.1 苗期降水多，苗后光照少，个别地块黄苗死苗现象突出

据气象资料统计，10月新乡市降水量66.4 mm，较常年增加31.7 mm，增幅达91.4%。虽然有利于小麦出苗，踏实土壤，但部分地块形成了渍害，土壤透气性差，黄苗死苗现象较常年偏多，个别地块因降水播期推迟。10月，日照时数115.6 h，较常年减少76.5 h，减幅达39.8%，对晚播、弱苗小麦生长不利。

6.2 越冬前期光照少，苗情中等偏下，越冬后期苗情"逆转"

2016年11月，日照时数123.2 h，较常年减少37.2 h（-23.2%）。12月，雾霾天气多发，日照时数117.2 h，较常年减少32.5 h（-21.7%），导致麦苗光合作用减弱，亩群体充足但不健壮。据越冬前期苗情调查，一类苗242.8万亩，占比44.7%，较上年增加10.8个百分点，较常年减少9.1个百分点；二类苗241.7万亩，占比44.5%，较上年减少10.2个百分点；三类苗50.1万亩，占比9.2%，较上年减少1.7个百分点；旺长苗8.5万亩，占比1.6%。虽然越冬初期苗情与常年相比，属中等偏下水平，但2016年12月至2017年2月积温较高，有利于麦苗生长发育，实现了苗情"逆转"。

6.3 春季升温快，中期气温正常，光照充足，有利于小麦生长发育，穗大粒多

2017年2—4月积温994.7 ℃，虽较上年减少49.8 ℃，但较常年增加205 ℃。降水量48.3 mm，较上年增加8.8 mm，较常年增加5.8 mm。日照时数542.6 h，较上年减少47.8 h，较常年增加6.5 h。春季积温高、光照好、墒情足，大部分麦田在3月10日进入拔节期，比常年提前1周左右，生长发育进程加快。

返青期苗情调查结果如下。一类苗329.1万亩，占比60.6%，较上年增加0.6个百分点，较常年减少7.7个百分点；亩群体89万，较常年增加3.2万。二类苗179.8万亩，占比33.1%，较上年减少1.3个百分点，较常年增加6.3个百分点；亩群体70.4万，较

常年增加 0.8 万。三类苗 30.4 万亩，占比 5.6%，较上年增加 0.4 个百分点，较常年增加 1.9 个百分点；亩群体 56.6 万，较常年增加 9.0 万。旺长苗 3.8 万亩，占比 0.7%，较上年增加 0.3 个百分点，较常年减少 0.5 个百分点；亩群体 107.5 万，较常年增加 1.6 万。3 月中旬拔节期苗情调查结果：一类苗 335.6 万亩，占比 61.8%；二类苗 177.6 万亩，占比 32.7%；三类苗 23.4 万亩，占比 4.3%；旺长苗 6.5 万亩，占比 1.1%。

6.4 灌浆期自然灾害严重，倒伏面积较大

5 月，积温 759.3 ℃，比常年增加 114.6 ℃（+17.78%），比 2016 年增加 95.8 ℃（+14.44%）；降水量 38.8 mm，比常年减少 5.3 mm（−12.02%），比 2016 年增加 10.1 mm（+35.2%）；日照时数 307.8 h，比常年增加 61.8 h（+25.12%），比 2016 年增加 91.0 h（+42.13%）。5 月 10—13 日、17—19 日，出现持续的干热风天气。5 月 22 傍晚到夜里，出现中到大雨，局部暴雨，并伴有瞬时大风。最大降水量 86.1 mm，最大风速 23.2 m/s；造成部分地区小麦严重倒伏。据统计，新乡市小麦倒伏面积 75 万亩，其中，辉县市 22.5 万亩、获嘉县 15.0 万亩、原阳县 16.6 万亩。虽然倒伏面积较大，但茎秆没有折断，属于根部倒伏，对灌浆虽有不利影响，但灌浆程度还算充分，最终对产量没有造成较大影响。灌浆期气象资料见附表 3-11。

附表 3-11　2017 年小麦灌浆期气象资料记录

日期	气温（℃）			降水量（mm）	日照时数（h）	14:00 风速（m/s）	14:00 湿度（%）
	平均	最高	最低				
5 月 5 日	19.8	26.8	13.7	0.0			20
5 月 6 日	19.1	27.1	11.3	0.0	11.7	2.2	19
5 月 7 日	21.5	28.7	13.4	0.0	10.0	1.8	33
5 月 8 日	20.3	25.1	17.9	0.0	9.5	3.8	42
5 月 9 日	20.5	30.3	12.5	0.0	11.8	2.8	37
5 月 10 日	25.9	33.6	16.6	0.0	9.9	4.2	22
5 月 11 日	25.9	32.3	22.7	0.0	11.0	4.3	29
5 月 12 日	24.5	34.0	15.8	0.0	12.5	2.6	25
5 月 13 日	24.8	30.0	17.2	0.0	11.2	3.1	26
5 月 14 日	21.3	26.1	16.8	0.0	3.9	1.3	37
5 月 15 日	18.8	21.7	16.7	1.2	3.6	0.7	74
5 月 16 日	21.9	30.8	14.5	0.0	12.1	3.7	35
5 月 17 日	26.0	36.7	15.5	0.0	11.6	1.6	26
5 月 18 日	27.4	36.0	18.9	0.0	11.3	3.6	21
5 月 19 日	27.7	33.0	20.5	0.0	11.5	2.3	34
5 月 20 日	25.1	31.3	17.8	0.0	11.9	2.2	40
5 月 21 日	26.4	32.3	19.9	0.0	11.4	2.6	37
5 月 22 日	24.2	32.5	18.1	10.5	8.8	2.8	44
5 月 23 日	21.0	27.6	16.1	18.9	12.1	3.0	33

日期	气温（℃）			降水量 （mm）	日照时数 （h）	14:00 风速 （m/s）	14:00 湿度 （%）
	平均	最高	最低				
5 月 24 日	22.1	30.2	13.7	0.0	11.6	2.6	26
5 月 25 日	26.2	34.5	18.5	0.0	11.9	3.1	17
5 月 26 日	25.3	33.6	16.6	0.0	11.7	3.2	29
5 月 27 日	27.4	37.6	19.3	0.0	12.3	4.4	21
5 月 28 日	30.0	39.3	21.5	0.0	12.0	4.9	18
5 月 29 日	28.5	34.7	23.1	0.0	11.2	2.2	30
5 月 30 日	26.6	32.5	22.5	0.0	6.7	1.6	40
5 月 31 日	25.7	33.7	18.9	0.4	11.9	1.7	43
6 月 1 日	28.2	35.5	19.8	0.0	12.3	4.1	31
6 月 2 日	29.2	38.4	21.0	0.0	11.4	4.1	23
6 月 3 日	23.0	30.9	20.0	0.0	3.4	2.6	35
6 月 4 日	22.3	25.3	19.6	0.0	0.0	0.3	44
6 月 5 日	15.5	21.6	13.7	31.5	0.0	1.5	95
6 月 6 日	17.9	23.0	13.8	3.5	3.9	1.0	65
6 月 7 日	23.3	32.0	14.8	0.0	11.1	1.6	35
6 月 8 日	23.3	28.6	19.9	0.4	5.9	3.2	60
6 月 9 日	25.8	33.1	18.5	0.0	8.3	1.5	36
6 月 10 日	26.3	32.7	21.3	2.4	9.9	1.3	36

7　2017—2018 年度

7.1　秋季降雨较多，播期推迟

2017 年 9 月 21 日至 10 月 11 日，新乡市平均降水量 33.7 mm，较常年同期（1.2 mm）增多 32.5 mm，部分地区降水量 50 mm 左右，个别地区超过 60 mm，对秋作物收获、腾茬、整地及麦播产生不利影响。受天气影响，2017 年麦播从 10 月 7 日开始，15 日形成高峰，28 日基本结束，稻茬小麦个别地块在 11 月初完成播种，整体较常年推迟 3~5 d。

7.2　冬前光热充足，有利壮苗越冬

2017 年 11 月、12 月积温 367 ℃，较常年（278.4 ℃）偏高 88.6 ℃；日照时数 343.3 h，较常年（310.1 h）增加 33.2 h，非常有利于麦苗生长发育，在一定程度上弥补了晚播带来的不利影响。但是，自 10 月下旬至 12 月底，降水量仅 6.3 mm，较常年（30.9 mm）减少 24.6 mm，2 个多月来基本无有效降水，造成冬前土壤墒情不足，个别地方旱情偏重。2018 年 1 月，积温-17.2 ℃，较常年减少 11 ℃；日照时数 99.2 h，较常年减少 49.8 h；降水量 11.8 mm，较常年增加 7.7 mm。冬季天气基本正常，1 月 4 日、6—7 日新乡市 2 次普降小到中雪，降水量累计 11.3 mm，缓解了麦田表墒不足，增强了

小麦抗寒能力,对小麦安全越冬十分有利。据越冬期苗情调查,新乡市一类苗面积较常年略有减少,二类、三类苗面积较常年有所增加。其中,一类苗 261.1 万亩,占比 47.9%,较常年减少 4.6 个百分点,较上年增加 3.2 个百分点;二类苗 221.3 万亩,占比 40.6%,较常年增加 1.7 个百分点,较上年减少 3.9 个百分点;三类苗 62.6 万亩,占比 11.5%,较常年增加 4.8 个百分点,较上年增加 2.3 个百分点。

7.3 春季升温快,有利于穗大粒多

2018 年 2 月积温 114.7 ℃,较常年(72.0 ℃)增加 42.7 ℃;日照时数 180.2 h,较常年(148.7 h)增加 31.5 h。但是,由于苗情基础较差,小麦返青期苗情较前 5 年(2013—2017 年)相比,属偏差年份,主要表现在一类苗比例减少,二类、三类苗比例增加。一类、二类苗亩群体减少,个体较弱。据调查,一类苗面积 321 万亩,占比 58.9%,较常年减少 8.5 个百分点;亩群体 84.4 万,较常年减少 3.8 万。二类苗面积 168.4 万亩,占比 30.9%,较常年增加 3.4 个百分点;亩群体 66.0 万,较常年减少 5.5 万。三类苗面积 55.6 万亩,占比 10.2%,较常年增加 6.3 个百分点;亩群体 53.3 万,较常年增加 3.7 万。

3 月积温 375.8 ℃,较常年(251.7 ℃)增加 124.1 ℃,增幅 49.3%,其中,3 月下旬积温 187.4 ℃,较常年(106.7 ℃)增加 80.7 ℃,3 月下旬最高温度均在 22 ℃以上,27 日、28 日 2 天最高气温达到 31 ℃以上;日照时数 103.1 h,较常年(63.2 h)增加 39.9 h。小麦返青、拔节和穗分化进程加快,有利于多成穗、成大穗。拔节期苗情调查显示,本年度较常年相比仍属偏差年份。一类苗面积 330.8 万亩,占比 60.7%,较常年减少 12.8 个百分点;亩群体 92.4 万,较常年减少 2.3 万。二类苗面积 174.4 万亩,占比 32.0%,较常年增加 9.0 个百分点;亩群体 76.3 万,较常年减少 1.4 万。三类苗面积 39.8 万亩,占比 7.3%,较常年增加 4 个百分点;亩群体 59.0 万,较常年减少 9.0 万。

7.4 4 月上旬遭受晚霜冻害,局部受灾严重

4 月积温 531.5 ℃,较常年(466.0 ℃)增加 65.5 ℃;降水量 68.2 mm,较常年(27.3 mm)增加 40.9 mm;日照时数 211.0 h,与常年(211.8 h)基本持平。4 月 2 日,新乡最高气温 31~32 ℃;4 月 3—4 日,东路强冷空气来袭,伴有强劲东北风,气温直线下降(湿冷),降幅 20 ℃以上;5 日夜间至 6 日凌晨,西路强冷空气来袭,伴有强劲西北风;7 日凌晨气温降至 0 ℃以下,最低至-3 ℃(干冷),持续时间 7 h。整个天气过程经历了"高温—湿冷—干冷"的巨变,形成平流辐射复合型气象冻害,部分地块小麦冻害严重,主要表现为麦穗无法正常抽出、穗枯死、穗缺粒、穗畸形等。虽然所有品种全部遭受不同程度的冻害,但郑麦 366、丰德存麦 5 号等冻害较重。播量大、砂壤土、春季浇水早或未浇水、亩群体大而个体弱的麦田相对较重。据统计,新乡市小麦受灾 174.4 万亩,成灾面积 116.2 万亩,绝收面积 9.8 万亩。

7.5 灌浆期气温较高,光照不足,对灌浆不利

5 月,积温 710.2 ℃,较常年(644.7 ℃)增加 65.5 ℃;降水量 44.6 mm,与常年基本持平。5 月 15 日,新乡出现了 1 次明显的大风降水天气过程,降水量 11.7~110.8 mm,和历年同期相比降水量偏多 20%~100%,部分地区出现暴雨、大暴雨天气,局部地区小麦倒伏;日照时数 199.8 h,较常年(246.0 h)减少 46.2 h,不利于小麦灌浆。5 月气象资料见附表 3-12。

附表 3-12　2018 年 5 月小麦灌浆期气象资料记录

日期	气温（℃）			降水量（mm）	日照时数（h）	14:00 相对湿度（%）	14:00 风速（m/s）
	平均	最高	最低				
5 月 1 日	20.6	25.0	18.4	5.0	6.2	73.5	2.2
5 月 2 日	18.5	21.8	14.5	0.0	9.7	59.3	3.3
5 月 3 日	21.3	26.8	15.9	0.0	11.6	43.3	1.9
5 月 4 日	21.7	29.6	14.1	0.0	11.1	52.8	2.7
5 月 5 日	21.3	25.7	18.2	0.0	1.6	66.8	3.8
5 月 6 日	21.5	23.5	19.5	0.0	0.0	57.3	3.0
5 月 7 日	21.8	28.5	16.8	0.0	11.6	45.0	1.9
5 月 8 日	22.5	27.7	15.2	0.0	10.1	47.3	2.1
5 月 9 日	22.5	28.9	14.6	0.0	12.5	44.5	1.5
5 月 10 日	22.6	26.3	18.4	0.0	10.9	48.0	2.1
5 月 11 日	20.9	24.2	18.3	2.8	3.6	76.5	1.4
5 月 12 日	24.3	30.0	19.1	0.0	8.3	62.5	1.7
5 月 13 日	26.2	34.9	18.0	0.0	12.1	59.5	2.2
5 月 14 日	26.6	32.8	21.3	0.0	8.4	63.5	1.4
5 月 15 日	26.7	31.7	21.4	2.5	5.2	72.0	2.2
5 月 16 日	25.1	29.5	21.9	7.2	3.4	79.3	1.8
5 月 17 日	24.8	27.7	22.6	1.9	0.0	82.8	1.9
5 月 18 日	22.7	24.7	20.7	0.0	0.0	70.8	3.2
5 月 19 日	20.3	23.8	17.0	8.1	0.0	78.3	2.4
5 月 20 日	17.6	20.8	15.1	5.6	0.0	83.0	3.5
5 月 21 日	17.0	17.9	16.4	1.6	0.0	89.3	2.0
5 月 22 日	20.2	27.0	15.6	2.9	7.0	69.8	1.4
5 月 23 日	21.8	29.3	13.8	0.0	12.4	48.3	2.9
5 月 24 日	21.8	24.9	19.7	0.0	1.6	60.3	1.3
5 月 25 日	23.1	28.6	19.0	7.0	6.5	76.3	1.4
5 月 26 日	24.9	30.3	18.3	0.0	5.0	68.8	2.0
5 月 27 日	26.5	32.7	20.4	0.0	9.0	35.5	2.2
5 月 28 日	27.8	34.3	20.6	0.0	9.6	34.0	2.5
5 月 29 日	26.0	31.0	21.7	0.0	5.8	36.8	1.7
5 月 30 日	25.3	30.8	19.0	0.0	4.0	38.0	0.9
5 月 31 日	26.3	34.0	17.2	0.0	12.6	38.5	1.3

8　2018—2019 年度

全生育期（2018 年 10 至 2019 年 5 月）积温 2 524 ℃，较常年增加 352.7 ℃

（+16.2%）；降水量 65.4 mm，较常年减少 94.9 mm（-59.2%）；日照时数 1 317.8 h，较常年减少 110.7 h（-7.8%）。

8.1 苗期光热充足，降水偏少

2018 年 10—12 月积温 831.1 ℃，较常年增加 88 ℃；降水量 23.3 mm，较常年减少 35.2 mm；日照时数 415.2 h，较常年增加 82.2 h。积温、光照增加有利于小麦生长发育，降水减少对小麦生长发育不利。麦播期间墒情适宜，适期播种面积大，播期相对集中，总体出苗较好。11 月上旬，新乡普降小雨，累计降水量 6 mm 左右，缓解了表墒不足，有利于促进小麦出苗、生长。越冬期苗情整体向好，据调查，一类苗 290.7 万亩，占比 54.3%，较常年增加 2.4 个百分点；二类苗 199.7 万亩，占比 37.3%，较常年减少 1.8 个百分点；三类苗 42.3 万亩，占比 7.9%，较常年增加 0.6 个百分点；旺长苗 2.6 万亩，占比 0.5%，较常年减少 1.7 个百分点。

8.2 春季气温缓慢上升，有利于穗大粒多

2019 年 2 月积温 62.3 ℃，较常年减少 9.7 ℃；降水量 5.6 mm，较常年减少 1.2 mm；日照时数 82.8 h，较常年减少 65.9 h。3 月积温 390 ℃，较常年增加 138.3 ℃；降水量 0.3 mm，较常年减少 19.2 mm；日照时数 241.7 h，较常年增加 66.1 h。4 月积温 486.6 ℃，较常年增加 20.6 ℃；降水量 32.7 mm，较常年增加 5.4 mm；日照时数 187.9 h，较常年减少 23.9 h。3—4 月，气温缓慢上升，整体起伏不大，有利于穗大粒多，减少春季冻害。3 月 26 日拔节期苗情调查：一类苗 305.1 万亩，占比 57%；二类苗 189 万亩，占比 35.3%；三类苗 39.1 万亩，占比 7.3%；旺长苗 2.1 万亩，占比 0.4%。苗情整体向好，接近常年水平。2019 年 4 月 24 日，获嘉县出现了大风、降水、冰雹等强对流天气，造成部分麦田发生灾害。据初步统计，此次大风造成小麦倒伏 2 122 亩，受冰雹影响出现半截穗、旗叶等叶片受损的面积为 4 000 亩，个别小麦穗柄折断。主要分布在照镜镇的西仓、陈固等村，减产幅度为 30% 左右。

8.3 灌浆期气温平稳，有利于提高千粒重

2019 年 5 月积温 723.3 ℃，较常年增加 78.6 ℃（+12.2%）；降水量 0.8 mm，较常年减少 43.3 mm（-98.2%）；日照时数 238.4 h，较常年减少 7.6 h（-3.1%）。最高气温出现在 5 月 22 日、23 日，气温分别为 36.7 ℃、38.8 ℃，虽然达到干热风气象灾害标准，但因持续时间较短，小麦植株根系活力较好，总体对产量影响不大。同时，灌浆期其他时间气温较为正常，起伏较小，有利于延长灌浆时间，提高千粒重。另外，灌浆期降水较少，病虫害较轻，有利于提高籽粒品质。6 月初，气温虽然较高，同时经历 1 次中雨过程，但此时籽粒灌浆基本结束，因此对小麦产量影响不大，反而有利于秋粮播种。灌浆期气象资料见附表 3-13。

附表 3-13　2019 年 5 月小麦灌浆期气象资料

日期	气温（℃）			降水量（mm）	日照时数（h）	14:00 风速（m/s）
	平均	最高	最低			
5 月 5 日	19.1	26.5	14.9	0.0	7.7	4.0

（续表）

日期	气温（℃）			降水量（mm）	日照时数（h）	14:00风速（m/s）
	平均	最高	最低			
5月6日	17.9	21.5	13.9	0.0	8.3	3.1
5月7日	18.2	22.4	12.7	0.0	3.3	1.9
5月8日	19.2	24.4	15.5	0.0	3.0	4.1
5月9日	20.0	26.5	12.4	0.0	9.3	1.2
5月10日	22.4	30.4	17.6	0.0	11.4	2.4
5月11日	23.8	30.5	16.1	0.0	10.5	1.3
5月12日	24.2	31.0	17.4	0.0	8.6	2.2
5月13日	19.7	23.9	16.8	0.0	5.6	2.4
5月14日	21.6	28.2	16.5	0.0	3.8	1.8
5月15日	23.6	27.9	19.6	0.0	5.5	1.5
5月16日	24.6	30.0	19.3	0.0	4.7	1.4
5月17日	26.5	32.2	21.2	0.0	10.4	0.9
5月18日	22.6	28.4	19.6	0.0	1.6	2.9
5月19日	24.5	31.9	19.9	0.0	7.2	2.8
5月20日	22.4	28.5	13.0	0.0	13.0	2.1
5月21日	24.9	32.0	18.0	0.0	12.7	1.7
5月22日	28.1	36.7	19.8	0.0	13.3	2.4
5月23日	29.6	38.8	21.2	0.0	10.4	2.9
5月24日	27.9	32.7	24.8	0.0	2.2	2.3
5月25日	28.7	34.5	21.3	0.0	10.5	1.3
5月26日	28.9	34.5	23.4	0.0	8.0	1.5
5月27日	24.1	30.9	21.5	0.0	8.5	5.8
5月28日	23.6	27.1	21.6	0.0	3.9	3.5
5月29日	23.2	29.2	17.7	0.0	9.8	3.0
5月30日	25.4	32.8	20.5	0.0	5.2	2.7
5月31日	25.2	30.2	19.5	0.0	6.8	2.4

9　2019—2020 年度

2019—2020 年度，夏粮生育期气象条件总体较好，光温水匹配，特别是返青、灌浆期都出现有效降雨，利于小麦生长发育。全生育期（2019 年 10 月至 2020 年 5 月）积温 2 746.47 ℃，较常年增加 575.17 ℃（+26.49%）；降水量 174.7 mm，较常年增加 14.4 mm（+8.98%）；日照时数 1 309.7 h，较常年减少 118.8 h（-8.3%）。

9.1　冬前积温偏高，有利于小麦生长

2019 年 10—12 月积温 918.8 ℃，较常年增加 175.7 ℃，增幅 23.7%；降水量 71.9 mm，

较常年增加 13.4 mm，但降水主要集中在 10 月上旬；日照时数 399.9 h，较常年减少 97.5 h。由于麦播期间新乡市普降中到大雨，导致播期较常年晚 3~5 d，特别是对黏土播期影响较大，播期大部分在 10 月 15—20 日。同时，底墒充足，达到了足墒下种，出苗情况好，气温偏高，减轻了晚播带来的不利影响。10 日中旬至 12 月，无有效降雨，麦田旱情较为严重，各级农业部门及时发动群众浇塌墒水、越冬水，2020 年 1 月上旬新乡市普降雨水 20 mm 以上，进一步改善了土壤墒情，加之 1 月气温明显偏高，对小麦安全越冬十分有利。

越冬期苗情调查结果显示，一类、二类苗总计 486.2 万亩，占新乡市麦播面积的 91.5%，与上年同期基本一致。其中，一类苗占比 48.8%，较上年减少 5.5 个百分点；二类苗占比 42.7%，较上年增加 5.4 个百分点；三类苗占比 7.3%，较上年减少 0.6 个百分点；旺长苗占比 1.2%，较上年增加 0.7 个百分点。

9.2 3 月气温偏高，生育进程加快，拔节期较常年提前 10 天左右

2020 年 3 月，积温 388.0 ℃，较常年增加 136.3 ℃（+54.2%），较上年减少 2.0 ℃（-0.5%）；降水量 1.1 mm，较常年减少 18.4 mm（-94.4%），较上年增加 0.8 mm（266.7%）；日照时数 186.7 h，较常年增加 11.1 h（+6.3%），较上年减少 55 h（-22.8%）。3 月气象条件总体上属于"暖春"，生育进程加快，3 月 8 日开始拔节，较常年提前 10 d，有利于幼穗分化。

据 3 月中旬苗情调查统计，一类、二类苗所占比例为 95.9%，好于常年同期，个体健壮，亩群体充足，墒情适宜，是近年来苗情较好的年份之一，总体形势向好。其中，一类苗 359.8 万亩，占比 67.7%；二类苗 149.9 万亩，占比 28.2%；三类苗 18.1 万亩，占比 3.4%；旺长苗 3.6 万亩，占比 0.7%。

9.3 抽穗后气温偏低，抽穗至扬花时间间隔延长

2020 年 4 月，日照充足，积温正常，降水偏少，总体上有利于小麦正常生长发育。积温 478.99 ℃，较常年增加 12.99 ℃（+2.7%），较上年减少 7.6 ℃（-1.5%）；降水量 13.1 mm，较常年减少-14.2 mm（-52.0%），较上年减少 19.6 mm（-60.0%）；日照时数 245.3 h，较常年增加 33.5 h（+15.8%），较上年增加 57.4 h（+30.5%）。

4 月 19 日前后，新乡市小麦基本进入齐穗期，较常年提前 5 d 左右。19—27 日，最高气温为 17.5~24.8 ℃，个别品种零星扬花，大部分麦田小花发育基本停滞，27 日、28 日气温升高后进入扬花高峰。从齐穗至扬花，时间间隔 8 d 左右。扬花期无降雨，不利于小麦赤霉病发生。

9.4 灌浆期积温偏高，空气湿度较大，有利灌浆

2020 年 5 月，积温 739.2 ℃，较常年增加 94.5 ℃（+14.7%）；降水量 44.6 mm，与常年基本持平；日照时数 261.6 h，较常年增加 15.6 h（+6.3%）。5 月初新乡市出现 1 次高温天气过程，4 月 30 日最高气温 34.3 ℃，5 月 3 日最高气温 39.6 ℃，为 40 年来的最高值。5 月，30 ℃以上气温共 17 d，但空气湿度较大，未达到干热风标准，高温对灌浆负面影响较小，总体上有利于灌浆。5 月灌浆期气象资料见附表 3-14。

附表 3-14　2020 年 5 月小麦灌浆期气象资料记录

日期	气温（℃）			降水量（mm）	日照时数（h）
	平均	最高	最低		
5 月 1 日	26.2	32.6	18.3	0.0	11.8
5 月 2 日	26.9	33.1	20.7	0.0	11.1
5 月 3 日	29.6	39.6	20.5	0.0	12.0
5 月 4 日	19.4	33.2	14.7	3.5	0.0
5 月 5 日	18.3	24.0	11.9	2.8	8.4
5 月 6 日	19.9	23.6	13.7	0.0	2.3
5 月 7 日	18.5	21.9	17.1	1.7	0.0
5 月 8 日	17.4	21.4	15.9	30.3	1.2
5 月 9 日	14.2	15.9	12.7	3.4	0.0
5 月 10 日	19.8	28.3	13.3	0.0	12.6
5 月 11 日	21.2	26.9	17.1	0.0	8.7
5 月 12 日	21.9	27.5	17.6	0.0	12.3
5 月 13 日	23.9	30.9	14.7	0.0	7.9
5 月 14 日	23.7	28.5	20.5	0.0	7.9
5 月 15 日	24.3	31.1	16.4	0.0	11.6
5 月 16 日	27.2	32.7	22.4	0.0	8.1
5 月 17 日	26.0	31.9	20.8	0.0	10.9
5 月 18 日	21.6	27.7	13.1	0.0	12.9
5 月 19 日	24.3	31.3	14.0	0.0	12.6
5 月 20 日	26.2	31.8	18.8	0.0	6.9
5 月 21 日	27.1	33.5	20.0	0.0	11.7
5 月 22 日	26.9	33.5	21.0	0.0	12.6
5 月 23 日	24.8	29.4	19.2	0.0	8.3
5 月 24 日	24.4	29.9	19.0	0.0	0.7
5 月 25 日	26.4	32.1	21.9	0.0	9.6
5 月 26 日	24.2	29.6	18.5	0.0	11.4
5 月 27 日	27.0	35.3	17.7	0.0	11.2
5 月 28 日	28.6	35.5	18.0	0.0	12.8
5 月 29 日	29.3	33.7	26.3	0.0	8.3
5 月 30 日	24.4	29.4	20.0	2.2	6.8
5 月 31 日	25.6	34.5	18.7	0.7	9.0

10　2020—2021 年度

本年度小麦全生育期（2020 年 10 月 1 日至 2021 年 5 月 31 日）气候条件整体上有利

于小麦生长发育，积温 2 469.6 ℃，较常年增加 298.3 ℃，增幅 13.7%；降水量149.7 mm，较常年减少 10.6 mm，减幅 6.6%；日照时数 1 268.7 h，较常年减少 159.8 h，减幅 11.2%。

10.1　2020 年 10 月中旬新乡市普降中雨，麦播时间较常年推迟

由于 2020 年 8 月下旬至 10 月上旬没有有效降水，墒情较差，需浇底墒水后再进行播种，前期播种进度较慢。新乡市 10 月 5 日开始播种，截至 10 月 11 日，播种 89.5 万亩。12 日、13 日为第一个播种高峰，播种面积分别达到 60 万亩、65 万亩。10 月 14 日，新乡市大范围有中到大雨，导致许多地块推迟耕种，第二个麦播高峰期推迟到 10 月 19—20 日，每日播种近 50 万亩，较常年偏晚 5 d 左右。整体上看，90%麦田在适播期 10 月20 日前播种，10 月 26 日新乡市麦播基本完成。

10.2　冬季降温偏早，气温变化剧烈，冬前生长量较少

2020 年 10 月下旬至 11 月中旬，气温偏高，积温 400.6 ℃，比常年同期（315.7 ℃）偏高 84.9 ℃，增幅 26.9%，加之墒情充足，非常有利于小麦出苗、分蘖。自11 月下旬气温偏低，降温比常年早，11 月下旬积温 40.8 ℃，常年（前 30 年平均）同期51.0 ℃，与上年同期相比降幅更明显，气温偏低持续到 2021 年 1 月上旬。2020 年 11 月下旬至 2021 年 1 月上旬，积温 41.1 ℃，比常年同期（103.4 ℃）降低 62.4 ℃，降幅151.9%。特别是 2020 年 12 月中旬积温-4.4 ℃，比常年同期（16.0 ℃）降低 20.4 ℃，1 月上旬积温-30.8 ℃，比常年同期（1.0 ℃）降低 31.8 ℃，2021 年 1 月 7 日新乡大部分地区出现近 30 年来低温极值，大部分气象站点出现-15 ℃以下低温，最低气温出现在新乡红旗区小店站，为-19.5 ℃，部分播期较早、播量偏大、亩群体偏大的麦田，由于植株高度偏高，叶片受冻较重。由于降温偏早，晚播麦苗受影响大，冬前亩群体小。据新乡市越冬期苗情调查：一类苗 299 万亩，占比 56.0%，较上年增加 7.2 个百分点，较常年减少 0.9 个百分点；二类苗 183.2 万亩，占比 34.3%，较上年减少 8.4 个百分点，较常年减少 1.0 个百分点；三类苗 45.9 万亩，占比 8.6%，较上年增加 1.3 个百分点，较常年增加2.1 个百分点；旺长苗 5.8 万亩，占比 1.1%，较上年减少 0.1 个百分点。

10.3　早春升温快，气温高，有利小麦返青起身分蘖生长

2021 年 1 月中下旬积温 65.9 ℃，比常年同期（-7.2 ℃）偏高 73.11 ℃，比常年2 月中下旬的积温（64 ℃）还高 1.9 ℃，有利于小麦安全越冬、返青生长。2 月积温198.1 ℃，比常年同期（72 ℃）偏高 126.1 ℃，增幅 175.1%；2 月上中旬的日均温比常年同期日均温高 4.5 ℃。2 月 24 日，新乡市普降大雪，降水量 40 mm 以上；2 月降水量49.4 mm，比常年同期（6.8 mm）高 42.6 mm，增幅 626%。当时绝大部分麦田正处于返青期，仍是抗寒性较强的时期，耐低温能力较强，个别偏春性品种已拔节，有一定的不利影响，但其面积小，总体上看，本次普降中到大雪对小麦起身拔节生长十分有利。1 月、2 月日照时数分别为 192.0 h、176.4 h，分别比常年同期增加 43.0 h、27.7 h，增幅分别为 28.9%、18.6%。温度、降水、日照均非常有利于小麦返青、分蘖、起身生长，麦苗假茎现象普遍发生。据 2 月下旬返青期苗情调查：一类苗 341.3 万亩，占比 63.9%，较常年增加 1.1 个百分点，较上年减少 3.3 个百分点；二类苗 165 万亩，占比 30.9%，较常年增加 0.7 个百分点，较上年增加 3.9 个百分点；三类苗 20.8 万亩，占比 3.9%，较常年减少

1.9 个百分点，较上年减少 0.5 个百分点；旺长苗 6.9 万亩，占比 1.3%，较常年减少 2.3 个百分点，较上年减少 0.1 个百分点。

10.4　3 月、4 月气温总体平稳、雨水充足，有利于小麦生长

3 月积温 325.6 ℃，较常年（251.7 ℃）增加 73.9 ℃，增幅 29.3%；降水量 17.8 mm，较常年减少 1.7 mm，减幅 8.7%；日照时数 129.8 h，较常年（175.6 h）减少 45.8 h，减幅 26.1%。3 月气象条件总体有利，小麦生育进程加快，大部分麦田 3 月 10 日左右开始拔节，较常年提前 5 d，有利于幼穗分化。据 3 月中旬拔节期苗情调查：一类苗 353 万亩，占比 66.1%，较上年减少 1.6 个百分点；二类苗 158.1 万亩，占比 29.2%，较上年增加 1.4 个百分点；三类苗 18.7 万亩，占比 3.5%，较上年增加 0.1 个百分点；旺长苗 4.3 万亩，占比 0.8%，较上年增加 0.1 个百分点。

4 月积温 454.0 ℃，较常年（466.0 ℃）减少 12.0 ℃，减幅 2.6%；降水量 20.4 mm，较常年减少 6.9 mm，减幅 25.3%。日照时数 167.2 h，较常年（211.8 h）减少 44.6 h，减幅 21.1%。4 月气温平稳，田间墒情适宜，有利于幼穗分化，常言道："春长长大穗。"新乡市小麦抽穗期一般在 4 月 18 日左右，扬花期一般在 4 月 25 日左右，与常年基本一致。

10.5　5 月气温较高，降水偏少，整体有利于小麦灌浆

5 月积温 674.3 ℃，较常年（644.7 ℃）增加 29.6 ℃，增幅 4.59%；降水量 10 mm，较常年减少 34.1 mm，减幅 77.3%；日照时数 243.1 h，较常年（246.0 h）减少 2.9 h，减幅 1.2%。5 月最高气温超过 30 ℃的天数为 10 d，超过 35 ℃的天数为 2 d，最高温度出现在 5 月 29 日（39.8 ℃）。高温天气出现时，空气相对湿度均大于 30%，因此，本年度 5 月未出现干热风天气。5 月气象资料见附表 3-15。

附表 3-15　2021 年 5 月小麦灌浆期气象资料记录

| 日期 | 气温（℃） | | | 降水量（mm） | 平均风速（m/s） | 14：00 相对湿度（%） | 日照时数（h） |
	平均	最高	最低				
5 月 1 日	17.5	26.0	8.1	0.0	2.6	49	11.3
5 月 2 日	17.2	20.2	13.3	0.0	2.3	41	5.5
5 月 3 日	15.9	19.2	14.6	0.0	1.7	65	1.7
5 月 4 日	18.2	25.0	12.4	0.0	1.7	68	9.0
5 月 5 日	19.4	28.4	9.3	0.0	2.6	41	12.4
5 月 6 日	22.4	31.4	13.8	0.0	4.3	38	11.6
5 月 7 日	22.7	27.8	13.6	0.0	2.9	25	11.5
5 月 8 日	23.2	33.5	13.8	0.0	3.4	37	11.8
5 月 9 日	23.3	26.8	19.3	0.0	3.5	44	11.6
5 月 10 日	23.1	26.8	21.5	0.0	5.1	49	7.0
5 月 11 日	20.4	25.0	16.5	0.0	4.2	58	7.7

（续表）

日期	气温（℃）			降水量（mm）	平均风速（m/s）	14：00相对湿度（%）	日照时数（h）
	平均	最高	最低				
5月12日	19.9	26.8	13.7	0.0	1.5	76	8.0
5月13日	21.4	25.0	18.2	0.0	1.8	79	0.7
5月14日	21.9	24.9	20.0	0.0	1.7	88	0.2
5月15日	21.2	23.8	19.0	4.7	3.0	94	0.0
5月16日	15.0	19.0	12.6	5.1	4.6	79	0.0
5月17日	17.8	25.6	9.6	0.0	2.0	70	11.7
5月18日	20.0	28.4	11.2	0.0	2.4	67	12.2
5月19日	20.6	24.8	15.2	0.0	2.1	77	2.8
5月20日	20.7	27.7	16.6	0.0	2.8	79	2.7
5月21日	21.7	28.6	15.7	0.0	1.9	81	7.4
5月22日	25.2	32.3	18.3	0.0	2.5	70	11.4
5月23日	23.2	26.9	18.7	0.2	2.8	55	3.3
5月24日	23.8	32.6	15.7	0.0	3.4	46	12.7
5月25日	22.8	28.7	13.5	0.0	3.0	36	4.0
5月26日	24.8	34.8	18.4	0.0	4.3	47	9.6
5月27日	25.2	38.4	13.6	0.0	3.5	56	12.7
5月28日	27.1	34.0	17.3	0.0	2.5	29	12.5
5月29日	27.3	39.8	17.3	0.0	3.8	38	11.7
5月30日	24.6	30.9	18.5	0.0	3.1	43	9.8
5月31日	26.8	34.4	20.3	0.0	2.3	45	8.6

11 2021—2022年度

11.1 受秋季涝灾、10月阴雨天气多影响，麦播时间较常年推迟1~2周

受2021年7月严重洪涝灾害及9月以来多次强降水影响，2021年大面积小麦播期较常年推迟1~2周。10月阴雨寡照天气多，影响排水整地。常年新乡市麦播高峰期在10月15日前后，10月20日麦播基本结束。2021年10月6日开始播种，由于田间湿度大，机械难以进地，整地进度慢，截至10月18日，新乡市麦播面积只有58.8万亩，占新乡市预计麦播面积的9.5%；自10月19日开始，随着晴好天气增多，播种进度加快，每天播种30万~40万亩，截至10月31日，已播种小麦546.33万亩，占新乡市预计麦播面积的88%；自11月1日，每天播种面积为10万亩左右，截至11月6日，已播种小麦602.5万亩，占新乡市预计麦播面积的97.12%；截至11月15日，已播种小麦621.09万亩，占新

乡市预计麦播面积的 100.12%，麦播工作基本完成。

11.2　越冬前至越冬期间气温持续偏高，墒情充足，对小麦生长及安全越冬有利

新乡市气象局数据（下同）显示，2021 年 11 月至 2022 年 1 月，积温 464.5 ℃，比常年同期偏高 89.6 ℃，增幅 23.9%；降水量 45.5 mm，比常年同期多 15.1 mm，增幅 49.7%；日照时数 452.9 h，比常年同期偏高 66.7 h，增幅 17.3%。积温、降水、日照的增加对小麦生长十分有利，弥补了晚播带来的生长量不足。2 月积温 84.9 ℃，比常年同期偏少 34.1 ℃，减幅 28.7%；降水量为 0.0 mm。特别是 2 月中旬积温、日照时数比常年严重偏低。2 月中旬积温 14.4 ℃，比常年同期的 45.3 ℃偏低 30.9 ℃，比上年同期的 76.7 ℃偏低 62.3 ℃；2 月中旬日照时数 23.2 h，比常年同期的 49.5 h 偏低 27.9 h，比上年同期的 69.2 h 偏低 46.0 h。2 月 8 日前后小麦陆续进入返青期，与往年时期基本一致，但 2 月上中旬低温寡照，小麦返青起身发育进程慢。

整个越冬期气温高，无极端低温天气发生，加上底墒充足，日照时间长，冬前管理技术措施到位率高，极大地弥补了晚播带来的不利影响。小麦返青期苗情比越冬期明显好转。越冬苗情（2021 年 12 月 10 日前后调查）：一类苗 97.2 万亩，占比 18.2%，较上年减少 37.8 个百分点，较常年（前 5 年平均，以下同）减少 32.1 个百分点；二类苗 245.6 万亩，占比 45.9%，较上年增加 11.6 个百分点，较常年增加 6.0 个百分点；三类苗 192.0 万亩，占比 35.9%，较上年增加 27.3 个百分点，较常年增加 27.0 个百分点；旺长苗 0.3 万亩，较上年减少 5.6 万亩，较常年减少 4.4 万亩。返青期苗情（2021 年 2 月 14 日前后调查）：一类苗 219.5 万亩，占比 35.3%，较常年减少 25.9 个百分点；二类苗 254.4 万亩，占比 40.9%，较常年增加 9.2 个百分点；三类苗 145.5 万亩，占比 23.4%，较常年增加 17.1 个百分点；旺长苗 2.5 万亩，占比 0.4%。

11.3　3 月、4 月气温波动较大，降水偏少，有一定不利影响

2022 年 3—4 月积温 841.8 ℃，较常年增加 45.7 ℃，增幅 5.4%；降水量 17.2 mm，较常年减少 28.0 mm，减幅 61.9%；日照时数 341.3 h，较常年减少 52.3 h，减幅 13.3%。3—4 月气温偏高，但波动大，降水明显偏少，日照正常。由于新乡整体水利条件好，浇灌及时，田间墒情适宜，总体来看，有利于幼穗分化，常言道："春长长大穗。"大部分麦田在 3 月 20 日前后拔节，较常年晚 3~5 d；4 月 8 日前后进入孕穗期；4 月 18 前后大部分地块开始进入抽穗期；扬花期一般在 4 月 25 日左右，与常年基本一致。拔节期苗情（3 月 20 日前后调查）：一类苗面积 343.3 万亩，占比 55.2%，较返青期增加 19.9 个百分点，较常年减少 7.5 个百分点；二类苗面积 206.5 万亩，占比 33.2%，较返青期减少 7.7 个百分点，较常年增加 1.6 个百分点；三类苗面积 70.9 万亩，占比 11.4%，较返青期减少 12.0 个百分点，较常年增加 6.2 个百分点；旺长苗 1.2 万亩，占比 0.2%，较返青期减少 0.2 个百分点，较常年减少 0.4 个百分点。

11.4　5 月昼夜温差大，降水少，日照足，整体对灌浆有利

2022 年 5 月积温 650.2 ℃，较常年的 677.0 ℃减少 26.8 ℃，减幅 4.0%；降水量 8.0 mm，较常年减少 34.6 mm，减幅 81.2%；日照时数 264.3 h，较常年的 234.2 h 增加 30.1 h，增幅 12.9%。5 月上中旬新乡气温较常年偏低，对小麦灌浆进度有一定不利影响。降水持续偏少，群众普浇灌浆水，田间墒情较好；降水少，5 月下旬气温高，不利于

病虫害发生；日照充足，昼夜温差大，对灌浆较为有利。灌浆期气象资料见附表3-16。

附表3-16　2022年5月小麦灌浆期气象资料记录

| 日期 | 气温（℃） | | | 降水量（mm） | 平均风速（m/s） | 14:00相对湿度（%） | 日照时数（h） |
	平均	最高	最低				
5月1日	16.3	25.4	7.5	0.0	3.3	60	12.5
5月2日	19.6	27.6	11.6	0.0	2.2	42	10.1
5月3日	21.0	31.4	10.7	0.0	2.3	53	12.5
5月4日	23.1	31.7	14.3	0.0	2.8	44	12.6
5月5日	23.2	30.0	16.2	0.0	3.0	56	12.3
5月6日	22.6	28.5	17.5	0.0	4.5	66	11.4
5月7日	16.5	19.4	15.1	0.0	7.4	54	1.5
5月8日	13.3	15.4	11.5	0.0	4.7	58	0.0
5月9日	10.5	11.9	9.2	6.2	3.1	93	0.0
5月10日	12.5	19.4	7.0	0.0	1.4	88	2.4
5月11日	15.8	20.1	12.4	0.0	1.8	87	0.7
5月12日	15.2	17.0	13.9	0.0	3.6	86	0.0
5月13日	17.0	22.2	11.6	0.0	2.4	64	9.9
5月14日	17.5	20.8	14.7	0.0	2.4	63	1.1
5月15日	18.1	26.1	10.9	0.0	2.6	62	11.8
5月16日	20.8	30.0	11.5	0.0	3.2	47	12.7
5月17日	23.1	32.6	13.9	0.0	3.7	35	12.6
5月18日	23.9	31.9	16.3	0.0	2.3	41	9.9
5月19日	22.1	26.6	17.0	0.0	3.0	61	12.5
5月20日	21.4	28.8	12.6	0.0	1.8	65	12.8
5月21日	23.2	31.8	13.9	0.0	2.3	58	10.7
5月22日	24.3	30.9	16.0	0.0	2.5	57	12.3
5月23日	24.6	30.8	18.4	0.0	2.6	59	11.2
5月24日	26.2	32.7	19.1	0.0	2.1	57	11.6
5月25日	24.6	28.2	19.9	0.0	5.1	54	11.3
5月26日	22.8	30.0	15.6	0.0	1.6	55	8.3
5月27日	24.4	32.3	15.3	0.0	1.8	47	7.6

（续表）

日期	气温（℃）			降水量（mm）	平均风速（m/s）	14:00 相对湿度（%）	日照时数（h）
	平均	最高	最低				
5 月 28 日	26.8	35.3	18.0	0.0	3.3	54	10.5
5 月 29 日	26.7	35.8	19.7	1.8	2.7	63	6.6
5 月 30 日	26.9	33.0	20.9	0.0	2.3	40	11.8
5 月 31 日	26.2	32.3	16.9	0.0	3.0	41	3.1

附录 4　常用农药

类别	名称	含量	剂型	用量	防治对象	施用方法
土壤处理	辛硫磷	3%	颗粒剂	3~4 kg/亩	地下害虫	沟施
种子处理	苯醚甲环唑	3%	悬浮种衣剂	200~300 mL/100 kg 种子	散黑穗病、纹枯病	种子包衣
	硅噻菌胺	12%	种子处理悬浮剂	160~320 mL/100 kg 种子	全蚀病	拌种
	咯菌腈	25 g/L	悬浮种衣剂	150~200 mL/100 kg 种子	腥黑穗病、根腐病	种子包衣
	咯菌腈	2.5%	种子处理悬浮种衣剂	150~200 mL/100 kg 种子	根腐病	种子包衣
	噻虫嗪	35%	悬浮种衣剂	300~440 mL/100 kg 种子	金针虫	种子包衣
	噻虫嗪	70%	种子处理可分散粉剂	100~150 g/100 kg 种子	蚜虫	拌种
	戊唑醇	60 g/L	悬浮种衣剂	30~60 mL/100 kg 种子	全蚀病、散黑穗病、纹枯病	种子包衣
	戊唑醇	2%	悬浮种衣剂	100~150 mL/100 kg 种子	散黑穗病	种子包衣
	吡虫啉	600 g/L	悬浮种衣剂	600~700 mL/100 kg 种子	蚜虫	种子包衣
	苯醚·咯·噻虫	27%	种子处理悬浮剂	200~600 g/100 kg 种子	金针虫、散黑穗病、根腐病	种子包衣
	灭菌唑	25 g/L	种子处理悬浮剂	100~200 mL/100 kg 种子	腥黑穗病、散黑穗病	拌种
	辛硫磷	40%	乳油	1:（417~556）（药种比）	地下害虫	拌种

（续表）

类别	名称	含量	剂型	用量	防治对象	施用方法
	苄嘧磺隆	10%	可湿性粉剂	30~40 g/亩	一年生阔叶杂草	茎叶喷雾
	苯磺隆	10%	可湿性粉剂	15~20 g/亩	一年生阔叶杂草	茎叶喷雾
	苯磺隆	75%	水分散粒剂	1.0~1.2 g/亩	一年生阔叶杂草	茎叶喷雾
	双氟·唑嘧胺	58 g/L	悬浮剂	10~15 mL/亩	一年生阔叶杂草	茎叶喷雾
	氯氟吡氧乙酸	20%	乳油	50~70 mL/亩	一年生阔叶杂草	茎叶喷雾
	氯氟吡氧乙酸异辛酯	20%	悬浮剂	50~70 mL/亩	一年生阔叶杂草	茎叶喷雾
	唑草酮	10%	可湿性粉剂	16~20 g/亩	一年生阔叶杂草	茎叶喷雾
	双氟·唑草酮	3%	悬乳剂	30~50 mL/亩	一年生阔叶杂草	茎叶喷雾
	甲基二磺隆	30 g/L	可分散油悬浮剂	20~40 mL/亩	一年生杂草	茎叶喷雾
除草剂	唑嘧磺草胺	80%	水分散粒剂	1.67~2.50 g/亩	阔叶杂草	茎叶喷雾
	唑草·苯磺隆	36%	水分散粒剂	5~8 g/亩	一年生杂草	茎叶喷雾
	精噁唑禾草灵	6.9%	水乳剂	50~70 mL/亩	一年生禾本科杂草	茎叶喷雾
	双氟磺草胺	25%	水分散粒剂	1.0~1.2 g/亩	一年生阔叶杂草	茎叶喷雾
	双氟磺草胺	10%	可湿性粉剂	2.5~3.0 g/亩	一年生阔叶杂草	茎叶喷雾
	双氟·氟氯酯	20%	水分散粒剂	5.0~6.5 g/亩	一年生阔叶杂草	茎叶喷雾
	炔草酯	15%	微乳剂	25~35 mL/亩	一年生禾本科杂草	茎叶喷雾
	炔草酸	15%	可湿性粉剂	20~30 g/亩	一年生禾本科杂草	茎叶喷雾
	甲基碘磺隆钠盐	5%	水分散粒剂	15~20 g/亩	一年生阔叶杂草	茎叶喷雾

（续表）

类别	名称	含量	剂型	用量	防治对象	施用方法
	多菌灵	50%	悬浮剂	120~150 g/亩	赤霉病	喷雾
	多菌灵	40%	悬浮剂	80~100 g/亩	赤霉病	喷雾
	多菌灵	50%	可湿性粉剂	120~150 g/亩	赤霉病	喷雾
	多菌灵	80%	可湿性粉剂	70~90 g/亩	赤霉病	喷雾
	三唑酮	15%	可湿性粉剂	60~80 g/亩	锈病、白粉病	喷雾
	三唑酮	20%	乳油	40~50 g/亩	白粉病	喷雾
	三唑酮	25%	可湿性粉剂	30~35 g/亩	白粉病	喷雾
	甲硫·三唑酮	20%	可湿性粉剂	60~100 g/亩	白粉病	喷雾
	唑醚·戊唑醇	48%	悬浮剂	20~30 mL/亩	赤霉病	喷雾
	吡唑醚菌酯	25%	悬浮剂	30~40 mL/亩	白粉病	喷雾
	吡唑醚菌酯	30%	悬浮剂	30~35 mL/亩	赤霉病	喷雾
	醚菌酯	50%	水分散粒剂	8~16 g/亩	赤霉病	喷雾
	氟环·嘧菌酯	30%	悬浮剂	40~45 mL/亩	锈病	喷雾
	咪鲜胺	25%	乳油	50~60 g/亩	赤霉病、白粉病	喷雾
	戊唑·咪鲜胺	45%	可湿性粉剂	25~35 g/亩	赤霉病	喷雾
杀菌剂	噻呋酰胺	24 g/L	悬浮剂	18~23 mL/亩	纹枯病	喷雾
	戊唑醇	430 g/L	悬浮剂	15~20 g/亩	白粉病	喷雾
	戊唑醇	25%	可湿性粉剂	60~70 g/亩	白粉病、锈病	喷雾
	戊唑醇	80%	水分散粒剂	8~15 g/亩	白粉病、赤霉病、锈病	喷雾
	丙硫菌唑·戊唑醇	40%	悬浮剂	30~50 mL/亩	白粉病、赤霉病、锈病	喷雾
	唑醚·戊唑醇	48%	悬浮剂	20~30 mL/亩	赤霉病	喷雾
	肟菌·戊唑醇	30%	悬浮剂	30~35 mL/亩	赤霉病	喷雾
	氟环唑	30%	悬浮剂	20~25 mL/亩	锈病	喷雾
	咪铜·氟环唑	40%	悬浮剂	20~35 g/亩	赤霉病	喷雾
	氰烯菌酯	25%	悬浮剂	100~200 mL/亩	赤霉病	喷雾
	苯醚甲环唑	60%	水分散粒剂	3~6 g/亩	纹枯病	喷雾
	甲基硫菌灵	70%	可湿性粉剂	70~100 g/亩	赤霉病	喷雾
	苯甲·丙环唑	30%	乳油	15~20 g/亩	纹枯病、白粉病、赤霉病、锈病	喷雾
	烯唑醇	12.5%	可湿性粉剂	48~64 g/亩	白粉病	喷雾

（续表）

类别	名称	含量	剂型	用量	防治对象	施用方法
杀虫剂	氰戊·辛硫磷	50%	乳油	12 g/亩	蚜虫	喷雾
	阿维菌素	5%	悬浮剂	4~8 mL/亩	红蜘蛛	喷雾
	吡虫啉	20%	乳油	5~10 mL/亩	蚜虫	喷雾
	吡虫啉	5%	乳油	10~15 mL/亩	蚜虫	喷雾
	吡虫啉	5%	悬浮剂	6~9 mL/亩	蚜虫	喷雾
	吡虫啉	10%	可湿性粉剂	30~40 g/亩	蚜虫	喷雾
	吡虫啉	25%	可湿性粉剂	12~16 g/亩	蚜虫	喷雾
	吡虫啉	70%	可湿性粉剂	3~7 g/亩	蚜虫	喷雾
	氯氟·吡虫啉	7.5%	悬浮剂	30~35 g/亩	蚜虫、吸浆虫	喷雾
	丁醚·哒螨灵	50%	悬浮剂	3 000 倍液	红蜘蛛	喷雾
	噻虫嗪	25%	水分散粒剂	6~10 g/亩	蚜虫	喷雾
	噻虫嗪	25%	可湿性粉剂	5~9 g/亩	蚜虫	喷雾
	联苯菊酯	4.5%	水乳剂	25~45 mL/亩	蚜虫	喷雾
	联苯菊酯	2.5%	微乳剂	50~60 mL/亩	蚜虫	喷雾
	啶虫脒	3%	微乳剂	25~40 mL/亩	蚜虫	喷雾
	啶虫脒	5%	可湿性粉剂	20~40 g/亩	蚜虫	喷雾
	高效氯氟氰菊酯	2.5%	水乳剂	20~25 mL/亩	蚜虫	喷雾
	高效氯氟氰菊酯	2.5%	乳油	20~30 mL/亩	蚜虫	喷雾
	噻虫·高氯氟	25%	悬浮剂	5~10 mL/亩	蚜虫	喷雾
	噻虫·高氯氟	20%	悬浮剂	6~12 g/亩	蚜虫	喷雾
	高效氯氟氰菊酯	50 g/L	乳油	10~15 mL/亩	蚜虫	喷雾
	吡蚜酮	25%	可湿性粉剂	16~20 g/亩	蚜虫	喷雾
	抗蚜威	50%	可湿性粉剂	10~20 g/亩	蚜虫	喷雾
	敌敌畏	80%	乳油	50 mL/亩	蚜虫、黏虫	喷雾
	高效氯氰菊酯	4.5%	乳油	20~40 mL/亩	蚜虫	喷雾

附录5 小麦生育时期记录

2011—2012 年度

地点：河南省获嘉县

品种	播期	出苗期	越冬期	返青期	拔节期	抽穗期	扬花期	成熟期
新麦26	10月19日	10月30日	12月15日	2月20日	3月27日	4月22日	4月27日	6月2日
新麦26	10月20日	10月31日	12月15日	2月20日	3月26日	4月22日	4月27日	6月1日
新麦26	10月25日	11月6日	12月15日	2月20日	3月26日	4月23日	4月28日	6月1日
新麦26	10月30日	11月15日	12月15日	2月20日	3月29日	4月26日	5月1日	6月3日

2012—2013 年度

地点：河南省获嘉县

品种	播期	出苗期	越冬期	返青期	拔节期	孕穗期	抽穗期	扬花期	成熟期
郑麦7698	10月10日	10月18日	12月12日	2月25日	3月23日	4月15日	4月26日	5月2日	6月3日
郑麦7698	10月13日	10月23日	12月12日	2月25日	3月24日	4月17日	4月27日	5月3日	6月4日
新麦26	10月11日	10月18日	12月12日	2月25日	3月20日	—	4月24日	4月30日	6月4日
新麦26	10月13日	10月22日	12月12日	2月25日	3月23日	—	4月24日	4月30日	6月4日

2013—2014 年度

地点：河南省获嘉县

品种	播期	出苗期	越冬期	返青期	拔节期	孕穗期	抽穗期	扬花期	成熟期
郑麦7698	10月6日	10月14日	12月20日	2月16日	3月13日	4月6日	4月17日	4月22日	5月30日
新麦26	10月6日	10月14日	12月20日	2月16日	3月14日	—	4月16日	4月21日	5月27日
新麦23 新麦2111	10月10日	10月20日	12月20日	2月16日	3月10日	—	4月14日	4月20日	5月25日
	10月18日	11月8日	12月20日	2月16日	3月21日	—	4月16日	4月23日	5月26日
	10月25日	11月19日	12月20日	2月16日	3月27日	—	4月19日	4月24日	5月31日

2014—2015 年度

地点：河南省获嘉县

品种	播期	出苗期	越冬期	返青期	拔节期	孕穗期	抽穗期	扬花期	成熟期
百农 207	10 月 17 日	10 月 27 日	12 月 20 日	2 月 15 日	3 月 14 日	—	4 月 21 日	4 月 25 日	6 月 2 日
新麦 29	10 月 17 日	10 月 27 日	12 月 20 日	2 月 15 日	3 月 10 日	—	4 月 18 日	4 月 23 日	5 月 29 日
郑麦 7698	10 月 16 日	10 月 26 日	12 月 20 日	2 月 15 日	3 月 14 日	4 月 8 日	4 月 21 日	4 月 25 日	6 月 3 日

2015—2016 年度

地点：河南省获嘉县

品种	播期	出苗期	越冬期	返青期	拔节期	抽穗期	扬花期	成熟期
百农 207	10 月 18 日	10 月 27 日	11 月 28 日	2 月 10 日	3 月 22 日	4 月 21 日	4 月 26 日	6 月 4 日
	10 月 4 日	10 月 10 日	11 月 28 日	2 月 10 日	3 月 8 日	4 月 15 日	4 月 22 日	6 月 1 日
新科麦 168	10 月 11 日	10 月 17 日	11 月 28 日	2 月 10 日	3 月 14 日	4 月 16 日	4 月 23 日	6 月 1 日
	10 月 18 日	10 月 27 日	11 月 28 日	2 月 10 日	3 月 19 日	4 月 18 日	4 月 24 日	6 月 2 日

2016—2017 年度

地点：河南省获嘉县

品种	播期	出苗期	越冬期	返青期	拔节期	抽穗期	扬花期	成熟期
	10 月 12 日	10 月 18 日	12 月 31 日	2 月 15 日	3 月 2 日	4 月 16 日	4 月 22 日	5 月 31 日
百农 201	10 月 19 日	10 月 28 日	12 月 31 日	2 月 15 日	3 月 13 日	4 月 18 日	4 月 24 日	6 月 1 日
	11 月 2 日	11 月 16 日	12 月 31 日	2 月 15 日	3 月 25 日	4 月 22 日	4 月 28 日	6 月 2 日
	10 月 5 日	10 月 10 日	12 月 31 日	2 月 10 日	2 月 25 日	4 月 16 日	4 月 23 日	5 月 31 日
新麦 30	10 月 12 日	10 月 18 日	12 月 31 日	2 月 10 日	3 月 2 日	4 月 18 日	4 月 25 日	6 月 1 日
	10 月 19 日	10 月 28 日	12 月 31 日	2 月 10 日	3 月 13 日	4 月 19 日	4 月 27 日	6 月 2 日
郑麦 7698	10 月 12 日	10 月 21 日	12 月 15 日	2 月 15 日	3 月 12 日	4 月 20 日	4 月 25 日	6 月 2 日
怀川 916	10 月 12 日	10 月 21 日	12 月 15 日	2 月 15 日	3 月 12 日	4 月 16 日	4 月 23 日	5 月 31 日
西农 979	10 月 12 日	10 月 21 日	12 月 15 日	2 月 15 日	3 月 12 日	4 月 18 日	4 月 24 日	6 月 1 日
新麦 26	10 月 12 日	10 月 21 日	12 月 15 日	2 月 15 日	3 月 14 日	4 月 21 日	4 月 27 日	6 月 4 日
师栾 02-1	10 月 12 日	10 月 21 日	12 月 15 日	2 月 15 日	3 月 13 日	4 月 20 日	4 月 26 日	6 月 4 日
郑麦 366	10 月 12 日	10 月 21 日	12 月 15 日	2 月 15 日	3 月 12 日	4 月 17 日	4 月 24 日	6 月 1 日
郑麦 0943	10 月 12 日	10 月 21 日	12 月 15 日	2 月 15 日	3 月 14 日	4 月 21 日	4 月 27 日	6 月 4 日

2017—2018 年度

地点 1：河南省获嘉县

品种	播期	出苗期	越冬期	返青期	拔节期	抽穗期	扬花期	成熟期
	10 月 14 日	10 月 21 日	1 月 4 日	2 月 13 日	3 月 10 日	4 月 13 日	4 月 19 日	5 月 28 日
百农 201	10 月 20 日	10 月 29 日	1 月 4 日	2 月 13 日	3 月 20 日	4 月 16 日	4 月 21 日	5 月 28 日
	10 月 26 日	11 月 6 日	1 月 4 日	2 月 13 日	3 月 22 日	4 月 18 日	4 月 22 日	5 月 29 日
	10 月 14 日	10 月 21 日	1 月 4 日	2 月 13 日	3 月 19 日	4 月 16 日	4 月 21 日	5 月 28 日
新麦 36	10 月 20 日	10 月 29 日	1 月 4 日	2 月 13 日	3 月 22 日	4 月 17 日	4 月 22 日	5 月 29 日
	10 月 26 日	11 月 6 日	1 月 4 日	2 月 13 日	3 月 23 日	4 月 19 日	4 月 23 日	5 月 30 日
百农 207	10 月 15 日	10 月 22 日	1 月 4 日	2 月 13 日	3 月 20 日	4 月 19 日	4 月 24 日	5 月 30 日
新麦 26	10 月 15 日	10 月 22 日	1 月 4 日	2 月 13 日	3 月 17 日	4 月 17 日	4 月 22 日	5 月 29 日
郑麦 366	10 月 15 日	10 月 22 日	1 月 4 日	2 月 13 日	3 月 15 日	4 月 15 日	4 月 19 日	5 月 28 日
西农 979	10 月 15 日	10 月 22 日	1 月 4 日	2 月 13 日	3 月 17 日	4 月 17 日	4 月 21 日	5 月 28 日
丰德存麦 5 号	10 月 15 日	10 月 22 日	1 月 4 日	2 月 13 日	3 月 17 日	4 月 17 日	4 月 21 日	5 月 28 日
师栾 02-1	10 月 15 日	10 月 22 日	1 月 4 日	2 月 13 日	3 月 19 日	4 月 18 日	4 月 22 日	5 月 29 日
藁优 2018	10 月 15 日	10 月 22 日	1 月 4 日	2 月 13 日	3 月 17 日	4 月 18 日	4 月 23 日	5 月 30 日
怀川 916	10 月 15 日	10 月 22 日	1 月 4 日	2 月 13 日	3 月 21 日	4 月 6 日	4 月 19 日	5 月 28 日
伟隆 169	10 月 15 日	10 月 22 日	1 月 4 日	2 月 13 日	3 月 21 日	4 月 18 日	4 月 23 日	5 月 30 日
郑品优 9 号	10 月 15 日	10 月 22 日	1 月 4 日	2 月 13 日	3 月 15 日	4 月 14 日	4 月 19 日	5 月 28 日
郑麦 101	10 月 15 日	10 月 22 日	1 月 4 日	2 月 13 日	3 月 19 日	4 月 18 日	4 月 24 日	5 月 30 日

地点 2：河南省辉县市

品种	播期	出苗期	越冬期	返青期	拔节期	抽穗期	扬花期	成熟期
郑麦 366	10 月 14 日	10 月 22 日	1 月 4 日	2 月 25 日	3 月 10 日	4 月 16 日	4 月 19 日	6 月 1 日
丰德存麦 5 号	10 月 14 日	10 月 22 日	1 月 4 日	2 月 25 日	3 月 10 日	4 月 17 日	4 月 20 日	6 月 1 日
西农 979	10 月 14 日	10 月 22 日	1 月 4 日	2 月 25 日	3 月 10 日	4 月 18 日	4 月 21 日	5 月 30 日
郑品优 9 号	10 月 14 日	10 月 22 日	1 月 4 日	2 月 25 日	3 月 10 日	4 月 17 日	4 月 20 日	6 月 1 日
郑麦 101	10 月 14 日	10 月 22 日	1 月 4 日	2 月 25 日	3 月 10 日	4 月 20 日	4 月 23 日	5 月 31 日

地点 3：河南省新乡县

品种	播期	出苗期	越冬期	返青期	拔节期	抽穗期	扬花期	成熟期
百农 207	10 月 22 日	10 月 31 日	12 月 26 日	3 月 2 日	3 月 12 日	4 月 18 日	4 月 23 日	6 月 3 日
新麦 26	10 月 22 日	10 月 31 日	12 月 26 日	3 月 2 日	3 月 11 日	4 月 16 日	4 月 21 日	6 月 1 日
郑麦 366	10 月 22 日	10 月 31 日	12 月 26 日	3 月 2 日	3 月 11 日	4 月 13 日	4 月 19 日	6 月 1 日
西农 979	10 月 22 日	10 月 31 日	12 月 26 日	3 月 2 日	3 月 13 日	4 月 14 日	4 月 20 日	6 月 1 日
丰德存麦 5 号	10 月 22 日	10 月 31 日	12 月 26 日	3 月 2 日	3 月 11 日	4 月 14 日	4 月 20 日	6 月 2 日

（续表）

品种	播期	出苗期	越冬期	返青期	拔节期	抽穗期	扬花期	成熟期
师栾 02-1	10 月 22 日	10 月 31 日	12 月 26 日	3 月 2 日	3 月 13 日	4 月 15 日	4 月 20 日	6 月 3 日
藁优 2018	10 月 22 日	10 月 31 日	12 月 26 日	3 月 2 日	3 月 13 日	4 月 15 日	4 月 21 日	6 月 3 日
怀川 916	10 月 22 日	10 月 31 日	12 月 26 日	3 月 2 日	3 月 12 日	4 月 14 日	4 月 20 日	6 月 1 日
郑麦 7698	10 月 22 日	10 月 31 日	12 月 26 日	3 月 2 日	3 月 12 日	4 月 17 日	4 月 21 日	6 月 2 日
周麦 27	10 月 22 日	10 月 31 日	12 月 26 日	3 月 2 日	3 月 12 日	4 月 14 日	4 月 21 日	6 月 3 日
郑麦 101	10 月 22 日	10 月 31 日	12 月 26 日	3 月 2 日	3 月 12 日	4 月 17 日	4 月 23 日	6 月 3 日
众麦 2 号	10 月 22 日	10 月 31 日	12 月 26 日	3 月 2 日	3 月 12 日	4 月 15 日	4 月 20 日	6 月 1 日
百农 AK58	10 月 22 日	10 月 31 日	12 月 26 日	3 月 2 日	3 月 15 日	4 月 15 日	4 月 22 日	6 月 3 日
百农 4199	10 月 22 日	10 月 31 日	12 月 26 日	3 月 2 日	3 月 13 日	4 月 14 日	4 月 19 日	6 月 1 日
新麦 30	10 月 22 日	10 月 31 日	12 月 26 日	3 月 2 日	3 月 14 日	4 月 15 日	4 月 21 日	6 月 2 日

2018—2019 年度

地点 1：河南省获嘉县

品种	播期	出苗期	越冬期	返青期	拔节期	抽穗期	扬花期	成熟期
	10 月 10 日	10 月 16 日	12 月 9 日	2 月 22 日	3 月 15 日	4 月 16 日	4 月 21 日	5 月 29 日
中植 0914	10 月 18 日	10 月 26 日	12 月 9 日	2 月 22 日	3 月 18 日	4 月 17 日	4 月 22 日	5 月 30 日
	10 月 26 日	11 月 5 日	12 月 9 日	2 月 22 日	3 月 22 日	4 月 20 日	4 月 25 日	5 月 31 日
	10 月 10 日	10 月 16 日	12 月 9 日	2 月 22 日	3 月 19 日	4 月 18 日	4 月 26 日	5 月 31 日
新麦 36	10 月 18 日	10 月 26 日	12 月 9 日	2 月 22 日	3 月 23 日	4 月 19 日	4 月 27 日	5 月 31 日
	10 月 26 日	11 月 5 日	12 月 9 日	2 月 22 日	3 月 25 日	4 月 21 日	4 月 28 日	6 月 1 日
藁优 5766	10 月 17 日	10 月 25 日	12 月 9 日	2 月 22 日	3 月 20 日	4 月 21 日	4 月 28 日	5 月 31 日
中麦 578	10 月 17 日	10 月 25 日	12 月 9 日	2 月 22 日	3 月 11 日	4 月 17 日	4 月 22 日	6 月 2 日
伟隆 169	10 月 17 日	10 月 25 日	12 月 9 日	2 月 22 日	3 月 19 日	4 月 20 日	4 月 26 日	6 月 2 日
西农 979	10 月 17 日	10 月 25 日	12 月 9 日	2 月 22 日	3 月 19 日	4 月 17 日	4 月 23 日	5 月 30 日
郑麦 158	10 月 17 日	10 月 25 日	12 月 9 日	2 月 22 日	3 月 13 日	4 月 17 日	4 月 24 日	6 月 3 日
新麦 26	10 月 17 日	10 月 25 日	12 月 9 日	2 月 22 日	3 月 12 日	4 月 18 日	4 月 25 日	6 月 2 日
师栾 02-1	10 月 17 日	10 月 25 日	12 月 9 日	2 月 22 日	3 月 20 日	4 月 19 日	4 月 26 日	6 月 2 日
郑麦 379	10 月 17 日	10 月 25 日	12 月 9 日	2 月 22 日	3 月 20 日	4 月 20 日	4 月 27 日	6 月 3 日
丰德存麦 21	10 月 17 日	10 月 25 日	12 月 9 日	2 月 22 日	3 月 12 日	4 月 18 日	4 月 24 日	5 月 31 日
丰德存麦 5 号	10 月 17 日	10 月 25 日	12 月 9 日	2 月 22 日	3 月 13 日	4 月 18 日	4 月 24 日	5 月 31 日

地点 2：河南省辉县市

品种	播期	出苗期	越冬期	返青期	拔节期	抽穗期	扬花期	成熟期
郑麦 1860	10 月 15 日	10 月 22 日	12 月 20 日	3 月 8 日	3 月 20 日	4 月 20 日	4 月 23 日	6 月 1 日
师栾 02-1	10 月 15 日	10 月 22 日	12 月 20 日	3 月 8 日	3 月 18 日	4 月 17 日	4 月 20 日	6 月 1 日
百农 207	10 月 15 日	10 月 22 日	12 月 20 日	3 月 8 日	3 月 20 日	4 月 19 日	4 月 21 日	6 月 2 日
郑麦 366	10 月 15 日	10 月 22 日	12 月 20 日	3 月 8 日	3 月 16 日	4 月 15 日	4 月 18 日	6 月 1 日
丰德存麦 5 号	10 月 15 日	10 月 22 日	12 月 20 日	3 月 8 日	3 月 19 日	4 月 16 日	4 月 19 日	6 月 1 日
新麦 26	10 月 15 日	10 月 22 日	12 月 20 日	3 月 8 日	3 月 13 日	4 月 18 日	4 月 21 日	6 月 2 日
伟隆 169	10 月 15 日	10 月 22 日	12 月 20 日	3 月 8 日	3 月 18 日	4 月 19 日	4 月 22 日	6 月 2 日
西农 979	10 月 15 日	10 月 22 日	12 月 20 日	3 月 8 日	3 月 16 日	4 月 18 日	4 月 20 日	6 月 1 日

地点 3：河南省新乡县

品种	播期	出苗期	越冬期	返青期	拔节期	抽穗期	扬花期	成熟期
百农 4199	10 月 13 日	10 月 19 日	12 月 20 日	3 月 8 日	3 月 19 日	4 月 14 日	4 月 19 日	6 月 1 日
百农 AK58	10 月 13 日	10 月 19 日	12 月 20 日	3 月 8 日	3 月 20 日	4 月 16 日	4 月 21 日	6 月 2 日
百农 207	10 月 13 日	10 月 19 日	12 月 20 日	3 月 8 日	3 月 20 日	4 月 19 日	4 月 24 日	6 月 4 日
中植 0914	10 月 13 日	10 月 19 日	12 月 20 日	3 月 8 日	3 月 18 日	4 月 16 日	4 月 21 日	6 月 2 日
新植 9 号	10 月 13 日	10 月 19 日	12 月 20 日	3 月 8 日	3 月 19 日	4 月 15 日	4 月 20 日	6 月 2 日
周麦 27	10 月 13 日	10 月 19 日	12 月 20 日	3 月 8 日	3 月 19 日	4 月 14 日	4 月 20 日	6 月 2 日
郑麦 7698	10 月 13 日	10 月 19 日	12 月 20 日	3 月 8 日	3 月 19 日	4 月 15 日	4 月 20 日	6 月 3 日
郑麦 379	10 月 13 日	10 月 19 日	12 月 20 日	3 月 8 日	3 月 20 日	4 月 17 日	4 月 21 日	6 月 3 日
中麦 895	10 月 13 日	10 月 19 日	12 月 20 日	3 月 8 日	3 月 20 日	4 月 17 日	4 月 22 日	6 月 2 日
郑麦 583	10 月 13 日	10 月 19 日	12 月 20 日	3 月 8 日	3 月 19 日	4 月 16 日	4 月 20 日	6 月 3 日
西农 979	10 月 13 日	10 月 19 日	12 月 20 日	3 月 8 日	3 月 20 日	4 月 13 日	4 月 18 日	6 月 1 日
郑麦 366	10 月 13 日	10 月 19 日	12 月 20 日	3 月 8 日	3 月 18 日	4 月 13 日	4 月 18 日	6 月 2 日
伟隆 169	10 月 13 日	10 月 19 日	12 月 20 日	3 月 8 日	3 月 19 日	4 月 18 日	4 月 22 日	6 月 3 日
新麦 26	10 月 13 日	10 月 19 日	12 月 20 日	3 月 8 日	3 月 20 日	4 月 17 日	4 月 21 日	6 月 3 日
周麦 22	10 月 13 日	10 月 19 日	12 月 20 日	3 月 8 日	3 月 20 日	4 月 18 日	4 月 22 日	6 月 3 日

2019—2020 年度

地点 1：河南省获嘉县

品种	播期	出苗期	越冬期	返青期	拔节期	抽穗期	扬花期	成熟期
伟隆 169	10 月 16 日	10 月 23 日	12 月 31 日	2 月 9 日	3 月 8 日	4 月 16 日	4 月 24 日	5 月 31 日
	10 月 23 日	11 月 1 日	12 月 31 日	2 月 9 日	3 月 10 日	4 月 17 日	4 月 24 日	6 月 1 日
	10 月 30 日	11 月 11 日	12 月 31 日	2 月 9 日	3 月 13 日	4 月 18 日	4 月 25 日	6 月 1 日

（续表）

品种	播期	出苗期	越冬期	返青期	拔节期	抽穗期	扬花期	成熟期
百农 4199	10 月 24 日	11 月 2 日	12 月 31 日	2 月 9 日	2 月 28 日	4 月 15 日	4 月 23 日	6 月 1 日
伟隆 169	10 月 24 日	11 月 2 日	12 月 31 日	2 月 9 日	3 月 3 日	4 月 17 日	4 月 25 日	6 月 1 日
秦鑫 271	10 月 24 日	11 月 2 日	12 月 31 日	2 月 9 日	2 月 29 日	4 月 14 日	4 月 21 日	5 月 28 日
西农 979	10 月 24 日	11 月 2 日	12 月 31 日	2 月 9 日	3 月 4 日	4 月 14 日	4 月 21 日	5 月 28 日
师栾 02-1	10 月 24 日	11 月 2 日	12 月 31 日	2 月 9 日	2 月 29 日	4 月 17 日	4 月 25 日	6 月 2 日
新麦 26	10 月 24 日	11 月 2 日	12 月 31 日	2 月 9 日	3 月 1 日	4 月 16 日	4 月 24 日	6 月 1 日
丰德存麦 21	10 月 24 日	11 月 2 日	12 月 31 日	2 月 9 日	3 月 1 日	4 月 14 日	4 月 21 日	5 月 30 日
丰德存麦 5 号	10 月 24 日	11 月 2 日	12 月 31 日	2 月 9 日	3 月 1 日	4 月 16 日	4 月 23 日	6 月 1 日
百农 418	10 月 24 日	11 月 2 日	12 月 31 日	2 月 9 日	3 月 3 日	4 月 17 日	4 月 25 日	6 月 2 日

地点 2：河南省新乡县

品种	播期	出苗期	越冬期	返青期	拔节期	抽穗期	扬花期	成熟期
郑麦 7698	10 月 21 日	10 月 29 日	12 月 21 日	2 月 16 日	3 月 10 日	4 月 15 日	4 月 21 日	5 月 28 日
中麦 578	10 月 21 日	10 月 29 日	12 月 21 日	2 月 16 日	3 月 7 日	4 月 7 日	4 月 15 日	5 月 27 日
百农 AK58	10 月 21 日	10 月 29 日	12 月 21 日	2 月 16 日	3 月 9 日	4 月 12 日	4 月 19 日	5 月 28 日
周麦 27	10 月 21 日	10 月 29 日	12 月 21 日	2 月 16 日	3 月 10 日	4 月 12 日	4 月 19 日	5 月 28 日
百农 207	10 月 21 日	10 月 29 日	12 月 21 日	2 月 16 日	3 月 9 日	4 月 15 日	4 月 22 日	5 月 28 日
西农 979	10 月 21 日	10 月 29 日	12 月 21 日	2 月 16 日	3 月 11 日	4 月 9 日	4 月 15 日	5 月 26 日
中麦 895	10 月 21 日	10 月 29 日	12 月 21 日	2 月 16 日	3 月 12 日	4 月 15 日	4 月 21 日	5 月 27 日
郑麦 379	10 月 21 日	10 月 29 日	12 月 21 日	2 月 16 日	3 月 12 日	4 月 13 日	4 月 20 日	5 月 29 日
郑麦 136	10 月 21 日	10 月 29 日	12 月 21 日	2 月 16 日	3 月 13 日	4 月 12 日	4 月 19 日	5 月 28 日
郑麦 583	10 月 21 日	10 月 29 日	12 月 21 日	2 月 16 日	3 月 13 日	4 月 12 日	4 月 18 日	5 月 28 日
伟隆 169	10 月 21 日	10 月 29 日	12 月 21 日	2 月 16 日	3 月 15 日	4 月 15 日	4 月 21 日	5 月 28 日
师栾 02-1	10 月 21 日	10 月 29 日	12 月 21 日	2 月 16 日	3 月 16 日	4 月 15 日	4 月 22 日	5 月 28 日
丰德存麦 5 号	10 月 21 日	10 月 29 日	12 月 21 日	2 月 16 日	3 月 8 日	4 月 10 日	4 月 18 日	5 月 28 日
百农 4199	10 月 21 日	10 月 29 日	12 月 21 日	2 月 16 日	3 月 10 日	4 月 11 日	4 月 18 日	5 月 27 日
众麦 7 号	10 月 21 日	10 月 29 日	12 月 21 日	2 月 16 日	3 月 12 日	4 月 15 日	4 月 22 日	5 月 28 日
百农 418	10 月 21 日	10 月 29 日	12 月 21 日	2 月 16 日	3 月 12 日	4 月 14 日	4 月 20 日	5 月 27 日
新麦 26	10 月 21 日	10 月 29 日	12 月 21 日	2 月 16 日	3 月 10 日	4 月 14 日	4 月 22 日	5 月 28 日
中植 0914	10 月 21 日	10 月 29 日	12 月 21 日	2 月 16 日	3 月 8 日	4 月 14 日	4 月 21 日	5 月 27 日
科林 201	10 月 21 日	10 月 29 日	12 月 21 日	2 月 16 日	3 月 8 日	4 月 13 日	4 月 21 日	5 月 26 日
新植 9 号	10 月 21 日	10 月 29 日	12 月 21 日	2 月 16 日	3 月 12 日	4 月 12 日	4 月 19 日	5 月 27 日

2020—2021 年度

地点：河南省获嘉县

品种	播期	出苗期	越冬期	返青期	拔节期	抽穗期	扬花期	成熟期
	10 月 11 日	10 月 18 日	12 月 14 日	2 月 7 日	3 月 10 日	4 月 18 日	4 月 26 日	6 月 4 日
伟隆 169	10 月 18 日	10 月 27 日	12 月 14 日	2 月 7 日	3 月 11 日	4 月 18 日	4 月 26 日	6 月 4 日
	10 月 25 日	11 月 5 日	12 月 14 日	2 月 7 日	3 月 13 日	4 月 19 日	4 月 26 日	6 月 4 日
伟隆 169	10 月 19 日	10 月 28 日	12 月 14 日	2 月 7 日	3 月 12 日	4 月 18 日	4 月 25 日	6 月 3 日
新麦 58	10 月 19 日	10 月 28 日	12 月 14 日	2 月 7 日	3 月 9 日	4 月 17 日	4 月 25 日	6 月 2 日
师栾 02-1	10 月 19 日	10 月 28 日	12 月 14 日	2 月 7 日	3 月 13 日	4 月 19 日	4 月 26 日	6 月 4 日
百农 4199	10 月 19 日	10 月 28 日	12 月 14 日	2 月 7 日	3 月 9 日	4 月 18 日	4 月 25 日	6 月 3 日
新麦 26	10 月 19 日	10 月 28 日	12 月 14 日	2 月 7 日	3 月 10 日	4 月 18 日	4 月 26 日	6 月 3 日
郑麦 379	10 月 19 日	10 月 28 日	12 月 14 日	2 月 7 日	3 月 10 日	4 月 18 日	4 月 26 日	6 月 4 日
丰德存麦 21	10 月 19 日	10 月 28 日	12 月 14 日	2 月 7 日	3 月 9 日	4 月 16 日	4 月 23 日	6 月 2 日
西农 979	10 月 19 日	10 月 28 日	12 月 14 日	2 月 7 日	3 月 10 日	4 月 16 日	4 月 23 日	6 月 2 日
新麦 38	10 月 19 日	10 月 28 日	12 月 14 日	2 月 7 日	3 月 9 日	4 月 18 日	4 月 25 日	6 月 2 日
郑麦 369	10 月 19 日	10 月 28 日	12 月 14 日	2 月 7 日	3 月 9 日	4 月 16 日	4 月 24 日	6 月 2 日
新麦 45	10 月 19 日	10 月 28 日	12 月 14 日	2 月 7 日	3 月 9 日	4 月 17 日	4 月 25 日	6 月 3 日

2021—2022 年度

地点 1：河南省获嘉县

品种	播期	出苗期	越冬期	返青期	拔节期	抽穗期	扬花期	成熟期
	11 月 10 日	11 月 23 日	12 月 25 日	2 月 13 日	3 月 23 日	4 月 20 日	4 月 25 日	6 月 5 日
	11 月 20 日	12 月 10 日	12 月 25 日	2 月 13 日	3 月 26 日	4 月 22 日	4 月 26 日	6 月 6 日
	11 月 30 日	12 月 30 日	—	2 月 13 日	3 月 28 日	4 月 23 日	4 月 27 日	6 月 7 日
	12 月 10 日	1 月 26 日	—	2 月 13 日	3 月 30 日	4 月 24 日	4 月 28 日	6 月 7 日
新麦 45	12 月 20 日	2 月 9 日	—	—	4 月 1 日	4 月 24 日	4 月 29 日	6 月 7 日
	12 月 30 日	2 月 20 日	—	—	4 月 3 日	4 月 25 日	4 月 30 日	6 月 7 日
	1 月 14 日	2 月 25 日	—	—	4 月 7 日	4 月 27 日	5 月 2 日	6 月 8 日
	1 月 29 日	3 月 2 日	—	—	4 月 14 日	5 月 4 日	5 月 10 日	6 月 12 日
	2 月 13 日	3 月 7 日	—	—	4 月 27 日	5 月 20 日	5 月 25 日	6 月 25 日

（续表）

品种	播期	出苗期	越冬期	返青期	拔节期	抽穗期	扬花期	成熟期
	11月10日	11月24日	12月25日	2月13日	3月18日	4月19日	4月24日	6月4日
	11月20日	12月11日	12月25日	2月13日	3月24日	4月21日	4月25日	6月4日
	11月30日	1月2日	—	2月13日	3月26日	4月22日	4月26日	6月5日
	12月10日	1月27日	—	2月13日	3月28日	4月23日	4月27日	6月5日
新麦29	12月20日	2月10日	—	—	3月30日	4月23日	4月29日	6月6日
	12月30日	2月21日	—	—	4月1日	4月24日	4月30日	6月6日
	1月14日	2月26日	—	—	4月3日	4月26日	5月2日	6月8日
	1月29日	3月3日	—	—	4月7日	4月30日	5月5日	6月12日
	2月13日	3月8日	—	—	4月14日	5月7日	5月13日	6月14日
新麦45	11月10日	11月24日	12月25日	2月13日	3月23日	4月21日	4月25日	6月5日
百农4199	11月10日	11月24日	12月25日	2月13日	3月18日	4月19日	4月24日	6月2日
科林618	11月10日	11月24日	12月25日	2月13日	3月20日	4月19日	4月24日	6月4日
新麦38	11月10日	11月24日	12月25日	2月13日	3月19日	4月20日	4月24日	6月4日
百农207	11月10日	11月24日	12月25日	2月13日	3月19日	4月22日	4月25日	6月5日
联邦2号	11月10日	11月24日	12月25日	2月13日	3月24日	4月22日	4月26日	6月5日
伟隆169	11月10日	11月24日	12月25日	2月13日	3月22日	4月20日	4月25日	6月4日
新植9号	11月10日	11月24日	12月25日	2月13日	3月18日	4月19日	4月24日	6月4日
金诚麦19	11月10日	11月24日	12月25日	2月13日	3月19日	4月21日	4月25日	6月5日

地点 2：河南省辉县市

品种	播期	出苗期	返青期	拔节期	抽穗期	扬花期	成熟期
西农979	10月17日	10月26日	3月10日	3月18日	4月12日	—	6月1日
西农585	10月17日	10月26日	3月10日	3月18日	4月13日	—	6月1日
西农9718	10月17日	10月26日	3月10日	3月18日	4月13日	—	6月3日
秦鑫271	10月17日	10月26日	3月11日	3月18日	4月13日	—	6月4日
师栾02-1	10月17日	10月26日	3月10日	3月18日	4月14日	—	6月2日
新麦26	10月17日	10月26日	3月11日	3月19日	4月14日	—	6月3日
新麦45	10月17日	10月26日	3月11日	3月19日	4月14日	—	6月4日
伟隆169	10月17日	10月26日	3月11日	3月19日	4月14日	—	6月2日

附录 6　小麦品质检测结果（2017—2022 年）

2017 年

检测单位：农业农村部农产品质量监督检验测试中心（郑州）

检测项目	单位	国家标准 一级	国家标准 二级	新麦 26	郑麦 7698	郑麦 366	怀川 916	师栾 02-1	百农 207	西农 979	郑麦 0943
水分	g/100 g	≤12.5		10.5	10.2	10.6	10.2	10.4	10.2	10.0	10.1
蛋白质（干基）	g/100 g	≥15.0	≥14.0	14.9	13.0	14.4	13.4	15.6	12.6	13.8	12.2
湿面筋（14%水分基）	%	≥35.0	≥32.0	30.0	29.4	32.5	30.0	32.8	31.4	31.2	27.8
降落数值	s	≥300		410	420	426	362	412	430	430	432
吸水量	mL/100 g			63.6	55.0	63.6	66.9	61.2	59.8	65.8	63.6
面团形成时间	min			14.6	6.9	6.7	5.8	10.6	3.8	7.8	5.8
稳定时间	min	≥10.0	≥7.0	10.4	7.2	8.0	10.8	18.0	6.6	17.2	8.0
弱化度	FU			98	98	62	57	28	56	22	84
出粉率	%			66.6	66.1	69.3	65.7	68.8	71.1	66.2	66.0

2018 年

检测项目	单位	国家标准 一级	二级	新麦 26	丰德存麦 5 号	郑麦 366	怀川 916	师栾 02-1	百农 207	西农 979	襄优 2018	伟隆 169	郑麦 101	郑品优 9 号
水分	g/100 g	≤12.5		8.88	8.33	8.78	8.8	8.72	8.96	8.88	8.98	9.02	8.60	8.56
蛋白质（干基）	g/100 g	≥15.0	≥14.0	16.4	15.0	15.7	15.1	16.0	14.5	14.6	15.1	14.9	15.2	14.4
湿面筋（14%水分基）	%	≥35.0	≥32.0	30.4	30.9	31.1	30.8	31.1	31.9	29.8	32.6	30.1	30.8	30.1
降落数值	s	≥300		356	378	294	215	237	356	200	320	362	286	258
吸水量	mL/100 g			62.0	58.9	62.7	61.9	58.1	56.9	61.4	55.8	57.2	60.7	57.6
形成时间	min	≥10.0	≥7.0	24.7	7.5	7.5	6.5	3.0	4.7	3.0	13.3	13.8	10.9	7.1
稳定时间	min			27.5	11.3	10.1	11.2	26.4	6.0	10.9	28.2	24.0	20.8	9.6
弱化度	FU			78	40	51	51	7	56	39	16	25	21	80
出粉率	%			66.7	68.8	72.2	68.3	71.5	72.9	71.1	70.8	70.6	67.3	67.0

2019 年

检测项目	单位	国家标准 一级	二级	新麦 26	丰德存麦 5 号（包衣）	丰德存麦 5 号（未包衣）	丰德存麦 21	师栾 02-1	襄麦 5766	西农 979	中麦 578	伟隆 169	郑麦 158	郑麦 379
水分	g/100 g	≤12.5		10.1	10.1	10.0	10.3	10.1	10.4	10.2	10.7	10.1	10.4	10.5
蛋白质（干基）	g/100 g	≥15.0	≥14.0	16.4	15.1	15.7	14.7	16.4	15.4	14.0	16.5	14.2	13.9	13.4
湿面筋（14%水分基）	%	≥35.0	≥32.0	28.3	30.6	31.0	30.0	30.8	26.7	27.0	33.2	27.0	28.1	27.2
降落数值	s	≥300		568	550	514	523	480	611	558	598	496	466	434
吸水量	mL/100 g			69.0	64.8	66.3	64.4	63.9	69.6	71.6	69.8	62.6	66.9	69.1
形成时间	min	≥10.0	≥7.0	26.8	8.2	7.4	8.5	12.7	2.5	2.2	8.7	10.4	6.5	1.9
稳定时间	min			29.2	14.7	12.7	12.0	31.6	12.9	4.7	18.5	24.9	8.8	7.4
弱化度	FU			65	28	31	37	14	26	57	16	22	40	52
出粉率	%			68.4	71.3	72.9	73.0	73.0	72.5	72.0	71.8	72.7	73.1	71.7

2020 年

检测项目	单位	国家标准		新麦 26	丰德存麦 5 号	百农 418	丰德存麦 21	师栾 02-1	百农 4199	西农 979	秦鑫 271	伟隆 169
		一级	二级									
水分	g/100 g	≤12.5		10.6	10.6	10.6	10.6	10.5	10.7	10.6	10.6	10.7
蛋白质（干基）	g/100 g	≥15.0	≥14.0	15.0	15.4	14.5	15.5	14.5	13.3	13.6	12.6	13.5
湿面筋（14%水分基）	%	≥35.0	≥32.0	29.2	32.6	31.2	33.4	29.9	30.1	29.6	29.3	30.9
降落数值	s	≥300		494	487	493	462	406	450	456	388	480
吸水量	mL/100 g			65.3	62.8	61.6	61.2	60.6	60.8	66.1	67.5	62.4
形成时间	min			21.3	7.5	5.7	7.5	14.5	6.7	7.7	4.2	14.0
稳定时间	min	≥10.0	≥7.0	18.8	11.7	6.0	12.1	30.1	10.7	23.3	8.0	19.9
弱化度	FU			59	35	92	38	15	36	12	85	29
出粉率	%			66.3	67.5	66.5	70.0	67.2	68.5	66.2	66.9	68.6

2021 年

检测项目	单位	国家标准		新麦 26	新麦 38	新麦 45	新麦 58	师栾 02-1	百农 4199	西农 979	丰德存麦 21	伟隆 169
		一级	二级									
水分	g/100 g	≤12.5		8.57	8.72	8.46	9.38	8.68	8.66	9.41	9.26	8.95
蛋白质（干基）	g/100 g	≥15.0	≥14.0	14.9	15.0	14.3	16.1	16.1	13.4	13.9	15.2	13.4
湿面筋（14%水分基）	%	≥35.0	≥32.0	29.2	31.3	31.3	32.6	32	31.0	29.2	32.5	28.2
降落数值	s	≥300		376	347	382	398	342	352	380	388	392
吸水量	mL/100 g			62.9	61.1	63.4	62.4	62.4	63.1	64.4	64.4	59.1
形成时间	min			26.7	11.2	9.5	19.2	23.4	5.5	9.0	7.2	8.4
稳定时间	min	≥10.0	≥7.0	31.1	13.4	17.5	21.0	30.5	10.5	20.4	11.6	10.7
弱化度	FU			55	46	22	46	30	37	18	37	41
出粉率	%			66.3	68.4	67.3	67.6	69.4	69.3	68.8	69.2	70.5

2022 年

检测项目	单位	国家标准 一级	国家标准 二级	百农 4199	科林 618（获嘉）	伟隆 169	金诚麦 19	新麦 38	联邦 2 号	新植 9 号	百农 207	新麦 45	科林 618（新乡县）
水分	g/100 g	≤12.5		6.36	6.62	6.41	6.26	6.54	6.56	6.58	7.18	6.85	7.64
蛋白质（干基）	g/100 g	≥15.0	≥14.0	12.8	12.4	13.6	15.9	13.9	13.4	13.9	13.5	15.2	11.5
湿面筋（14%水分基）	%	≥35.0	≥32.0	28	28.2	29.0	34.2	28.4	28.0	32.7	34.6	35.4	31.9
降落数值	s	≥300		442	430	448	518	410	411	433	398	458	404
吸水量	mL/100 g			63.9	67.2	62.2	64.6	61.9	62.6	63.7	63.9	68.0	66.0
形成时间	min			4.3	4.0	11.7	17.8	14.5	3.7	5.7	3.9	14.7	3.6
稳定时间	min	≥10.0	≥7.0	7.0	3.7	22.8	16.2	12.7	3.1	6.1	7.9	13.3	4.5
弱化度	FU			49	119	22	69	76	130	95	45	73	118
出粉率	%			68.8	68.7	71.4	68.8	66.8	66.4	66.8	69.8	66.0	67.5